U0295237

国家出版基金项目
NATIONAL PUBLICATION FOUNDATION

民机飞行控制技术系列

主 编 李 明

民机传感器系统

Civil Aircraft Transducer System

朱建设 等编著

上海交通大学出版社
SHANGHAI JIAO TONG UNIVERSITY PRESS

内容提要

本书根据作者三十多年从事传感器技术研究和管理的实践经验和体会,力求从系统工程师的视角介绍系统构成、测量方法、应用范例和相关规范等,并且从原理、发展简史、现行普遍采用技术等方面详细介绍了空气动力学测量、惯性力学测量、卫星导航系统、无线电定位设备、仪表着陆系统、微波着陆系统、飞行环境监视系统等主要飞行控制用传感器。

本书是面向民用大飞机设计、制造、服务工程技术人员的飞行控制传感器系统参考书,也可供相关传感器专业人员和院校学生学习参考。

图书在版编目(CIP)数据

民机传感器系统/朱建设等编著. —上海:上海交通大学出版社,2015
(大飞机出版工程)
ISBN 978-7-313-14181-1

Ⅰ.①民… Ⅱ.①朱… Ⅲ.①民用飞机—传感器
Ⅳ.①V241.6

中国版本图书馆 CIP 数据核字(2015)第 288825 号

民机传感器系统

编　　著:朱建设　等
出版发行:上海交通大学出版社　　　　　　地　　址:上海市番禺路 951 号
邮政编码:200030　　　　　　　　　　　电　　话:021-64071208
出 版 人:韩建民
印　　制:上海万卷印刷有限公司　　　　　经　　销:全国新华书店
开　　本:787mm×1092mm　1/16　　　　印　　张:24
字　　数:472 千字
版　　次:2015 年 12 月第 1 版　　　　　　印　　次:2015 年 12 月第 1 次印刷
书　　号:ISBN 978-7-313-14181-1/V
定　　价:99.00 元

大飞机出版工程

丛书编委会

总主编

顾诵芬（中国航空工业集团公司科技委副主任、中国科学院和中国工程院院士）

副总主编

金壮龙（中国商用飞机有限责任公司董事长）

马德秀（上海交通大学原党委书记、教授）

编　委（按姓氏笔画排序）

王礼恒（中国航天科技集团公司科技委主任、中国工程院院士）

王宗光（上海交通大学原党委书记、教授）

刘　洪（上海交通大学航空航天学院副院长、教授）

许金泉（上海交通大学船舶海洋与建筑工程学院教授）

杨育中（中国航空工业集团公司原副总经理、研究员）

吴光辉（中国商用飞机有限责任公司副总经理、总设计师、研究员）

汪　海（上海市航空材料与结构检测中心主任、研究员）

沈元康（中国民用航空局原副局长、研究员）

陈　刚（上海交通大学原副校长、教授）

陈迎春（中国商用飞机有限责任公司常务副总设计师、研究员）

林忠钦（上海交通大学常务副校长、中国工程院院士）

金兴明（上海市政府副秘书长、研究员）

金德琨（中国航空工业集团公司科技委委员、研究员）

崔德刚（中国航空工业集团公司科技委委员、研究员）

敬忠良（上海交通大学航空航天学院常务副院长、教授）

傅　山（上海交通大学电子信息与电气工程学院研究员）

民机飞行控制技术系列

编 委 会

总　序

国务院在 2007 年 2 月底批准了大型飞机研制重大科技专项正式立项,得到全国上下各方面的关注。"大型飞机"工程项目作为创新型国家的标志工程重新燃起我们国家和人民共同承载着"航空报国梦"的巨大热情。对于所有从事航空事业的工作者,这是历史赋予的使命和挑战。

1903 年 12 月 17 日,美国莱特兄弟制作的世界第一架有动力、可操纵、比重大于空气的载人飞行器试飞成功,标志着人类飞行的梦想变成了现实。飞机作为 20 世纪最重大的科技成果之一,是人类科技创新能力与工业化生产形式相结合的产物,也是现代科学技术的集大成者。军事和民生对飞机的需求促进了飞机迅速而不间断的发展和应用,体现了当代科学技术的最新成果;而航空领域的持续探索和不断创新,为诸多学科的发展和相关技术的突破提供了强劲动力。航空工业已经成为知识密集、技术密集、高附加值、低消耗的产业。

从大型飞机工程项目开始论证到确定为《国家中长期科学和技术发展规划纲要》的十六个重大专项之一,直至立项通过,不仅使全国上下重视起我国自主航空事业,而且使我们的人民、政府理解了我国航空事业半个世纪发展的艰辛和成绩。大型飞机重大专项正式立项和启动使我们的民用航空进入新纪元。经过 50 多年的风雨历程,当今中国的航空工业已经步入了科学、理性的发展轨道。大型客机项目其产业链长、辐射面宽、对国家综合实力带动性强,在国民经济发展和科学技术进步中发挥着重要作用,我国的航空工业迎来了新的发展机遇。

大型飞机的研制承载着中国几代航空人的梦想,在 2016 年造出与波音 B737 和空客 A320 改进型一样先进的"国产大飞机"已经成为每个航空人心中奋斗的目标。然而,大型飞机覆盖了机械、电子、材料、冶金、仪器仪表、化工等几乎所有工业门类,集成了数学、空气动力学、材料学、人机工程学、自动控制学等多种学科,是一个复杂的科技创新系统。为了迎接新形势下理论、技术和工程等方面的严峻挑战,迫切需要引入、借鉴国外的优秀出版物和数据资料,总结、巩固我们的经验和成果,编著一套以"大飞机"为主题的丛书,借以推动服务"大型飞机"作为推动服务整个航空科学的切入点,同时对于促进我国航空事业的发展和加快航空紧缺人才的培养,具有十分重要的现实意义和深远的历史意义。

2008 年 5 月,中国商用飞机有限公司成立之初,上海交通大学出版社就开始酝酿"大飞机出版工程",这是一项非常适合"大飞机"研制工作时宜的事业。新中国第一位飞机设计宗师——徐舜寿同志在领导我们研制中国第一架喷气式歼击教练机——歼教 1 时,亲自撰写了《飞机性能及算法》,及时编译了第一部《英汉航空工程名词字典》,翻译出版了《飞机构造学》《飞机强度学》,从理论上保证了我们飞机研制工作。我本人作为航空事业发展 50 年的见证人,欣然接受了上海交通大学出版社的邀请担任该丛书的主编,希望为我国的"大型飞机"研制发展出一份力。出版社同时也邀请了王礼恒院士、金德琨研究员、吴光辉总设计师、陈迎春副总设计师等航空领域专家撰写专著、精选书目,承担翻译、审校等工作,以确保这套"大飞机"丛书具有高品质和重大的社会价值,为我国的大飞机研制以及学科发展提供参考和智力支持。

编著这套丛书,一是总结整理 50 多年来航空科学技术的重要成果及宝贵经验;二是优化航空专业技术教材体系,为飞机设计技术人员培养提供一套系统、全面的教科书,满足人才培养对教材的迫切需求;三是为大飞机研制提供有力的技术保障;四是将许多专家、教授、学者广博的学识见解和丰富的实践经验总结继承下来,旨在从系统性、完整性和实用性角度出发,把丰富的实践经验进一步理论化、科学化,形成具有我国特色的"大飞机"理论与实践相结合的知识体系。

"大飞机"丛书主要涵盖了总体气动、航空发动机、结构强度、航电、制造等专业方向,知识领域覆盖我国国产大飞机的关键技术。图书类别分为译著、专著、教材、工具书等几个模块;其内容既包括领域内专家们最先进的理论方法和技术成果,也包括来自飞机设计第一线的理论和实践成果。如：2009 年出版的荷兰原福克飞机公司总师撰写的 *Aerodynamic Design of Transport Aircraft*（《运输类飞机的空气动力设计》），由美国堪萨斯大学 2008 年出版的 *Aircraft Propulsion*（《飞机推进》）等国外最新科技的结晶；国内《民用飞机总体设计》等总体阐述之作和《涡量动力学》《民用飞机气动设计》等专业细分的著作；也有《民机设计 1000 问》《英汉航空双向词典》等工具类图书。

　　该套图书得到国家出版基金资助，体现了国家对"大型飞机项目"以及"大飞机出版工程"这套丛书的高度重视。这套丛书承担着记载与弘扬科技成就、积累和传播科技知识的使命，凝结了国内外航空领域专业人士的智慧和成果，具有较强的系统性、完整性、实用性和技术前瞻性，既可作为实际工作指导用书，亦可作为相关专业人员的学习参考用书。期望这套丛书能够有益于航空领域里人才的培养，有益于航空工业的发展，有益于大飞机的成功研制。同时，希望能为大飞机工程吸引更多的读者来关心航空、支持航空和热爱航空，并投身于中国航空事业做出一点贡献。

2009 年 12 月 15 日

民机飞行控制技术系列

序

　　大飞机工程是我国推进创新型国家建设的重要标志性工程。为了配合大飞机的研制,在国家出版基金的资助下,上海交通大学出版社成功策划出版了"大飞机出版工程",旨在为大飞机研制提供智力支持。"民机飞行控制技术系列"是"大飞机出版工程"系列图书之一。

　　现代飞行控制技术是现代军机、民机的主要关键技术之一。以电传操纵技术为核心的现代飞行控制系统是现代飞机的飞行安全关键系统,是现代飞机上体现信息化与机械化深度融合的典型标志。飞行控制技术也是大型民机确保安全性、突出经济性、提高可靠性、改善舒适性和强调环保性的重要技术。

　　1903 年,莱特兄弟在前人研究的基础上,重点解决了飞机三轴可控问题,实现了动力飞机的首次飞行。此后的 60 年,驾驶员利用机械操纵系统来控制稳定飞机飞行,形成了经典的飞行控制系统。飞机机械操纵系统在自动控制技术的辅助下,解决了对飞机性能和任务能力需求不断增长所遇到的一些重大问题——稳定性,稳定性与操纵性的矛盾,精确、安全的航迹控制,以及驾驶员工作负荷等问题。20 世纪 60 年代至 70 年代初发展起来的主动控制技术和电传飞行控制系统对飞机发展具有划时代的意义,改变了传统的飞机设计理念和方法论,使飞机的性能和执行任务的能力上了一个新台阶。这两项技术已成为第三代军机和先进民机的典型标志,同时也为第四代军机控制功能综合以及控制与管理综合建立了支撑平台。在人们对飞机飞行性能的不断追求和实现的过程中,飞行控制系统发挥着越来越重要的作用,飞行控制系统的创新研究、优化设计和有效工程实现对现代飞机的功能和性能的提高起着至关重要的作用。

我国的军机飞行控制系统经过五十多年的研究、设计、试验、试飞、生产和使用的实践,已积累了丰富的经验,并取得了大量的成果,在各型军机上得到了广泛的应用,但民机飞行控制系统的研发经验仍相对薄弱。总结现代军机飞行控制系统研发经验,分析和借鉴世界先进民机飞行控制系统新技术,对助力我国大型民机的自主研发是十分必要且意义重大的。

本系列丛书编著目标是:总结我国军/民领域的飞行控制技术的理论研究成果和工程经验,介绍国外最先进的民机飞行控制技术的理念、理论和方法,助力我国科研人员以国际先进水平为起点,开展我国民机飞行控制技术的自主研究、开发和原始创新。本系列丛书编著的指导思想和原则是:内容应覆盖民机飞行控制技术的各重要专业;要介绍当今重要的、成功的型号项目,如波音系列和空客系列的飞行控制技术,也要重视方向性的探索和研究;要简明介绍技术与方法的理论依据,以便读者知其然,也知其所以然;要概述民机飞行控制技术的各主要专业领域的基本情况,使读者有全面的、清晰的了解;要重视编著的准确性以及全系列丛书的一致性。

本系列丛书包括《飞行控制系统设计和实现中的问题》《民机液压系统》《民机飞行控制系统设计的理论与方法》《民机传感器系统》等专著。其中王少萍教授的专著《民机液压系统》(英文版),已经输出版权至爱思唯尔(Elsevier)出版集团,增强了我国民机飞控技术的国际影响力。

在我国飞行控制领域的资深专家李明院士、陈宗基教授和张汝麟研究员的主持下,这套丛书的编委会由北京航空航天大学、清华大学、西北工业大学、南京航空航天大学、中航工业西安飞行自动控制研究所、中航工业沈阳飞机设计研究所、中航工业成都飞机设计研究所、中航第一飞机设计研究院、中航工业航空动力控制系统研究所、中国航空工业集团公司、中国商用飞机有限责任公司等航空院所和公司的飞控专家、学者组建而成。他们在飞行控制领域有着突出的贡献、渊博的学识和丰富的实践经验,他们对于本系列图书内容的确定和把关、大纲的审定和完善都发挥了不可替代的重要作用。

上海交通大学出版社"大飞机出版工程"项目组以他们成熟的管理制度和保障体系,组织和调动了丛书编委会和丛书作者的积极性和创作热情。在大家的不懈努力下,这套图书终于完整地呈现在读者的面前。

本系列图书得到国家出版基金的资助,充分体现了国家对"大飞机工程"的高度重视,希望该套图书的出版能够达到本系列丛书预期的编著目标。我们衷心感谢参与本系列图书编撰工作的所有编著者,以及所有直接或间接参与本系列图书审校工作的专家、学者的辛勤工作,希望本系列图书能为民机飞行控制技术现代化和国产化发展做出应有的贡献!

民机飞行控制技术系列编委会

2015 年 3 月

作者介绍

朱建设,研究员,1982年1月毕业于哈尔滨工业大学无线电技术专业。同年于中航工业西安自动控制研究所(618所)参加工作,1984年8月调中航工业成都凯天电子股份公司(161厂),2009年1月调中国航空工业集团公司工作。历任技术员、主任工程师、设计所所长、总工程师、总经理、董事长、高级专务、派出专职董事、监事等职。参与的科研项目有5个项目分别获得"国防科技进步奖"和"部级科技进步奖",曾获航空工业"有突出贡献专家"和"优秀企业领导干部"称号,享受国务院政府特殊津贴,2011年中航工业集团公司授予新中国航空工业创建60周年"航空报国突出贡献奖"。

前　　言

　　编写航空用传感器一书，供业内工程技术人员参考选型，提高飞行器设计水平一直是我多年未了的心愿。2013年初接受本书的编写任务，使几近熄灭的心愿之火再次点燃。很多年前，还在基层从事技术和技术管理工作时经常遇到与整机、系统设计人员耗费大量精力协商传感器的选型问题，而问题往往集中在对国内传感器专业发展现状不了解。同时，传感器专业新进入人员也亟待有一个了解本专业发展的途径。这也是一直想编写与传感器相关书籍的初衷。

　　现代飞机使用的各类传感器越来越多，由于丛书编写目的的限制，本书收录了与飞行控制系统相关的主要传感器分系统，仍然无法囊括所有类型传感器，使我感到一丝遗憾。经过两年的编写工作发现，传感器涉及太多的专业领域和庞杂的使用要求，以至于任何全面囊括所有类型传感器企图都只能成为"奢想"。为弥补这点缺憾，本书增加了第5章航空通用传感器。

　　本书定位为民用飞机设计、制造、使用、服务工程技术人员的参考书，也为现有飞机传感器系统更新发展提供借鉴。在传感器开发设计领域本书为相关技术人员提供了解系统全貌、主机设计需求及适航要求的途径。

　　本书首先简单介绍了传感器使用的相关理论和相关标准，并从原理、发展简史、现行普遍采用技术等方面详细介绍了空气动力学测量、惯性力学测量、卫星导航系统、无线电定位设备、仪表着陆系统、微波着陆系统、飞行环境监视系统等主要飞行控制用传感器系统，内容涵盖了与飞行控制系统相关的传感器分系统的大部分关键内容，并尽可能结合工程使用的实际，从系统架构、测试原理、误差分析、关注问题等方面提供工程技术帮助。飞行控制系统的发展与具体的传感器技术的发展、进步密不可分，本书也努力就系统及传感器的未来发展等方面收录当前的研究成果，为系统的更新发展提供借鉴。

　　本书编写过程中不同章节都邀请了国内相关专业素养一流的专家参与,他们在所在专业均有深厚的理论功底和丰富的工程经验。第1章介绍传感器测量技术的基础理论与相关管理法规,是重要的通用预备知识,由朱建设和梁志国撰写;第2章空气动力测量由任红军、朱建设、宣晓刚撰写,介绍了大气数据系统的测量理论、系统构型和技术发展现状,同时也介绍了目前几个典型机型的系统设计概况;第3章和第6章重点介绍了惯性测量(惯性导航系统在本丛书中有专著叙述,本书仅作简单介绍)、飞机环境监视系统,在第5章就飞行控制相关的航空通用传感器做了原理、结构的阐述以便读者参阅,此三章由李孔贤、宋耀、范竹荣、刘增明、刘玉霞、刘成林、周清撰写;第4章无线电测量部分由顾世敏、李文辉撰写。各章节编者在撰写过程中得到了所供职单位或机构的大力支持并获取了大量的技术资料和相关数据,在此对汪晓明、曹英杰、王金岩、龙平、钟希田、米尔为等领导同志表示衷心的感谢。

　　传感器是控制系统的基础,而传感器本身也是一个技术更新很快的专业。本书力求从系统工程师的视角介绍系统构成、测量方法、应用范例、相关规范等,同时也兼顾到相关人士和在校大专院校学生的学习参考要求,使本书既能成为工程技术人员的设计依据,又能成为优秀传感器系统设计人员成长的阶梯。本书除第1章为基础知识外,其余各章均独立介绍一个专题,提高了本书的学术性和可读性。

　　全书最后的集成和统稿工作由朱建设负责完成,在此过程中崔文博同志协助做了大量文字处理工作,程农同志负责全书校对,上海交通大学出版社给予大力协助,在此一并表示诚挚的谢意。

编著者

2015 年 10 月 30 日于北京

目　　录

1 概　　述

自然界的一切现象或物质，都是通过一定的"量"来描述和体现的。"量"是现象、物体或物质可定性区别与定量确定的一种属性。要想更好地认识世界和改造世界，必须对各种"量"进行分析和确认，既要区分量的性质，又要确定其量值。测量正是达到这种目的的重要手段，它是人们认识世界的体现，也是人们改造世界的基础。广义而言，测量是对"量"的定性分析和定量确认的过程。

在相当长的历史时期内，测量的对象主要是物理量。在历史上，测量被称为度量衡，即指长度、容积、质量的测量，所用的器具主要是尺、斗、秤。随着科技、经济和社会的发展，测量的对象逐渐扩展到工程量、化学量、生理量，甚至心理量。与此同时，测量的内容也在不断地扩展和充实，通用测量技术可概括为 5 个方面，即：测量单位与单位制；测量仪器装置；量值传递与溯源（包括检定、校准、测试、检验与检测）；物理常量、材料与物质特性的测定；测量不确定度、数据处理与测量理论及其方法等。

传感器是指提供与输入量有确定关系的输出量的器件。传感器的作用就是将输入量按照确定的对应关系变换成易测量或易处理的另一种量，或大小适当的同一种量再进行输出。传感器是人类感受自然的触角，它扩展和提升了人的视觉、听觉、触觉能力，极大地提升了人们认知世界和感受世界的能力极限，从宏观的宇宙星辰到微观粒子运动，均由于传感器的工作精确地展现在人们面前，认识世界从而变得轻而易举。

传感器作为一项基础技术早已渗透到诸如工业生产、宇宙开发、海洋探测、环境保护、资源调查、医学诊断、生物工程，甚至文物保护等极其广泛的领域。实际上从茫茫的太空，到浩瀚的海洋，以至各种复杂的工程系统，几乎每一个现代化项目，都离不开各种各样的传感器。

国家提出走新型工业化道路和"信息化带动工业化，工业化促进信息化"的科学发展观。传感技术、通信技术和计算机技术是实现工业信息化乃至信息化社会的三大支柱。在自动化、信息化的过程中，首先要解决的就是要获取准确可靠的信息，而传感器是获取自然和生产领域中信息的主要途径与手段。传感器是信息化、自动化的重要基础,传感器的性能、技术水平、质量和可靠性直接影响自动化信息系统的功能和水平。

　　航空技术作为人类最伟大的发明已经服务于我们一百多年了,飞机的研制、生产、使用和维护过程中,需要用到各种类型的传感器件,用来感知各种不同的物理量值,以便实现多种物理量值的测量、控制、监视和使用,形态涉及气体、液体、固体,参量涉及声、光、电、长、热、力、磁等多种特性,既为人们带来了无穷的便利,又给人们提供了强大的手段和能力。

　　民用飞机作为一个典型的高技术、信息化、自动化的综合系统,采用了大量的传感器。在民用飞机应用中,对传感器的精度、可靠性、环境(高、低温,淋雨,霉菌,震动,冲击,电磁,雷电,辐射)适应性、经济性都有很高的要求。而传感器涉及知识面广、技术新、制造工艺复杂,对工业基础要求高,是民用航空行业充满挑战的领域。同时,它所测量和感受的各种量值,为民用飞机发展奠定了坚实的基础。

1.1　量与量值

　　自然界的事物通常是由一定的量构成的,而且是通过量来体现的。任何现象、物体或物质都以一定的形式存在,其形式又都是通过量来表征的。量(quantity)是指现象、物体和物质可定性区别和定量确定的一种属性。这种量可以是广义的,如长度、质量(重量)、温度、电流、时间等,也可以是特指的,称为特定量,如一个人的身高、一辆汽车的自重等。测量中把可直接相互进行比较的量称为同种量,如宽度、厚度、周长、波长为同种量,量的种类属于长度量。某些同种量组合在一起称其为同类量,如功、热量、能量等。人们通过对自然界各种量的探测、分析和确认,分清量的性质,确定量的大小,以达到认识自然、利用和改造自然的目的。

　　测量离不开测量单位,没有测量单位,测量将无法进行。量值是由数和测量单位的乘积来表示的,所以没有测量单位,量值也无从谈起。为了定量表示同种量的大小,必须选取一个其数值为1的特定量,以便作为比较的基础。测量单位就是“为定量表示同种量的大小而约定定义和采用的特定量”。测量单位也称为计量单位。测量单位的定义,特别是基本单位的定义并不是一成不变的,它可能随着科学技术的进步而重新定义,体现当代计量学的水平。测量单位定义的更改不等于单位量值的变化,而在保持量值一致的前提下,提高其实现的准确度。

　　同一个量可以用不同的测量单位来表示,但无论何种量,其量的大小与所选择的计量单位无关,即一个量的量值大小不随计量单位的改变而改变,而量值则因计量单位选择不同而表现形式各异。原因是一个量的量值,在测量单位改变的同时,数值也随之改变,而量值大小是不变的。如一张桌子的长度为 1.20 m,也可以讲桌子的长度为 120 cm。

　　有关测量的术语表明:

　　(1)测量结果是赋予被测量的一组量值以及其他有用的相关信息。测量值是指代表测量结果的量值。

（2）量的真值是与量的定义一致的量值。

（3）参考量值是作为同类量的值比对基础的量值。

（4）约定值是对于给定目的，由协议赋予某量的量值。

（5）影响量是在直接测量中不影响实际测量的量，但会影响示值与测量结果之间关系的量。

（6）测量模型是在测量中包含的所有已知量间的数学关系。

（7）测量函数是当用测量模型中输入量的已知量值计算的值是测量模型中输出量的测得值时，各量的函数关系。

（8）输入量是为计算被测量的测得值而必须测量的量，或其值可以用其他方式获得的量。

（9）输出量是用测量模型中输入量的值计算得到的测得值的量。

1.2　法定计量单位

法定计量单位是政府以法令的形式明确规定要在全国采用的计量单位。

在日常生活中，人们通过感觉器官觉察事物存在某种程度上的差异。"量"是现象、物体或者物质可以定性区别和定量确定的一种属性，每一种具有这种性质的现象、物体或物质即为一个"量"。计数是人们掌握和表示"量"的最简单方法。人们也可以通过所研究的量与特定量的比值测得宏观物体的质量、体积等连续的量。测量单位是指用以定量表示同类量量值而约定采用的那个已知的特定量，或者用以量度同类量大小的一个标准量，如"公斤""米""秒"等。由于测量单位是人们选定的，具有随意性，极易引起有关测量单位的混乱。例如长度测量单位，有的以"米"等为测量单位，有的则以"英尺"等为测量单位，这就出现了同一个有关长度的量却选用了不同的测量单位的情况；又如进位制度，对每个单位的倍数和分数单位，有的采用十进位，有的则采用十六进位或者其他进位制度。人们也很少考虑量与量、单位与单位之间的联系，致使由全部单位构成的总体缺乏逻辑联系。为了消除人为混乱，独立地选定某几个量的单位，其他量的单位则采用推导，统一规范每个单位的名称、符号，并规定对倍数和分数单位采取十进制，从而构成全部单位的总体及一套完善的规则，即称为一种测量单位制。

《中华人民共和国计量法》规定我国的计量单位制采用国际单位制。国际单位制测量单位和国家选定的其他测量单位为国家法定计量单位。

1984 年国务院发布了《关于在我国统一实行法定计量单位的命令》。自 1991 年 1 月 1 日起，除个别特殊领域外，不允许再使用非法定计量单位。

1.2.1　法定计量单位的构成

我国法定计量单位的构成：

（1）国际单位制的基本单位。

（2）国际单位制的辅助单位。

（3）国际单位制中具有专门名称的导出单位。

（4）国家选定的非国际单位制单位。

（5）由以上单位构成的组合形式的单位。

（6）由词头和以上单位所构成的十进倍数和分数单位。

国家还规定：限制使用英制单位，个别科学技术领域中如有特殊需要，可以使用某些非法定计量单位，但必须与有关国际组织规定的名称、符号一致；出口商品所用测量单位可根据合同要求，不受关于法定计量单位规定的限制，合同中未规定测量单位者，按法定计量单位使用（见表 1 - 1）。

表 1 - 1　　法定计量单位

中华人民共和国法定计量单位	国际单位制（SI）的单位	SI 单位	SI 基本单位（共 7 个）
			包括 SI 辅助单位在内的具有专门名称的 SI 导出单位（共 21 个）
			组合形式 SI 导出单位
		SI 单位的倍数单位，包括 SI 单位的十进倍数单位和十进分数单位（共 20 个）	
	国家选定的作为法定计量单位的非 SI 单位（共 16 个）		
	由以上单位构成的组合形式的单位		

1.2.2　国际单位制

第二次世界大战以后，出现了进一步加强国际科技、经济合作的总趋势，但在科教、商贸中存在着多种不同的计量单位制。如：在技术领域采用米·千克·秒制（MKS），在工程领域采用米·千克力·秒制，物理学家使用厘米·克·秒（CGS），法国采用米·吨·秒制（MTS），英语国家中使用英尺·磅·秒制等，多种单位制长期并存严重影响国际交流和合作。

1948 年，第九届国际计量大会责成国际计量委员会征询各国科技、教育界的意见，制定一种所有《米制公约》签署国都能接受的实用计量单位制。1954 年，第十届国际计量大会根据征询意见汇总，决定采用米（m）、千克（kg）、秒（s）、安培（A）、开氏度（°K）和坎德拉（cd）6 个单位为建立新单位制的基本单位。1956 年，国际计量委员会把上述 6 个基本单位作为基础的单位制称为"国际单位制"。1960 年第十一届国际计量大会正式定名为"国际单位制"，国际符号为"SI"。从 1795 年法国颁布采用米制起，到 1960 年国际单位制诞生，其间经历了一个半世纪多的漫长历程。

随着计量科学技术的发展，国际单位制基本单位的定义和复现方法得到进一步更新和完善，基准的科技水平和准确度也不断提高。1967 年，第十三届国际计量大会将热力学温度单位开氏度（°K）改称为开尔文（K）；1971 年，第十四届国际计量大会将物质的量的单位摩尔(mol)增列为国际单位制的第七个基本单位。几次计量大会陆续给 21 个导出单位予专门名称,将十进倍数词头表示的因素从 $10^{-18} \sim 10^{18}$ 扩展到 $10^{-24} \sim 10^{24}$。1983 年,第十七届国际计量大会通过了新的米定义,米以光速值 ($c = 299792458 \mathrm{m/s}$)这个物理常数来定义,就可以通过高准确度的频率标准,即用被推荐的激光辐射和光谱灯辐射都可以直接复现长度单位米。目前频率测量的不确定度最小(可达到 10^{-15} 量级),因而可使米定义具有很高的复现准确度和稳定度。根据米定义,米与约定的光速值及秒定义有关。从原则上说,长度单位已成为时间(频率)的一个导出单位,长度基准装置这一概念已不复存在。因此可以说,新米定义的实现是计量学单位制发展史上的一个里程碑。国际单位制单位定义的又一大进展是,国际计量大会宣布从 1990 年 1 月 1 日起,全球使用约瑟夫森常数和克里青常数的推荐值。实现这一规定,可使采用基本物理常数定义电压和电阻单位的进程加快,而且复现准确度和稳定度可以比原来电压、电阻实物基准高出 2～3 个数量级,并将直接影响到电流单位的复现和定义的改进。由此表明,用基本物理常数导出单位的量纲,将各种物理量的测量转化为频率测量是 21 世纪国际单位制的发展趋势。

1) 国际单位制单位的构成

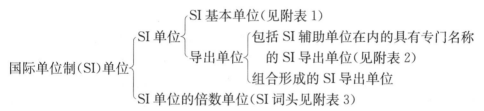

2) 国际单位制基本单位(见附表 1)

3) 专门名称的 SI 导出单位

由 SI 基本单位以代数幂和积的形式所表示的单位称为 SI 导出单位,如力的单位为 $\mathrm{kg \cdot m/s^2}$,造成有的量的单位名称太长,读写不便。为了使用方便,国际计量大会曾给 19 个常用的导出单位定了专门名称,这些单位的专门名称绝大多数以著名科学家的姓氏命名。在国际单位制中,曾有相当长的一段时期,把弧度和球面度称为 SI 辅助单位,1980 年国际计量委员会重新规定它们是具有专门名称的 SI 导出单位中的一部分,因此具有专门名称的 SI 导出单位现共有 21 个(见附表 2)。

4) 组合形式的 SI 导出单位

组合形式的 SI 导出单位是由 SI 单位的幂和积所构成的 SI 单位,如焦耳每千克($\mathrm{J/kg}$),每开尔文($\mathrm{K^{-1}}$),千克二次方米($\mathrm{kg \cdot m^2}$)等。

5) SI 单位的倍数单位

SI 单位的倍数单位是由 SI 词头与 SI 单位构成。

SI 词头共有 20 个,其中 4 个是十进位的,即百(10^2)、十(10^1)、分(10^{-1})、厘(10^{-2}),这些词头通常加在长度、面积、体积单位之前,例如"分米""厘米"等,其他 16

个词头是千进位的(见附表 3)。

6) 国家选定的非国际单位制单位

我国的法定计量单位中,有 16 个单位都是国际上使用十分广泛或根据专门领域的需要选的,可与 SI 单位并用(见附表 4)。

7) 组合形式的单位

组合形式的单位是指两个或两个以上的国际单位制单位和国家选定的非国际单位制用乘、除的形式组合成新的单位,例如,电能单位:千瓦小时(kW·h);浓度单位:毫摩尔每升(mmol/L);产量:吨每公顷(t/hm²)。

1.2.3　我国法定计量单位的使用规则

1984 年 6 月原国家计量局发布了《中华人民共和国法定计量单位使用方法》,1993 年原国家质量技术监督局发布了修订后的国家标准 GB 3100—1993《国际单位制及其应用》,GB 3101—1993《有关量、单位和符号的一般原则》,GB 3102—1993《量和单位》。这些为准确使用我国法定计量单位做出了规定和要求。贯彻执行我国法定计量单位必须注意法定单位的名称、单位和词头符号的正确读法和书写,正确使用单位和词头。

法定计量单位的名称

法定计量单位的名称是指单位的中文名称,它分为全称和简称。《中华人民共和国法定计量单位》所列出的 44 个单位名称(国际单位制的基本单位 7 个、国际单位制中具有专门名称的导出单位 21 个、国家选定的非国际单位制单位 16 个)和用于构成十进倍数和分数单位的词头名称均为单位的全称。在使用时,把其中的方括号内的字省略掉即为该单位的简称。如力的单位全称叫牛顿,简称为牛;电阻单位全称为欧姆,简称为欧。对没有方括号的(即没有简称的)单位名称,就只能用全称。如摄氏温度的单位为摄氏度,不能叫度;立体角的单位为球面度。使用单位简称的作用有两个,一是在不致混淆的场合下,简称等效于它的全称,使用方便,二是简称被规定作为单位的中文符号使用。

组合单位的中文名称与其符号表示的顺序一致。符号中的乘号没有对应的名称,除号的对应名称为"每"字,无论分母中有几个单位,"每"字只出现一次。

例如:比热容单位的符号是 J/(kg·K),其单位名称是"焦耳每千克开尔文",而不是"每千克开尔文焦耳"或"焦耳每千克每开尔文"。

乘方形式的单位名称,其顺序应是指数名称在前,单位名称在后。相应的指数名称由数字加"次方"两字而成。

如果长度的 2 次和 3 次幂表示面积和体积,则相应的指数名称为"平方"和"立方"并置于长度单位之前,否则应称为"二次方"和"三次方"。

例如:体积单位 dm³ 的名称是"立方分米",而断面系数单位 m³ 的名称是"三次方米"。

书写单位名称时,不加任何表示乘或除的符号或其他符号。

例如:电阻率单位 Ω·m 的名称为"欧姆米",而不是"欧姆·米""欧姆-米""[欧姆]·[米]"等。例如:密度单位 kg/m^3 的名称为"千克每立方米",而不是"千克/立方米"。

1.3　测量、测试、计量、校准、检定及相互关系

1.3.1　测量

测量是人们定量认识客观量值的唯一手段,是人类从事科学研究活动的基础,没有测量就没有科学。

人们在进行实验时,不仅要对实验现象进行定性观察,还需要对物理量进行定量研究,因而需要针对不同物理量的测量活动。所谓测量就是以确定(被测量对象的)量值为目的一组操作。测量是通过实验获得一个或多个量值,并由此对量合理赋值的过程。

测量不适用于标称属性,测量有对量的比较和总体统计的含义,测量预示了对量的一种描述,它与测量结果的预期用途、测量程序和一个根据指定测量条件与测量程序运行的校准测量系统相应。

1.3.1.1　测量的4个要素

(1)测量对象。

(2)计量单位。

(3)测量方法。

(4)测量不确定度。

"测量对象"被称为被测量(或称为测量量、待测物理量),由测量确定的被测量量值的估计值被称为测量结果(或称为测量值),被测量的希望确定的实际(客观)量值被称为被测量的真值,而这个"一组操作"(或称为全部操作)可以用下面这个例子来说明。

要测量一个圆柱的体积 V,在数学上,已知 d 为圆柱体的直径,h 为高。利用长度测量工具例如卡尺、千分尺测得 d 和 h 后,人们可以算出 V。在上述的体积测量过程中,d 和 h 是利用测量工具得到的,而体积 V 则是利用 d、h 和计算公式通过计算得到的,具体的操作方式虽然不同,而目的和性质却是相同的,都是测量。

通过这个例子还可以看到,虽然都是测量,但物理量 d、h 和 V 的获取方法和过程是不相同,所以通常根据待测物理量最终测量结果的获取过程把测量分为两大类,即直接测量和间接测量。进而也就有了直接测量量和间接测量量的概念。不言而喻,在上例中,体积 V 的测量属间接测量,则 V 这个量就是间接测量量,而 d 与 h 则是直接测量量。

被测量测量采用的技术规范需要知道量的种类,带有量的现象、物体或物质的状态的描述,包括有关的成分以及化学含量的名称。测量包括测量系统和进行测量的条件,使测量得以实现。测量可能会改变现象、物体或物质,使受到测量的量可能不同于定义的被测量,在这种情况下,需要进行适当的修正。

例如,用较小内阻的电压表测量电池两端之间的电位差,开路电位差可从电池和

电压表的内阻计算得到。一根钢棒在 23℃ 环境温度时测量得到长度与技术指标在 20℃ 时长度的不同,因此这种测量情况下必须修正。在化学中,物质或化合物的"分析"或名称,有时也被称为"被测量",这种用法是不正确的,因为这些词未涉及量。

1.3.1.2　测量的分类

直接测量:无需对被测量与其他实测量进行一定函数关系的辅助计算而直接得到被测量值得测量。

间接测量:通过直接测量与被测参数有已知函数关系的其他量而得到该被测参数量值的测量。

接触测量:仪器的测量头与工件的被测表面直接接触,并有机械作用的测力存在(如接触式三坐标等)。

非接触测量:仪器的测量头与工件的被测表面之间没有机械的测力存在(如光学投影仪、气动量仪测量和影像测量仪等)。

组合测量:如果被测量有多个,虽然被测量(未知量)与某种中间量存在一定函数关系,但由于函数式有多个未知量,对中间量的一次测量不可能求得被测量的值。这时可以通过改变测量条件来获得某些可测量的不同组合,然后测出这些组合的数值,解联立方程求出未知的被测量。

比较测量:比较法是指被测量与已知的同类度量器在比较器上进行比较,从而求得被测量的一种方法。这种方法用于高准确度的测量。

零位法:被测量与已知量进行比较,使两者之间的差值为零,这种方法称为零位法。例如电桥、天平、杆秤、检流计。

偏位法:被测量直接作用于测量机构使指针等偏转或位移以指示被测量大小。

替代法:替代法是将被测量与已知量先后接入同一测量仪器,在不改变仪器的工作状态下,使两次测量仪器的示值相同,则认为被测量等于已知量。例如曹冲称象。

累积法:被测量的物体的量值太小,不能够用测量仪器直接测量单一的物体,则测量相同规格的物体集合再求其平均值的方法,如测量一张纸张的厚度,一根头发丝的直径,一颗订书针的质量等。

1.3.1.3　测量方法

1) 根据测量条件分

(1) 等精度测量:用相同仪表与测量方法对同一被测量进行多次重复测量。

(2) 不等精度测量:用不同精度的仪表或不同的测量方法,或在环境条件相差很大时对同一被测量进行多次重复测量。

2) 根据被测量变化的快慢分

(1) 静态测量。

(2) 动态测量。

a. 直接测量法:不必测量与被测量有函数关系的其他量,而能直接得到被测量值的测量方法。

b. 间接测量法:通过测量与被测量有函数关系的其他量来得到被测量值的测量方法。

c. 定义测量法:根据量的定义来确定该量的测量方法。

d. 静态测量方法:确定可以认为不随时间变化的量值的测量方法。

e. 动态测量方法:确定随时间变化量值的瞬间量值的测定方法。

f. 直接比较测量法:将被测量直接与已知其值的同种量相比较的测量方法。

g. 微差测量法:将被测量与只有微小差别的已知同等量相比较,通过测量这两个量值间的差值来确定被测量值的测量方法。

1.3.1.4　有关测量误差的概念

通常,测量准确度是指测量值与被测量的真值之间的一致程度。而测量精密度是指在规定条件下,对同一个或相似的被测对象重复测量所得的示值或被测量的值之间的一致程度。误差是指测得的量值与参考量值之差。

系统误差是指在重复测量中保持恒定不变或按可预见的方式变化的测量误差的分量。测量偏移是指系统测量误差的估计值。随机误差是指在重复测量中按不可预见的方式变化的测量误差的分量。过失误差是指明显超出统计规律预期值的误差。过失误差又称粗大误差或粗差。修正是指对估计的系统误差的补偿。

1.3.2　测试

测试是对给定的产品、材料、设备、生物体、物理现象、过程或服务按规定的程序确定一种或多种特性的技术操作,也可将测试理解为测量和试验的综合。

检验是对产品的一种或多种特性进行测量、检查、试验或度量,并将其结果与规定的要求进行比较以确定是否合格的活动。

核查是按事先规定的方法,对核查标准进行经常性的重复测量,通过数据分析对测量结果进行质量控制的一种手段。两次检定或校准间隔内进行的核查称为期间核查。

测试性是产品能及时、准确地确定其状态(可工作、不可工作或性能下降)并隔离其内部故障的一种设计特性。

1.3.3　计量

计量是实现单位统一、保障量值准确可靠的活动。计量学是关于测量及其应用的科学,它涵盖测量理论和实践的各个方面,而不论测量的不确定度如何,也不论测量是在哪个领域中进行的。为了经济而有效地满足社会对测量的需要,应从法制、技术和管理等方面开展计量管理工作。

量值传递,通过计量检定,将国家计量标准器(基准)所复现的计量单位的量值,通过标准,逐级传递到工作用的计量器具,以保证对被测对象所测得量值的准确和一致。这个过程称为量值传递。

为了保证量值传递的准确和可靠,通常用法律的形式制定出计量器具等级系统图(或称为量值的传递系统)。

计量器具等级系统图是用来表明某一计量单位从最高准确度的计量标准器开

始,如何将量值逐级传递给工作用的计量器具的传递路线和传递过程所需计量器具的准确度等级及其工作范围。

量值溯源,是通过连续的比较链将被测量的测量结果与适当的标准器(通常是国家基准或国际基准)的量值联系起来的过程。量值的溯源是量值传递的逆过程。

中国航空工业量值传递系统如图 1-1 所示。

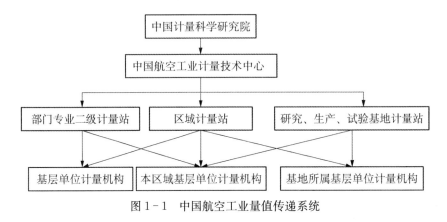

图 1-1 中国航空工业量值传递系统

热电偶型温度传感器的计量器具等级系统如图 1-2 所示。

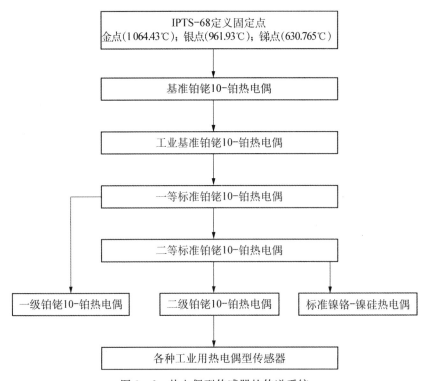

图 1-2 热电偶型传感器的传递系统

　　针对高温(800℃及以上)、中温、低温(0℃及以下),各类温度传感器的传递系统图又各有不同,无论从计量基准、标准和所用的仪器设备方面,均有较大不同。因而量值溯源与传递以及其可实现性,是非常复杂的一个过程。这里是以温度传感器为例进行说明,其他各种物理量的传感器的量值溯源与传递莫不如此。

1.3.4　校准

　　校准是在规定条件下,为确定测量器具或测量系统所指示的量值,与对应的由测量标准所复现的量值之间关系的一组操作。校准的第一步是得到校准值,第二步是利用校准值获得修正值或修正因子。即由测量标准提供的量值就是被校仪器示值的校准值,校准值与示值之差是被校仪器示值的修正值,校准值与示值之比是被校仪器示值的修正因子。有时校准只有上述第一步。校准结果可以记录在校准证书或校准报告中,给出校准值(包括校准函数、校准图、校准曲线或校准表格),也可以给出修正值或修正因子的。由于测量标准提供的量值是具有测量不确定度的,因此,校准值、修正值或修正因子是具有不确定度的。在有的场合称校准为定度或标校。

1.3.5　检定

　　检定是提供客观证据证明一个给定项目满足规定的要求。项目可以是测量系统、测量标准、检测设备或装备等。规定要求可以是满足制造厂的技术规范,也可以是满足装备的使用要求等。计量检定要依据检定规程或经审批的相关技术文件。检定结果应对给定项目做出合格或不合格的结论。检定包括将被检项目的示值与对应的测量标准所复现的量值进行比较得到示值误差,然后再将示值误差与规定的要求进行比较,做出是否合格的结论。当被检项目与测量标准的测量不确定度满足一定要求时,合格评定时可以忽略测量不确定度的影响,此时当示值误差小于规定要求时为合格。否则要考虑测量不确定度,即根据示值误差的绝对值加测量不确定度后是否小于规定要求来判定其是否合格。检定合格的装备和检测设备发给检定证书;经检定,部分合格且满足装备和检测设备使用要求的,发给检定证书并注明限用范围;检定不合格的装备和检测设备通知送检单位。在对装备或检测设备的检定中,检定还包括对装备或检测设备的功能检查、贴检定状态标识等。检定是查明和确认计量器具是否符合法定要求的程序,它包括检查、加标记和(或)出具检定证书。检定通常是进行量值传递、保证量值准确一致的重要措施。

1.3.6　校准和检定的主要区别

　　(1)校准不具有法制性,是企业自愿溯源行为;检定则具有法制性,属于计量管理范畴的执法行为。

　　(2)校准主要确定测量仪器的示值误差;检定则是对其计量特性及技术要求的全面评定。

　　(3)校准的依据是校准规范、校准方法,通常应做统一规定,有时也可自行制订;检定的依据则是检定规程。

（4）校准通常不判断测量仪器合格与否,必要时可确定其某一性能是否符合预期要求;检定则必须做出合格与否的结论。

（5）校准结果通常是出具校准证书或校准报告;检定结果则是合格的发检定证书,不合格的发不合格通知书。

1.3.7　比对

在规定条件下,对相同准确度等级或指定不确定度范围的同种测量标准、测量仪器或测量系统的测量结果之间比较的过程。

比对的目的是:

（1）确定某个实验室对特定试验或测量的能力,并监控实验室的持续能力。

（2）识别实验室的问题并采取纠正措施。

（3）确定新方法和监控记录已建立方法的有效性和可比性。

（4）向实验室的顾客提供更高的可信度。

（5）鉴别实验室的差异。

（6）确定一种方法的能力特性。

（7）给标准物质赋值,并评价其适用性。

1.4　传感器、敏感器、检测器

1.4.1　传感器

传感器（transducer/sensor）是一种能感受被测量的信息,并能将其按一定规律变换成为电信号或其他所需形式的信息输出,以满足信息的传输、处理、存储、显示、记录和控制等要求的器件或装置。在不同学科领域,也将传感器称为变换器、检测器、探测器等。国家标准 GB 7665—1987 对传感器的定义是:"能感受规定的被测量并按照一定的规律（数学函数法则）转换成可用信号的器件或装置,通常由敏感元件和转换元件组成。"

传感器是指提供与输入量有确定关系的输出量的器件。传感器的作用就是将输入量按照确定的对应关系变换成易测量或的处理的另一种量,或大小适当的同一种量再进行输出。有的量直接同它们的标准量比较是相当困难的,则可以将被测量即输入量变换成其他量,如电流、电压、电阻等易测的电学量,或大小不同的同种量,如大电流变换成小电流,从而输出得到被测量值,以得到准确的测量,这种器件就是传感器。一般传感器的特点是器件直接作用于被测量,即器件的输入量就是被测量值。如热电偶、电流互感器、应变计中的应变片、酸度计中的 pH 电极等,热电偶输入量值为温度,但它转变为热电动势即毫伏值,利用温度与其热电动势的对应关系,从而从温度指示仪或电子电位差计上得到被测量的温度值,热电偶就是一种测温的传感器。

人们为了从外界获取信息,必须借助于感觉器官。而单靠人们自身的感觉器官,在研究自然现象和规律以及生产活动中它们的功能就远远不够了。为适应这种情况,就需要传感器。因此可以说,传感器是人类五官的延长,又称之为电五官。

在基础学科研究中,传感器更具有突出的地位。现代科学技术的发展,进入了许多新领域:例如在宏观上要观察上千光年的茫茫宇宙,微观上要观察小到飞米(fm)的粒子世界,纵向上要观察长达数十万年的天体演化,短到秒(s)的瞬间反应。此外,还出现了对深化物质认识、开拓新能源、新材料等具有重要作用的各种极端技术研究,如超高温、超低温、超高压、超高真空、超强磁场、超弱磁场等。显然,要获取大量人类感官无法直接获取的信息,没有相适应的传感器是不可能的。许多基础科学研究的障碍,首先就在于对象信息的获取存在困难,而一些新机理和高灵敏度的检测传感器的出现,往往会导致该领域内的突破。一些传感器的发展,往往是一些边缘学科开发的先驱。

由此可见,传感器技术在发展经济、推动社会进步方面的重要作用,是十分明显的。世界各国都十分重视这一领域的发展。相信不久的将来,传感器技术将会出现一个飞跃,达到与其重要地位相称的新水平。

1.4.2　敏感器

敏感器通常称为敏感元件,它是指测量仪器或测量链中直接受被测量作用的元件。敏感元件是直接受被测量作用,能接受被测量信息的一个元件。例如热电高温计中热电偶的测量结(热端),涡轮流量计的转子,压力表的波纹管,液面测量仪的浮子,光谱光度计的光电池,双金属温度计的双金属片等。其特点是,它不仅能直接受被测量作用,同时又是一个元器件,能接受其信息的大小。它是测量仪器或测量链中输入信号的直接接受者,可以是一种元件也可以是一种器件。

1.4.3　检测器

检测器是指用于指示某个现象的存在而不必提供有关量值的器件或物质。

检测器的用途是为了指示某个现象是否存在,即反映该现象的某特定量是否存在,或者是为了确定该特定量是否达到了某一规定的阈值的测量仪器。检测器并不是与被测量值无关,其测量的信息结果是由被测量值决定的,并且具有一定的准确度,其特点是不必提供具体量值的大小。例如检测制冷装置其制冷剂是否泄漏的卤素检漏仪,在化学反应中应用的化学试纸,为了检测是否有测量信号而使用的示波器,为了检测信号接近零值程度的零位检测器或指零仪,在电离辐射中为了确定辐射水平阈值采用的给出声和光信号的个人剂量计等。

1.4.4　传感器、敏感器、检测器的区别

传感器是提供与输入量有确定关系的输出量的器件;敏感器是测量仪器或测量链中直接受被测量作用的元件;检测器是用于指示某个现象的存在而不必提供有关量值的器件或物质。例如热电偶是测量传感器,但它并不是敏感器,因为只有热电

偶的测量结(热端)直接处于被测量温度中,测量结才是敏感器。又如电阻温度计中的工业热电阻,它是测量传感器,但实际测温中虽然把热电阻的感温元件均处于被测量温度中,此时热电阻的感温元件就是敏感器,而不是测量传感器,因为它还有导线连接,可以进行输出,所以敏感器只能说是传感器直接接受被测量作用的那一部分,两者是有区别的。另外相对于检测器而言,也具有不同的概念。检测器是用以确定被测量值阈值的测量仪器,如卤素检漏仪,当然它不是一个敏感元件。但有的检测器直接作用于被测量,又能够随着输入量而达到输出,这时就是一种测量传感器。有的检测器它本身就是直接作用于被测量从而确定其阈值,如化学试纸,即这种检测器当然就属于一种敏感器了,有的敏感器,它能够直接确定其被测量阈值,则也可以称为检测器。

1.4.5 传感器特性

1.4.5.1 响应特性

响应特性是在确定条件下,激励与对应响应之间的关系。激励就是输入量或输入信号,响应就是输出量或输出信号,而响应特性就是输入输出特性。对一个完整的传感器来说,激励就是被测量,而响应就是它对应地给出的示值。显然,只有准确地确定了传感器的响应特性,其示值才能准确地反映被测量值。因此,可以说响应特性是传感器最基本的特性。

在确定条件下是一种必要的限定,因为只有在明确约定的条件下,讨论响应特性才有意义。传感器的响应特性,在静态测量中,传感器的输入 x(即待被测量的量值或激励)和输出 y(即示值或响应)不随时间而改变,它的输入/输出特性或静态响应特性可用下式表示:$y = f(x)$。

此关系可以建立在理论或实验的基础上,除了上述表述外,也可以用数表或图形表示。对于具有线性特性的传感器,其静态响应特性为

$$y = kx$$

式中:k 是传感器本身的一些固定参数值确定的常数。这是线性传感器响应特性的普遍表示式。只要 k 值一经确定,响应特性也就完全确定。

确定了线性传感器的静态响应特性,就可以方便地根据它来研究传感器的一系列静态特性(即用于测量静态量时测量仪器所呈现的特性),如灵敏度、线性、滞后、漂移等特性以及由它们引起的测量误差。

1.4.5.2 静态特性

传感器的静态特性是指对静态的输入信号、传感器输出量与输入量之间所具有的相互关系。因为这时的输入量和输出量都和时间无关,所以它们之间的关系,即传感器的静态特性可用一个不含时间变量的代数方程,或以输入量作横坐标,把与其对应的输出量作纵坐标而画出的特性曲线来描述。表征传感器静态特性的主要参数有线性度、灵敏度、迟滞、重复性、漂移等。

1) 线性度

线性度指传感器输出量与输入量之间的实际关系曲线偏离拟合直线的程度。定义为在全量程范围内实际特性曲线与拟合直线之间的最大偏差值与满量程输出值之比。

通常情况下,传感器的实际静态特性输出是条曲线而非直线。在实际工作中,为使仪表具有均匀刻度的读数,常用一条拟合直线近似地代表实际的特性曲线、线性度(非线性误差)就是这个近似程度的一个性能指标(见图 1-3)。

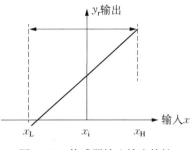

图 1-3 传感器输入输出特性

拟合直线的选取有多种方法。如将零输入和满量程输出点相连的理论直线作为拟合直线;或将与特性曲线上各点偏差的平方和为最小的理论直线作为拟合直线,此拟合直线称为最小二乘法拟合直线。

2) 灵敏度

灵敏度是传感器响应的变化除以对应的激励变化,是反映被测量(输入)变化引起传感器输出变化的程度。它用被观察变量的增量即响应(输出量)与相应被测量的增量即激励(输入量)之商来表示。如被测量变化很小,而引起的示值(输出量)改变很大,则该传感器的灵敏度就高。

灵敏度是传感器静态特性的一个重要指标。其定义为在稳态工作情况下输出量的增量 Δy 与引起该增量的相应输入量增量 Δx 之比。用 S 表示灵敏度。它是输出-输入特性曲线的斜率。如果传感器的输出和输入之间呈线性关系,则灵敏度 S 是一个常数。否则,它将随输入量的变化而变化。

灵敏度的量纲是输出、输入量的量纲之比。例如,某位移传感器,在位移变化 1 mm 时,输出电压变化为 200 mV,则其灵敏度应表示为 200 mV/mm。

当传感器的输出、输入量的量纲相同时,灵敏度可理解为放大倍数。

提高灵敏度,可得到较高的测量精度。但灵敏度愈高,测量范围愈窄,稳定性也往往愈差。

对于线性传感器来说,其灵敏度 S 为

$$S = \frac{输出量变化值 \ \Delta y}{输入量变化值 \ \Delta x} = k = 常数$$

式中:k 为传递系数,当响应 y 与激励 x 是同一种量时,又称为放大系数。对于非线性传感器,灵敏度可表示为 $S = f'(x)$。

这时灵敏度随激励变化而变化,它是一个变量,与激励值有关。

例如,在磁电系仪表中,响应特性是线性关系,灵敏度就是个常数;而在电磁系仪表中响应特性呈平方关系,灵敏度随激励值变化。又如电动系仪表,测量功率时灵敏度是个常数,而测量电流或电压时却又随激励值变化。因此,有时在表述测量

仪器的灵敏度时,往往要指明对哪个量而言。例如检流计,就要说明是指电流灵敏度还是电压灵敏度。

灵敏度是传感器中一个十分重要的计量特性,它是反映传感器性能的重要指标,但有时灵敏度并不是越高越好。为了方便读数,使示值处于稳定,还需要特意降低灵敏度值。

3) 迟滞

迟滞是传感器在输入量由小到大(正行程)及输入量由大到小(反行程)变化期间其输入输出特性曲线不重合的现象成为迟滞。对于同一大小的输入信号,传感器的正反行程输出信号大小不相等,这个差值称为迟滞差值。

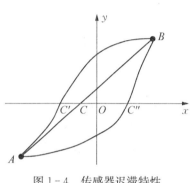

图1-4 传感器迟滞特性

如图 1-4 所示,传感器从输入点 A 开始到输入点 B 按从小到大的正行程变化规律应该是沿直线 ACB,从输入点 B 回到输入点 A 按从大到小的反行程变化规律应该是沿直线 BCA,而实际上,传感器从输入点 A 开始到输入点 B 按从小到大的正行程变化规律呈现出是沿曲线 $AC''B$,从输入点 B 回到输入点 A 按从大到小的反行程变化规律呈现出是沿曲线 $BC'A$。

4) 重复性

重复性是指传感器在输入量按同一方向作全量程连续多次变化时,所得特性曲线不一致的程度。

5) 稳定性

稳定性是传感器保持其输入输出转换特性随时间恒定的能力。通常稳定性是指传感器的转换特性随时间不变化的能力。若稳定性不是对时间而言,而是对其他量而言,则应该明确说明。稳定性可以进行定量的表征,主要是确定转换特性随时间变化的关系。通常可以用以下两种方式:用转换特性变化某个规定的量所需经过的时间,或用转换特性经过规定的时间所发生的变化量来进行定量表示。

对于传感器,稳定性是重要的性能之一,转换特性的稳定是保证量值准确的基础。传感器产生不稳定的因素很多,主要原因是元器件的老化、零部件的磨损,以及使用、贮存、维护工作不仔细等所致。传感器进行的周期检定或校准,就是对其稳定性的一种考核。稳定性也是科学合理地确定检定周期的重要依据之一。

6) 漂移

传感器的漂移是指在输入量不变的情况下,传感器输出量随着时间变化,此现象称为漂移。

漂移是传感器计量特性的慢变化。这是反映在规定条件下,传感器计量特性随时间的慢变化,如在几分钟、几十分钟或多少小时内保持其计量特性恒定能力的一个术语。如有的传感器所指的零点漂移,有的线性传感器静态特性随时间变化的量程漂移。产生漂移的原因,往往是由于周围环境温度、压力、湿度等影响变化所引起,或由于传感器自身结构参数、本身性能的不稳定。传感器使用时采取预热、预先放置一段时间与室温等温,就是减少漂移的一些措施。

7) 分辨力

当传感器的输入从非零值缓慢增加时,在超过某一增量后输出发生可观测的变化,这个输入增量称为传感器的分辨力,即最小输入增量。

分辨力是指传感器可感受到的被测量的最小变化的能力。也就是说,如果输入量从某一非零值缓慢地变化。当输入变化值未超过某一数值时,传感器的输出不会发生变化,即传感器对此输入量的变化是分辨不出来的。只有当输入量的变化超过分辨率时,其输出才会发生变化。

通常传感器在满量程范围内各点的分辨力并不相同,因此常用满量程中能使输出量产生阶跃变化的输入量中的最大变化值作为衡量分辨力的指标。上述指标若用满量程的百分比表示,则称为分辨力。分辨力与传感器的稳定性有负相关性。

8) 阈值

当传感器的输入从零值开始缓慢增加时,在达到某一值后输出发生可观测的变化,这个输入值称为传感器的阈值电压。

鉴别力阈是使传感器产生未察觉的响应变化的最大激励变化,这种激励变化应缓慢而单调地进行。是指当传感器在某一示值给以一定的输入,确定某激励值,这种激励再缓慢从同一方向逐步增加,开始为未察觉响应的变化,当传感器的输出开始有可觉察的响应变化时,读取该激励值,此输入的激励变化称为鉴别力阈,也可简称鉴别力,同样可以在反行程进行。

鉴别力阈有时人们也习惯称为灵敏阈、灵敏限,是同一个概念。产生鉴别力阈的原因可能与噪声(内部、外部的)、摩擦、阻尼、惯性等有关,也与激励值有关。

要注意灵敏度和鉴别力阈的区别和关系。这是两个概念,灵敏度是被测量(输入量)变化引起了传感器输出量变化的程度,鉴别力阈是引起传感器输出量未觉察变化时被测量(输入量)的最大变化。但两者是相关的,灵敏度越高,其鉴别力阈越小;其灵敏度越低,鉴别力阈越大。

9) 死区

死区是不致引起传感器响应发生变化的激励双向变动的最大区间。有的传感器由于机构零件的摩擦,零部件之间的间隙,弹性材料的变形,阻尼机构的影响,或由于被测量滞后等原因,在增大输入时,没有响应输出,或者在减少输入时,也没有响应变化,这一不会引起响应变化的最大的激励变化范围称为死区。相当于不工作区或不显示区。

通常传感器的死区可用滞后误差或回程误差来进行定量确定。死区大小与测量过程中的速率有关,要准确地得到死区的大小则激励的双向变动要缓慢地进行。

对于数字式传感器的死区,一种解释为:引起数字输出的模拟输入信号的最小变化。但有时死区过小,反而使示值指示不稳定,稍有激励变化,响应就改变,为了提高测量示值的稳定性,方便读数,有时要采取降低灵敏度或增加阻尼机构等措施来加大死区。

1.4.5.3　动态特性

所谓动态特性,是指传感器在输入变化时,它的输出的特性。在实际工作中,传感器的动态特性常用它对某些标准输入信号的响应来表示。这是因为传感器对标准输入信号的响应容易用实验方法求得,并且它对标准输入信号的响应与它对任意输入信号的响应之间存在一定的关系,往往知道了前者就能推定后者。最常用的标准输入信号有阶跃信号和正弦信号两种,所以传感器的动态特性也常用阶跃响应和频率响应来表示。

在动态测量中,传感器的激励或输入按时间 t 的函数而改变,其响应或输出也是时间的函数,一般认为它们之间的关系可以用常系数微分方程来描述,用拉普拉斯积分变换来求解常系数线性微分方程十分方便,当激励按时间函数变化时,传递函数(响应的拉普拉斯变换除以激励的拉普拉斯变换)是响应特性的一种形式。

响应时间是激励受到规定突变的瞬间,与响应达到并保持其最终稳定值的规定极限内的瞬间,这两者之间的时间间隔。这是传感器动态响应特性的重要参数之一,是指对输入输出关系的响应特性中,考核随着激励的变化其响应时间反映的能力,当然越短越好,响应时间短则反映指示灵敏快捷,有利于进行快速测量或调节控制。对于线性一阶传感器来说,响应时间就是它的时间常数。

1.4.5.4　超然性

超然性是传感器不改变被测量的能力,是传感器本身从原理、结构、使用上是否存在着对被测量值影响的能力。这是传感器在设计和使用中应考虑的一个重要因素。最好是不影响或使其影响减小到最少。实际上,在进行测量时,传感器几乎不可避免地要影响着被测量,存在着超然性,因为传感器与被测量之间必然有能量和物质的消耗,或传感器结构、使用方法对被测量的影响。如电流表、电压表在使用时会有电功率的消耗;热电偶测温时总伴有与外界的热交换影响。有的传感器由于内部的结构、其传动或指示机构的不平衡性,以及测量方法、使用环境等都会对被测量值产生影响,这将会增大传感器的示值误差,影响传感器的准确度。

1.5　传感器分类

传感器是一种物理装置或生物器官,能够探测、感受外界的信号、物理条件(如光、热、湿度)或化学组成(如烟雾),并将探知的信息传递给其他装置或器官。通常人们称之为能感受规定的被测量并按照一定的规律转换成可用输出信号的器件或装置。或者是接受物理或化学变量(输入变量)形式的信息,并按一定规律将其转换成同种或别种性质的输出信号的装置。

国际电工委员会（International Electro-technical Committee，IEC）的定义为：
"传感器是测量系统中的一种前置部件，它将输入变量转换成可供测量的信号"。按
照 Gopel 等的说法是："传感器是包括承载体和电路连接的敏感元件"，而"传感器系
统则是组合有某种信息处理（模拟或数字）能力的传感器"。传感器是传感器系统的
一个组成部分，它是被测量信号输入的第一道关口。

传感器系统的原则如图 1-5 所示，进入传感器的信号幅度是很小的，而且混杂
有干扰信号和噪声。为了方便后续的处理过程，首先要将信号整形成具有最佳特性
的波形，有时还需要将信号线性化，该工作是由放大器、滤波器以及其他一些模拟电
路完成的。在某些情况下，这些电路的一部分是和传感器部件直接相邻的。整形后
的信号随后转换成数字信号，并输入到微处理器。

图 1-5　传感器系统的原则

各种物理效应和工作机理被用于制作不同功能的传感器。传感器可以直接接
触被测量对象，也可以不接触。用于传感器的工作机制和效应类型不断增加，其包
含的处理过程日益完善。

人们对传感器设定了许多技术要求，有一些是对所有类型传感器都适用的，也
有只对特定类型传感器适用的特殊要求。针对传感器的工作原理和结构在不同场
合均需要的基本要求是：高灵敏度，抗干扰的稳定性（对噪声不敏感），线性，容易调
节（校准简易）；高精度，高可靠性，无迟滞性，工作寿命长（耐用性）；可重复性，抗老
化，高响应速率，抗环境影响（热、振动、酸、碱、空气、水、尘埃）的能力；选择性，安全
性（传感器应是无污染的），互换性，低成本；宽测量范围，小尺寸、重量轻和高强度，
宽工作温度范围。

人们可以按不同观点对传感器进行分类：按转换原理（传感器工作的基本物理
或化学效应）分类；按用途分类；按输入量分类：位移，压力，温度，速度等传感器，以
被测物理量命名；按它们的输出信号类型以及制作它们的材料和工艺分类；按物理
现象分类；按能量关系分类等。

1.5.1　按工作原理分类

根据传感器工作原理，可分为物理传感器和化学传感器两大类。

按传感器工作原理的分类，物理传感器应用的是物理效应，诸如压电效应，磁致
伸缩现象，电离化、极化、热电、光电、磁电等效应。被测信号量的微小变化都将转换
成电信号。

化学传感器包括那些以化学吸附、电化学反应等现象为因果关系的传感器，被
测信号量的微小变化也将转换成电信号。

有些传感器既不能划分到物理类,也不能划分为化学类。

大多数传感器是以物理原理为基础运作的。化学传感器技术问题较多,例如可靠性问题,规模生产的可能性,价格问题等,解决了这类难题,化学传感器的应用将会有巨大增长。

1.5.2　按用途分类

按照其用途,传感器可分类为:

(1) 压力敏和力敏传感器。

(2) 位置传感器。

(3) 液面传感器。

(4) 能耗传感器。

(5) 速度传感器。

(6) 热敏传感器。

(7) 加速度传感器。

(8) 射线辐射传感器。

(9) 振动传感器。

(10) 湿敏传感器。

(11) 磁敏传感器。

(12) 气敏传感器。

(13) 真空度传感器。

(14) 生物传感器。

(15) 雷达传感器等。

1.5.3　按输出信号分类

以其输出信号为标准可将传感器分为:

(1) 模拟传感器——将被测量的非电学量转换成模拟电信号。

(2) 数字传感器——将被测量的非电学量转换成数字输出信号(包括直接和间接转换)。

(3) 膺数字传感器——将被测量的信号量转换成频率信号或短周期信号的输出(包括直接或间接转换)。

(4) 开关传感器——当一个被测量的信号达到某个特定的阈值时,传感器相应地输出一个设定的低电平或高电平信号。

在外界因素的作用下,所有材料都会做出相应的、具有特征性的反应。它们中的那些对外界作用最敏感的材料,即那些具有功能特性的材料,被用来制作传感器的敏感元件。

1.5.4　按材料分类

从所应用的材料观点出发可将传感器分成下列几类:

（1）按照其所用材料的类别分为金属、聚合物、陶瓷、混合物。

（2）按材料的物理性质分为导体、绝缘体、半导体、磁性材料。

（3）按材料的晶体结构分为单晶、多晶、非晶材料。

与采用新材料紧密相关的传感器开发工作，可以归纳为下述 3 个方向：

（1）在已知的材料中探索新的现象、效应和反应，然后使它们能在传感器技术中得到实际使用。

（2）探索新的材料，应用那些已知的现象、效应和反应来改进传感器技术。

（3）在研究新型材料的基础上探索新现象、新效应和反应，并在传感器技术中加以具体实施。

现代传感器制造业的进展取决于用于传感器技术的新材料和敏感元件的开发强度。传感器开发的基本趋势是和半导体以及介质材料的应用密切关联的。

1.5.5　按制造工艺分类

按照其制造工艺，可以将传感器区分为集成传感器、薄膜传感器、厚膜传感器、陶瓷传感器。

（1）集成传感器是用标准的生产硅基半导体集成电路的工艺技术制造的。通常还将用于初步处理被测信号的部分电路也集成在同一芯片上。

（2）薄膜传感器是通过沉积在介质衬底（基板）上的，相应敏感材料的薄膜形成的。使用混合工艺时，同样可将部分电路制造在此基板上。

（3）厚膜传感器是利用相应材料的浆料，涂覆在陶瓷基片上制成的，基片通常是 Al_2O_3 制成的，然后进行热处理，使厚膜成形。

（4）陶瓷传感器采用标准的陶瓷工艺或其某种变种工艺（溶胶-凝胶等）生产。

完成适当的预备性操作之后，已成形的元件在高温中进行烧结。厚膜和陶瓷传感器这两种工艺之间有许多共同特性，在某些方面，可以认为厚膜工艺是陶瓷工艺的一种变形。

每种工艺技术都有自己的优点和不足。若由于研究、开发和生产所需的资本投入较低，以及传感器参数的高稳定性等原因，采用陶瓷和厚膜传感器比较合理。

例如，位移传感器又称为线性传感器，它分为电感式位移传感器、电容式位移传感器、光电式位移传感器、超声波式位移传感器、霍尔式位移传感器。

电感式位移传感器是一种属于金属感应的线性器件，接通电源后，在开关的感应面将产生一个交变磁场，当金属物体接近此感应面时，金属中则产生涡流而吸取了振荡器的能量，使振荡器输出幅度线性衰减，然后根据衰减量的变化来完成无接触检测物体的目的。

电容式位移传感器具有无滑动触点，工作时不受灰尘等非金属因素的影响，并且低功耗，长寿命，可使用在各种恶劣条件下。位移传感器主要应用在自动化装备生产线对模拟量的智能控制。

传感器品种很多，原理各异，应用对象繁杂。根据分析问题角度的需要，采用较多的是用途分类法和材料分类法等。

在民用飞机上，由于测量、控制的需要，使用大量的、几乎囊括所有基本物理量传感器和空气成分含量的化学量传感器。民用飞机在要求传感器的基本性能的同时，对传感器的高精度、高灵敏度、抗干扰、稳定性、高可靠性，以及使用环境、轻小型化要求更高。

1.6　测量数据的估值滤波

估计理论是应用统计学方法来研究，用有噪声的观测数据估计实际参量或随机变量、随机过程或系统某些特性的理论，为信息论的一个分支，是现代测量的重要理论基础之一。估计分为参量估计和状态估计两类。参量和状态的区别是：前者随着时间保持不变或只缓慢变化；后者则随着时间连续变化。例如，根据雷达回波来估计每一时刻在连续变化的卫星的 3 个空间位置矢量和 3 个速度矢量，这是状态估计。对卫星的质量和惯量等的估计则属于参量估计。被估计的参量又可分为随机变量和非随机变量两种。要估计的状态则又有离散时间和连续时间的区别。

19 世纪初，德国数学家 C·F·高斯提出了最小二乘法估计（最小平方误差估计）。从 20 世纪 20—30 年代，英国统计学家 R·A·费舍尔系统地建立了经典估计理论。1941 年苏联科学家 H·柯尔莫戈洛夫首先论述离散时间情况下的预测问题。美国科学家 N·维纳于 1942 年推导出连续时间滤波。他们都把统计方法应用于解决与状态估计有关的最佳线性滤波问题，为现代估计理论奠定了基础。20 世纪 60 年代初，R·E·卡尔曼等人发展了维纳理论，把状态变量法引入滤波理论，用时域微分方程表示滤波问题，得到递归滤波算法，适于用计算机求解和实时处理。这一突破使估计理论在许多领域得到实际应用。20 世纪 80 年代初，光纤通信和激光雷达等逐渐成为工程现实，量子信道与量子检测和估计理论引起了人们的注意。

1.6.1　数据处理过程中对误差的估计

1）真值

测量的目的是获取真值，但真值是指某物理量客观存在的确定值，它通常是未知的。

由于误差的客观存在，真值一般是无法测得的。测量次数无限多时，根据正负误差出现的概率相等的误差分布定律，在不存在系统误差的情况下，它们的平均值极为接近真值。故在实验科学中真值的定义为无限多次观测值的平均值。但实际测定的次数总是有限的，由有限次数求出的平均值，只能近似地接近于真值，可称此平均值为最佳值。

2）平均值

在工程领域中常用的平均值有下面几种：

（1）算术平均值这种平均值最常用。设 x_1，x_2，$\cdots$，x_n 为各次的测量值，n 代表

测量次数,则算术平均值为

$$\overline{x} = \frac{1}{n} \sum_{i=1}^{n} x_i$$

（2）均方根平均值。

（3）几何平均值。

（4）对数平均值。

（5）加权平均值。

1.6.1.1　误差的分类

根据误差的性质和产生的原因,可将误差分为系统误差、随机误差、过失误差3类。

1）系统误差

系统误差是由某些固定不变的因素引起的,这些因素影响的结果永远朝一个方向偏移,其大小及符号在同一组实验测量中完全相同。当实验条件一经确定,系统误差就是一个客观上的恒定值,多次测量的平均值也不能减弱它的影响。误差随实验条件的改变按一定规律变化。产生系统误差的原因有以下几方面:

（1）测量仪器方面的因素,如仪器设计上的缺点,刻度不准,仪表未进行校正或标准表本身存在偏差,安装不正确等。

（2）环境因素,如外界温度、湿度、压力等引起的误差。

（3）测量方法因素,如近似的测量方法或近似的计算公式等引起的误差。

（4）测量人员的习惯和偏向或动态测量时的滞后现象等,如读数偏高或偏低所引起的误差。针对以上具体情况分别改进仪器和实验装置以及提高测试技能予以解决。

2）随机误差

它是由某些不易控制的因素造成的。

在相同条件下做多次测量,其误差数值是不确定的,时大时小,时正时负,没有确定的规律,这类误差称为随机误差或偶然误差。

这类误差产生原因不明,因而无法控制和补偿。

若对某一量值进行足够多次的等精度测量,就会发现随机误差服从统计规律,误差的大小或正负的出现完全由概率决定的。

随着测量次数的增加,随机误差的算术平均值趋近于零,所以多次测量结果的算术平均值将更接近于真值。

3）过失误差

过失误差是一种与实际事实明显不符的误差,误差值可能很大,且无一定的规律。

它主要是由于实验人员粗心大意、操作不当造成的,如读错数据,操作失误等。在测量或实验时,只要认真负责是可以避免这类误差的。存在过失误差的观测值在实验数据整理时应该剔除。

1.6.1.2 精密度和精确度

测量的质量和水平可以用误差概念来描述,也可以用精确度来描述。为了指明误差来源和性质,可分为精密度和精确度。

精密度:在测量中所测得的数值重现性的程度。它可以反映随机误差的影响程度,随机误差小,则精密度高。

精确度:测量值与真值之间的符合程度。它反映了测量中所有系统误差和随机误差的综合。

精密度和精确度分为 A、B、C 三挡。

(1) A 挡的系统误差小,随机误差大,精密度、精确度都不好。

(2) B 挡说明系统误差大,随机误差小,精密度很好,但精确度不好。

(3) C 挡系统误差和随机误差都很小,精密度和精确度都很好。

1.6.1.3 实验数据的记数法和有效数字

实验测量中所使用的仪器仪表只能达到一定的精度,因此测量或运算的结果不可能也不应该超越仪器仪表所允许的精度范围。正确的记录是有效数字只能有一位存疑值。

1) 错误认识

小数点后面的数字越多就越正确,或者运算结果保留位数越多越准确。

例如:用最小分度为 1 cm 的标尺测量两点间的距离,得到

$$9140\,\text{mm};$$
$$914.0\,\text{cm};$$
$$9.140\,\text{m};$$
$$0.009\,140\,\text{km}。$$

其精确度相同,但由于使用的测量单位不同,小数点的位置就不同。

2) 有效数字的表示

应注意非零数字前面和后面的零。0.009 140 km 前面的 3 个零不是有效数字,它与所用的单位有关。非零数字后面的零是否为有效数字,取决于最后的零是否用于定位。

例如:由于标尺的最小分度为 1 cm,故其读数可以到 5 mm(估计值),因此 9 140 mm 中的零是有效数字,该数值的有效数字是四位。

3) 科学记数法

用指数形式记数,如:9140 mm 可记为 $9.140 \times 10^3\,\text{mm}$;

$$0.009\,140\,\text{km} 可记为 9.140 \times 10^{-3}\,\text{km}。$$

4) 有效数字的运算规则

(1) 加、减法运算。

有效数字进行加、减法运算时,有效数字的位数与各因子中有效数字位数最小

的相同。

（2）乘、除法运算。

两个量相乘（相除）的积（商），其有效数字位数与各因子中有效数字位数最少的相同。

（3）乘方、开方运算。

乘方、开方后的有效数字的位数与其底数相同。

（4）对数运算。

对数的有效数字的位数应与其真数相同。

1.6.2　估计值

设$(X_1, \cdots, X_n)$为来自总体X的样本，$(x_1, \cdots, x_n)$为相应的样本值，θ是总体分布的未知参数，$\theta \in \Theta$。

Θ表示θ的取值范围，称Θ为参数空间。尽管θ是未知的，但它的参数空间Θ是事先知道的。为了估计未知参数θ，构造一个统计量$h(X_1, \cdots, X_n)$，然后用$h(X_1, \cdots, X_n)$的值$h(x_1, \cdots, x_n)$来估计θ的真值，称$h(X_1, \cdots, X_n)$为θ的估计量，称$h(x_1, \cdots, x_n)$为θ的估计值。

1.6.2.1　无偏估计值

在有限次测量时，由样本值求得的估计值在待估参数的真值附近摆动，且其期望值就是待估参数的真值。

如算术平均值X是μ的无偏估计值，样本方差S^2是σ^2的无偏估计值。但最大似然估计值σ'^2不是σ^2的无偏估计值，而只是其渐近无偏估计值。

用无偏估计值来估计参数时没有系统误差。

1.6.2.2　点估计

点估计又称定值估计，就是用实际样本指标数值作为总体参数的估计值。

由样本数据估计总体分布所含未知参数的真值，所得到的值称为估计值。点估计的精确程度用置信区间表示。

当母群的性质不清楚时，我们须利用某一量数作为估计数，以帮助了解母数的性质。如：样本平均数乃是母群平均数μ的估计数，当我们只用一个特定的值，亦即数线上的一个点作为估计值以估计母数时，就称为点估计。

点估计目的是依据样本$\boldsymbol{X} = (X_1, X_2, \cdots, X_n)$估计总体分布所含的未知参数$\theta$或$\theta$的函数$g(\theta)$。一般$\boldsymbol{\theta}$或$\boldsymbol{g(\theta)}$是总体的某个特征值，如数学期望、方差、相关系数等。

θ或$g(\theta)$通常取实数或k维实向量为值。点估计问题就是要构造一个只依赖于样本$\boldsymbol{X}$的量$\boldsymbol{\theta}(\boldsymbol{X})$，作为$g(\boldsymbol{\theta})$的估计值。$\boldsymbol{\theta}(\boldsymbol{X})$称为$g(\boldsymbol{\theta})$的估计量。因为$k$维实向量可表为$k$维欧几里得空间的一个点，故称这样的估计为点估计。

例如，设一批产品的废品率为θ，为估计θ，从这批产品中随机地抽出n个作检查，以X记其中的废品个数，用X/n估计θ，就是一个点估计。又如用样本方差估计总体分布的方差,或用样本相关系数估计总体分布的相关系数,都是常见的点估计。

点估计的常用方法有矩估计法、顺序统计量法、最大似然法、最小二乘法等。

1.6.3　滤波

滤波是将信号中特定波段频率滤除的操作,是抑制和防止干扰的一项重要措施。是根据观察某一随机过程的结果,对另一与之有关的随机过程进行估计的概率理论与方法。滤波是信号处理中的一个重要概念,滤波分经典滤波和现代滤波。

滤波一词起源于通信理论,它是从含有干扰的接收信号中提取有用信号的一种技术。"接收信号"相当于被观测的随机过程,"有用信号"相当于被估计的随机过程。例如用雷达跟踪飞机,测得的飞机位置的数据中,含有测量误差及其他随机干扰,如何利用这些数据尽可能准确地估计出飞机在每一时刻的位置、速度、加速度等,并预测飞机未来的位置,就是一个滤波与预测问题。这类问题在电子技术、航天科学、控制工程及其他科学技术部门中都是大量存在的。历史上最早考虑的是维纳滤波,后来 R·E·卡尔曼和 R·S·布西于 20 世纪 60 年代提出了卡尔曼滤波。目前,对一般的非线性滤波问题的研究相当活跃。

1.6.3.1　经典滤波

经典滤波的概念,是根据傅里叶分析和变换提出的一个工程概念。根据高等数学理论,任何一个满足一定条件的信号,都可以被看成是由无限个正弦波叠加而成。换句话说,工程信号是不同频率的正弦波线性叠加而成的,组成信号的不同频率的正弦波称为信号的基波频率成分或谐波成分。只允许一定频率范围内的信号成分正常通过,而阻止另一部分频率成分通过的电路,称为经典滤波器或滤波电路。实际上,任何一个电子系统都具有自己的频带宽度(对信号最高频率的限制),频率特性反映出了电子系统的这个基本特点。

1.6.3.2　现代滤波

用模拟电子电路对模拟信号进行滤波,其基本原理就是利用电路的频率特性实现对信号中频率成分的选择。根据频率滤波时,是把信号看成是由不同频率正弦波叠加而成的模拟信号,通过选择不同的频率成分来实现信号滤波。

现代滤波通常指使用不同的数字信号处理算法和手段改变数字信号中各个不同的频率成分分量的信号处理过程。也称其为数字滤波算法或数字滤波器。

(1) 当允许信号中较高频率的成分通过滤波器时,这种滤波器称为高通滤波器。

(2) 当允许信号中较低频率的成分通过滤波器时,这种滤波器称为低通滤波器。

(3) 设低频段的截止频率为 f_{p1},高频段的截止频率为 f_{p2}:

a. 频率在 f_{p1} 与 f_{p2} 之间的信号能通过其他频率的信号被衰减的滤波器称为带通滤波器。

b. 反之,频率在 f_{p1} 到 f_{p2} 的范围之间的被衰减,之外能通过的滤波器称为带阻滤波器。

理想滤波器的行为特性通常用幅度-频率特性图描述,也称为滤波器电路的幅频特性。

1.6.4　滤波问题分类

通常,滤波器是根据电路参数对电路频带宽度的影响而设计出来的工程应用电路。对于滤波器,增益幅度不为零的频率范围称为通频带,简称通带,增益幅度为零的频率范围称为阻带。通带所表示的是能够通过滤波器而不会产生衰减的信号频率成分,阻带所表示的是被滤波器衰减掉的信号频率成分。通带内信号所获得的增益称为通带增益,阻带中信号所得到的衰减称为阻带衰减。在工程实际中,一般使用 dB 作为滤波器的幅度增益单位。

在数字信号处理中,针对数字信号的数字滤波器也存在相同的通带、阻带及相关定义。

按照滤波是在一整段时间上进行或只是在某些采样点上进行,可分为连续时间滤波与离散时间滤波。前者的时间参数集 T 可取为实半轴 $[0, \infty)$ 或实轴 $(-\infty, \infty)$;后者的 T 可取为非负整数集 $\{0, 1, 2, \cdots\}$ 或整数集 $\{\cdots, -2, -1, 0, 1, 2, \cdots\}$。设 $X = \{X, t \in T\} = \{Y, t \in T\}$ 有穷,即其中 X 为被估计过程,它不能被直接观测;Y 为被观测过程,它包含了 X 的某些信息。用表示到时刻 t 为止的观测数据全体,如果能找到中诸元的一个函数 $f(*)$,使其均方误差达到极小,就称为 X_t 的最优滤波;如果取极小值的范围限于线性函数,就称为 X_t 的线性最优滤波。可以证明,最优滤波与线性最优滤波都以概率 1 唯一存在。对于前者,$E[Y_t]$ 就是 X_t 关于 $\sigma(*)$(生成的 σ 域)的条件期望。对于后者,若进一步设均值 $E[X_t] = E[Y_t] = 0$,则 Y_t 就是 X_t 在希尔伯特空间上的投影。如果 (X, Y) 是二维正态过程,则最优滤波与线性最优滤波是一致的。

为了应用和叙述的方便,有时还把上面的定义更细致地加以分类。设 τ 为一确定的实数或整数,且考虑被估计过程。按照 $\tau = 0$、$\tau > 0$、$\tau < 0$,分别称为最优滤波、(τ 步)预测或外推、(τ 步)平滑或内插,分别为对应的误差与均方误差,而统称这类问题为滤波问题。滤波问题的主要课题是研究对哪些类型的随机过程 X 和 Y,可以并且如何用观测结果的某种解析表示式,或微分方程,或递推公式等形式表达出来,并进而研究它们的种种性质。此外,上面所指的一维随机过程 X、Y,可以推广为多维随机过程。

1.6.4.1　维纳滤波

历史上最先考虑的是宽平稳过程的线性预测和滤波问题,它的一般模型是 $Y_t = X_t + N_t$,其中 (X, N) 为二维宽平稳过程或序列,其谱分布函数已知,其均值为零。设从 $-\infty$ 到时刻 t 为止的全部 Y 的值都已被观测到,求 X 的 τ 步线性预测及其均方误差。如果限于考虑 $N = 0$、$\tau > 0$ 的情形,则变成在无误差观测条件下 X 本身的线性预测问题;如果 $N \neq 0$、$\tau \leqslant 0$,则变成从受到噪声 N 干扰的接收信号 Y 中

提取有用信号 X 的滤波问题。1939—1941 年,A·H·柯尔莫哥洛夫利用平稳序列的沃尔德分解,给出了线性预测的一般理论与处理办法,随即被推广到连续时间的平稳过程。N·维纳则在 1942 年对于平稳序列与过程的谱密度存在且满足某种正则条件的情形,利用谱分解导出了线性最优预测和滤波的明显表达式,即维纳滤波公式,并在防空火力控制、电子工程等部门获得了应用。上述模型在 20 世纪 50 年代被推广到仅在有限时间区间内进行观测的平稳过程以及某些特殊的非平稳过程,其应用范围也扩充到更多的领域。至今它仍是处理各种动态数据(如气象、水文、地震勘探等)及预测未来的有力工具之一。

维纳滤波公式是通过平稳过程的谱分解导出的,难以推广到较一般的非平稳过程和多维情形,因而应用范围受到限制。另一方面,在不断增加观测结果时,不易从已算出的滤波值及新的观测值较简单地求出新的滤波值,特别是不能满足在电子计算机上快速处理大量数据的需要。

1.6.4.2　卡尔曼滤波

高速电子计算机的发展以及测定人造卫星轨道和导航等技术问题的需要,R·E·卡尔曼与 R·S·布西于 20 世纪 60 年代初期提出了一类新的线性滤波的模型与方法,称为卡尔曼滤波。其基本假设是,被估计过程 X 为随机噪声影响下的有限阶多维线性动态系统的输出,而被观测的 Y_t 则是 X_t 的部分分量或其线性函数与量测噪声的叠加,这里并不要求平稳性,但要求不同时刻的噪声值是不相关的。此外,观测只需从某一确定时刻开始,而不必是无穷长的观测区间。更重要的是,适应电子计算机的特点,卡尔曼滤波公式不是将估计值表示为观测值的明显的函数形式,而是给出它的一种递推算法(即实时算法)。具体地说,对于离散时间滤波,只要适当增大 X 的维数,就可以将 t 时刻的滤波值表示为前一时刻的滤波值与本时刻的观测值 Y_t 的某种线性组合。对于连续时间滤波,则可以给出与 Y_t 所应满足的线性随机微分方程。在需要不断增加观测结果和输出滤波值的情形,这样的算法加快了处理数据的速度,而且减少了数据存贮量。卡尔曼还证明,如果所考虑的线性系统满足某种"可控性"和"可观测性"(这是现代控制理论中由卡尔曼提出的两个重要概念),那么最优滤波一定是"渐近稳定"的。大致说来,就是由初始误差、舍入误差及其他的不准确性所引起的效应,将随着滤波时间的延长而逐渐消失或趋于稳定,不致形成误差的积累。这在实际应用上是很重要的。

卡尔曼滤波也有多种形式的推广,例如放宽对噪声不相关性的限制,用线性系统逼近非线性系统,以及所谓"自适应滤波"等,并获得了日益广泛的应用。

1.6.4.3　非线性滤波

前已说明,一般的非线性最优滤波可归结为求条件期望的问题。对于有限多个观测值的情形,条件期望原则上可以用贝叶斯公式来计算。但即使在比较简单的场合,这样得出的结果也是相当繁杂的,无论对实际应用或理论研究都很不方便。与卡尔曼滤波类似,人们也希望能给出非线性滤波的某种递推算法或它所满足的随机微分方程。但一般它们并不存在,因此必须对所讨论的过程 X 与 Y 加以适当的限制。非线性滤波的研究工作相当活跃,它涉及随机过程论的许多近代成果,如随机过程一般理论、鞅、随机微分方程、点过程等。其中一个十分重要的问题,是研究在什么条件下,存在一个鞅 M,使得在任何时刻,M 和 Y 都包含同样的信息;这样的 M 称为 Y 的新息过程。目前对于一类所谓"条件正态过程",已经给出了非线性最优滤波的可严格实现的递推算式。在实际应用上,对非线性滤波问题往往采用各种线性近似的方法。

1.7　测量的可靠性

1.7.1　测量结果的不确定度评定与表述

测量的可靠性是用不确定度来定量表示和描述的,对测量数据进行分析处理和误差评估是测量的重要内容。测量数据都包含有误差,为保证测量值的准确可靠,每项测量结果都规定有一定的误差,对有些精确测量数据还要给出误差的概率。长期以来,人们习惯用系统误差和随机误差的概念,近年来国际上普遍引入测量不确定度的概念,对测量结果的水平或质量进行评定。ISO/IEC 导则 25《校准和检测实验室能力的通用要求》中指明,校准实验室出具的每份证书或报告,都应包括有关测量结果不确定度评定的说明;在检测实验室出具的检测报告中,必要时也应予以说明。

测量不确定度的定义为:测量结果带有的参数,用以表征合理赋予被测量的值的分散性。表征分散性的参数可以是标准差或标准差的给定倍数,或者置信水准的区间半宽度。这是一个完全可以操作的最新定义,将测量结果的分量标准不确定度分为 A 类或 B 类进行评定,它们合成后即可得合成标准不确定度,于是表征测量结果的参数——不确定度即可求出。

1963 年,美国国家标准局(NBS)的计量专家在研究"仪器校准系统的精密度和准确度的估计"时,提出了定量表示不确定度的建议。以后,NBS 在研究和推广测量保证方案(MAP)时,进一步发展了不确定度的定量表示。1977 年 5 月,国际计量委员会下设的国际电离辐射咨询委员会(CCEMRI),在讨论 X~γ 射线的测量结果应如何表达在校准证书上时,产生了几种不同意见,未能达到一致。1977 年 7 月,当时的 CCEMRI 主席、美国 NBS 局长 Ambler 向国际计量局递交了解决测量不确定度表示的国际统一性问题的提案报告。国际计量委员会认为如何正确、统一地表达校准结果或测试结果的可靠程度的定量评定以及其被使用,是计量学中的一个十分重要的问题,并于 1978 年向国际计量局提出组织一个专门的工作组与各国联系,协助解决这一课题。国际计量局制订了详细的调查表,分发到 32 个国家计量院和 5 个国际组织征求意见。1979 年底,收到 21 个国家计量院的回复。1980 年,国际计量局召集和成立了不确定度表示工作组,有 11 个国家计量院的专家参加起草了《不确定度表述》建议书《INC—1(1980)》,提出了对不确定度评定与表示规定一个统一的、一般可以接受的原则。1981年,第70届国际计量委员会批准了上述建议书,并发布了一份国际计量委员会建议书《CI—1981》。1986年,国际计量委员会重申采用测量不确定度表示的统一方法,又发布了《CI—1986》建议书,并要求所有国际计量委员会及其咨询委员会组织的国际比对及其他工作的参加者,在给出测量结果时,必须使用合成不确定度。

自20世纪80年代以来,《CI—1986》建议的不确定度表示方法已经在世界各国的许多实验室和计量机构使用。但是《INC—1(1980)》只是一份十分简单的纲要性文件,对于如何在具体工作实施这些要点,缺乏一个实用的、较详细的指导性文件。考虑到国际标准化组织(ISO)能更好地反映工商界以及各不同学科广泛的需求,1986年,国际计量委员会把这一任务交给了ISO,要求在《INC—1(1980)》的基础上,起草一份能广泛应用的导则,以进一步促进国际上在表述测量结果中采用相同方法。这项工作得到另外6个国际组织的支持,它们是:国际计量局(BIPM)、国际电工委员会(IEC)、国际临床化学联合会(IFCC)、国际理论化学与应用化学联合会(IUPAC)、国际理论物理与应用物理联合会(IUPAP)、国际法制计量组织(OIMI)。自此,由ISO的第四技术顾问组(TAG4)的第三工作组(WG3)负责起草,参加起草的成员由BIPM、IEC、ISO和OIML提名。1993年,以7个国际组织的名义由ISO出版《测量不确定度表示指南》(GUM)第一版,1995年又做了少量修改,并重印发布。GUM是国际计量界总结大量测量实践和误差理论研究的重要成果,对测量不确定度的术语定义、概念、评定方法和报告的表达方式等都做了明确的统一规定。它代表了当前国际上表示测量结果及其不确定度的约定做法,从而使不同国家、不同地区、不同学科、不同领域,在表示测量结果及其不确定度具有一致的含义和认同,各有关方面都重视采用实施。中国国家质量技术监督局组织计量专家对GUM深入研究和探讨,原则上等同采用GUM的基本内容,并于1999年1月批准发行了适合中国国情的JJF 1059—1999《测量不确定度评定与表示》,规定从1999年5月起施行。

1.7.2 测量不确定度与误差两者之间概念上的差异

测量不确定度表征被测量的真值所处量值范围的评定。它按某一置信概率给出真值可能落入的区间。它可以是标准差或其倍数,或是说明了置信水准的区间的半宽。它不是具体的真误差,它只是以参数形式定量表示了无法修正的那部分误差范围。它来源于偶然效应和系统效应的不完善修正,是用于表征合理赋予的被测量值的分散性参数。不确定度按其获得方法分为A、B两类评定分量。A类评定分量是通过观测列统计分析做出的不确定度评定,B类评定分量是依据经验或其他信息进行估计,并假定存在近似的"标准偏差"所表征的不确定度分量。

误差多数情况下是指测量误差,它的传统定义是测量结果与被测量真值之差。通常可分为两类:系统误差和偶然误差。误差是客观存在的,它应该是一个确定的值,但由于在绝大多数情况下,真值是不知道的,所以真误差也无法准确知道。人们只是在特定的条件下寻求最佳的真值近似值,并称之为约定真值。

通过上述概念,可以看出测量不确定度与测量误差主要有以下几方面的区别:

1) 评定目的的区别

测量不确定度为的是表明被测量值的分散性。

测量误差为的是表明测量结果偏离真值的程度。

2) 评定结果的区别

测量不确定度是无符号的参数,用标准差或标准差的倍数或置信区间的半宽表示,由人们根据实验、资料、经验等信息进行评定,可以通过 A、B 两类评定方法定量确定。

测量误差为有正号或负号的量值,其值为测量结果减去被测量的真值,由于真值未知,往往不能准确得到,当用约定真值代替真值时,只可得到其估计值。

3) 影响因素的区别

测量不确定度由人们经过分析和评定得到,因而与人们对被测量、影响量及测量过程的认识有关。

测量误差是客观存在的,不受外界因素的影响,不以人的认识程度而改变。

因此,在进行不确定度分析时,应充分考虑各种影响因素,并对不确定度的评定加以验证。否则由于分析估计不足,可能在测量结果非常接近真值(即误差很小)的情况下评定得到的不确定度却较大,也可能在测量误差实际上较大的情况下,给出的不确定度却偏小。

4) 按性质区分上的区别

测量不确定度的各个分量评定时一般不必区分其性质,若需要区分时应表述为:"由随机效应引入的不确定度分量"和"由系统效应引入的不确定度分量"。

测量误差按性质可分为随机误差和系统误差两类,按定义随机误差和系统误差都是无穷多次测量情况下的理想概念。

5) 对测量结果修正的区别

"不确定度"一词本身隐含为一种可估计的值,它不是指具体的、确切的误差值,虽可估计,但却不能用以修正量值,只可在已修正测量结果的不确定度中考虑修正不完善而引入的不确定度。

而系统误差的估计值如果已知则可以对测量结果进行修正,得到已修正的测量结果。

一个量值经修正后,可能会更靠近真值,但其不确定度不但不减小,有时反而会更大。这主要还是因为我们不能确切地知道真值为多少,仅能对测量结果靠近或离开真值的程度进行估计而已。

虽然测量不确定度与误差有着以上种种不同,但它们仍存在着密切的联系。不确定度的概念是误差理论的应用和拓展,而误差分析依然是测量不确定度评估的理论基础,在估计 B 类分量时,更是离不开误差分析。例如测量仪器的特性可以用最大允许误差、示值误差等术语描述。在技术规范、规程中规定的测量仪器允许误差的极限值,称为"最大允许误差"或"允许误差限"。它是制造厂对某种型号仪器所规定的示值误差的允许范围,而不是某一台仪器实际存在的误差。测量仪器的最大允许误差可在仪器说明书中查到,用数值表示时有正负号,通常用绝对误差、相对误差、引用误差或它们的组合形式表示。例如$\pm 0.1\,\mathrm{mV}$,$\pm 1\%$等。测量仪器的最大允许误差不是测量不确定度,但可以作为测量不确定度评定的依据。测量结果中由测量仪器引入的不确定度可根据该仪器的最大允许误差按 B 类评定方法评定。又如测量仪器的示值与对应输入量的约定真值之差,为测量仪器的示值误差。对于实物量具,示值就是其标称值。通常用高一等级测量标准所提供的或复现的量值,作为约定真值(常称校准值或标准值)。在检定工作中,当测量标准给出的标准值的扩展不确定度为被检仪器最大允许误差的 $1/3 \sim 1/10$ 时,且被检仪器的示值误差在规定的最大允许误差内,则可判为合格。

2 空气动力学测量

2.1 空气动力学测量原理

2.1.1 空气动力的基本原理

空气动力学是在流体力学基础上发展起来的一门学科。它是研究气体的运动规律以及它们与物体相对运动时相互作用的科学,特别是研究飞行器(如飞机、直升机、导弹等)在大气中飞行的原理。

只要空气与物体之间有相对运动,空气在物体上就会产生力,这个力就叫"空气动力"。重于空气的航空器,像固定翼飞机、旋翼机和扑翼机都是基于"空气动力"这一原理飞行的(火箭利用反推作用力飞行,航天飞机和空天飞机则是利用空气动力和反作用力两种原理飞行)。但是产生"空气动力",除了物体与空气要有相对运动外,空气还必须有一定的密度和质量,这就是目前重于空气的航空器只能在大气的对流层和平流层飞行的原因。

现代航空事业的发展始于空气动力学的突破,空气动力学发展的水平决定了飞行器可能具有的性能潜力,同时如何准确地测量飞行器与空气作用的各种参数,对飞行器的操作、控制、引导、指挥、安全等起着至关重要的作用。所以空气动力学及其测量的重要地位和作用一直受到各国的高度重视。

对一些基本流动机理的充分理解以及准确地计算和测量复杂流动特性的能力,是飞行器设计的主要难题。为了充分开发空气动力学的潜在效能,必须在这个领域中取得显著的成就。

空气动力与物体的运动速度密切相关,但都遵循以下 4 种基本规律。

1) 相对运动原理

飞行器在大气中以速度 V 飞行而产生的空气动力,与速度等于 V 的风沿着与飞行相反的方向流过静止的飞行器所产生的空气动力完全相等。这就是相对运动原理。

2) 连续性原理

根据质量守恒定理,当一定质量的气体流经截面变化的管道时,在同一时段内,

流过任何截面的气体的质量是相等的。即

$$\rho_1 V_1 A_1 = \rho_2 V_2 A_2 = \rho_3 V_3 A_3 = \cdots = 常数 \qquad (2-1)$$

当空气速度较低时，空气的密度 ρ 变化很小，基本是一个常数，或者说空气是不可压缩的或不考虑空气压缩，由此可以得到

$$V_1 A_1 = V_2 A_2 = V_3 A_3 = \cdots = 常数 \qquad (2-2)$$

3）伯努利定理

自然界都遵循能量守恒这一基本规律之一。气体的能量也遵守这一规律。瑞士科学家伯努利通过研究理想流体运动中速度、压力、密度等参数之间的关系，找到了变化规律，即伯努利方程：

$$\frac{1}{2}V^2 + \int \frac{\mathrm{d}P}{\rho} + gz = H \qquad (2-3)$$

式中：H 为伯努利常数；

ρ 为流体密度；

V 为流体速度；

P 为流体压力；

z 为流线上一点距离基准面的高度；

g 为重力加速度。

简而言之，理想流体流速大的地方，其压强低；流速小的地方，其压强高。流体的静压与动压之和是一个常数。对于理想流体，伯努利方程可以简化为

$$p + \frac{1}{2}\rho V^2 = 常数 \qquad (2-4)$$

式中：p 为流体未受扰动时的压强；

$\frac{1}{2}\rho V^2$ 为流体以速度 V 运动时产生的附加压强，称为动压（也称为速压）。

4）可压缩性原理

气体的可压缩性，是指当气体的压强变化时，其密度和体积同时变化的特性。在低速（一般指 $Ma \leqslant 0.3$）飞行时，飞行器对空气的影响很小，空气可以被近似地认为是不可压缩的。但高速飞行时，飞行器会对空气产生很大的压力，从而引起气流密度、温度和压力产生很大的变化，气体的流动特性与低速时大不相同，在超声速（$Ma > 1.0$）的情况下，甚至产生与低速完全相反的流动状态。因此，当飞行速度大于一定速度（$Ma > 0.3$）时，就必须考虑空气的压缩特性。

2.1.2 空气动力学测量原理

2.1.2.1 计算流体动力学

计算流体动力学（CFD）是一项基础技术，已成为广泛应用于航空器分析、设计、

测量的一种基本工具。

对于亚声速流动,采用线化无黏方程可以计算高度复杂几何外形上的升力、诱导阻力和压力分布。对于超声速附着流动,可以类似地预测小迎角下细长体外形上的升力和波阻。它们的近似法,已成熟并广泛应用于航空器的设计与测量。若用非线性无黏方程,上述所有的计算都可在不附加细长体限制的条件下完成。如果再与边界层分析耦合,可以计算出某些简单几何形状的表面摩擦阻力并改进压力分布计算。

欧拉方程和雷诺平均维纳尔-斯托克斯方程发展很快,并已在工程设计中使用,可以预测复杂几何外形上的有强激波、涡和分离流的复杂流场,并取得了很好的效果。欧拉方程法有待进一步完善。雷诺平均维纳尔-斯托克斯方程需要给出所有尺度流的动量和能量输出模型,可以计算出大迎角分离流、机体/推进相互作用,以及某些非定常流动。但是,这些计算很大程度上依赖于所选择的湍流模型,所以湍流模型是维拉尔-斯托克斯方程应用的一个关键问题。

此外,大涡模拟方法也在探索性研究中,全维纳尔-斯托克斯方程不需任何近似,因而可以计算转捩、表面压力脉动和非定常大分离流动。但它们的应用受到计算机能力的限制。

计算流体力学将继续加速发展,从并行计算系统发展的势头和预计趋势来看,CFD前途光明并处于突破性飞跃的前期。为了利用越来越复杂的流动模型,流体模型和数字算法必须与详细的实验室验证密切协调地发展,以证实物理现象模型的精度。CFD与物理实验的紧密结合可以加深对转捩和湍流之类的基本物理现象的了解,而与此同时,也发展并检验了对设计至关重要的分析能力。

CFD对飞机设计师的回报将是巨大的:未来飞机的气动设计能以更高的效率和更大的把握来完成。CFD与风洞相结合用于试验研究,将可以提供近乎实时数据的分析能力。在大多数情况下,试验的数据模拟将决定怎样进行试验以及所需进行的关键测量。试验边界条件与流动模拟的实际结合将允许把风洞试验结果联机外推导真实的飞行条件,或对风洞试验数据做出修正以消除洞壁、支撑和测试设备的干扰效应。

2.1.2.2 基础流动物理学

应用空气动力学的重大进步取决于从悬停到高超声速的整个速度范围内,对预测与控制飞行器复杂流动中湍流、转捩、分离和涡动力学特性起关键作用的各种机理有基础的了解。但目前人们对这种机理并未完全认知。经验方法一直是而且将继续是设计的主要依靠。这种影响航空技术重大进步的局面有如下后果:

(1)上述流动的优化与控制在很大程度上取决于对物理机理的深入了解。

(2)预期的CFD发展因缺乏先进实验标准和基础物理模型而受到限制。

(3)在未来飞行器的设计中,对目前规范的巨大更新将无法建立在现有的经验数据基础之上,目前数据库的外推需要提高对基本原理的认识。

2.2　大气数据传感器

2.2.1　大气压力传感器

2.2.1.1　概述

压力传感器是构成大气数据系统的核心之一,是获取信息的源头,直接关系到大气数据系统的性能。大气数据系统通过压力传感器获得的大气参数信息,解算出飞机飞行时的气压高度、空速、指示空速、Ma 数等飞行状态参数,为飞行员提供必要的导航信息。

2.2.1.2　大气压力传感器的分类

压力传感器分类可按测量原理、测量方式、测量介质等分类。

按测量原理可分为应变式压力传感器、电位器式压力传感器、电磁式压力传感器、压电式压力传感器、压阻式压力传感器、电容式压力传感器、光纤压力传感器、谐振式压力传感器、超声波压力传感器和声表面波传感器等。

按测量方式可分为绝压式、差压式、表压式、密封表压式等。

按测量介质分气体介质式、液体介质式、粉尘介质式等。

大气数据系统中典型应用的压力传感器多为压阻式压力传感器和谐振式压力传感器。

2.2.1.3　硅压阻式压力传感器

压阻式压力传感器因灵敏度高、线性度好、稳定性好,容易实现批量生产,易于利用标准的 IC 技术实现集成化等,成为目前应用最广泛的微机械产品之一。

1) 工作原理

固体受力后电阻率发生变化的现象称为压阻效应。压阻式压力传感器是基于半导体材料(单晶硅)的压阻效应原理制成的传感器,利用集成电路工艺直接在硅平膜片上按一定晶向制成扩散压敏电阻,膜片两边存在压差时,引起承压膜片发生机械变形,膜片上各点产生应力,压敏电阻在应力作用下,阻值发生变化,电桥失去平衡,输出相应的电压。

压阻式传感器中的 4 个电阻构成一个惠斯登电桥,在外加电压(电流)的作用下,产生一输出电压信号。在承压膜片未受到压力时,电阻 $R_1 = R_2 = R_3 = R_4$,因此桥路平衡,输出电压为 0 V。当作用在承压膜片上的压力增大时,电阻 R_1、R_4 的阻值增大,R_2、R_3 阻值减小,导致桥路输出电压增加。因此桥路电压的变化正确地反映了被测压力的变化,即实现了将压力信号转换为电压信号的功能。电压与膜片两边的压力差成正比。其结构及等效电路如图 2-1 所示。

压阻式传感器在承压膜片上制作了 4 个阻值随承压膜片机械变形而变化的应变电阻。当被测介质的压力作用在承压膜片时,引起承压膜片发生机械变形。

2) 组成

硅压阻式压力传感器的封装结构主要有膜片隔离封装式和硅压阻式。压力传

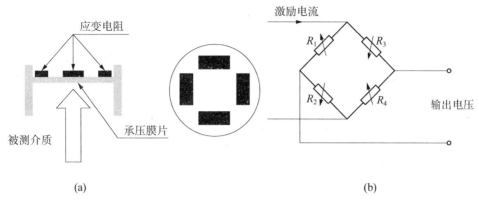

图 2-1　压阻式传感器的结构及等效电路

（a）结构　（b）等效电路

感器主要由壳体、敏感硅片、引线、基座和压力管组成。结构如图 2-2 所示。

3）温度补偿

由于温度变化引起压敏电阻的特性及其压阻效应发生变化，使得传感器具有灵敏度温漂和零点温漂，在相当程度上限制了硅压阻式传感器的使用。因此，对压阻式压力传感器随温度变化的特性及其补偿措施的研究显得至关重要。

（1）硬件补偿：在桥臂上串、并恒定电阻法、桥臂热敏电阻补偿法、桥外串热敏电阻补偿法、双电桥补偿技术、厚膜电路（智能压力调理芯片）补偿法、二极管补偿技术、运算放大器补偿法等。

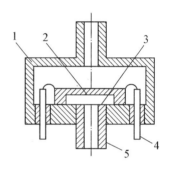

图 2-2　硅压阻式压力传感器结构

1—壳体；2—硅片；3—硅杯；4—引线；5—压力管

（2）软件补偿：软件补偿是将微处理器与压力传感器结合起来，充分利用丰富的软件功能，结合一定的补偿算法对传感器温度的附加误差进行修正。软件补偿的算法有曲线拟合法、曲面拟合法和表格法等。

2.2.1.4　振动筒压力传感器

1）工作原理

薄壁的金属圆筒在外界电激励的情况下，以一定的模态在其固有频率下谐振，当圆筒内腔感受外界压力变化时，由于筒壁的等效刚度发生变化，引起振动筒的固有谐振频率发生变化，从而通过测量谐振筒的固有频率间接测量被测压力的大小。圆筒感受到输入的压力与输出的谐振频率具有某种函数关系，通过检测圆筒谐振频率的变化，而得到被测压力值。

振动筒传感器的压力-频率计算公式如下：

$$f_p = \frac{1}{2\pi} \sqrt{\frac{E}{\rho R^2 (1-\mu^2)}} \sqrt{\Omega_0 + \frac{(1-\mu^2)R(n^2+\lambda^2/2)p}{Eh}} \qquad (2-5)$$

式中：f_p 为与压力 p 相对应的振动频率，称为工作频率（下同），单位为 Hz；

　　　p 为被测压力，单位为 Pa；

　　　ρ 为振动筒材料的密度（kg/m³）；

　　　μ 为振动筒材料的泊松比；

　　　E 为振动筒材料的弹性模量（Pa）；

　　　R 为振动筒的中柱面半径（m）；

　　　L 为振动筒工作部分的长度（m）；

　　　h 为振动筒筒壁的厚度（m）；

　　　m 为振型沿振动筒母线方向的半波数；

　　　n 为振型沿振动筒圆周方向的整波数。

2）激励-拾取方式

振动筒压力传感器常用的激励拾取方式为电磁激励-电磁拾取或压电激励-压电拾取的工作原理。

电磁激励-电磁拾取方式：利用以交变信号驱动激励元件产生交变电磁力，当交变电磁力频率与谐振筒固有频率一致时谐振筒便产生谐振，实现振动激励；谐振筒在磁场中的振动引起拾取元件中产生交变的感应电流，实现了振动的检测。

压电激励-压电拾取方式：对压电材料施加交变的激励电压，引起压电材料的交变变形，带动谐振筒周期性的振动，当交变电压的频率与谐振筒固有频率一致时谐振筒产生谐振，实现振动激励；谐振筒交变的机械变形产生的交变应力，带动压电材料产生交变的电荷，实现振动的检测。

3）振动筒压力传感器结构组成

振动筒压力传感器主要由谐振筒敏感元件、外壳、基座及激励单元和拾振单元、温度补偿单元等组成。结构如图 2-3 所示。

谐振筒敏感元件，是振动筒压力传感器的核心部件，由车削或旋压拉伸成型后在经过严格的热处理工艺而制成，其典型尺寸为：直径为 16～18 mm，壁厚为 0.07～0.08 mm，有效长度为 45～60 mm。是 Q 值一般大于 5 000 的薄壁圆筒。圆筒壁厚不同，其压力测量的范围不同，测压灵敏度亦

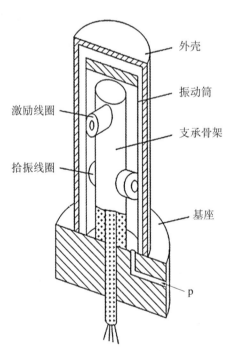

外壳

振动筒

支承骨架

激励线圈

拾振线圈

基座

p

图 2-3　振动筒压力传感器结构

不相同,输出特性也存在差异。圆筒的上端密闭,为自由端,下端固定在底座上。圆筒的材料具有很低的弹性温度系数,使其温度误差尽可能小。外壳和基座为传感器提供保护和安装;激励单元和拾振单元与谐振筒敏感元件组成闭环系统,实现系统谐振和信号输出;温度补偿单元与谐振筒敏感元件封装在一起,感受相同的环境温度,用来补偿传感器温度误差。

4) 主要技术指标

测量介质:干燥空气;

测量类型:绝对压力;

测量范围:1.7~266 kPa;

精度:≤0.02%FS;

使用环境:-55℃~112℃;

输出信号:压力信号的频率范围为 4~6 kHz;

温度信号即电压信号。

2.2.1.5　硅谐振式压力传感器

谐振技术与硅微技术结合的 MEMS 硅谐振压力传感器,是代表当今世界最高水平的高精度压力传感器,硅谐振压力传感器一般采用单晶硅制造传递应力的膜片真空封装的谐振器,在结构连接处无迟滞、蠕变、漂移,振动不会受到流体的影响,具有良好的稳定性、重复性和很高的分辨率。

1) 工作原理及结构

硅谐振压力传感器的工作原理是利用硅机械谐振器与选频放大器构成一个正反馈振荡系统,当谐振器受到压力作用时振荡频率会发生改变,通过测量频率的变化实现压力测量。

典型的硅谐振式压力传感器的敏感结构由方形膜片、梁谐振子和边界隔离部分构成。方形膜片作为一次敏感元件,直接感受被测压力,将被测压力转化为膜片的应变与应力;在膜片的上表面制作浅槽和硅梁,以硅梁作为二次敏感元件,感受膜片上的应力,即间接感受被测压力。外部压力 p 的作用使梁谐振子的等效刚度发生变化,从而梁的固有频率随被测压力的变化而变化。通过检测梁谐振子的固有频率的变化,即可间接检测出外部压力的变化,结构如图 2-4 所示。

2) 激励-拾取方式

硅谐振压力传感器典型的激励拾取方式主要有电阻热激励-压敏电阻拾取、静电激励-电容拾取、电磁激励-电磁拾取等方式。

电阻热激励-压敏电阻拾取:以交变电流在电阻中产生交变的热功率,利用所产生的热应力使梁振动,并利用电阻的压阻效应实现振动信号的检测;当激励电压交变频率与硅梁固有频率一致时硅梁便产生谐振,实现热-机变换,完成电阻激励、电阻同步检测的工作过程。

静电激励-电容拾取:静电激励基于库仑定律,交变的静电力驱动谐振器振动,

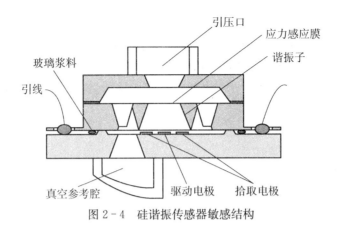

图 2-4　硅谐振传感器敏感结构

利用所产生的热应力使梁振动,梁振动引起平板间电容的变化,检测电容的变化实现了谐振信号的拾取。

3)主要技术指标

测量类型:绝对压力;

测量范围:1.7～266 kPa;

精度:优于 0.02%FS;

使用环境:−55℃～85℃;

输出信号:压力信号的频率范围为 30～43 kHz;

　　　　　温度信号即电压信号。

2.2.2　大气温度传感器

2.2.2.1　概述

机载用温度传感器一般分为总温传感器和静温传感器两类,前者主要用于战斗机、轰炸机等高速固定翼飞行器,后者主要用于旋翼飞机等低速飞行器。严格意义上来说,静温是无法直接测量的,只是由于静温传感器的复温系数较低,当载机飞行速度较低时,静温传感器测量得到的温度的和静温之间的差异很小。

温度传感器感受飞行器飞行时的总温或环境温度,向大气数据计算机提供总温或静温信号,用以计算与大气温度有关的大气参数(如真空速等)。温度传感器的设计应保证飞机在所有环境条件下能准确地感受外界大气温度。

2.2.2.2　大气总温传感器

总温传感器通常采用铂金电阻作为敏感元件来测量大气总温。主要有薄膜式铂电阻和线绕式铂电阻。薄膜式铂电阻:用真空沉积的薄膜技术把铂溅射在陶瓷基片上,膜厚在 2 μm 以内,用玻璃烧结把 Ni(或 Pd)引线固定,经激光调阻制成薄膜元件。线绕式铂电阻:由直径为 0.03～0.05 mm 的铂丝采用双线无感绕法绕在具有一定形状的不同材质的骨架上。

2.2.2.3　工作原理

由于空气黏性的影响,气流经过测温元件时,在测温元件的表面会被阻滞,形成温度附面层,越接近元件表面的地方,温度越高,紧贴元件表面的空气温度最高,即为总温 T_t。T_t 由测温元件测得并转换成电阻信号输出。

总温传感器的敏感元件用纯铂丝制造,其电阻与温度呈函数关系,分度特性如下:

$$R_t = R_0 \left\{ 1 + \alpha \left[T - \delta \left(\frac{T}{100} - 1 \right) \left(\frac{T}{100} \right) - \beta \left(\frac{T}{100} - 1 \right) \left(\frac{T}{100} \right)^3 \right] \right\} \quad (2-6)$$

式中:R_0 为0℃时的电阻值,Ω;

$\quad R_t$ 为 T℃时的电阻值,Ω;

$\quad T$ 为温度,℃;

$\quad \alpha$ 为温度系数,$\alpha = 0.003925$;

$\quad \delta$ 为水沸点系数,$\delta = 1.45$;

$\quad \beta$ 为氧沸点系数,$\beta = 0.10 (T < 0℃)$;$\beta = 0.00 (T \geqslant 0℃)$。

上述公式中,δ、β 为常数,α 取决于测温元件中铂的纯度。

2.2.2.4 设计与结构

1) 设计

总温传感器由敏感元件、气动阻滞室、支柱外壳、安装法兰盘和电连接器等部分组成。防冰型总温传感器还必须具有防冰除冰加热器,结构如图2-5所示。

壳体用来保护测温元件,并将测温元件伸出飞机蒙皮一定距离,避免飞机附面层的影响。电连接器用来将测温元件输出的两路独立的电阻信号输出到机上设备。

2) 密封

总温传感器的敏感元件、加热器应气密。

2.2.3 角度传感器

2.2.3.1 工作原理

电位器式角度传感器是通过电位器元件将机械位移转换成与之成线性或任意函数关系的电阻或电压输出。

2.2.3.2 结构组成

电位器式角度传感器主要由电刷和可变电阻(骨架和绕组)构成。绕组是用电阻率高、抗腐蚀性强、耐磨、接触电阻小、电阻温度系数小的金属丝绕制而成;骨架采用环行结构,骨架材料选用铝镁合金,经表面阳极化处理后,不仅具有良好的绝缘性能,而且刚性好,不易变形,散热性能也好,有利于提高电位器的精度和可靠性。

将可变电阻基体安置在传感器的固定部位,通过电刷在电阻基体上滑动位移来测量不同的阻值。可变电阻滑轨连接稳态直流电压,允许通过微安培的小电流,电刷和输出端之间的电压,与电刷在电阻基体上滑过的角度成正比。内部结构、接线和物理曲线如图2-6所示。

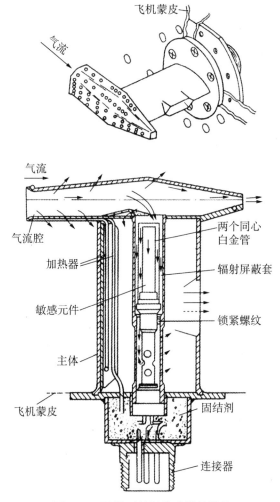

图 2-5　阻滞型总温传感器的结构

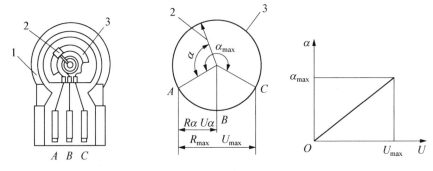

图 2-6　电位器式角度传感器

线性电位器式角度传感器的理想空载特性曲线具有严格的线性关系,即输出端接阻抗无穷大的放大器时,其输出与输入具有严格的线性。假定全角度为 α_{max} 的电位器,其总电阻为 R_{max},电阻沿长度的分布是均匀的,电阻与角度、电压与角度的关系分别为

$$R_\alpha = \frac{\alpha}{\alpha_{max}} R_{max} \tag{2-7}$$

$$U_\alpha = \frac{\alpha}{\alpha_{max}} U_{max} \tag{2-8}$$

式中:α 为从 A 到 B 的转角;

α_{max} 为滑臂从 A 到 C 的转角。

2.2.3.3 技术指标

电位器式角度传感器的主要技术指标有:总阻值、终端电阻、连续性,有效电行程、线性度和分辨率等。

例如在迎角过载指示器上使用的角度传感器的主要技术参数有

总电阻值:$2\,k\Omega \pm 5\%$ 和 $4.7\,k\Omega \pm 5\%$;

有效电行程:$330° \pm 3°$;

端基线性度:$\leqslant \pm 0.5\%$;

分辨力:$\leqslant 20'$;

终端电阻:$< 20\,\Omega$;

电气连续性:角度传感器引出端之间电阻值的变化应平滑、单向、无间断或断开时间小于 $0.1\,ms$。

2.2.3.4 应用

角度传感器在迎角过载指示器的随动系统中作为反馈元件,其作用是对指示器指示位置进行调节,达到准确指示。

角度传感器上施加了 $10\,V$ 直流基准电压后,随着角度传感器上电刷的移动,其输出的电压不断变化,变化了的电压信号反馈到随动系统放大器上,带动指示器的指针指示出相应的准确指示值。

指示器的随动系统是用来精确地跟随或复现某个过程的反馈控制系统。随动系统的精度主要取决于所用的测量元件的精度,测量元件的精度越高越好。在产品的随动系统,角度传感器一般是作为位置反馈的。角度传感器对指示精度的影响主要是由其阶梯误差引起的,过大的阶梯误差使得系统产生振荡,而阶梯误差又是由角度传感器的分辨率决定的。因此,在角度传感器中应尽量减少每匝的电阻值,使得其分辨率越高,阶梯误差越小。

2.3 大气数据测量

飞行器在大气中飞行,主要依赖于大气与飞行器之间的相互作用,这些作用体

现在空气动力学学科专业,飞行器与大气之间相互作用的一些基本参数,也称为大气参数,是飞行器飞行控制、导航、发动机等飞行系统的重要原始参数。对大气参数高可靠、高精度、高响应的测量和稳定可靠的传输是保障飞行安全、飞行品质、任务完成的重要基础。

飞行器的主要大气数据信息有:自由气体的静压(p_s)、动压(q_c)、静温(SAT)、高度(H_p)、高度偏差(ΔH)、垂直速度(升降速度)(HPR)、指示速度(IAS)、真空速(TAS)、马赫数(Ma)、马赫数变化率(ΔMa)、大气密度(ADR)等。

除此之外,还包括飞行器在大气中基本姿态参数,主要有真迎角(α_t)和真侧滑角(β_t)等。

大气数据的测量主要测量与飞机相关的大气参数,再通过测得的这些大气原始参数,通过计算机解算出飞机的各类大气数据。主要的原始参数包括以下5类:

(1) 自由气体的静压(p_s)。

(2) 大气总压(p_t)。

(3) 飞行器表面温度(大气总温)(TAT)。

(4) 飞行器的指示迎角($AOAI$)。

(5) 飞行器的指示侧滑角($SSAI$)。

2.3.1　自由气体的静压

自由气体的静压(p_s)也就是通称的大气静压,通常通过设置在飞机机头或机身的压力受感器(一般通称为皮托管)感受飞机飞行过程中自由气体的静压(p_s),再通过压力传感器进行气压/电的转换,转换后由计算机进行计算,从而得到飞机飞行过程中的自由气体的静压(p_s),如图2-7所示。

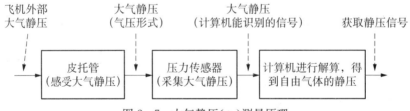

图2-7　大气静压(p_s)测量原理

2.3.2　大气总压

大气总压(p_t)也就是通称的总压,通常通过设置在飞机机头或机身的压力受感器(一般通称为皮托管)感受飞机飞行过程中的大气总压(p_s),大气总压(p_t)是大气静压和飞行中的动压的标量和,再通过压力传感器进行气压/电的转换,转换后由计算机进行计算,从而得到飞机飞行过程中的大气总压(p_t),如图2-8所示。

2.3.3　大气总温

大气总温(TAT)也就是飞行器表面温度,大气总温测量一般采用总温传感器进

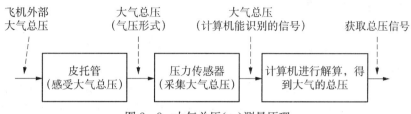

图 2-8　大气总压（p_t）测量原理

行测量,也有飞行器采用大气静温（SAT）传感器测量大气静温,再用飞行器飞行的马赫数（Ma）解算大气总温（TAT）,但这种测量方式工程应用较少,主要是大气静温的测量较为困难,比如静温传感器在飞行器上的安装位置、静温传感器的气动外形的设计等都比较难以选择和确定。目前,一般采用总温传感器直接感受飞行器表面温度,再通过计算机采集、计算后,得到飞行器的大气总温,如图 2-9 所示。

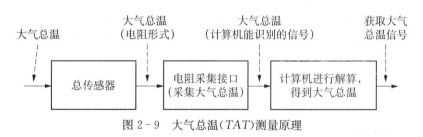

图 2-9　大气总温（TAT）测量原理

2.3.4　指示迎角

飞行器的指示迎角（AOAI）是飞机中轴线与航线之间的夹角,该角度会影响飞机的升力,影响飞行器飞行的安全,它主要与飞机的重量与速度有关,也是飞行员关心的参数之一,一般采用迎角传感器来测量,这类有通过压力差进行测量的压差传感器,也有通过风标进行测量传感器,无论哪种传感器,由于气动外形和安装位置的影响将会带来一定的误差,这种误差一般是速度或马赫数的函数,所以,我们一般称迎角传感器测量的是飞机的局部迎角,再根据速度或马赫数进行修正将得到飞行器的真实迎角,在主飞行显示仪表上也是显示飞机的真实迎角,为空勤提供最真实可靠的飞行器信息,飞行器的指示迎角一般不作为输出,但通过对它的测量,解算出飞机的真实迎角,从而提供给空勤人员进行飞行的操纵。测量原理如图 2-10 所示。

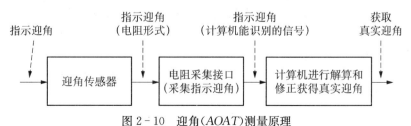

图 2-10　迎角（AOAT）测量原理

2.3.5　指示侧滑角

飞行器的侧滑角是飞机在转弯的时候的侧滑角度,该角度也将影响飞行的安全,如果角度过大,飞行姿态将无法改变,影响飞机的安全,也是飞行员关心的参数之一,一般采用侧滑角感器来测量,由于气动外形和安装位置的影响将会带来一定的误差,这种误差一般是速度或马赫数的函数,所以,我们一般称侧滑角传感器测量的是飞机的局部侧滑角,再根据速度或马赫数进行修正得到飞行器的真实侧滑角,在主飞行显示仪表上也是显示飞机的真实侧滑角,为空勤提供最真实可靠的飞行器信息,飞行器的指示侧滑角一般不作为输出,但通过对它的测量,解算出飞机的真实侧滑角,从而提供给空勤人员进行飞行的操纵。测量原理如图 2-11 所示。

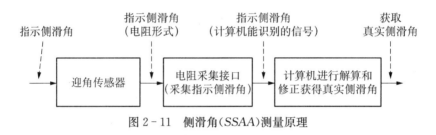

图 2-11　侧滑角(SSAA)测量原理

2.4　大气数据解算

2.4.1　标准大气参数常数及主要参数符号

标准大气是国际上统一采用的一种假想大气。标准大气提出了空气中各参数的平均值,这些数据与夏季中纬度上的平均值非常接近。由于世界各国所取有关参量在数值和单位上的差异以及大气分层的不确切和不统一,过去各国所实际使用的标准大气均有差异。1972 年由航空与航天器技术委员会起草、国际民航组织(ICAO)和世界气象组织(WMO)等参加讨论并得到世界各国认可的"国际标准大气",已由国际标准化组织正式编入《国际标准 ISO2533—标准大气》。该标准规定了-2 000~80 000 m 高度范围内大气各参数与高度的关系。国内目前的标准为 HB 6172—86。

1) 大气参数符号

根据国际标准 ISO2533 和国内航标 HB 6172—86 的定义以及西方国家目前通用的大气参数符号认知度,在民用飞机上的大气参数符号如本书附表 5 所示。

2) 主要常数

国际标准大气规定如下:

(1) 空气为干燥清洁的理想空气,并遵循理想气体方程所确立的关系

$$p = \frac{\rho RT}{M} = \rho RT \tag{2-9}$$

式中:p 为空气中气体压力,单位为 Pa;

ρ 为空气中气体的密度,单位为 kg/m^3;

T 为气体的温度,单位为 K;

M 为空气的摩尔质量,$M=28.964\,420\,kg/(kmol)$;

R^* 为通用气体常数,$R^*=8\,314.32\,kg \cdot m^2/(s^2 \cdot K \cdot kmol)$;

R 为空气专用气体常数,$R=R^*/M=28.052\,87\,m^2/(K \cdot s^2)$。

(2)国际标准大气以平均海平面作为零高度。计算标准大气所用的物理量常数(不随高度变化)和平均海平面处大气的物理特性按表 2-1 和表 2-2 取值。

表 2-1 计算标准大气所用的主要参数

名　称	符　号	数　值	单　位
阿伏伽德罗常数	N_A	602.257×10^{24}	$1/(kmol)$
通用气体常数	R^*	$8\,314.32$	$J/(K \cdot kmol)$ 或 $kg \cdot m^2/(s^2 \cdot K)$
空气专用气体常数	R	$287.052\,87$	$J/(K \cdot kg)$ 或 $m^2/(K \cdot s^2)$
绝热指数	k	1.4	量纲为 1
有效碰撞直径	6	0.365×10^{-9}	m
索色兰经验系数	S	110.4	K

表 2-2 平均或标准海平面(零高度)大气的物理特性

名　称	符　号	数　值	单　位
自由落体加速度	g	$9.806\,65$	m/s^2
标准空气压力	p	101.325	Pa
标准空气密度	ρ	1.225	kg/m^3
标准空气重度	γ	12.011	N/m^3
标准空气温度	T	288.16	K
	t	15.00	℃
标准冰点温度	T_0	273.16	K
	t_0	0.00	℃
标准声速	α	340.294	m/s
热传导率	λ	25.343×10^{-3}	$W/(m \cdot K)$
动力黏度	μ	17.894×10^{-6}	$Pa \cdot s$
运动黏度	ν	14.607×10^{-6}	m^2/s
空气平均微粒自由程	l	66.328×10^{-9}	m
空气平均微粒速度	V	458.94	m/s
空气数量密度	n	25.471×10^{24}	$1/m^3$
空气微粒碰撞频率	ω	$6.919\,3 \times 10^9$	$1/s$
空气摩尔质量	M	$28.964\,420$	$kg/(kmol)$

（3）为了便于探讨大气中的压力分布,国际标准大气引用了重力势高度 H 的概念。

（4）国际标准采用表2-3给出了高度分层和大气温度 T 及其垂直梯度 β 的值。

表2-3　大气温度、温度梯度与高度的分层

重力势高度 H/km	温度 T/K	垂直温度梯度 $\beta/(\text{K/km})$
−2.00	301.05	−6.50
0.00	288.15	−6.50
11.00	216.65	0.00
20.00	216.65	+1.00
32.00	228.65	+2.80
47.00	270.65	0.00
51.00	270.65	−2.80
71.00	214.65	−2.00
80.00	196.65	

2.4.2　气压高度

1）高度的定义

飞机的飞行高度是指飞机的重心在空中距离某一基准平面的垂直高度,根据所选基准面的不同,飞行高度的定义不同。一般分为以下几种,如图2-12所示。

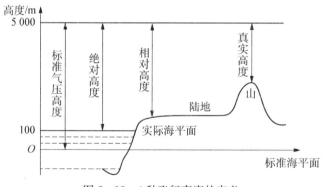

图2-12　4种飞行高度的定义

（1）绝对高度。

所选基准平面为实际海平面,飞机的重心在空中相应的高度称为"绝对高度"。

（2）相对高度。

所选基准平面为某一指定参考平面(如起飞或着陆机场的地平面),飞机的重心在空中相应的高度称为"相对高度"。也就是飞机重心在空中相对应指定参考平面的高度。

（3）真实高度。

所选基准平面是包括飞机实时正下方的地面目标之最高点在内并与地平面平行的平面，飞机重心在空中相应的高度称为"真实高度"。

（4）标准气压高度。

所选择的基准平面是标准海平面[国际标准化组织（ISO）规定标准气压海平面处的大气压力为 101325 Pa]，飞机重心在空中的高度称为"标准气压高度（或气压高度）"。

以上 4 种高度间的定义及相互关系如图 2-12 所示。

2）飞行高度测量方法

目前常用来测量飞行高度的方法有如下几种。

（1）利用无线电波的反射特性测量飞行高度。

利用无线电波的反射特性来测量飞行高度的方法，是将高度测量转换为对时间的测量。由于所测量高度与发射机的功率有关，而发射机功率是有限的，因此它在飞机上大多用于小高度的测量。由于无线电波的反射特性，无线电测高在海上尤其在具有大海浪的情况下，存在着一些问题。

（2）通过测量飞机垂直地面运动的线加速度来测量飞行高度。

通过高精度的线加速度器和高精度的积分运算器，来测量飞机的飞行高度。

（3）通过测量大气参数来测量飞行高度。

在重力场内，大气的压力、密度均随高度增高而减小，尽管各自的变化规律不同，但却均有规律可循，为此，可以通过测量大气压力或大气密度来间接测量飞机的飞行气压高度。通过测量大气压力来测量飞机飞行高度的仪表称之为气压高度表，随着测量技术和显示技术的发展，从而产生的大气数据系统。

3）标准大气高度的解算

大气参数的高度是指标准大气压力高度（H）。

国际标准大气采用按下述原则建立的大气压力与高度的关系：

假设大气相对于地球为静止时，即大气没有水平和垂直方向运动时，气压高度由静止大气方程确定。

飞机所在处的标准大气压力高度是通过所处的大气静压通过标准大气参数方程进行解算获得，大气静压的测量一般是由总静压管（也称为"皮托管"）的静压引入的。对于来自于皮托管的大气静压的测量原理如图 2-7 所示。

由上所述可知，在标准大气情况下，飞机所在处的相对于海平面的气压高度只是该处大气压力的单值函数 $H = f(p_s)$。测量出飞机所在处的大气压力值 p_s（通常称为大气静压），就可以间接测出飞机相对于标准海平面的（标准）气压高度 H_p。

在现有的民用运输机，飞机所在处的大气静压一般通过总静压管（也称为"皮托管"）的静压管引入的。在飞行过程中，如何使总静压管所引入的大气压力是飞机所在处没有受到干扰的大气压力是一件关键的事，这与总静压管本身的设计和它在飞机上的安装使用紧密相关。

同时测量系统中应有相应的敏感元件测量来自皮托管的大气静压,根据采集到的大气静压解算出飞机的气压高度,当前的民用运输机一般采用压力传感器和计算机系统完成压力采集、解算、传输功能。气压高度测量原理一般如图 2-7 所示。

根据国际标准 ISO2533 和国内航标 HB 6172—86 标准,标准气压高度解算公式如下:

$$h = \frac{rH}{r - H} \tag{2-10}$$

式中:h 为几何高度。

当 $\beta \neq 0$ 时:

$$\ln p_s = \ln p_b - \frac{gn}{\beta r} \ln \frac{T_b + \beta(H - H_b)}{T_b}$$

或

$$p_s = p_b \left[1 + \frac{\beta}{T_b}(H - H_b) \right]^{-\frac{gn}{\beta r}}$$

当 $\beta = 0$ 时:

$$\ln p_s = \ln p_b - \frac{gn}{RT_b}(H - H_b)$$

或

$$p_s = p_b \exp\left[\frac{-gn}{RT_b}(H - H_b) \right]$$

4) 气压高度测量误差

气压高度的测量误差主要由以下几个方面产生。

(1) 原理误差。

通过测量飞机所在处大气静压 p_s 而间接测量飞机飞行高度的气压式测试方法,只有在实际大气状况符合标准大气各项条件的前提下,才能根据所测得大气静压按照标准大气静压与(标准)气压高度之间的关系式间接测量出飞机相对于标准海平面的重力势高度(或称为标准气压高度)。当飞机所处的实际大气状况不符合标准大气条件时,用它来测量绝对高度、相对高度而不是测量飞机所在处的重力势高度,则由它所测出的各种高度必然造成误差,这种误差是由于测量原理方法上的不完善所造成的,一般称之为"原理误差"。造成这种原理误差的主要原因如下:

a. 在推导标准大气静压与高度之间的关系时,对标准大气做了一些假设(如静止大气、空气是理想气体、大气分层和温度变化率等),而实际大气并不能完全满足这些假设条件,使用它来测量(标准)气压高度,会造成原理误差。但目前还没有建立起比现有更符合实际的大气假设条件并推导出更符合实际的大气压力与(标准)气压高度之间的关系式,为此,这部分造成的误差是难以克服的。

b. 在推导(标准)气压高度时,假设了一个标准大气和标准海平面,并规定了标准海平面具有的大气参数,在符合标准大气规定的前提下,根据大气静压,解算出相对于标准海平面的(标准)气压高度。由于实际海平面的大气参数与标准海平面的大气参数之间的差异,而会造成测量的误差。

（2）构造误差。

实现任何一种测量,由于材料、工艺和使用环境条件等诸多因素影响的原因,会存在着构造误差,具体误差将随结构方案而异。下面主要描述几种共有的构造误差。

a. 压力敏感元件的温度误差。对于压力敏感元件,由于使用环境温度条件的改变,将会引起零件尺寸变化、内部剩余气体的压力变化、弹性敏感元件的弹性模量改变等,这些都会引起(标准)气压高度的测量误差。

b. 摩擦误差。摩擦误差是由于活动部件相互接触,在运动过程中由摩擦力(或力矩)产生的。在设计当高度改变由弹性敏感元件带动活动部件运动的气压式高度表时,应尽量提高弹性敏感元件的灵敏度、减小其传动比,并尽量采用摩擦力小的支承,提高轴承强度、弹性支承等。

c. 受感器误差。大气数据的测量,将使用一些测量大气压力的受感器,受感器本身的测量误差也是大气数据测量的一个主要误差源,关于受感器的误差将在大气数据测量传感器一节进行详细描述。

2.4.3 空速

飞机相对于空气运动时,可根据运动的相对性将飞机视为不动,而空气以大小相等、方向相反的流速流过飞机。由于空气流速等于或大于声速时会产生激波,激波前后空气所具有的状态参量(压力、密度、温度、速度等)将发生剧烈的变化,这与低速气流有很大的差别,因此,在空速测量系统中,将空气流速分为小于声速和大于声速两种情况。

1) 真空速

对于真空速的测量,目前普遍采用两种测量原理,即压力法测量真空速、热力法测量真空速,在这里对于这两种真空速测量原理不做详细描述,以下主要描述飞机真空速测量在工程中的实现。

无论所测真空速(TAS)是大于、等于或小于声速,也无论采用哪种测量原理,只要能测量出总压 p_t(或速度产生的动压 q_c)、大气静压 p_s 和大气密度 ρ_s(或大气静温 T_s),或测量出总温 T_t 和大气静温 T_s,然后按照相应的公式解算,就可以间接测量出真空速。但是,飞机在飞行过程中要准确地测量出飞机所在处大气未受干扰时的密度 ρ_s 或大气静温 T_s 是非常困难的,所以在工程实现中,尽量避免直接测量它们,而是将它们的测量转换为测量与它们有关的其他参量,如通过测量总温 T_t 来间接

获取大气静温 T_s，也可以通过测量大气静压 p_s，来间接获取大气密度 ρ_s。

真空速计算公式如下：

$$TAS = Ma \times k \times T_s^{\frac{1}{2}} \qquad (2-11)$$

式中：TAS 为真空速，单位为 km/h；

    k 为 72.166 7914；

    Ma 为当前马赫数；

    T_s 为当前大气静温，单位为 K。

大气总温 T_t 与大气静温 T_s 的关系用下式表示：

$$T_s = \frac{T_t}{1 + 0.2Ma^2} \qquad (2-12)$$

式中：T_s 为当前大气静温，单位为 K；

    T_t 为当前大气总温，单位为 K；

    Ma 为当前马赫数。

2）指示空速

（1）指示空速的测量。

前面描述的有总压 p_t（或动压 q_c）、大气静压 p_s 和大气密度 ρ_s（或大气静温 T_s）通过相应的计算公式求出的真空速是空气与物体之间相互运动时所具有的真空速。如果将前面所介绍过的求真空速的公式中飞机所在处的大气静压 p_s、大气密度 ρ_s（或大气静温 T_s）看着常数，并分别等于国际标准大气中所规定的标准海平面上的大气静压 p_s、大气密度 ρ_s（或大气静温 T_s）时，其空速只与动压 q_c 有关。

指示空速是将飞机所具有的空速归化为标准海平面上飞机相对于空气的运动速度。即不考虑飞机所在处大气参数（p_s、ρ_s、T_s）随高度而改变的空速，它只与动压 q_c 有关，故称 IAS 为指示空速，也叫仪表空速。

指示空速（IAS）的计算公式如下：

当 $Ma \leqslant 1$ 时：

$$q_c = p_n \left\{ \left[1 + \frac{k-1}{2} \left(\frac{IAS}{C_n} \right)^2 \right]^{\frac{k}{k-1}} - 1 \right\} \qquad (2-13)$$

当 $Ma > 1$ 时：

$$q_c = p_n \left\{ \frac{k+1}{2} \left(\frac{IAS}{C_n} \right)^2 \left[\frac{(k+1)^2}{4k - 2(k-1)\left(\frac{C_n}{IAS} \right)^2} \right]^{\frac{1}{k-1}} - 1 \right\} \qquad (2-14)$$

式中：IAS 为空气速度（指示空速），单位为 km/h；

    C_n 为 1225.058 365 km/h（海平面的声速）；

    $p_n = 101\,325$ Pa（海平面大气压力）；

q_c 为飞机飞行时的动压,单位为 Pa。

(2) 指示空速测量对飞行安全的影响。

指示空速(IAS)的精确测量对于保证飞机安全飞行是很重要的,因为飞机的升力 Y 为

$$Y = C_Y S q_c \qquad (2-15)$$

式中:Y 为飞机的升力;

C_Y 为飞机的升力系数,取决于飞机结构参数及迎角;

S 为机翼面积;

q_c 为飞机的动压。

当 S、C_Y 一定时,无论飞机在何高度上飞行,驾驶人员只要保证一定的动压 q_c,就可以保证飞机的升力大于重力而不失速,指示空速测量的准确性直接影响飞机的升力。

但若用真空速来驾驶就相当麻烦,例如,不考虑空气压缩性时,有

$$q_c = \frac{1}{2}(\rho_s \cdot TAS^2) \qquad (2-16)$$

$$Y = C_Y S \times \frac{1}{2}(\rho_s \cdot TAS^2) \qquad (2-17)$$

式中:q_c 为飞机的动压;

ρ_s 为飞机当前所处高度的密度;

TAS 为飞机当前的真空速;

C_Y 为飞机的升力系数,取决于飞机结构参数及迎角;

S 为机翼面积。

因大气密度 ρ_s 随飞行高度而改变,当 S、C_y 一定时,要保证飞机在不同的高度上具有相同的升力就必须使飞机具有不同的真空速 TAS,这无疑会增加驾驶员的负担。

2.4.4 马赫数

1) 马赫数测量原理

马赫数是空气动力学中最常用的术语之一。它是指流体某点的速度与当地声速之比,常用 Ma 表示。飞行器的飞行马赫数是指把飞机简化成一个质点的飞行速度与当地气流未受扰动时的声速之比。因为飞机在接近或超过声速时,扰流会发生剧烈变化,飞机的空气动力特性会发生很大的变化,所以马赫数是一个很重要的参数。$Ma < 0.3$ 的飞行称为低速飞行,$Ma < 1$ 的飞行称为亚声速飞行,马赫数 Ma 在 1 附近的飞行称为跨声速飞行,$Ma > 1$ 的飞行称为超声速飞行,$Ma > 5$ 的飞行称为高超声速飞行。

飞机在接近声速飞行时,它的某些部分可能产生局部激波,阻力急剧增加,将会

导致飞机的稳定性和操纵性变坏,甚至产生激波失速。为了防止上述情况的发生,必须知道飞机的飞行速度是否接近声速,而声速 C 与大气静温 T_s 存在下列函数关系,温度随高度而变。

$$C = (kRT_s)^{\frac{1}{2}} \tag{2-18}$$

$$T_H = T_b + \beta H \tag{2-19}$$

式中: C 为声速;

$\quad k$ 为绝热系数;

$\quad R$ 为空气专用气体常数;

$\quad T_s$ 为飞机所处高度的大气静温,单位为 K;

$\quad T_H$ 为高度为 H 的大气静温,单位为 K;

$\quad T_b$ 为标准海平面的大气静温,单位为 K;

$\quad \beta$ 为温度梯度系数。

由上面两式可见,声速 C 是高度的函数。为了防止飞机激波失速,就必须要求飞机在不同的高度上以不同的速度飞行,非常不方便,而用马赫数 Ma 就可免除这一麻烦。

马赫数是真空速 TAS 与声速的比值,即 $Ma = \dfrac{TAS}{C}$。在现代飞机上 Ma 不仅是防止激波失速的重要依据,也是表征飞机性能的参数。

根据国际标准大气和 HB 6127—86 标准,马赫数计算公式如下:

当 $Ma \leqslant 1$ 时,

$$\frac{q_c}{p_s} = \left(1 + \frac{k-1}{2}Ma^2\right)^{\frac{k}{k-1}} - 1 \tag{2-20}$$

当 $Ma > 1$ 时,

$$\frac{q_c}{p_s} = \frac{k+1}{2}Ma^2\left[\frac{(k+1)^2 Ma^2}{4kMa^2 - 2(k-1)}\right]^{\frac{1}{k-1}} - 1 \tag{2-21}$$

2) 马赫数测量系统

马赫数 Ma 可通过测量动压 q_c(或总压 p_t)和大气静压 p_s,再通过相应的解算公式而获得。马赫数测量系统原理如图 2-1 和图 2-2 所示。

2.4.5 垂直速度(升降速度)

垂直速度就是单位时间内飞行高度的变化量,即

$$H_{PR} = \frac{dH_p}{dt} \tag{2-22}$$

也将它称之为"升降速度"、高度变化率、升降率，一般用 H_{PR} 表示。

测量垂直速度的方法有很多，例如可以先测出飞机垂直于地面的加速度，通过对加速度的积分；也可用多普勒效应来测量；也可通过压力测量；也可先测出飞机的飞行高度，通过对高度的微分等。

在工程应用中，大多采用高度测量，通过对高度进行微分获得垂直速度，为了保证垂直速度的稳定性和动态响应，通过数字滤波和多阶传递函数进行计算。在俄罗斯也有采用高度微分后用垂直加速度进行修正的测量、计算方式。

采用高度微分的计算方式，垂直速度的计算公式如下：

$$H_{PR} = \frac{H_P(t) - H_P(t-1)}{\Delta t} \tag{2-23}$$

式中：H_{PR} 为垂直速度，单位为 m/s；

$\quad H_P(t)$ 为当前气压高度，单位为 m；

$\quad H_P(t-1)$ 为 Δt 时间前的气压高度，单位为 m；

$\quad \Delta t$ 为相邻两个气压高度之间的时间差，单位为 s。

2.4.6　迎角和侧滑角

迎角（也称为攻角）是飞机机翼弦线（或飞机纵轴，因两者间只差一个固定的安装角）与迎面气流之间的夹角。

1）真实迎角与局部迎角

迎角是影响飞机升力和阻力的重要参数，飞机的升力系数和阻力系数都取决于迎角的大小，当迎角达到临界迎角时，飞机将发生失速。现代飞机很多事故发生在起飞和着陆阶段，其中大多数都是因为迎角失控导致飞机失速所致。飞机的迎角还广泛应用于飞控系统、显示系统、军用飞机的火控系统。

在飞机上要准确测量未受扰动的气流方向与飞机翼弦间的夹角（称为"真实迎角"）是非常困难的，因为飞机和迎角传感器对气流存在干扰，使飞机上不同位置处的流场与理想流场间存在差别，而迎角传感器只能测出传感器所在处的气流方向与飞机翼弦间的夹角（也称为"局部迎角"）。真实迎角与局部迎角之间的差值称为"迎角位置误差"。局部迎角 $AOAI$ 与真实迎角 $AOAT$ 之间的关系归纳为

$$AOAT = f_1(Ma) \cdot AOAI + f_2(Ma) \tag{2-24}$$

或

$$AOAT = k_{AOAI} + AOAI \tag{2-25}$$

式中：$f_1(Ma)$、$f_2(Ma)$ 为马赫数 Ma 的函数；

$\quad k = \dfrac{1}{f_1(Ma)}$；

$\quad AOAI = \dfrac{-f_2(Ma)}{f_1(Ma)}$，为 $AOAT$ 为 0 时的局部迎角。

对于不同的飞机,其 k 值是不同的。对于同一类型的飞机,在不同的位置安装不同(甚至相同)的迎角传感器,其 k 值也是不同的。对于不同类型的飞机在什么位置安装迎角传感器,其 k 值的变化规律将用空气动力学进行分析计算后,还需反复经风洞试验和飞行试验验证后,才能最后确定。

2) 迎角传感器

飞机迎角的测量是通过安装在飞机上的迎角传感器进行感受、计算机计算后来完成测量,根据工作原理的不同,一般有 3 种迎角传感器用来测量迎角。

(1) 旋转风标式迎角传感器。

旋转风标式迎角传感器式由一个具有对称剖面的翼形叶片和角度变换器构成。叶片固定在转轴上,可以绕轴转动。当叶片中心线与气流方向平行(即迎角为 0)时,气动力对叶片上下面产生的压力相等,叶片将不会转动。当飞机以某迎角飞行时,由于作用于叶片上下面的气动力不等而产生压差,此压差使叶片相对于飞机而旋转,直到其中心线与气流方向一致为止,此时叶片旋转的角度与迎角相等,叶片转旋的同时带动传感器内部角度变换器(如电位计)旋转,从而将角度信号变换为电信号。

为了使风标在工作时比较稳定,这种风标迎角传感器一般需加有阻尼器。为了防止叶片上结冰,叶片内部应有加温装置。

有时为了增加气动力矩而采用两个叶片,可同时测量飞机的迎角和侧滑角。

风标式迎角传感器具有构造简单、体积小、没有原理误差等优点。但是,安装位置的影响较大,在高速飞机上要找到气流比较平稳的部位也是非常困难的,同时,风标容易受到气流微小扰动的影响,而气流本身是不稳定的,因此就会造成风标不稳定的摆动,即使加有阻尼器,这一现象也很难消除。

(2) 压差管式迎角传感器。

压差管式迎角传感器由差压管和压力传感器组成。在与差压管轴线对称的上下和左右轴线上各开有一个孔,当差压管轴线与气流方向一致时,各孔引入的压力均相等;当有迎角时,上下压力将不相等,当有侧滑角时,左右压力不相等。根据上下压差计算出飞机迎角,根据左右压差计算出飞机的侧滑角。

(3) 零压差式迎角传感器。

零压差式迎角传感器是压差式迎角传感器的发展。它由探头、气室、桨叶和角度变换器组成。

当飞机以某迎角飞行时,探头上下两排测压孔的对称平面与迎面气流的方向不同,相互间存在一个 α 角。这时,上、下两排测压孔感受的压力 p_1 和 p_2 将不再相等,两压力进入气室后将使桨叶带着电刷转动(桨叶转动的力矩与两压力差成比例),并由空心轴带动探头转动。当探头转至上、下两排测压孔位置与气流方向对称时,压差为零,桨叶以及整个活动部分都停止转动。可以看出,桨叶和电刷旋转的角度与迎角相等,电位计输出的信号与迎角成比例。

零压差式迎角传感器实际上是一个反馈闭环测量系统,因而测量误差较小。零压差式迎角传感器的主要误差源是各种摩擦力矩以及不平衡质量,所以,加工质量(对称性、表面光洁度等)对传感器的精度影响很大。和其他各种迎角测量方法一样,安装位置误差也是它的主要误差。这个误差也是所有迎角测量法都不能准确地测量出真实迎角的主要原因。因此,安装迎角传感器时都应寻找气流扰动较小的部位,或者用两个传感器并尽可能安装在飞机的对称面内。

2.5　大气数据系统

2.5.1　概述

飞行器的大气数据信息,包括自由气体的静压(大气静压)p_s、动压 q_c、气压高度 H_p、高度偏差 ΔH、垂直速度(升降速度)H_{PR}、指示空速 IAS、真空速 TAS、马赫数 Ma、大气静温 T_s、大气总温 T_t、大气密度 ρ 等大气参数,是飞行器和发动机自动控制系统、导航系统、空中交通管制系统、火控系统(军用飞行器)以及用于驾驶的仪表显示系统、告警系统等分系统必不可少的信息。大气数据的准确性关系到飞行器飞行的安全性和经济性。

在现代各种飞行器上,根据机上系统、分系统、设备的构型不同,所需要的大气数据信息有不同形式的重复,可达上百个。依靠数目众多的、分离的测量系统来提供各种大气数据信息,不仅成本高、功能少、可靠性差、使用维护成本高、维护性差,而且也不利于提高信息的测量精度。详细分析可知,机上其他系统或设备所需要的大气数据信息,实际上均可由大气静压 p_s、总压 p_t(或动压 q_c)和大气总温 T_t 三个基本参数解算出来。大气数据系统就是在测量大气静压 p_s、总压 p_t(或动压 q_c)和大气总温 T_t 和少量供修正用的其他参数(如迎角 α_i、场压装订 p_{BS}、静压源误差修正 $SSEC$ 等)后,通过解算装置或计算机的运算,最后产生并输出飞机飞行所需的各种大气数据信息的系统,这个系统通常也称为大气数据系统。

2.5.2　基本工作原理

大气数据系统是飞机大气数据信息的中心,它负责感受飞机飞行中的各种大气数据信息,并通过解算、修正后,产生飞机飞行的各种大气数据参数,并将这些参数按照要求的格式(如数字量、模拟量、离散量)传输给飞机的其他系统(如惯导、飞控、发动机、座舱显示系统、应答机等)。

大气数据系统一般由以下 7 个功能部分组成,传统的大气数据系统构型如图 2 - 13 所示。

(1)总/静压探头(通常称为空速管)。

(2)机身静压孔。

(3)总温探头。

(4)攻角探头。

(5)侧滑角探头。

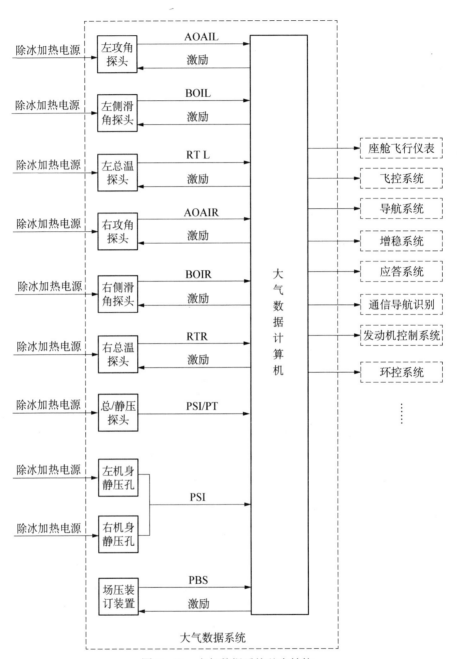

图 2-13　大气数据系统基本结构

（6）场压装订装置。

（7）大气数据计算机。

大气数据系统的基本结构如图 2-13 所示。

由图 2-13 可以看出，大气数据系统通过左右攻角探头测量飞机飞行的左右指示攻角;左右侧滑角探头测量飞机飞行的左右指示侧滑角;左右总温探头测量飞机飞行过程中飞机表面的总温;总/静压探头测量飞机飞行过程中的总压;通过左右机身静压孔测量飞机飞行过程中的指示静压;通过场压装订装置完成机场场压的装订。这些探头和装置中,来自总/静压探头和机身静压孔的压力信号为气压信号,其余探头一般为电阻信号(主要取决于探头的选型),这些探头感受到的信息传输给大气数据计算机进行大气数据解算,对于电阻信号,大气数据计算机应向探头提供激励信号,以便将电阻信号转换成计算机能够处理的电信号。大气数据计算机解算出大气参数后,按照飞机顶层系统要求的信号形式(或格式)将大气数据参数传输给飞机上的其他系统。

大气数据系统中的探头基本都安装在飞机蒙皮外,由于外界大气环境可能出现结冰的情况,为防止结冰冻结住探头或堵死探头的进气孔,飞机还需要按照一定的逻辑为这些探头提供加温除冰。

机上所有探头感受的信息的偏差,将会受到飞机气动外形、安装位置等因素的影响,所以这些探头感受的还不是飞机飞行的真实信息,这些信息统称为指示信息,这些指示信息在进入大气数据计算机中进行解算时,还需要按照特定的修正曲线进行修正,从而得到飞机飞行的真实信息,如指示攻角、指示侧滑角、指示静压等需进行修正,从而产生真实攻角、真实侧滑角、真实静压。

上述提出的修正曲线,一般是根据飞机的气动特性通过风洞吹风和实际对比试飞获得。

图 2-13 仅仅描述了大气数据系统的一个基本结构,在实际应用中,应根据不同飞机对大气数据系统的安全性要求,确定不同飞机大气数据系统的构型,但其基本构型一般不会偏离图 2-13 的模式,仅仅是因为了为了满足安全性指标要求,进行多余度的构型设计,也有一些商用或军用飞机,因为性能指标和经济指标等的要求,可能出现不同形式的探头、不同形式的综合选择构型。但对于商用飞机而言,其构型的主要依据还是来源于飞机对大气数据系统的安全性指标要求。

对于各种探头,将在传感器一节中进行详细描述,这里就不再描述。

下面主要描述大气数据计算机。

2.5.3 大气数据计算机

2.5.3.1 概述

如果说各类探头是大气数据系统的眼睛,用于感知飞机飞行过程中,飞机的各种大气数据信息(包括压力、姿态、表面温度等);那么,大气数据计算机(ADC)则是大气数据系统的心脏和大脑,用于采集各类大气数据信息,并通过采集的信息进行解算、修正后,得到飞机飞行过程中的各类大气数据参数,如高度、速度、温度、马赫数、大气密度、升降速度等,同时将得到的大气数据参数按照规定的格式传输给飞机上的其他系统 ,供飞行控制、通信、导航、座舱驾驶等使用。大气数据计算机在采集、计算输出大气参数的同时，还对大气数据系统的内部各个外场可更换模块（LRU）及内场可更换模块（SRU）的工作状况进行实时监控，判断大气数据系统的工作状态以及在故障情况下的故障模式，并将这些故障模式实时传输给机组人员和相关的功能系统，为飞行安全的备用处置提供依据。

2.5.3.2　大气数据计算机需求

1) 安全性

安全性需求通过飞机级 FHA 产生一级系统（如航空电子系统）安全性需求，对于大气数据系统安全性需求一般如下：

（1）绝对气压高度功能丧失的概率应不大于 1.00×10^{-9}/飞行小时。

（2）相对气压高度功能丧失的概率应不大于 1.00×10^{-9}/飞行小时。

（3）指示空速（IAS）功能丧失的概率应不大于 1.00×10^{-9}/飞行小时。

（4）马赫数（Ma）功能丧失的概率应不大于 1.00×10^{-9}/飞行小时。

（5）升降速度（HPR）功能丧失的概率应不大于 1.00×10^{-9}/飞行小时。

（6）其他大气参数功能丧失的概率应不大于 1.00×10^{-5}/飞行小时。

一级系统根据大气数据系统的架构进行初步安全性评估（PSSA）和 SAE ARP 4754A 标准第 5.2 节研制保证等级分配原则，产生大气数据计算机的安全性需求，并分配给大气数据计算机。根据典型的大气数据系统架构，大气数据计算机的安全性需求一般为：

（1）绝对气压高度功能丧失的概率应不大于 5.00×10^{-5}/飞行小时。

（2）相对气压高度功能丧失的概率应不大于 5.00×10^{-5}/飞行小时。

（3）指示空速（IAS）功能丧失的概率应不大于 5.00×10^{-5}/飞行小时。

（4）马赫数（Ma）功能丧失的概率应不大于 5.00×10^{-5}/飞行小时。

（5）升降速度（HPR）功能丧失的概率应不大于 5.00×10^{-5}/飞行小时。

（6）其他大气参数功能丧失的概率应不大于 5.75×10^{-2}/飞行小时。

（7）大气数据计算机硬件研制等级应不低于 RTCA/DO‐254 定义的 C 级。

（8）大气数据软件研制保证等级应不低于 RTCA/DO‐178B 定义的 B 级。

2) 功能需求

功能需求是指在规定的条件下，获得大气数据计算机的性能所必需的那些要求。它们是客户要求、运营约束、规章限制和实施现实情况的组合。这些需求定义了大气数据计算机的所有重要方面。不论最初的来源如何，应对所有功能的、与安全性有关的属性进行评估。

3) 客户需求

客户需求将随着飞机的型号、具体的功能或者大气数据系统构型而变化。这些需求可能包括了期望的载荷、航路系统、操作习惯、维修方案、期望的特点等方面的内容。

4) 操作需求

操作需求定义每个功能系统之间、维修人员和每个飞机系统之间、其他各种飞机保障人员和相关的功能或者设备之间的接口。动作、决策、信息需求和时序构成了操作需求的主体。当定义运营需求时，正常和非正常的环境都需要考虑。

5）性能需求

性能需求定义了大气数据计算机可用的功能和属性。另外，除了要定义期望的性能的类别，性能需求还包括一些功能的具体细节，如准确性、精确度、范围、分辨率、速度和响应时间。

以下性能需求主要来自于 AS8002《大气数据计算机最低性能标准》：

（1）通用需求。

a. 高度基准：

通过大气静压输出的压力高度（含气压修正）应按美国标准大气的地球位势高度，即 NASA 于 1976 年 8 月颁布的 D-822 标准中的高度表执行。

b. 指示空速（IAS）和马赫数（Ma）基准：

指示空速（ISA）和马赫数（Ma）参考应按照 NASA 于 1976 年 8 月颁布的 D-822 标准中的相应表表执行。

c. 压力范围：

大气数据计算机应满足本文件规定的输出精度，同时，在施加如下范围压力的情况下应不损坏。

（a）静压——1.4 inHg[①]（35.6 mmHg）至 32 inHg（813 mmHg）的绝对压力。

（b）总压——大气数据计算机应经受住：

i 静压为 32 inHg（813 mmHg）的绝对压力，总压为 32 inHg（813 mmHg）＋最大允许空速差压的 125%；

ii 超过总压 2.0 inHg（50.8 mmHg）的静压。

（2）标准条件下的最低性能。

a. 精度：

大气数据计算机的输出精度应满足表 2-4—表 2-10 的要求以及本节其他部分的要求。

表 2-4　气压高度（H_p）精度

气压高度（H_p）/ft	气压高度（H_p）/m	允差（ΔH_p）/±ft	允差（ΔH_p）/±m
0	0	25	8
1000	305	25	8
2000	610	25	8
3000	914	25	8
4000	1219	25	8

① inHg 即英寸汞柱，1 inHg＝25.4 mmHg。

(续表)

气压高度(H_p)/ft	气压高度(H_p)/m	允差(ΔH_p)/±ft	允差(ΔH_p)/±m
5 000	1 524	25	8
8 000	2 438	30	9
11 000	3 350	35	11
14 000	4 267	40	12
17 000	5 182	45	14
20 000	6 096	50	15
30 000	9 144	75	23
40 000	12 192	100	30
50 000	15 240	125	38

表 2-5　场压装订高度(H_{BC})精度

场压装订值 /inHg	场压装订值 /mb	装订高度 /ft	装订高度 /m	装订高度误差 /±ft	装订高度误差 /±m
22.00	745	−8 266	−2 519	40	12
23.27	788	−6 794	−2 071	35	11
23.92	810	−6 065	−1 849	35	11
24.98	846	−4 907	−1 496	30	9.0
25.98	880	−3 850	−1 173	30	9.0
26.99	914	−2 825	−861	25	7.5
27.55	933	−2 265	−690	25	7.5
28.20	955	−1 630	−497	25	7.5
28.58	968	−1 264	−385	25	7.5
28.94	980	−920	−280	25	7.5
29.91	1013	−10	−3	25	7.5
30.15	1021	211	64	25	7.5
30.77	1042	776	237	25	7.5
30.98	1049	965	294	25	7.5

表 2-6　指示空速(IAS)精度

指示空速(IAS) /kn[①]	指示空速(IAS) /(km/h)	允差(ΔIAS) /±kn	允差(ΔIAS) /(±km/h)
50	90	5.0	9.3
80	150	3.0	6.5
100	180	2.0	3.7
120	220	2.0	3.7

① kn 即海里每小时,1 kn＝1.852 km/h。

（续表）

指示空速（IAS） /kn	指示空速（IAS） /(km/h)	允差（ΔIAS） /±kn	允差（ΔIAS） /(±km/h)
150	280	2.0	3.7
200	370	2.0	3.7
250	460	2.4	4.4
300	560	2.8	5.2
350	650	3.2	5.9
400	740	3.6	6.7
450	830	4.0	7.4

表 2-7　马赫数（Ma）精度

高度（H_p）/ft	高度（H_p）/m	马赫数（Ma）	允差（ΔMa）
0	0	0.3	0.012
		0.4	0.012
		0.5	0.010
		0.6	0.0075
10 000	3 048	0.4	0.012
		0.5	0.010
		0.6	0.0075
		0.7	0.005
20 000	6 096	0.4	0.012
		0.5	0.010
		0.6	0.0075
		0.7	0.005
30 000	9 144	0.6	0.0075
		0.7	0.005
		0.80	0.005
		0.90	0.005
		0.95	0.0075
40 000	12 192	0.70	0.005
		0.80	0.005
		0.90	0.005
		0.95	0.0075
50 000	15 240	0.75	0.005
		0.90	0.005
		0.95	0.0075
		1.00	0.015

表 2-8 升降速度(*HPR*)精度

升降速度(*HPR*) /(ft/min)	升降速度(*HPR*) /(m/min)	允差(ΔHPR) /($\pm$ft/mim)	允差(ΔHPR) /($\pm$m/min)
20 000	6 096	1 000	305
6 000	1 829	300	91
4 000	1 219	200	61
2 000	610	100	30
1 000	305	50	15
500	152	45	14
200	61	45	14
100	30	45	14
50	15	45	14
0	0	45	14
−50	−15	45	14
−100	−30	45	14
−200	−61	45	14
−500	−152	45	14
−1 000	−305	50	15
−2 000	−610	100	30
−4 000	−1 219	200	61
−6 000	−1 829	300	91
−20 000	−6 096	1 000	305

表 2-9 最大允许空速(V_{mo})/超速告警(overspeed)精度

气压高度 (H_p)/ft	气压高度 (H_p)/m	V_{mo} /Ma_{mo}	允差(ΔV_{mo}) /kn	允差(ΔV_{mo}) /(km/h)	超速告警 允差/kn	超速告警允差 /(km/h)
0	0	飞机确定	−4, +0	−7.5, +0	−0, +4	−0, +7.5
5 000	1 500	飞机确定	−4, +0	−7.5, +0	−0, +4	−0, +7.5
10 000	3 000	飞机确定	−4, +0	−7.5, +0	−0, +4	−0, +7.5
15 000	4 500	飞机确定	−4, +0	−7.5, +0	−0, +4	−0, +7.5
20 000	6 000	飞机确定	−4, +0	−7.5, +0	−0, +4	−0, +7.5
25 000	7 500	飞机确定	−4, +0	−7.5, +0	−0, +4	−0, +7.5
30 000	9 000	飞机确定	−4, +0	−7.5, +0	−0, +4	−0, +7.5
35 000	10 500	飞机确定	−4, +0	−7.5, +0	−0, +4	−0, +7.5
40 000	12 000	飞机确定	−4, +0	−7.5, +0	−0, +4	−0, +7.5
45 000	13 500	飞机确定	−4, +0	−7.5, +0	−0, +4	−0, +7.5
50 000	15 000	飞机确定	−4, +0	−7.5, +0	−0, +4	−0, +7.5

表 2－10 大气总温（TAT）精度

温度/℃	允差/±℃	温度/℃	允差/±℃
50	1.5	−20	1.5
40	1.5	−30	1.5
30	1.5	−40	1.5
20	1.5	−50	1.5
10	1.5	−60	1.5
0	1.5	−70	1.5
−10	1.5		

b. 静压源误差修正（SSEC）：

静压元误差修正（SSEC）在修正前输出容差的基础上增加 10%，并应验证其修正的斜率。

c. 附加输出：

附加输出为 AS9002 标准以外的要求的输出。这些输出一般是用户或客户提出的专用需求。

d. 阀值：

当输入发生以下变化时，大气数据计算机输出应跟随变化。

（a）绝对气压高度：±0.0003 inHg（±0.08 mmHg）；

（b）指示空速（IAS）：±0.0003 inHg（±0.08 mmHg）或表 2－7 所示的误差的±25%，取其大值。

e. 泄漏：

（a）大气数据计算机静压孔和总压孔连接时，其压力为 40 000 ft 高度（5.54 inHg 或 40 mmHg 绝对压力）的压力条件下，其泄漏率应不超过 0.010 inHg/min（0.25 mmHg/min）；

（b）总压通当时当地大气压力，静压施加 15 000 ft 高度（16.88 inHg 或 429 mmHg 绝对压力）的压力条件下，其泄漏率应不超过 0.010 inHg/min（0.25 mmHg/min）；

（c）大气数据计算机和测试设备中静压（p_s）和总压（p_t）压力容器的容量（100±10）in³（（1 639±164）cm³），测量时应保持热平衡。

f. 姿态误差：

在以下情况下，当输入状态不发生变化，其附加误差除第 2）条不超过正常误差的 50%外，其余状态不应超过正常误差的 25%。

（a）大气数据计算机从正常位置沿其纵轴顺时针旋转 90°；

（b）大气数据计算机从正常位置沿其纵轴旋转 180°；

（c）大气数据计算机从正常位置沿其纵轴逆时针旋转 90°；

（d）大气数据计算机从正常位置沿其横轴旋转 90°，并使前端向上；

（e）大气数据计算机从正常位置沿其横轴旋转 90°，并使前端向下。

（3）环境条件最低性能。

a. 通用需求：

环境条件及其试验方法按照 RTCA/DO—160G 规定的要求进行。

试验顺序按照 RTCA/DO—160G 的第 3.2 节规定。

b. 温度环境性能需求：

（a）低温　当温度低于 10℃时，每降低 1℃，其输出精度在本文件第 2.4.3.2.5.2 节 a)—d)规定的基础上增加 1.15%。

（b）高温　当温度高于 50℃时，每降低 1℃，其输出精度在本文件第 2.4.3.2.5.2 节 a)—d)规定的基础上增加 1.67%。

（c）环境条件　大气数据计算机环境条件应满足表 2-11 的要求。

表 2-11　环境条件要求

序号	试验项目	类别	要　　求	试验后要求
1	温度-高度	按型号	RTCA/DO—160G 第4章	第 2.4.3.2.5.2 节 a)—d)规定
2	温度变化	按型号	RTCA/DO—160G 第5章	第 2.4.3.2.5.2 节 a)—d)规定
3	湿热	按型号	RTCA/DO—160G 第6章	第 2.4.3.2.5.2 节 a)—d)规定
4	功能冲击和坠撞安全	按型号	RTCA/DO—160G 第7章	第 2.4.3.2.5.2 节 a)—d)规定
5	振动	按型号	RTCA/DO—160G 第8章	第 2.4.3.2.5.2 节 a)—d)规定
6	爆炸性大气	按型号	RTCA/DO—160G 第9章	第 2.4.3.2.5.2 节 a)—d)规定
7	防水性	按型号	RTCA/DO—160G 第10章	第 2.4.3.2.5.2 节 a)—d)规定
8	流体敏感性	按型号	RTCA/DO—160G 第11章	第 2.4.3.2.5.2 节 a)—d)规定
9	沙尘	按型号	RTCA/DO—160G 第12章	第 2.4.3.2.5.2 节 a)—d)规定
10	霉菌	按型号	RTCA/DO—160G 第13章	第 2.4.3.2.5.2 节 a)—d)规定
11	盐雾	按型号	RTCA/DO—160G 第14章	第 2.4.3.2.5.2 节 a)—d)规定
12	磁影响	按型号	RTCA/DO—160G 第15章	—
13	电源输入	按型号	RTCA/DO—160G 第16章	第 2.4.3.2.5.2 节 a)—d)规定
14	电压尖峰	按型号	RTCA/DO—160G 第17章	第 2.4.3.2.5.2 节 a)—d)规定
15	电源音频传导敏感性	按型号	RTCA/DO—160G 第18章	第 2.4.3.2.5.2 节 a)—d)规定
16	感应信号敏感性	按型号	RTCA/DO—160G 第19章	第 2.4.3.2.5.2 节 a)—d)规定
17	射频敏感度	按型号	RTCA/DO—160G 第20章	第 2.4.3.2.5.2 节 a)—d)规定
18	射频能量发射	按型号	RTCA/DO—160G 第21章	第 2.4.3.2.5.2 节 a)—d)规定
19	雷电感应瞬态敏感度	按型号	RTCA/DO—160G 第22章	第 2.4.3.2.5.2 节 a)—d)规定
20	雷电直接效应	不要求	RTCA/DO—160G 第23章	—
21	结冰	按型号	RTCA/DO—160G 第24章	第 2.4.3.2.5.2 节 a)—d)规定
22	静电放电（ESD）	按型号	RTCA/DO—160G 第25章	第 2.4.3.2.5.2 节 a)—d)规定
23	防火、可燃性	不要求	RTCA/DO—160G 第26章	第 2.4.3.2.5.2 节 a)—d)规定

6) 安装和物理要求

安装和物理需求是与飞机的环境有关的系统的物理特征。它们可以包括:尺寸、安装措施、电源、冷却、环境的限制、可见性、通道、调节、操作、储存。生产的制约也可能在建立这些需求时起一定作用。

(1) 安装需求。

a. 安装需求:

安装由型号或一级飞机系统确定并提出其要求。

大气数据计算机在飞机上的安装一般按照 ARINC600 规定的快速托架安装方式。

b. 搭铁需求:

大气数据计算机安装在飞机上后,安装架与飞机结构裸露部分之间的搭铁电阻应不大于 $2500\,\mu\Omega$。

(2) 物理需求。

a. 外形尺寸:

外形尺寸由型号或一级飞机系统确定并提出其要求。

大气数据计算机的外形尺寸一般按照 ARINC600 规定的 2 MCU—4 MCU 的外形尺寸,应用比较多的尺寸为 3 MCU 尺寸。

b. 重量:

重量由型号或一级飞机系统确定并提出其要求。

大气数据计算机的重量一般不超过 2.5 kg(不包括除安装架外的其他附件)。

c. 冷却需求:

大气数据计算机在飞机上一般采用自然散热方式冷却(不采用强迫冷却方式)。

d. 电源需求:

电源需求一般由飞机或一级飞机系统确定并提出要求,并传递到大气数据计算机。

大气数据计算机一般采用飞机直流汇流条供电。电源要求一般如下:

供电电源:飞机直流 28.5VDC。

供电特性:满足 RTCA/DO—160G 第 16 章定义的 A 类直流供电特性。

功率:大气数据计算机最大稳定工作状态功率不大于 20 W。

e. 标识:

大气数据计算机的面板上的标识至少应包含如下内容,该标识应永久清晰。

(a) 名称;

(b) AS 或 TSO 编号;

(c) 生产厂家的件号(零件号);

(d) 生产商家的厂名和地址;

(e) 生产厂家的生产序列号和生产日期;

（f）高度、速度、马赫数范围；

（g）软件执行标准及软件批准等级；

（h）飞机型号（针对 PMA）；

（i）环境类别标识；

（j）重量。

f. 绝缘需求：

除与壳体之间跨接有电阻、电容、电感、半导体的电气电路外，其余电气电路与金属壳体之间的绝缘电阻应不小于 5 MΩ[绝缘电压不小于 200 V(DC)、测量时间不小于 5 s]。

7）维修性需求

维修性需求包括了计划的和非计划的维修需求，以及任何与特定的安全性相关的功能有联系的需求。一些因素，例如故障检测率或者故障隔离率也是非常重要的。在这些需求中应对外部测试设备的信号和连接方式进行定义和规定。

8）接口需求

接口需求包括了物理系统和设备间的相互连接以及所交联特定信息的相关特性。所有具有输入来源和输出目标的接口应被定义。接口的描述应该完全地描述出信号的行为。

大气数据计算机的接口需求一般定义在大气数据计算机接口控制文件。

9）附加的适航需求

附加的功能、功能的属性或者功能的实施可能会被适航法规要求，或者必需表明对适航法规的符合性。这种类型的需求应该被定义，并且与有关的适航当局达成一致。

10）其他需求

（1）互换性。

同一厂家生产的零件号（件号）大气数据计算机在飞机上应是可互换的。

（2）防火。

除不影响火灾蔓延的小零件（如按钮、紧固件、密封件、锁环以及小的电气件）外，使用的所有材料必须按照 FAR 25.1359(d)进行自灭火试验，以证明这些材料具有自灭火能力。

（3）告警信号。

当大气数据计算机无电源供电时，应提供能够触动告警装置的手段。通过自检测能力，影响大气数据计算机输出精度的系统级故障应通过正确的方法进行指示或输出。

（4）自检测能力。

应具有提供飞行前和飞行后的自检测工作方式，以判断大气数据计算机的工作状态（正常/故障），在飞行中（滑跑、起飞、降落）应具有禁止进入自检的功能。

（5）测试条件。

测试要求如下：

a. 标准试验条件在实验室环境中进行,实验室条件应满足 RTCA/DO—160G 标准第 3.5 条的规定;

b. 环境试验条件应满足 RTCA/DO—160G 标准的规定;

c. 压力标准精度(含修正):0.04 inHg(0.10 mmHg)范围内;

d. 大气数据计算机的预热时间应不超过 30 min;

e. 输出精度的测试应在含静压源误差修正(SSEC)的状态进行;

f. 输入测试点的设置应覆盖从最小值至最大值的全范围(两边的边界点应作为测试的输入设置点)。

2.5.3.3 大气数据计算机验证

验证是为了确保大气数据计算机的设计和实施能够满足已经被确认的需求。验证过程在 SAE ARP 4754A 标准中进行了详细的描述。

大气数据计算机的验证应实现下列目标。

(1) 证实所期望的功能已经被正确地实施。

(2) 证实需求已经得到满足。(我们是否正确地设计、制造了大气数据计算机?)

(3) 确保大气数据计算机的安全性分析仍然保证正确。

大气数据计算机的验证是基于前面的需求进行。基于大气数据计算机需求的验证矩阵如表 2-12 所示。

表 2-12 大气数据计算机需求验证矩阵

需求条号	需求描述	验证方法	参考程序	参考验证结果	结论
2.4.3.2.1	安全性	分析	—	大气数据计算机 PSSA、FTA、CMA 报告	
2.4.3.2.2	功能性	试验	合格审定试验大纲	合格审定试验报告	
4.4.3.2.3	客户要求	试验、分析	合格审定试验大纲	合格审定试验报告、相关分析报告	
2.4.3.2.4	操作需求	试验	合格审定试验大纲	合格审定试验报告	
2.4.3.2.5.1a)	高度基准	试验	合格审定试验大纲	合格审定试验报告	
2.4.3.2.5.1b)	指示空速基准	试验	合格审定试验大纲	合格审定试验报告	
2.4.3.2.5.1c)	压力范围	试验、分析	合格审定试验大纲	合格审定试验报告、相关分析报告	
2.4.3.2.5.2a)	精度	试验	合格审定试验大纲	合格审定试验报告	
2.4.3.2.5.2b)	静压源误差修正	试验	合格审定试验大纲	合格审定试验报告	
2.4.3.2.5.2c)	附加输出	试验	合格审定试验大纲	合格审定试验报告	
2.4.3.2.5.2d)	阈值	试验	合格审定试验大纲	合格审定试验报告	
2.4.3.2.5.2e)	泄漏	试验	合格审定试验大纲	合格审定试验报告	

（续表）

需求条号	需求描述	验证方法	参考程序	参考验证结果	结论
2.4.3.2.5.2f)	姿态允差	试验	合格审定试验大纲	合格审定试验报告	
2.4.3.2.5.3a)	通用需求	试验	合格审定试验大纲	合格审定试验报告	
2.4.3.2.5.3b)	温度环境性能需求	试验	合格审定试验大纲	合格审定试验报告	
2.4.3.2.5.3c)	环境条件	试验	合格审定试验大纲	合格审定试验报告	
2.4.3.2.6.1a)	安装需求	分析		外形图	
2.4.3.2.6.1b)	搭铁需求	试验	合格审定试验大纲	合格审定试验报告	
2.4.3.2.6.2a)	外形尺寸	试验	合格审定试验大纲	合格审定试验报告	
2.4.3.2.6.2b)	重量	试验	合格审定试验大纲	合格审定试验报告	
2.4.3.2.6.2c)	冷却需求	分析		全套图样	
2.4.3.2.6.2d)	电源需求	试验	合格审定试验大纲	合格审定试验报告	
2.4.3.2.6.2e)	标识	分析		标牌图纸	
2.4.3.2.6.2f)	绝缘需求	试验	合格审定试验大纲	合格审定试验报告	
2.4.3.2.7	维修性需求	分析		维修性分析报告	
2.4.3.2.8	接口需求	试验	合格审定试验大纲 地面系统试验大纲① 机上地面试验大纲② 空中试验大纲③	合格审定试验报告 地面系统试验报告① 机上地面试验报告② 空中试验报告③	
2.4.3.2.9	附加适航需求	试验、分析	合格审定试验大纲	合格审定试验报告、相关分析报告	
2.4.3.2.10.1	互换性	试验	合格审定试验大纲	合格审定试验报告	
2.4.3.2.10.2	防火	分析		防火分析报告	
2.4.3.2.10.3	告警信号	试验	合格审定试验大纲	合格审定试验报告	
2.4.3.2.10.4	自测试能力	试验	合格审定试验大纲	合格审定试验报告	
2.4.3.2.10.5	测试条件	试验	合格审定试验大纲	合格审定试验报告	

注：①地面系统试验大纲及地面系统试验报告属于装机批准验证项目。
②、③机上地面试验大纲、报告，空中试验大纲、报告属于装机批准验证项目。

2.5.3.4　大气数据计算机质量一致性测试

质量一致性测试主要检查制造过程的质量一致性，质量一致性测试性项目的制订一般针对过程对产品质量有影响的项目进行。

大气数据计算机质量一致性检查项目如表 2 - 13 所示。

表 2 - 13　质量一致性测试项目

序号	试验项目	试验环境	参考试验程序	参考试验结果	备注
1	输出精度	标准条件	标准条件验收试验程序	标准条件验收试验结果	
2	静压源误差修正	标准条件	标准条件验收试验程序	标准条件验收试验结果	

（续表）

序号	试验项目	试验环境	参考试验程序	参考试验结果	备注
3	附加输出	标准条件	标准条件验收试验程序	标准条件验收试验结果	
4	阈值	标准条件	标准条件验收试验程序	标准条件验收试验结果	
5	泄漏	标准条件	标准条件验收试验程序	标准条件验收试验结果	
6	姿态允差	标准条件	标准条件验收试验程序	标准条件验收试验结果	
7	外形尺寸	标准条件	标准条件验收试验程序	标准条件验收试验结果	
8	重量	标准条件	标准条件验收试验程序	标准条件验收试验结果	
9	搭铁	标准条件	标准条件验收试验程序	标准条件验收试验结果	
10	绝缘	标准条件	标准条件验收试验程序	标准条件验收试验结果	
11	自检测	标准条件	标准条件验收试验程序	标准条件验收试验结果	
12	标识	标准条件	标准条件验收试验程序	标准条件验收试验结果	
13 13.1 13.2 13.3 13.4	高温工作 输出精度 静压源误差修正 附加输出 自检测	高温条件	高温条件验收试验程序	高温条件验收试验结果	若压力传感器对高温不敏感，可以不进行
14 14.1 14.2 14.3 14.4	低温工作 输出精度 静压源误差修正 附加输出 自检测	低温条件	低温条件验收试验程序	低温条件验收试验结果	若压力传感器对低温不敏感，可以不进行

2.5.3.5　组成及工作原理

依据前面描述的大气数据计算机功能，大气数据计算机由以下6部分功能模块组成，其组成如图2-14所示，原理如图2-15所示。

（1）电源功能模块。

（2）传感器功能模块。

（3）输入接口功能模块。

（4）中央处理功能模块。

（5）输出功能模块。

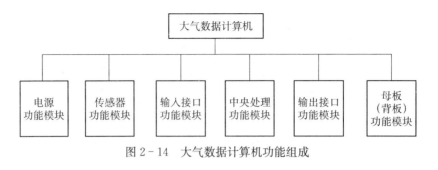

图 2-14　大气数据计算机功能组成

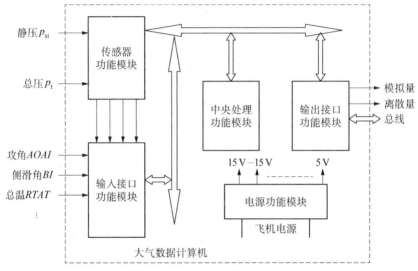

图 2-15　大气数据计算机原理

（6）母板（背板）功能模块。

1）电源功能模块

电源功能模块完成对大气数据计算机内部各个功能模块的供电以及外置受感器的激励电源。

由于飞机只能向大气数据计算机提供直流 28 V 或交流 400 Hz 115 V 供电，而大气数据计算机以及系统内的外置受感器探头用电一般是弱电和低电压，如直流 15 V、−15 V、5 V、−5 V、3.3 V、10 V、−10 V 以及恒流源等。电源功能模块完成将来自飞机的供电电源转换为大气数据计算机内部用电和受感器探头激励的用电。在完成进行这一系列的转换功能的同时，电源功能模块还需要完成来自飞机电源的瞬态变化、电源尖峰、稳态宽范围输入电源、抗雷电冲击等一系列的飞机电源固有的电源特性要求。这一特性要求，主要参照 RTCA/DO—160G 标准第 16 章的规定。电源功能模块基本原理如图 2-16 所示。

早期，国内电源功能模块中的电源变换多采用线性电源，由于线性电源存在转换效率低、发热量大、重量重、体积大等缺点，现在在航空电子产品中，电源功能组件大部

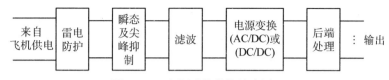

图 2-16 电源功能模块基本原理

分采用开关电源,开关电源就克服了线性电源的上述缺陷,但存在电磁兼容难以解决的问题,所以,在电源功能模块的设计研发中,除了注重其基本的性能要求外,电磁兼容也是电源设计应重点考虑的问题。因为内部所有功能模块的工作用能量来源于电源功能模块提供的电源,如果电磁兼容问题不能得到很好地解决,其提供的内部工作电源及外部激励电源就不干净,将严重影响产品内部各个功能模块的正常有效工作。

2) 传感器功能模块

来自总/静压探头和机身静压孔的压力信号为气压信号,由于气压信号计算机不能直接处理,为此,大气数据计算机需要内置压力传感器,将来自探头和机身静压孔的气压信号转换成相应的电信号,提供给计算机进行计算和处理。传感器功能模块原理如图 2-17 所示。

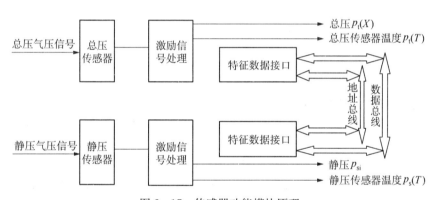

图 2-17 传感器功能模块原理

激励及信号处理主要功能是为传感器提供激励信号,同时将来自传感器的温度传感器的信号进行处理,处理后输出与压力成单调函数电信号以及传感器的温度信号。

由于传感器一般都存在温度漂移,为了消除传感器由于温度漂移带来的温度误差,通过温度测试,得到传感器的温度漂移量 δ,通过采集得到的传感器温度 T 以及其修正量 δ 进行温度补偿,消除温度漂移带来的误差,每一只传感器的 δ 数据存放在特征数据接口中。当计算机采集到来自传感器的 $p(X)$、$p(T)$、δ 后,根据传感器的特性,通过以下公式计算出当前的压力参数:

$$p = f(p(X), p(T), \delta) \tag{2-26}$$

3) 输入接口功能模块

来自外部探头的模拟信号、场压装订的装订信号、压力传感器的温度信号和压力信号、外部的离散量,以及系统外部的一些其他信息通过输入接口功能模块完成信号的调理、模拟/数字(A/D)转换、频率/数字(F/D)转换,将这些输入信息转换为计算机能够处理的数字信号,供中央处理功能模块采集。输入接口功能模块原理如图2-18所示。

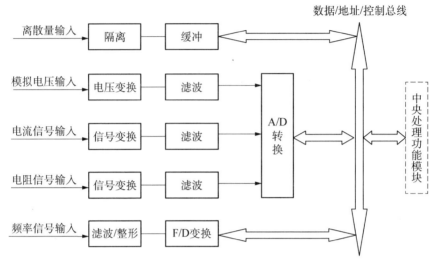

图2-18 输入接口功能模块原理

下面就信号调理电路的设计进行简单描述。

(1) 模拟信号调理。

a. 直流电压信号调理:

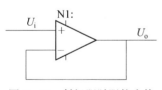

图2-19 射极跟随阻抗变换

对于输出阻抗较高的传感器,例如压电传感器、光电二极管等,要想实现高精度测量,传感器的输出必须与调理电路很好匹配,也就是说与传感器连接的测量电路的输入阻抗要求很高。对于这样的传感器可以采用射极跟随器实现阻抗变换。具体电路图如图2-19所示。

经阻抗匹配后的电压信号可以采用仪表放大器进行运放处理,具体电路如图2-20所示。

b. 交流电压信号调理:

交流信号放大遇到的问题是在交流耦合运算放大器或仪表放大器电路中没有提供偏置电流的直流(DC)回路。这在高增益应用中极易导致运算放大器的输出饱和。将交流毫伏级电压信号接到仪表放大器差动输入端,尽管仪表放大器采用差动输入,仍需在输入端和地之间为偏置电流提供一条直流通路,避免偏置电流通过寄生电容引起输出不可控漂移或饱和现象。具体通过在两个输入端接入阻值相同的接地电阻实现,如图2-21所示。

对于阻抗特别低的传感器高电压交流信号,可采用变压器耦合方式进行采集,变压器耦合输入如图2-22所示。

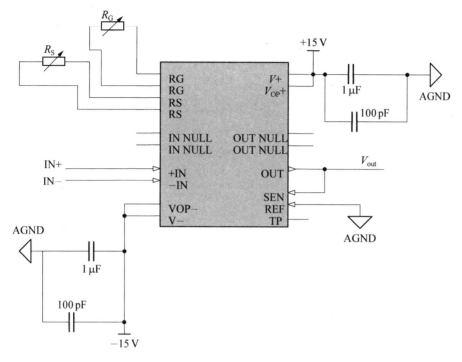

图 2 - 20　直流电压信号调理电路原理

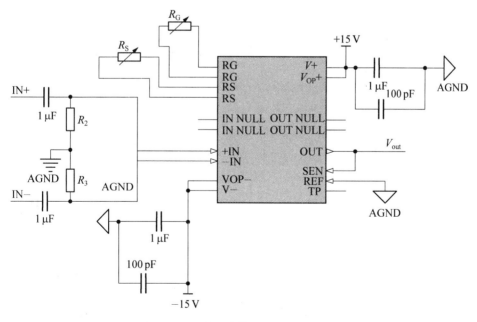

图 2 - 21　交流小信号调理电路原理

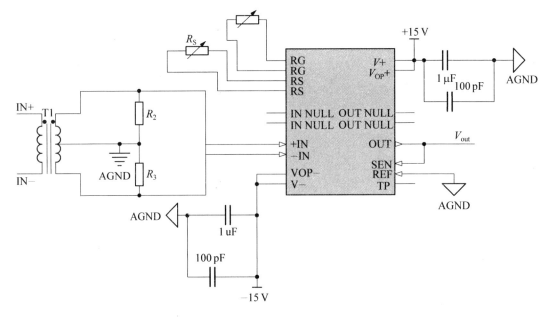

图 2-22　高电压交流信号调理电路

c. 直流电流小信号：

为了实现对直流电流小信号的采集，需要对电流信号进行调理，转换成标准的电压信号。对此，设计了如图 2-23 所示的调理电路。

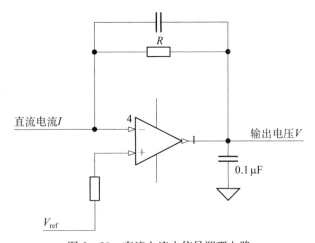

图 2-23　直流电流小信号调理电路

输出电压如下式所示：

$$V_O = V_{ref} - IR \tag{2-27}$$

由式(2-27)可知，V_O 与 I 呈线性关系，R 对转换精度起着至关重要的作用。

应选择温度漂移低的高精度电阻。假设电流输入 $I=5\,\mathrm{mA}$，$R=20\,\mathrm{k\Omega}$，电阻 R 的功耗为 $0.5\,\mathrm{W}$。

　　d. 低通有源滤波器设计：

低通滤波器分为有源低通滤波器和无源低通滤波器，由于无源滤波器过渡带衰减缓慢，选择性不佳，接口设计一般选择了有源低通滤波器。其原理图如图 2-24 所示。

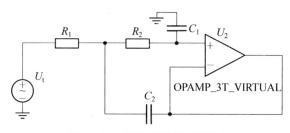

图 2-24　低通有源滤波器原理

该低通滤波器的传递函数为

$$H(s) = \frac{1}{R_1 C_1 R_2 C_2 S_2 + (R_2 C_2 + R_1 C_2)s + 1} \qquad (2-28)$$

此低通滤波器的 $-3\,\mathrm{dB}$ 带宽为

$$\bar{\omega}_0 = \frac{1}{\sqrt{R_1 C_1 R_2 C_2}} \qquad (2-29)$$

此低通滤波器的 Q 值为

$$Q = \frac{1}{\sqrt{\dfrac{R_1 C_2}{R_2 C_1}} + \sqrt{\dfrac{R_2 C_2}{R_1 C_1}}} \qquad (2-30)$$

（2）电阻信号调理。

常用的电阻测量方法有两线制电桥测阻法、三线制测阻法、四线制测阻法。

　　a. 电桥法：

电桥法是将被测可变电阻作为惠斯通电桥的桥臂，电路如图 2-25 所示。

电桥的输出电压为

$$V = E\frac{R_2 R_x - R_1 R_3}{(R_2 + R_1)(R_3 + R_x)} \qquad (2-31)$$

这是最简单的测量方法，只有在被测电阻较大的时候才能保持一定的精度。如果被测电阻较小，导线电阻的影响不可忽略，那么该方法

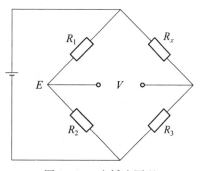

图 2-25　电桥法原理

就无法满足测量精度要求。

b. 三线制测阻法：

如图 2 - 26 所示，在被测电阻 R_x 的根部引出 3 根长度相等的同质测量导线，A、B、C 为 3 个测量端子，恒流源的电流 I_s 由 A 端流入，经过测量导线电阻 r，再经过待测电阻 R_x，最后流过测量导线 r 后由 C 端流出，可以近似地认为 3 根测量导线的电阻相等，这样就有

$$V_A = I_s R_x + 2I_s r \qquad (2 - 32)$$

$$V_B = I_s R_x + I_s r \qquad (2 - 33)$$

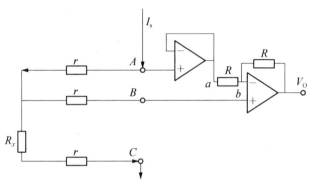

图 2 - 26　三线制测阻法原理

对于放大电路部分，有

$$\frac{V_A - V_B}{R} = \frac{V_B - V_0}{R} \qquad (2 - 34)$$

则可得

$$V_0 = 2V_B - V_A = I_s R_x \qquad (2 - 35)$$

由于 I_s 已知，因此可以求出待测电阻值。该方法在工程上应用很广泛，对于欧姆级以上的电阻，能够达到很高的测量精度。当然，该方法可以基本消除测量导线电阻影响的前提是假设三根导线的测量电阻相等，实际上测量导线的长度不可能完全一致，即测量导线电阻不可能完全相等，因此当测量微弱电阻时，三线制无法满足精度要求。

c. 四线制测阻法：

由于三线制测阻法不能满足微弱电阻的测量精度要求，于是四线制的测量方法应运而生，如图 2 - 27 所示。

设四根导线的电阻为 $r_1 \sim r_4$，由于 I_s 为恒流源，流过 R_x 的电流也为 I_s，测量端的电压 V_m 就等于被测电阻 R_x 两端的电压，通过已知流过 R_x 的电流值和测得的 R_x 两端电压即可得到

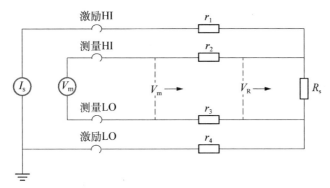

图 2-27　四线制测阻法原理

$$R_x = \frac{V_m}{I_s} \tag{2-36}$$

因此,即使测量导线电阻不相等,也不会对测量造成影响了。

(3) 开关量信号。

开关量信号不能直接接到处理器的 I/O 引脚上,存在以下几方面的问题:①信号不匹配,输入的信号可能是交流信号、高压信号、按键等信号;②比较长的连接线路容易引进干扰、雷击、感应电等,不经过隔离不可靠。所以,信号需要进行隔离后才能通过缓冲提供给处理器采集。

图 2-28 给出了一个以光电器件进行隔离的原理示意图。

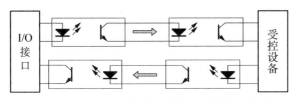

图 2-28　采用光电管进行隔离的开关接口原理

(4) 频率信号。

频率的测量可能主要来源于内部选择的压力传感器相关,可以根据测量误差和资源的要求选择适当的测量方法。

常用的频率测量有电子计数测频法、电子计数测周法、多周期同步测频法等 3 种。

a. 电子计数器测频法:

电子计数器测频法(简称测频法)是将被测频率信号加到计数器的计数输入端,使计数器在标准时间 T_1 内进行计数,所得计数值 N_1 与被测信号的频率 f_x 的关系为

$$f_x = \frac{N_1}{T_1} = N_1 f_1 \qquad\qquad (2-37)$$

$$f_1 = \frac{1}{T_1}$$

计数器直接测量频率产生的误差为

$$\frac{\Delta f_x}{f_x} = \pm \left(\frac{1}{f_x T_1} + \left| \frac{\Delta f_1}{f_1} \right| \right) \qquad\qquad (2-38)$$

由式(2-38)可知,测频法的误差主要由两部分组成:标准频率误差 $\left| \frac{\Delta f_1}{f_1} \right|$ 和量化误差 $\frac{1}{f_x T_1}$。其中标准频率误差是由所选用的标准信号决定的,通常情况下,标准频率误差远小于量化误差。量化误差是由于计数器只能进行整数计数而引起的 ± 1 误差。因此测频法的主要误差为

$$\varepsilon = \pm \frac{1}{f_x T_1} = \pm \frac{f_1}{f_x} \qquad\qquad (2-39)$$

由式(2-39)可知,在相同的时间 T_1 内,测频法的量化误差随被测频率的减小而增大,因此,为了减小误差,通常测量高频时采用测频法。但是,这种方法只能在一定程度上减小误差而不能消除误差。对于变化范围较大的被测信号,该方法不能满足高精度的测量的要求。

    b. 电子计数测周法:

电子计数器测周法(简称测周法)是将标准频率信号 f_2 送到计数器的计数输入端,而使被测信号控制计数器的计数时间。所得计数值 N_2 与被测信号的频率 f_x 的关系为

$$f_x = \frac{f_2}{N} \qquad\qquad (2-40)$$

则计数器测周法产生的误差为

$$\frac{\Delta T_x}{T_x} = \pm \left(\frac{T_2}{T_x} + \left| \frac{\Delta f_2}{f_2} \right| \right) \qquad\qquad (2-41)$$

式中: $T_2 = \dfrac{1}{f_2}$, $T_x = \dfrac{1}{f_x}$

因此,由于计数器只能进行整数计数而引起的量化误差为

$$\varepsilon = \pm \frac{f_x}{f_2} = \pm T_2 f_x \qquad\qquad (2-42)$$

由式(2-42)可知,测周法的量化误差会随频率的增大而增大。因此,为了减小误差,测量低频信号时采用测周法。同样,这种方法也只能在一定程度上减小误差

而不能消除误差。对于变化范围较大的被测信号,该方法也不能满足高精度的测量的要求。

c. 多周期同步测频法:

多周期同步测频法是利用两个计数器在同一闸门时间控制下,分别对被测信号 f_x 与标准频率信号 f_0 进行计数,闸门时间由预置闸门时间经同步器与被测信号同步后确定。测量原理波形如图 2 - 29 所示。当预置门时间开始时,两个计数器并不开始计数,只有当预置闸门开始后的第一个被测信号的上升沿到来时,才能产生与被测信号同步的实际闸门信号,此时才能同时打开闸门,对被测信号与标准信号进行计数。同样,预置闸门信号关闭后,同步闸门也并不立即关闭,而是当预置闸门结束后的第一个被测信号的上升沿到来时,才关闭同步闸门,即使两个计数器停止计数,完成一次测量过程。

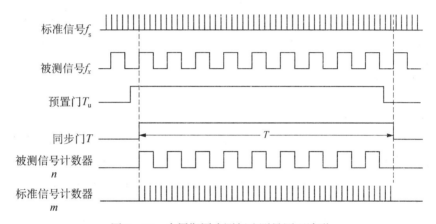

图 2 - 29　多周期同步测频法测量原理波形

如上所述,在多周期同步测频法中,计数器的开启和关闭与被测信号时严格同步的,即实际闸门中包含整数个被测信号周期,因此不存在对被测信号计数的量化误差,实际闸门时间 T 由标准信号计数器 m 给出:

$$f_x = \frac{N_n}{N_m} f_s \qquad (2 - 43)$$

式中:f_x 为被测信号频率;

f_s 为标准信号频率;

N_n 为被测信号的计数值;

N_m 为标准信号的计数值。

该方法的测量误差来源主要包括标准频率信号的 ± 1 计数误差以及沿触发误差。其中,被测信号经过整形滤波后,沿触发误差非常小,可以忽略不计。

因此,多周期同步测频法产生的主要误差为

$$\varepsilon = \pm \frac{1}{N_m} = \pm \frac{1}{f_m T} \qquad\qquad (2-44)$$

式中：$T = \dfrac{N_x}{f_x}$ 为闸门开启时间。

由式(2-44)可知，多周期同步测频法的相对误差与被测信号频率的大小无关，仅与闸门时间以及标准频率信号的频率大小有关。可以通过增大闸门时间，或提高标准频率信号，来提高测量精度。当闸门时间和标准频率确定后，测量的相对精度也确定，即在被测信号的整个频段内测量的精度相同。

d. 3 种测量方法对比：

针对上述 3 种频率测量方法，其特性对比如表 2-14 所示。

表 2-14　3 种频率测量方法比较

测量方法	适合的测量范围	实时性	是否有标准芯片
测频法	高频	较差	有
测周法	低频	好	有
多周期同步法	全频	一般	无

4) 中央处理功能模块

中央处理功能模块是大气数据计算机的核心功能模块，它负责调度、指挥其他接口功能模块的工作，同时根据从各个接口功能模块采集得到的信息，完成大气数据参数的解算，同时将解算出的参数进行格式化后，指挥输出接口按照系统规定的格式输出。

中央处理功能模块在完成上述功能的同时，还将不断地对系统内部的工作状况进行实时监控和诊断，并将监控和诊断结果实时向上一级系统进行报告。

中央处理功能模块主要包括以下几部分子功能：

(1) 微处理器。

(2) 时钟电路。

(3) 上电复位电路。

(4) 程序存储器。

(5) 数据存储器。

(6) SPI 总线接口。

(7) 译码电路。

(8) 总线接口。

(9) JTAG 接口。

大气数据计算机内部架构类型较多，这主要取决于系统的复杂程度和其他的一些性能和扩展要求，基本架构有 PCI 和 ISA 两类。图 2-30 是 PCI 架构中央处理功能模块的简易示意图。

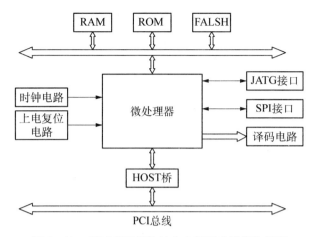

图 2 - 30　基于 PCI 架构的中央处理功能模块原理

5) 输出接口功能模块

输出接口功能模块完成对最终的大气参数输出,具体输出形式取决于飞机系统的总体设计需求,目前主要的输出形式有:

(1) 总线:如 ARINC429 总线、光纤总线、RS - 422 等。

(2) 模拟量:如直流模拟量、交流模拟量等。

(3) 离散量:如 28VDC/开、28VDC 地/开等。

6) 母板(背板)功能模块

母板(背板)功能模块一般为无源模块,其功能是实现内部各个功能模块之间信息的互联,同时还完成产品内部与外部链接插座之间的信息互联。

母板(背板)功能模块一般固定在产品机箱内部。

2.5.4　发展简史

随着科技的发展和执行任务的不同,到目前为止,大气数据系统经历了 4 个发展阶段。

1) 第一代大气数据系统——纯机械式的大气数据系统

早期的第一代飞机,其主要任务是完成空中飞行,这一代飞机上使用的大气数据系统为第一代大气数据系统。

第一代大气数据系统主要为飞行员执行空中飞行任务提供飞机飞行的基本信息,提供的参数主要有气压高度 H_p、指示空速 IAS、升降速度 HPR,从严格意义上划分,第一代大气数据系统还不能称为真正意义上的大气数据系统。

第一代大气数据系统由以下 3 部分组成:

(1) 气压高度表。

(2) 指示空速表。

(3) 升降速度表。

这 3 种仪表安装在飞机的仪表板上,这些仪表是以弹性材料作为核心敏感元件的纯机械膜盒仪表。通过弹性敏感材料感受飞机飞行的大气静压 p_s、动压 q_c、大气静压差 Δp_s 等信息,通过感受到的这些信息驱动机械指针运动,从而在仪表上指示出当时的气压高度 H_p、指示空速 IAS、升降速度 HPR,实现为飞行员实时提供飞机飞行的这 3 个基本参数。

由于第一代大气数据系统,具有构型简单、成本低、重量轻、可靠性高(不受飞机上其他系统的约束)等优点,目前,在很多通用航空(包括一些私人用飞行器)上使用,同时考虑到这些仪表的独立性,在现代很多飞机上,还将这些仪表作为飞机的备份仪表,当飞机处于非常状态时,通过这 3 种仪表实现安全返航和着陆,这 3 种仪表在西方国家普遍称之为 GET ME HOME 仪表。

2) 第二代大气数据系统——机电模拟式大气数据系统

随着飞机其他系统和任务的需要,以及航空测量技术的发展,在第一代大气数据系统的基础上,出现了机电模拟式的第二代大气数据系统。

第二代大气数据系统其关键的敏感部件还是采用传统的弹性材料制成的压力膜片。压力膜片通过机上空速管感受飞机外部大气静压 p_s、总压 p_t。通过压力驱动电机带动指示器为飞行员指示飞机实时飞行的高度 H_p、速度 IAS、升降速度 HPR 等大气信息,同时将这些信息以模拟量、离散量的形式传输给飞机的其他系统(如导航、发动机等系统)。

3) 第三代大气数据系统——数字式大气数据系统

随着以下技术的发展,出现了第三代大气数据系统。

(1) 计算机技术的发展。

(2) 大规模、超大规模集成电路工程技术中的成功应用。

(3) 航空数据传输总线技术的日趋成熟。

(4) 数字信号处理技术的日臻完善。

(5) 航空电子综合水平的不断提高。

第三代大气数据系统以大气数据计算机为核心处理部件,配以高精度、高稳定性、高可靠性的压力传感器和温度、角度测量探头作为系统的前端受感部件,构造一个完善的大气数据系统,将第一、二代的分散式纯机械、机电式大气数据测量系统变为集中的数字式测量系统,第三代大气数据系统中信号的处理与传输实现全数字化。

第三代大气数据系统通过多年的发展,到目前为止,经历了如下几个阶段:

(1) 从广播式航空总线发展到时分制请求/响应式航空总线。

(2) 从早期的机电指示仪表发展到多功能综合显示系统。

(3) 压力传感器从精度低、技术落后的膜片传感器发展到精度高、稳定高、可靠性高的以硅芯片为芯体的硅压阻、硅谐振压力传感器和振动筒压力传感器。

(4) 采用高精度、高稳定性、高可靠性的迎角、侧滑角、大气总温等测量探头。

(5) 系统构型从落后的分体式发展到集中式。

(6) 受感探头集中布置发展为分布式布局,信号处理采用集中式的处理。

（7）系统配置由原来的单套设置发展到多余度的配置。

第三代大气数据系统具有如下一些优点：

（1）减少大量的、重复的仪表和传感器，从而减少了系统的体积和重量。

（2）提高了大气数据信息的测量和传输精度。

由于压力传感器数量及其管道长度的减少，大大减少了由测压管引入的气压和总压的能量损耗而造成的延迟误差。同时由于测量传感器测量精度的提高，也大大提高了大气数据信息的测量精度。

测量系统的减少和信息测量、变换的集中，为采用高精的传感器和完善的误差修正和补偿措施提供了可能。

由大气数据计算机统一提供给机上各系统和设备的信息具有极高的一致性。

（3）可扩大测量系统的功能，提高系统的可靠性。

（4）通过航空数字化总线，简化了飞机上其他系统以及系统之间的构型，同时通过时分制请求/响应式总线和光纤网络总线实现了航空电子的网络化和综合化，更有利于系统的余度重构，提高了飞行的安全性和可靠性。

4）第四代大气数据系统——嵌入式大气数据系统

由于越来越高的任务要求，发展了第四代大气数据系统，该系统主要用于军用作战飞机，其主要指标要满足飞机的隐身、大机动作战、超声速巡航、精确打击能力等性能要求，第四代大气数据系统主要具有如下特点。

（1）雷达反射（RCS）面积小。

（2）飞机大机动状态下测量精度高。

（3）动态响应高。

（4）可靠性、维修性、测试性、保障性、安全性、环境适应性高。

针对以上特点，第四代大气数据系统主要是构型上的变化，主要采用嵌入式构型，其具有如下优点：

（1）将传统的采用外置探头测量大气静压 p_s、总压 p_t、真迎角 α_t、真侧滑角 β_t 等基本大气参数，通过构型设计的改变转化为对飞机表面流场压力 p_i 的测量，取消了机上的一些外置受感探头减小了雷达波反射（RCS）面积。

（2）通过机上外置受感器探头的取消，消除了由于探头本身的原理误差和安装误差，提高了大气参数的测量精度。

（3）由于外置受感器探头的取消，不存在大机动状态下压力受感的准确性，提高了大机动状态下大气参数测量的准确性。

（4）采用嵌入式分布布局结构，为系统的重构提供足够的资源，大大提高了系统的余度能力和可靠性、维修性。

5）未来大气数据系统的发展

针对大气数据测量的当代大气数据系统，是基于国际标准理想大气条件建立的数学模型，同时将大气数据的测量转化为对飞机周围压力的测量，采用的是一种被动测量方式,而针对实际大气环境,存在许多变化的因素,这种理想条件和被动测量方式存在测量原理精度误差、实时性较差等缺陷,同时,温度的测量还必须外置温度测量探头,影响飞机的气动布局设计和隐身设计。针对这些问题,未来大气数据系统将向以下几个方面进行发展。

(1) 构型采用嵌入分布式构型。

(2) 采用主动测量方式。

(3) 取消外置的所有大气数据测量受感器。

(4) 进一步提高测量精度。

(5) 进一步提高测量参数的动态响应特性。

针对以上未来大气数据系统发展的一些特点,未来大气数据系统将向光学大气数据测量系统发展。

光学大气数据系统不同于传统的大气数据系统,它是以激光测量技术为基础的一种新型非接触式的大气数据测量系统。通过测量空速 AS、大气静温 T_s、大气密度 ρ 三个原始参数来解算飞行器的大气数据参数(如大气静压 p_s、总压 p_t、指示空速 IAS、垂直速度 HPR、真空速 TAS、马赫数 Ma、大气总温 T_t 等)。

2.5.5 系统构型与现状

2.5.5.1 系统构型

大气数据系统构型的依据来源于飞机级系统的安全性要求。针对商用运输机而言,其安全性要求如下:

(1) 空速失效率不高于 10^{-9}/飞行小时。

(2) 高度失效率不高于 10^{-9}/飞行小时。

目前,成熟大气数据系统的可靠性指标一般在 10^{-3} 等级,所以,一般飞机上大气数据系统的基本构型为四余度,当前先进飞机采用的最多大气数据系统构型为:主动监控平行四余度构型设计。

针对主动监控平行四余度构型要求如下:

(1) 余度的构型为 3 个独立的余度、一个表决余度,以确保其安全性指标。

(2) 为了保证安全飞行,在起飞前,需对大气数据系统中的每个余度应进行检查,确认其工作的完好性。

(3) 在全飞行过程中(滑跑、起飞、爬升、巡航、下降、着陆等),应对每个余度大气数据系统的工作状况进行监控,并将监控的结果报告相关系统。

2.5.5.2 主要传感器

在满足安全性要求的余度构型设计的基础上,为了进一步提高飞机的经济性、维修性、技术性能,一些传感器逐步从传统的分离式向综合式、智能化方向发展,以减少飞机上的 LRU 数量和管路,同时也减少了压力传递的时延,提高测量系统的动态性和测量精度。这些主要体现在飞机外置的探头上。一些综合式、智能探头的代表供应商主要有美国的 GOOD RICH 公司和法国的 THALSE 公司。这些探头具有以下一些特点。

GOOD RICH 公司通过在智能探头的上下开孔,测量飞机的攻角和侧滑角,通过静压孔和总压孔测量飞机的大气静压和总压,为此,通过一个探头实现了大气静压、总压、攻角、侧滑角参数的测量,通过一个探头代替了传统的总压探头、机身静压孔、攻角探头、侧滑角探头等四个探头,同时将探头和解算部件集成在一起,直接解算出飞机的大气静压、总压、攻角、侧滑角等原始参数,将这些原始参数通过总线传输给飞控计算机和惯导计算机实现大气参数的解算,取消了大气数据系统内部的大气数据计算机,同时也减少了气压传递的管路。

THALSE 公司采用主动旋转式探头,如图 2-31 所示。将大气静压、总压、攻角、侧滑角、原始大气参数解算集成在一起,完成大气数据系统的功能。

图 2-31 THALSE 公司的主动式旋转式大气数据探头

2.5.6 代表机型的构型分析

2.5.6.1 B787 飞机大气数据系统构型

B787 飞机大气数据系统构型如图 2-32 所示。

从图 2-32 可以看出,B787 飞机大气数据由以下几部分组成:

(1) 总压探头　　　　　　　1 个。

(2) 机身静压孔　　　　　　6 对。

(3) 攻角传感器　　　　　　2 个。

(4) 总温传感器　　　　　　1 个。

(5) 大气数据模块(ADM)　6 个。

(6) 大气数据应用软件(ADA)　3 个(驻留在飞机计算机中)。

从构型可以得到,机上不使用侧滑角探头,侧滑角信息由惯性基准系统提供;同时飞机主大气数据系统为飞机应急备份显示系统提供一路大气数据信息。

从构型图中可以看出,该构型提供了机械(主要指总压、机身静压)三余度,电气四余度(三个独立余度和一个表决余度)的构型,这种构型能够满足飞机对大气数据系统的安全性要求。

B787 构型中,大气数据模块(ADM)与总、静压管路就近安装,减少了飞机管路、减少了重量,同时也提高了大气参数测量的动态响应特性。

2.5.6.2 A380 飞机大气数据系统构型

A380 飞机大气数据系统构型如图 2-33 所示。

从图 2-33 可以看出,A380 飞机将大气数据系统和惯性基准系统进行了综合,构成飞机大气惯性基准系统。系统由以下几部分组成。

1) 大气数据惯性基准系统(ADIRS)的主要组成部分

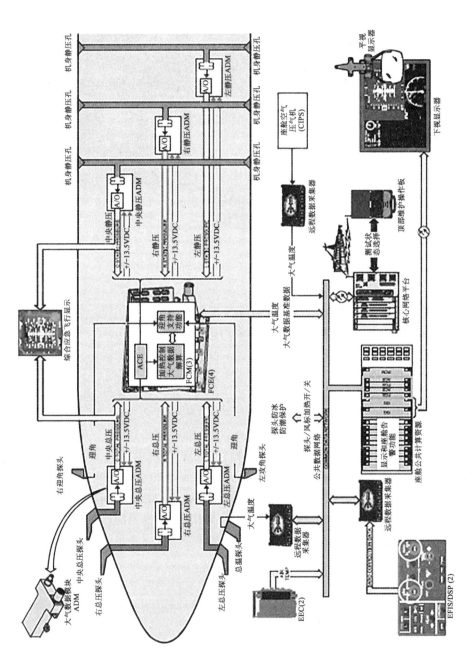

图 2 - 32 B787 飞机大气数据系统构型

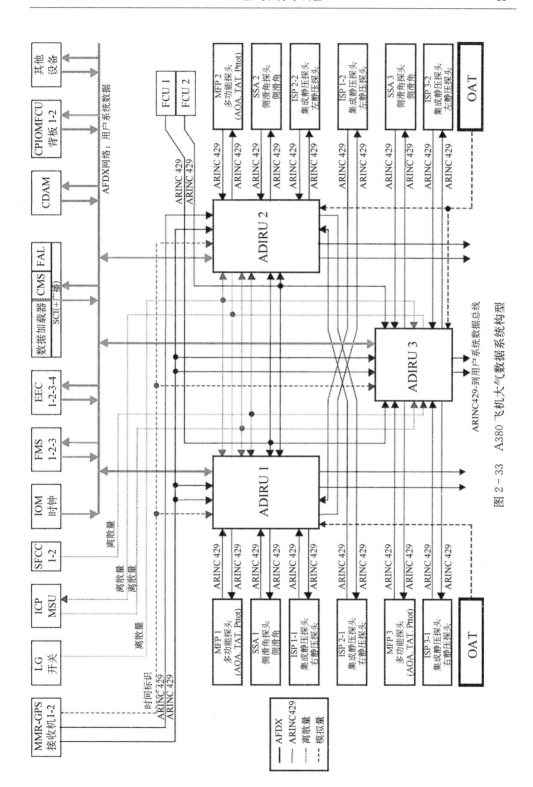

图 2 - 33　A380 飞机大气数据系统构型

（1）多功能智能探头（集成总压、总温、攻角）　　3 个。

（2）智能侧滑角探头　　　　　　　　　　　　　3 个。

（3）智能机身静压探头　　　　　　　　　　　　3 个。

（4）大气惯性基准单元（大气与惯性综合）　　　3 个。

2）备份大气数据的主要组成部分

（1）备份智能总压探头　　　　　　　　　　　　1 个。

（2）备份智能静压探头　　　　　　　　　　　　1 个。

（3）备份飞行显示。

以上构型提供包括探头在内的物理三余度信息，提供完整的三余度总压、静压、攻角、侧滑角、总温等大气数据原始参数。

为满足飞机顶层的安全性要求，A380 大气数据系统构型提供了机械三余度、电气四余度（三个独立余度、一个表决余度）的大气数据系统。

采用三余度系统架构可提供独立三余度和一路表决余度大气数据参数，满足飞机电传操纵四余度的安全性要求，同时，由于系统内各 ADIRU 信息的交互，更有利于系统故障时的系统重构，进一步提高了系统的可用性和安全性。

上述构型取消了气路管路，多功能探头综合了总压、总温和攻角，同时实现了大气数据解算与惯性基准单元的综合，减少了系统的 LRU 种类，从而提高了系统的动态响应性，减少了系统重量，提高系统的维护性和维修性，降低了系统的使用成本。

大气数据惯性基准系统如图 2-34 所示。

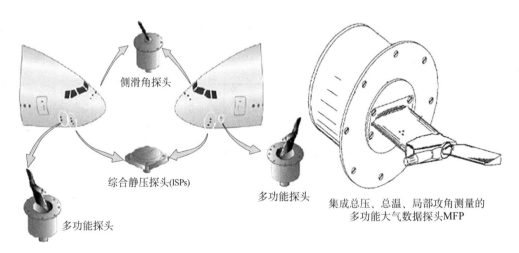

图 2-34　A380 飞机大气数据惯性基准系统

备份总、静压智能探头如图 2-35 所示。

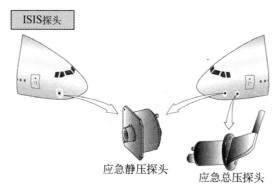

图 2-35 A380 飞机备份总、静压探头

2.5.6.3 ERJ170、ERJ190 大气数据系统

ERJ170 和 ERJ190 大气数据系统构型如图 2-36 所示。

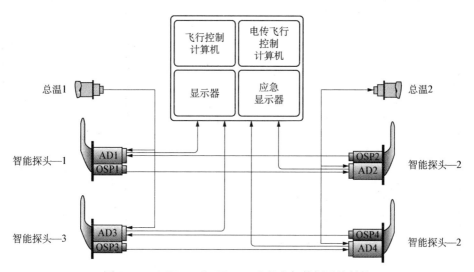

图 2-36 ERJ170 和 ERJ190 飞机大气数据系统结构

巴西生产的 ERJ170 和 ERJ190 大气数据系统主要由以下两部分组成：

（1）多功能智能探头（集成总压、静压、攻角）　　4 个。

（2）总温传感器（电气二余度）　　2 个。

该大气数据系统构型要求多功能智能探头成对对称安装，为飞机其他系统提供四余度大气参数，其中总压、静压、攻角为机械和电气独立的四余度，总温、侧滑角为机械双余度、电气四余度，以满足飞机总体对大气数据系统的安全性要求。

2.5.6.4 C919 大气数据系统构型

由我国研制的 C919 大型客机，其大气数据系统构型如图 2-37 所示。

C919 大气数据系统主要由以下几部分组成：

（1）总静压受感器　　2 个。

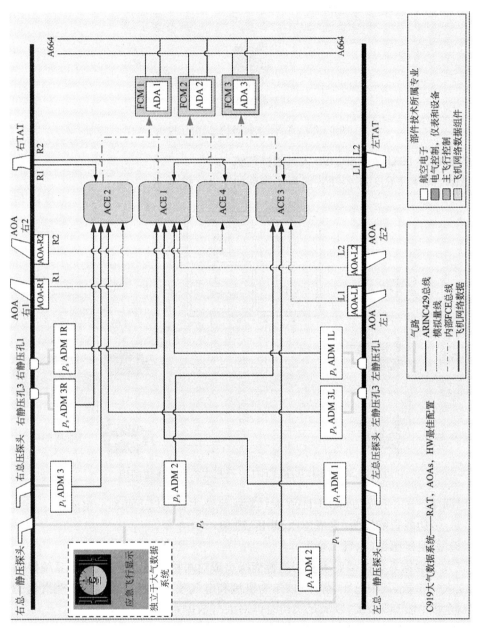

图 2 - 37　C919 飞机大气数据系统结构

（2）总压受感器　　　　　　　　　　　2个。

（3）静压受感器　　　　　　　　　　　2对。

（4）大气数据模块（ADM）　　　　　　8个。

（5）攻角传感器　　　　　　　　　　　4个。

（6）总温传感器　　　　　　　　　　　2个。

（7）大气数据应用软件　　　　　　　　3个。

3 惯性量测量

3.1 惯性测量原理

　　载体在空间的位置和姿态(简称惯性量)测量需要一种装置,称为惯性测量装置或导航系统(或惯导系统),惯性测量装置包括加速度计和陀螺仪。3 个单自由度陀螺仪用来测量飞行器的 3 个转动运动;3 个加速度计用来测量飞行器的 3 个平移运动的加速度。

　　早期的惯导系统采用机械法,它由精密稳定平台和一些机电控制元件组成。该系统可隔离运载体角运动,惯性仪表工作环境较好,可降低动态误差,平台 3 个框架轴上都有姿态角传感器,可测量三维姿态角。通过稳定平台的多位置翻转可完成误差系数自主标定,对计算机的性能要求也较低。其缺点为机械结构复杂、体积与质量较大、成本较高、维护不便等。

　　随着计算机和微电子技术的发展,人们致力于将解算系统代替机电稳定系统的捷联导航系统(SINS),该系统是将陀螺仪、加速度计构成的惯性测量单元直接与运载体固联,测量得到的载体角运动和线运动参数是与运载体固联的机体坐标系上的分量。导航计算机通过计算"姿态矩阵"可以将加速度信息转换到惯性坐标系或当地地理坐标系中,从而实现了"数字平台",然后再进行速度位置计算。捷联式惯导系统具有结构紧凑、轻小型、成本低、功耗小、寿命长、使用可靠等优点,数十年来,其精度水平得到了大幅提高,已成为现代惯性技术的重要发展方向并在各领域得到广泛应用。

3.2 惯性测量传感器

3.2.1 加速度计

3.2.1.1 加速度计的基本原理及发展

1) 基本原理

在惯性导航和制导系统中,作为惯性敏感元件的加速度计,虽然有很多类型,但它们的基本原理都是基于牛顿第二定律($F = ma$)。在惯性空间中,载体的运动加速度无法直接测量,加速度计实际上是按照牛顿第二定律,通过敏感、测量相应的参数来间接测量加速度的。

加速度计原理(以典型的摆式闭环加速度计为例):当加速度计未受到加速度的作用时,敏感质量处于工作气隙中间位置,传感器部件处于传感器零位,伺服回路没有信号输出。当仪表壳体(与载体固联)沿输入轴以加速度 a 运动时,敏感质量在惯性力的作用下,绕输出轴相对运动,运动使传感器偏离零位位置,此时由传感器检测并输出与位移(或偏角)成比例的电压信号,此信号经伺服电路放大,输出一成比例的直流电流 I 到力矩线圈上,此电流与加速度计内部永久磁钢的磁场相互作用,将产生反作用力矩 M_f(再平衡力矩)反馈到敏感质量上,使敏感质量向相反方向转动。这时,敏感质量的所受到的惯性力矩精确地被再平衡力矩 M_f 所平衡;施加到力矩器绕组上的电流与输入加速度的大小成比例,该电流的大小即是所承受的加速度大小的量值。原理如图 3-1 所示。

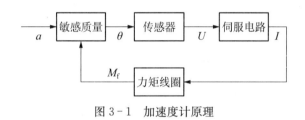

图 3-1 加速度计原理

2)发展情况

加速度计从机械式轴承支承发展到液浮、气浮及电磁、压电悬浮式,目前成熟批量使用的是挠性、静电和晶体谐振等形式加速度计,正在快速发展的是微机械、激光、光纤加速度计。从加速度计发展需求看,要求加速度计具有更高的性能稳定性、热稳定性,可靠性更高、更加灵敏,成本更低、体积更小。国内各研制单位一方面对现有加速度计改善设计,另一方面正在积极研制新型加速度计。

3.2.1.2 液浮摆式加速度计

为提高轴承支承摆式加速度计精度,就必须克服轴承的摩擦力矩。一般采用了液体悬浮技术,就是在加速度计内部充满某种惰性液体,使敏感加速度的摆组件悬浮在液体中,使摆在液体中所受到的浮力尽可能等于摆的重力,这样摆在液体中悬浮,大大降低摆组件所受到的摩擦干扰力矩。

液浮摆式加速度计为补偿环境温度变化而引起的液体体积变化,一般在结构上设计波纹管或膜盒。当加速度计内的液体在高温环境中膨胀时,压缩波纹管或膜盒,通过波纹管或膜盒改变体积达到稳定内部压力的目的。反之,低温环境中波纹管或膜盒拉伸,同样可补偿内部压力变化。

对液浮摆式加速度计,密封性是十分关键的。密封性差易形成渗液,会在加速度计内部液体中形成气泡,使加速度计稳定性变差,甚至使加速度计振荡无法工作。所以液浮摆式加速度计的充油密封工艺既是难点,也是重点。充油工艺一般均经过预抽、加热、慢滴充油、封表、检漏等工序。充油工艺有专用的设备和工装。

3.2.1.3 挠性加速度计

挠性加速度计是目前惯性导航和制导系统中最为成熟，应用最为广泛的一种加速度计。挠性加速度计的摆组件弹性的连接在某种类型的挠性支承上。

挠性支承在敏感方向刚度很小，所以有很高的灵敏度。而在非敏感方向则有很大的刚度，也就不敏感此方向的力，避免交叉耦合干扰。

图 3-2(a)所示为圆柱式支承，一般设计成挠性杆形式成对装配。

图 3-2(b)所示的片式支承一般设计成丝带形式装配，如悬丝摆式加速度计。

图 3-2(c)所示为整体环形式支承，一般为石英挠性加速度计所采用。

其中挠性杆式加速度计是典型挠性加速度计。挠性杆沿薄筋弯曲方向（敏感轴方向）刚度很小，很易弯曲并带动其支承的摆组件产生位移，所以可很敏感的检测到外力矩（输入加速度），而在垂直于敏感轴方向具有很大的刚度，使摆组件不产生位移，减低干扰力矩。

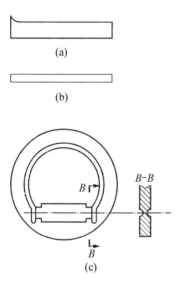

图 3-2　几种典型挠性支承形式

（a）圆柱式挠性支承　（b）片式（丝式）挠性支承　（c）整体环形挠性支承

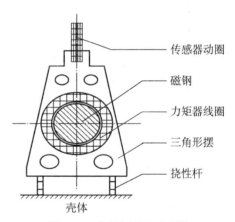

图 3-3　挠性杆式加速度计

摆组件由三角形摆架、力矩器线圈、磁钢、传感器线圈和挠性杆组成。摆组件结构较复杂，摆质量较大（见图 3-3）。

3.2.1.4 微机械加速度计

1）概述

微机械加速度计是在微米/纳米技术这一前沿技术发展的背景下，以集成电路工艺(integrated circuit，IC)和微机械加工工艺为基础诞生的新型加速度计,具有体积小、功耗低、并行加工效率高、成本低等优点,微机械加速度计已经在军事和民用领域得到越来越多的应用。

硅微机电加速度计是微机电系统(microelectromechanical systems，MEMS)最成功的应用领域之一。虽然有很多种不同材料可以应用于微机械技术,但是硅具有理想的机械特性,如强度高(不锈钢的3倍多)、弹性变形小、热膨胀系数与7740♯玻璃的相当(硅与玻璃静电键合形成高灵敏的敏感结构),同时,硅作为一种半导体材料,与IC制造工艺的兼容使其成为微机械加速度计的首选材料。

硅微机电加速度计已发展多种类型:按有无反馈信号分类,可分为开环加速度计和闭环加速度计;按敏感信号方式分类,可分为微型电容式、微型压阻式、微型压电式、微型振动式加速度计;按加工方式分,可分为微机械表面加工加速度计、微机械体加工加速度计;按结构形式分,有梳齿式、“跷跷板”摆式、“三明治”摆式、静电悬浮式微机械加速度计。在各种硅微机电加速度计中,梳齿电容式、“跷跷板”摆式、“三明治”摆式目前发展比较成熟,已有系列产品。这些微机械加速度计都是低成本、中低精度产品,主要用于民用领域的通用航空、车辆控制、高速铁路、机器人、工业自动化等。

目前硅微机械加速度计产品典型的主要技术指标为:偏置稳定性1 mg,标度因数稳定性1000 ppm。

2) 工作原理

加速度本身很难直接测量,实际上现有的加速度计都是借助敏感质量变成力进行间接测量的。加速度计测量原理基于牛顿第二定律。加速度作用在敏感质量上形成惯性力,测量该惯性力,就能间接测量载体受到的加速度。在惯性空间加速度计无法区分惯性力和万有引力,因此加速度计的输出反映的是单位检测质量所受的惯性空间的合力,即惯性力与万有引力之和。惯性技术领域将单位敏感质量所受的力称为比力,加速度计的输出直接反映比力,因此加速度计也称为比力传感器。

一种梳齿式硅微加速度计敏感元件的结构如图3-4所示,其结构包括一个由齿梳、多组动齿和折叠梁构成的质量元件、固定齿和基片;动齿由齿梳向两侧伸出,折叠梁固定于基片上,使齿梳、多组动齿相对基片悬空平行设置;固定齿为直接固定在基片上的多组单侧梳齿式结构;敏感质量元件的每个动齿为可变电容的一个活动电极,与固定齿的每个梳齿交错配置,总体形成差动电容。敏感质量元件的每个梳齿和其相邻的两定齿距离不等,两侧距离d_0与D_0的比值为$1:10$,形成以梳齿中点对称分布,主要敏感距离小的一侧形成电容量,可忽略距离大的一侧的电容量。若干对动齿和静齿形成总体差动检测电容和差动加力电容。

图3-5是一电容式硅微机械加速度计的示意图,其中敏感质量为m,机械弹性刚度为k,等效黏性阻尼系数为b。敏感质量敏感载体所承受的加速度,产生与壳体之间的相对位移;信号电路部分测量检测质量相对壳体的位移并变成电信号形式输

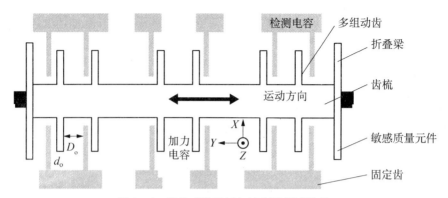

图 3-4　梳齿式微机械加速度计敏感结构

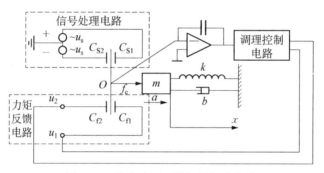

图 3-5　电容式闭环微机械加速度计

出；力矩反馈电路的作用是产生反馈力 f_e 来平衡检测质量的惯性力，将敏感质量紧紧约束在中心位置附近。根据力平衡关系，反馈力与惯性力大小相等、方向相反，而惯性力的大小代表了加速度的大小，故可用反馈力的大小作为加速度的度量。

　　微机械加速度计尺寸微小，敏感质量在感受到加速度移动所产生的电容变化量非常微弱，接近 af(10^{-18} f)的量级，为了测量差动电容的微弱信号变化，必须设计信号检测和调理电路，把微弱信号从噪声中提取出来，然后对信号进行 PI 校正，利用力矩器把校正后的信号作为反馈量，构成闭环控制系统。闭环力平衡式硅微机械加速度计在动态范围、偏置及标度因数稳定性方面相对开环加计有很大的优势，国内外高精度微机械加速度计大都采用这种方式。

3.2.2　陀螺仪表（陀螺的工作原理与发展）

　　陀螺仪是敏感角运动的一种装置。陀螺仪这一术语的英文为"gyroscope"或"gyro"，它来自希腊文，其意思为"旋转指示器"。

　　陀螺仪的主要功能是测量航行体的姿态角、航向角和角速度。陀螺仪不仅是运载体航行驾驶的重要仪表（或仪器），而且是运载体控制系统、惯性导航系统和惯性制导系统的核心元件，因而成为惯性测量技术的一个重要组成部分。

　　一百多年前问世的陀螺仪是由高速旋转的刚体转子支承在框架上而构成的，后来又研制出多种采用特殊支承方法的无框架的刚体转子陀螺仪。通常,把陀螺仪定义为利用动量矩(由转子自转产生)敏感壳体相对惯性空间绕正交于自转轴的一个或两个轴的角运动的装置。随着科学技术的发展,还相继发现了数十种物理效应可以用来作为敏感物体相对惯性空间的角运动,人们亦把陀螺仪这一名称扩展到没有刚体转子而功能与经典陀螺仪等同的敏感器。

本章将以框架式刚体转子陀螺仪为研究对象来阐述陀螺仪的基本理论,并在此基础上分别介绍液浮陀螺、动力调谐陀螺、静电陀螺等特殊支承的刚体转子陀螺仪,以及激光陀螺、光纤陀螺、微机械陀螺等无刚体转子的陀螺仪,以期对陀螺仪的原理、分类等进行全面的阐述。

3.2.2.1 陀螺仪表的基本原理及发展

工程上实际应用的陀螺仪,其核心是一个绕自转轴作高速旋转的转子。陀螺转子绕其自转轴高速旋转,具有一定的角动量,以得到所需的陀螺特性。

为了测量飞机或其他航行体的姿态和航向及其变化,必须把转子安装在环架上或支承上,使转子相对基座具有一个或两个转动自由度。该装置总体便构成陀螺仪。

1) 陀螺仪的基本特性

陀螺仪的基本特征是转子绕自转轴高速旋转而具有动量矩。正是由于陀螺仪具有动量矩,使它的运动规律与一般刚体有明显的不同,这就是通常所称的陀螺特性。进动性与定轴性是双自由度陀螺仪的两个基本特性。单自由度陀螺仪则有感受绕其输入轴转动的特性。

(1) 双自由度陀螺仪的基本特性。

a. 进动性:

当陀螺仪受到垂直于转动轴方向的外力矩时,将绕垂直于转动轴和外力矩轴方向的第三轴转动。如图 3-6 所示,双自由度陀螺仪的转子绕自转轴高速旋转即具有动量矩 H,若外力矩 M 绕内框轴作用在陀螺仪上,则动量矩 H 绕外框轴相对惯性空间转动;若外力矩 M 绕外框轴作用在陀螺仪上,则动量矩 H 绕内框轴相对惯性空间转动。

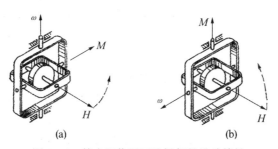

(a)   (b)

图 3-6 外力矩作用下陀螺仪的进动特性

为了同一般刚体的转动相区分,故把陀螺仪绕着与外力矩矢量相垂直方向的转动

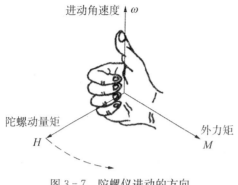

图 3 - 7　陀螺仪进动的方向

称为进动,其转动角速度称为进动角速度。

进动角速度 ω 的方向,取决于动量矩 H 和外力矩 M 的方向,其规律如图 3 - 7 所示。动量矩 H 倒向外力矩 M 的方向,就是进动的方向。可以用右手定则来记忆:从动量矩 H 沿最短路径握向外力矩 M 的右手旋进方向,即为进动角速度 ω 的方向。

进动角速度 ω 的大小,取决于动量矩 H 和外力矩 M 的大小。其计算式为

$$\omega = \frac{M}{H} \qquad (3 - 1)$$

这就是说,进动角速度与外力矩成正比,与动量矩成反比。

b. 定轴性:

双自由度陀螺仪具有抵抗干扰力矩,保持其自转轴相对惯性空间方位稳定的特性,称为陀螺仪的稳定性,也常称为陀螺仪的定轴性。定轴性是双自由度陀螺仪的又一基本特性。在实际的陀螺仪结构中,总是不可避免地存在着干扰力矩,例如环架轴上支承的摩擦力矩、陀螺组合件的不平衡力矩以及其他因素引起的干扰力矩。在干扰力矩作用下,陀螺仪将产生进动,使自转轴偏离原来的惯性空间方位。由干扰力矩所引起的陀螺仪的进动,通常就称为漂移。设陀螺角动量为 H,作用在陀螺仪上的干扰力矩为 M_d,则陀螺漂移角速度 ω_d 可表示为

$$\omega_d = \frac{M_d}{H} \qquad (3 - 2)$$

虽然陀螺仪在干扰力矩作用下会产生漂移,但只要具有较大的角动量,陀螺漂移就很缓慢,在一定的时间内自转轴相对惯性空间的方位改变也很微小。

在干扰力矩作用下陀螺仪以进动的形式作缓慢漂移,这是陀螺仪稳定性的一种表现。陀螺角动量愈大,陀螺漂移也愈缓慢,陀螺仪的稳定性也就愈高。

当作用于陀螺仪的干扰力矩是冲击力矩时,自转轴将在原来的空间方位附近作锥形振荡运动。陀螺仪的这种振荡运动通常就称为章动。虽然陀螺仪在冲击力矩作用下会产生章动,但只要具有较大的角动量,那么,陀螺章动的频率就很高(一般高于 100 Hz),而其振幅却很小(一般小于角分量级),此时自转轴相对惯性空间的方位改变极为微小。在冲击力矩作用下陀螺仪以章动的形式作微幅振荡,这是陀螺仪稳定性的又一表现。陀螺角动量愈大,章动振幅也愈微小,陀螺仪的稳定性也就愈高。

陀螺仪所表现出的稳定性,同转子不自转即为一般刚体的情形相比有很大区别。在常值干扰力矩的作用下,陀螺仪是绕交叉轴(指与外力矩方向相垂直的轴)按

等角速度的进动规律漂移,漂移角度随时间成比例增加;而一般刚体则绕同轴(指与外力矩同方向的轴)按等角加速度的转动规律偏转,偏转角速度随时间成比例增加,偏转角度随时间平方成比例增加。因此在同样大小的常值干扰力矩作用下,经过相同的时间,陀螺仪相对惯性空间的方位改变远比一般刚体小得多。在冲击干扰力矩的作用下,陀螺仪仅是作高频微幅的章动,而一般刚体则沿着冲击力矩作用的方向转动,转动角度随时间成比例增加。因此,在同样大小的冲击干扰力矩作用下,陀螺仪相对惯性空间的方位改变也远比一般刚体小得多。

需要注意的是,由于陀螺仪自转轴是相对惯性空间保持方位稳定,而地球又以其自转角速度绕极轴相对惯性空间转动,所以若以地球作为参考基准,将会看到陀螺仪自转轴相对地球转动,这种相对运动称为陀螺仪的表观运动。

利用陀螺仪的定轴性,可以在载体内部建立一个惯性基准;利用其进动性,可以测出载体的运动角速度,这就是陀螺仪的两种基本功能。

(2)单自由度陀螺仪的基本特性。

单自由度陀螺仪的结构组成与双自由度陀螺仪相比,其区别是少了一个外环,故相对基座或仪表壳体而言,它少了一个转动自由度,即少了垂直于内环轴和自转轴方向的转动自由度。因此,单自由度陀螺仪的特性就与双自由度陀螺仪不同。

对于单自由度陀螺仪来说,如图 3-8 所示,当基座绕陀螺自转轴或内环轴方向转动时,仍然不会带动陀螺转子一起转动,即内环仍然起隔离运动的作用。但是,当基座绕陀螺仪缺少自由度的 y 轴方向以角速度 ω_y 转动时,由于陀螺仪绕该轴没有转动自由度,所以基座转动时就通过内环轴上的一对支承带动陀螺转子一起转动。这时陀螺自转轴仍是力图保持其原来的空间方位稳定,因此基座转动时内环轴上的一对支承就有推力 F_A 作用在内环轴的两端,而形成推力矩 M_A 作用在陀螺仪上,其方向垂直于陀螺角动量 H 并沿 y 轴的正向。由于陀螺仪绕内环轴仍然存在转动自由度,所以这个推力矩就使陀螺仪产生绕内环轴的进动,进动角速度 $\dot{\beta}$ 沿内环轴 x 的负向,使自转轴 z 趋向与 y 轴重合。

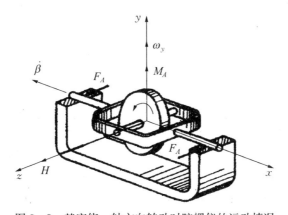

图 3-8　基座绕 y 轴方向转动时陀螺仪的运动情况

　　这就是说,当基座绕陀螺仪缺少自由度的方向转动,强迫陀螺仪跟随基座转动的同时,还强迫陀螺仪绕内环轴进动,使自转轴相对基座转动并趋向与基座转动角速度的方向承合。因此,单自由度陀螺仪具有敏感的绕其缺少自由度方向转动的特性。依据此特性,可进行角速度的测量。

　　2) 陀螺仪的分类

　　从广义上讲,人们将能够测量相对惯性空间的角速度和角位移的装置称为陀螺仪。按照工作原理的不同,陀螺仪主要可分为:以框架式机械陀螺、液浮陀螺、动力调谐陀螺、静电陀螺为代表的刚体转子陀螺;以激光陀螺、光纤陀螺为代表的光学陀螺;以半球谐振陀螺、微机械陀螺为代表的振动陀螺三大类。

　　刚体转子陀螺仪是以经典力学为基础,是利用高速旋转的刚体所具有特性,进行角位移及角速度的测量。在刚体转子陀螺仪中,需将绕自转轴高速旋转的刚体转子支承起来,使自转轴获得转动自由度。按自转轴相对壳体所具有转动自由度的数目,可分为双自由度陀螺仪和单自由度陀螺仪。按转子支承方式的不同,可分为框架陀螺仪、液浮陀螺仪、气浮陀螺仪、动力调谐陀螺仪和静电陀螺仪等。

　　光学陀螺是基于萨格奈克(Sagnac)效应的一种新型陀螺仪表,用于测量飞机相对于惯性空间的角运动。现应用的光学陀螺主要包括激光陀螺与光纤陀螺。激光陀螺的主体是一个环形谐振腔,在谐振腔的环路中有沿正反向绕行的激光束。而光纤陀螺是用光纤线圈构成激光传播的通路。依据萨格奈克效应,当具有正反两束光传播的闭合光路旋转时,将产生一个正比于旋转速率的相位差,因此,可以测得闭合光路的旋转角速率。

　　振动陀螺仪是利用哥氏加速度敏感基座相对惯性空间绕正交于振动轴的一个或两个轴角运动的装置。振动陀螺仪的主体是一个做高频微幅振动的元件,利用高速振动的质量在被基座带动旋转时产生的哥氏效应敏感角运动。按照振子来区分振动陀螺仪主要包括半球谐振陀螺、微机械陀螺等。

　　3) 陀螺仪的发展概况

　　陀螺仪是惯性导航系统重要的基础器件之一。陀螺仪的发展是从刚体转子陀螺仪开始的。早在18世纪,欧拉、拉格朗日等许多学者就对高速旋转刚体的力学问题做了详细研究,并指出这种刚体具有进动性和定轴性。欧拉发表的《刚体绕定点运动理论》这一名著,导出了刚体绕定点转动的动力学方程,为陀螺仪理论奠定了基础。

　　1852年,法国物理学家傅科(Foucault)利用高速旋转刚体的方向稳定性,设计并制成了一种装置,将其取名为"陀螺仪",这是探求陀螺仪应用的开始。

　　陀螺仪最先应用于航海中。1906年和1911年,安修茨和斯佩里分别研制出了原理相同、结构不同的陀螺罗经仪,推动了陀螺仪技术在航空领域的发展。

　　陀螺仪在航空上的应用比航海稍晚些。从20世纪20年代到30年代,在飞机上相继使用了陀螺转弯仪、陀螺地平仪和陀螺方向仪作为指示仪表。30年代中期,在飞机自动驾驶仪中开始使用陀螺仪表作为敏感元件。从 40 年代到 50 年代,航空陀螺仪表向组合式发展,相继出现了陀螺磁罗盘、全姿态组合陀螺仪和陀螺稳定平台。

由于早期的刚体转子陀螺精度较低,限制了惯性导航与惯性制导技术的发展。直至第二次世界大战中,德国首次将陀螺仪应用于 V - 2 导弹上,为陀螺仪的应用开辟了一个新领域。

20 世纪 50 年代,美国首先在陀螺精度上取得突破,麻省理工学院(MIT)仪表实验室研制出惯性级精度的液浮陀螺仪。1954 年,惯导系统在飞机上试飞成功。1958 年,"舡鱼"号潜艇从珍珠港附近潜入深海,依靠惯导系统穿过北极到达英国波特兰港,历时 21 天,航程 8 164 n mile。这表明惯性导航技术在 50 年代已经趋于成熟。

60 年代初期,出现了比液浮陀螺仪结构简单、成本较低的动力调谐陀螺仪。从 50 年代末至 60 年代初,以液浮陀螺仪、气浮陀螺仪和动力调谐陀螺仪构成的平台式惯导系统得到迅速发展,并大量装备各种飞机、舰船、导弹和航天飞行器。

70 年代,以静电陀螺仪构成的高精度平台式惯导系统开始步入实用。由于科技的进步,使激光陀螺仪达到惯性级精度,还相继出现了光纤陀螺和半球谐振陀螺仪。在这期间,除了平台式惯导系统有很大发展外,还大力开展了捷联式惯导系统的研制工作。

80 年代,以激光陀螺仪构成的捷联式惯导系统获得了工程应用,这是惯性导航技术发展进程中又一个重要的里程碑。捷联式惯导系统中没有结构复杂的陀螺稳定平台,因而它具有许多优点。当代计算机技术尤其是微型计算机的成就,为它提供了实时高效的运算工具;而光学陀螺仪和半球谐振陀螺仪的出现,又为它提供了比较理想的敏感元件。因此,捷联式惯导系统具有十分广阔的发展和应用前景。

近年来,基于 Sagnac 效应的光学陀螺、基于哥氏力原理的振动陀螺都得到了大力发展,应用领域与装备规模也不断扩大。以微光机电陀螺、原子陀螺为代表的新型陀螺技术发展迅猛,为陀螺技术的未来描绘了更为广阔的发展空间。

目前,刚体转子陀螺仪正逐步退役。随着惯性系统从平台式向捷联式发展的技术趋势,光学陀螺、振动陀螺等固态陀螺将成为惯导系统主要的敏感器件。激光陀螺技术已完全成熟,在惯导系统陀螺仪表中占统治地位。光纤陀螺技术逐步走向成熟,现已开始大批生产并进入市场。而包括 MEMS 在内的各种振动陀螺中,有的已获得应用,有的处于研发后期。其他一些新型陀螺如微光机电陀螺、原子陀螺等,目前尚在研制中。

3.2.2.2 机械陀螺(框架陀螺仪)

早期的刚体转子陀螺仪,采用两个框架组成的万向支架来悬挂陀螺转子以获得转动自由度,陀螺仪框架轴上的支承采用的是滚珠轴承。一般将这种采用滚珠轴承支承的刚体陀螺仪称为框架陀螺仪或称常规陀螺仪。

　　框架陀螺仪的核心部分是一个绕自转轴高速旋转的对称刚体转子。转子一般采用高强度和高密度的金属材料,如不锈钢、黄铜或钨镍铜合金等,做成空心圆柱体形状,并由陀螺电机驱动其高速旋转,典型转速为 24 000 r/min。为了测量运载体的角位移或角速度,转子必须被支承起来,使自转轴相对基座具有两个或一个转动自由度。

　　陀螺仪的自由度数目,通常是指自转轴可绕其自由旋转的正交轴的数目。由此,刚体转子陀螺仪可分为双自由度陀螺仪和单自由度陀螺仪。

　　双自由度陀螺仪的基本组成如图 3-9(a)所示。转子借助自转轴上一对轴承安装于内框架中,内框架借助内框轴上一对轴承安装于外框架中,外框架借助外框轴上一对轴承安装在基座(即仪表壳体)上。在理想情况下,自转轴与内框轴垂直且相交,内框轴与外框轴垂直且相交,这三根轴线的交点即为陀螺仪的支承中心。转子通常由陀螺电机驱动绕自转轴高速旋转,转子连同内框架可绕内框轴转动,转子连同内框架和外框架又可绕外框轴转动。这种陀螺仪中的自转轴具有绕内框轴和外框轴的转动自由度。

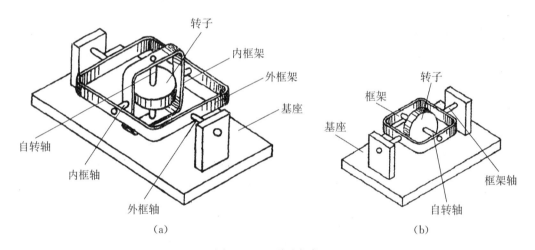

图 3-9　两种陀螺仪

(a) 双自由度陀螺仪　(b) 单自由度陀螺仪

　　单自由度陀螺仪的基本组成如图 3-9(b)所示。与双自由度陀螺仪相比,它只有一个框架(相当于只有内框架而无外框架),因此这种陀螺仪中的自转轴仅具有绕一个框架轴的转动自由度。

　　在实际的陀螺仪结构中,内环和外环的材料一般采用铝合金或钢,采用铍合金可使框架的重量轻且刚度大,内环的形状做成方框形或如图 3-10 所示的圆柱形薄壁壳体(这种形状的内环俗称陀螺房),外环的形状做成方框形或如图 3-10 所示的钟罩形薄壁壳体。

　　框架陀螺仪是最早得到应用的陀螺仪,曾成功地被应用于各种陀螺仪表中。应用两自由度框架陀螺仪组成的航向陀螺、垂直陀螺以及全姿态组合陀螺,目前在航

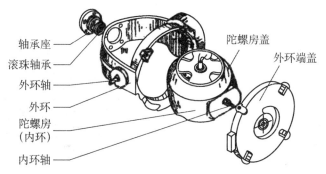

图 3-10 常见的陀螺内、外环结构

空陀螺仪表、飞行自动控制系统、战术导弹制导系统以及许多场合仍广泛应用。

但由于滚珠轴承存在摩擦力矩,不可能使框架陀螺仪达到很高的精度。为了减小框架轴上支承的摩擦力矩,以满足惯性导航和惯性制导对陀螺仪精度的要求,故在滚珠轴承框架陀螺仪的基础上发展出多种新型支承方式的陀螺仪表,如采用液浮支承、气浮支承以及静电支承等方式的陀螺仪。

3.2.2.3 液浮陀螺

液浮陀螺是指通过采用浮液将核心组件——浮子悬浮起来,以减小对支承的压力,从而有效地降低甚至消除其输出轴上的摩擦,达到提高精度目的的陀螺仪。

依据分类方法的不同,液浮陀螺仪通常分为以下几种:根据敏感轴的数量分类,液浮陀螺仪可分为单自由度液浮陀螺仪和双自由度液浮陀螺仪;根据浮子的悬浮状态分类,液浮陀螺仪可分为全浮陀螺仪和半浮陀螺仪;根据附加的悬浮方式分类,液浮陀螺仪可分为磁悬浮液浮陀螺仪、静电悬浮液浮陀螺仪和静压液浮陀螺仪;根据工作方式分类,液浮陀螺仪可分为积分陀螺仪、二次积分陀螺仪和速率陀螺仪。其中,单自由度液浮陀螺仪达到的精度最高,成为液浮陀螺仪发展的主线。

液浮陀螺仪的基本结构形式如图 3-11 所示,将双自由度陀螺仪或单自由度陀螺仪的框架做成薄壁密封浮子,并且用液体将外环和内环组合件悬浮起来,这种液浮支承的办法可以有效消除环架轴上支承的摩擦力矩。

液浮陀螺仪输出轴的支承通常采用宝石轴承结构。宝石轴承具有较高硬度和较小的摩擦系数,可以使陀螺仪浮子受到较低的摩擦力矩。压电支承是 20 世纪 60 年代出现的一种支承技术,它的工作原理就是让轴承以较高的频率低幅振动起来,使陀螺仪的支承摩擦由静摩擦转变到动摩擦。实践证明,采用该种技术后可以将摩擦力矩降低达一个数量级的水平。这种技术虽然大幅度减小了输出轴上的摩擦力矩,但是还不能做到完全消除。要完全消除这个摩擦力矩必须使轴承脱离接触,方法就是采用静电悬浮或磁悬浮。液浮陀螺仪最佳悬浮形式是采用液浮加磁悬浮,也有采用静电悬浮的陀螺仪。这种悬浮技术的采用真正实现了陀螺仪浮子的自由悬浮状态,目前国外高精度的陀螺仪主要采用磁悬浮技术,而压电支承是宝石支承到磁悬浮过程发展中的一种过渡形式。

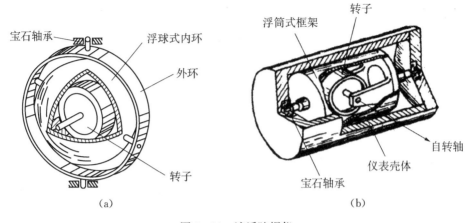

图 3-11　液浮陀螺仪

(a) 双自由度液浮陀螺仪　(b) 单自由度液浮陀螺仪

由于采用液浮支撑及磁悬浮技术,使得液浮陀螺仪具备了其特有的技术优势:

(1) 可以达到很高的精度水平,目前其随机漂移可达到 1.5×10^{-5} °/h。

(2) 具有很强的抗振动、抗冲击能力。

(3) 在较大的量程内保证较高的精度。根据使用要求,可以在几百度每秒到几度每小时的范围内使用,且能保证其精度优于 10^{-4} °/h。

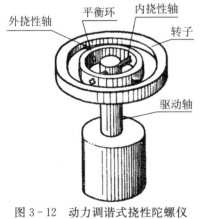

图 3-12　动力调谐式挠性陀螺仪的挠性接头

3.2.2.4　动力调谐陀螺

动力调谐陀螺(dynamically tuned gyro, DTG)是挠性陀螺仪的一种,其利用挠性支承悬挂陀螺转子,并将陀螺转子与驱动电机隔开,挠性支承的弹性力矩由平衡环产生的动力效应力矩补偿。动力调谐陀螺属于两自由度陀螺。

在动力调谐陀螺仪中,转子借助于两对相互正交的挠性轴(常称扭杆)和一个平衡环(又称框架)组成的挠性接头来支承,如图 3-12 所示。一对共轴线的内挠性轴把驱动轴与平衡环连接起来,另一对共轴线的外挠性轴又把平衡环与转子连接起来。内挠性轴与驱动轴相互垂直,外挠性轴又与内挠性轴相互垂直。在理想情况下这三根轴线相交于一点,该交点称为挠性支承中心。

驱动电机通过驱动轴和挠性接头带动转子绕自转轴高速旋转,从而产生陀螺角动量 H。当转子绕内挠性轴偏转时,通过外挠性轴带动平衡环一起绕内挠性轴偏转。这时内挠性轴产生扭转弹性变形,从而给自转轴提供了一个转动自由度,但允许的转角很小。当转子绕外挠性轴偏转时,平衡环不会随之偏转,这时外挠性轴产生扭转弹性变形,从而给自转轴提供了另一个转动自由度,其允许的转角也很小。由内、外挠性轴和平衡环组成的挠性接头,一方面起着支承转子和传递驱动力矩的作用,另一方面又给自转轴提供了绕与其正交的两个轴的转动自由度。显然,这里要求挠性轴应具有足够大的抗弯刚度和尽可能小的抗扭刚度。

在动力调谐陀螺仪中,去除了传统的框架支承结构、代之以挠性接头来支承转子。挠性支承实际上是一种没有摩擦的高弹性系数的弹性支承,它可以通过自身的变形给自转轴提供所需的转动自由度,而在变形过程中产生的弹性约束力矩(在这里为有害力矩),被动力引进的(负)弹性力矩所精确补偿。同液浮陀螺仪相比,动力调谐陀螺仪具有结构简单、成本低、体积小、重量轻、可靠性高、使用寿命长、启动时间短、消耗功率小等优点。

如果从所能达到的最高精度相比,动力调谐陀螺仪则不如液浮陀螺仪,其随机漂移率一般为 $0.01°/h \sim 0.001°/h$ 的量级。因此确切地说,动力调谐陀螺仪是一种中等精度的惯性级陀螺仪。对于通常只要求中等精度的飞机惯性导航系统以及中、远程战术导弹惯性制导系统,由于动力调谐陀螺仪具备上述优点,因而它在当时得到广泛的应用。

动力调谐陀螺仪是 20 世纪 60 年代中期具有突破性的一种惯性级陀螺仪。目前,动力调谐陀螺仪的应用范围已从平台式惯导系统发展到捷联式惯导系统,在飞机、导弹、舰船和航天飞行器得到广泛应用。

3.2.2.5　静电陀螺

静电陀螺是一种机械转子陀螺仪,是目前公认的精度等级最高的陀螺仪。前述机械陀螺仪或动力调谐陀螺仪的转子都是用机械方法来支承的,而静电陀螺仪的转子则是由静电吸力来支承的。

在静电陀螺仪中,转子做成球形,并放置在超高真空的强电场内,由强电场所产生的静电吸力将其支承或称悬浮起来。静电陀螺转子与支承部件完全脱离了接触,可以说成为真正的"自由转子陀螺仪",所以它消除了机械连接引起的干扰力矩(如轴承摩擦力矩或弹性约束力矩),也避免了流体介质扰动引起的干扰力矩。静电陀螺仪原理如图 3-13 所示。

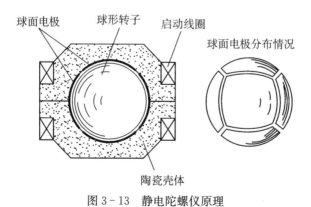

图 3-13　静电陀螺仪原理

　　静电陀螺仪中,转子是用铝或铍等比重较小、刚度大的金属做成的空心或实心球体,放置在超高真空的陶瓷球腔内,球腔内壁经过金属化处理后再开出沟槽,把球腔面分割成上下、左右、前后 6 个支承面,制成三对电极。当电极通电时,支承电极之间形成很强的静电场,静电引力使转子悬浮在球腔的中心,再通过两对轴线正交的驱动线圈所产生旋转磁场驱动转子高速旋转。

　　这种球形转子与支承之间没有机械的接触,不需要一般框架陀螺的三套轴承,也称为自由转子陀螺仪。

　　这种静电支承的转子绕 3 个正交轴方向都可以自由地转动,也就是转子具有 3 个转动自由度,而且转角的范围不受任何限制。很显然,它的自转轴具有两个转动自由度,属于双自由度陀螺仪。所以,静电陀螺仪同样具有前述双自由度陀螺仪的基本特性,即陀螺仪的进动性和稳定性。当静电陀螺仪的壳体转动时,陀螺自转轴相对惯性空间仍然保持原来的方位稳定。在转子表面上刻线并采用光电传感器,便可测得壳体相对自转轴的转角。

　　同其他类型的陀螺仪相比,静电陀螺仪有其独特的优点:

　　(1) 精度很高。静电陀螺是目前公认的精度等级最高的陀螺仪,其随机漂移率可达到 $0.001 \sim 0.00001°/h$ 甚至更小,并且具有进一步提高精度的潜力。

　　(2) 结构简单。静电陀螺中活动部件只有一个球形转子,它的机械结构要比其他类型的陀螺仪简单,对提高仪表的可靠性十分有利。

　　(3) 能够全姿态测角。静电陀螺中,自转轴相对壳体的转角范围不受限制,故可用来全姿态测角,即可在任意大角度范围内测量运载体的姿态角。而液浮陀螺和动力调谐陀螺受结构原理上的限制,只能在很小的角度范围内工作。

　　(4) 易于实现多功能。可在一个静电陀螺仪中组合两种功能,即除了起双轴角位移敏感器的作用外,还可同时起到 3 个加速度计的作用。

　　(5) 具有很强的抗振动、抗冲击和抗加速度能力。

　　综上所述,静电陀螺是一种精度很高而又结构比较简单的惯性级陀螺仪,尤其适合于作为高精度惯性导航系统的敏感元件。

　　但是,静电陀螺的工艺要求很高,其零件的加工精度有很高的要求,需要复杂的超精加工工艺来实现。其次,它还需要比较复杂的电子装置来构成支承系统和读取系统。因此,其制造成本比较高。

3.2.2.6　激光陀螺

1) 工作原理

激光陀螺仪(ROG)的原理是基于萨格奈克(Sagnac)效应,利用光程差来测量旋转角速度。在闭合光路中,由同一光源发出的沿顺时针方向和逆时针方向传输的两束光,产生光干涉,利用检测相位差或干涉条纹的变化,就可以测出闭合光路旋转角速度。

2) 组成

激光陀螺仪的基本元件是环形激光器,环形激光器由三角形或正方形的石英制成的闭合光路组成,内有一个或几个装有混合气体(氦氖气体)的管子,两个不透明的反射镜和一个半透明镜。用高频电源或直流电源激发混合气体,产生单色激光。为维持回路谐振,回路的周长应为光波波长的整数倍。用半透明镜将激光导出回路,经反射镜使两束相反传输的激光干涉,通过光电探测器和处理电路输出与输入成比例的数字信号,如图3-14所示。

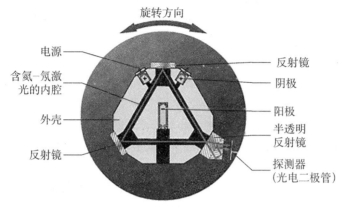

图 3-14　激光陀螺组成结构

3) 分类

激光陀螺按照不同的分类标准,可以分为不同的种类,如表3-1所示。

表 3-1　激光陀螺分类

激光陀螺分类方式	分　类　结　果		
谐振腔形状	三角形激光陀螺	方形激光陀螺	
工作物质	气体激光陀螺	全固体激光陀螺	
谐振腔的构成	反射镜式激光陀螺	全反射镜式激光陀螺	
输入敏感轴的数量	单轴激光陀螺	双轴激光陀螺	三轴激光陀螺
偏振方式	机械抖动偏振激光陀螺	速率偏振激光陀螺	磁镜偏振激光陀螺

4) 激光陀螺的特点

激光陀螺是惯性器件研制和发展过程中具有划时代意义的产品,它开创了量子力学在惯性技术应用领域应用的先河,与传统的机电陀螺及其他形式的陀螺相比,激光陀螺具有下列突出的优点:

(1) 结构简单,性能稳定。

(2) 可靠性高、寿命长。

(3) 启动速度快。

(4) 动态范围大。

（5）比例因子线性度好。

（6）温度一致性好。

（7）对加速度与振动不敏感。

（8）具有耐冲击，抗高过载能力强。

（9）体积小、重量轻、功耗低。

5）国内外激光陀螺研究现状及应用

目前世界上的激光陀螺主要来自霍尼韦尔公司，该公司的激光陀螺研制水平代表全世界激光陀螺技术水平。法国 Setant 公司研制的二频抖动激光陀螺，零偏稳定性达到 0.005°/h，用于阿丽亚娜 4/5 火箭、军用机和远程导弹上。此外，英国宇航公司，费兰蒂公司和 BASE 公司，法国的 Sfena 公司和 Sigma 公司，德国的 DFVLR 和 IABG 公司，日本的 NASDA 和 JAE 公司，俄罗斯 Polyus 研究所等公司和研究单位均可制造自己的激光陀螺，但生产能力和总体水平不如美国。当前国外的环形激光陀螺处于成本下降阶段，已经在航空、航天、舰船、陆用武器装备等方面得到了广泛的应用。

国内于 20 世纪 80 年代开始二频抖动和四频差动激光陀螺的研究工作，现已进入实用阶段，可应用于飞航导弹、空空导弹和飞机等。高校及研究所在关键技术突破方面取得了重要的进展，目前正在逐步提高精度，改善可靠性和推广应用。

今后激光陀螺发展方向主要将向高精度、高可靠性的要求方向和体积更小、价格更便宜、结构更牢固的超小型战术应用方向发展。前一发展方向的目的在于为航天、航海（特别是潜艇）提供高精度的惯性元件。后一发展方向主要为战术导弹、中近程火箭、火炮瞄准线稳定等提供更坚固、廉价的传感器。

3.2.2.7 光纤陀螺

1）工作原理

光纤陀螺（FOG）的基本原理是 Sagnac 效应，其简单原理结构如图 3-15 所示。

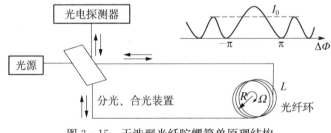

图 3-15 干涉型光纤陀螺简单原理结构

即在一闭合回路中，沿顺时针（cw）方向和逆时针（ccw）方向传播的两束光程差 ΔL 与闭合回路的旋转角速度 Ω 及回路面积 A 成正比，与真空中的光速 c 成反比，即

$$\Delta L = \frac{4A}{c}\Omega \tag{3-3}$$

实际的光纤陀螺闭合回路是由 N 圈光纤绕制而成,则积累的光程差为

$$\Delta L_{\mathrm{M}} = \frac{4AN}{c}\Omega \tag{3-4}$$

相应的 Sagnac 相位差为

$$\Delta\Phi = \frac{8\pi AN}{\lambda_0 c}\Omega \tag{3-5}$$

式中:λ_0 为真空中的波长;

A 为一圈光纤所包围的面积。

设光纤圈直径为 D,L 为光纤敏感环的光纤总长度,则上式可化为

$$\Delta\Phi = \frac{2\pi LD}{\lambda_0 c}\Omega = K\Omega \tag{3-6}$$

式中:$K = \dfrac{2\pi LD}{\lambda_0 c}$ 称为标度因数,它表征光纤陀螺灵敏度的大小。

2)组成

(1)光学系统组成。

光学系统由 SLD 光源、探测器、耦合器、Y 波导及光纤环组件组成,如图 3 - 16 所示。

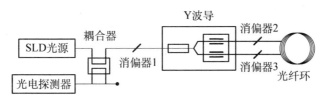

图 3 - 16　光纤陀螺光学系统组成

(2)电路组成。

电路一般由光源控制系统组件、前置放大系统组件、信息处理系统组件三块电路板组成,其主要功能分别为光源驱动、光源温度控制、探测器信号调制和放大、A/D转换、信号处理、D/A 转换、RS422 信号输出等。

(3)机械结构组成。

光纤陀螺主要由顶盖、信息处理系统组件、外盖、光纤环组件、光学结构组件、光源结构组件、底板等组成。光学系统、电路系统固定在结构件上,与结构件构成一个整体。

3)分类

经过多年的研究和开发,光纤陀螺可概括为 3 个阶段:第一代干涉式光纤陀螺

(I-FOG),这是迄今为止发展较完善的一类光纤陀螺,已广泛应用;第二代共振环形腔型光纤陀螺(R-FOG),其理论上的检测精度高于第一代干涉型光纤陀螺;第三代受激布里渊散射光纤陀螺(B-FOG),是正在理论研究的一类光纤陀螺,它的性能比前两代光纤陀螺的性能具有更大的优越性。针对目前广泛应用的第一代干涉式光纤陀螺,可以依据不同标准进行分类,具体如表3-2所示。

表3-2　光纤陀螺分类

光纤陀螺分类方式	分　类　结　果		
信号处理方式	开环光纤陀螺	闭环光纤陀螺	
光路结构	光路互易光纤陀螺	光路非互易光纤陀螺	
偏振控制	保偏光纤陀螺	消偏光纤陀螺	
工作波长	850 nm 光纤陀螺	1310 nm 光纤陀螺	1550 nm 光纤陀螺

4) 光纤陀螺的特点

(1) 结构简单,加工难度低,性能稳定。

(2) 可靠性高、寿命长。

(3) 启动速度快。

(4) 动态范围大。

(5) 比例因子线性度好。

(6) 克服"闭锁现象"。

(7) 对加速度与振动不敏感。

(8) 具有耐冲击,抗高过载能力强。

(9) 体积小、重量轻、功耗低。

(10) 真正的全固态陀螺。

5) 光纤陀螺的发展及应用

低精度光纤陀螺主要应用于小型战术导弹或炸弹、陆用战车、鱼雷、火箭炮、汽车导航、民用机器人等;中精度光纤陀螺主要应用于飞机、地空弹、空空弹、近中程地地弹、无人驾驶飞机、坦克瞄准、陀螺罗经、矿物勘探、油井测斜、高速列车轨检车、天线稳定系统等;高精度光纤陀螺主要用于舰船、潜水艇、大型飞机、远程导弹的导航与定位定向等。

3.2.2.8　微机械陀螺

1) 概述

微机械陀螺仪是微机电系统(microelectromechanical systems,MEMS)成功应用的领域之一。微机电系统是电子和机械元件相结合的微装置或系统,采用与集成电路(IC)兼容的微加工技术制造,尺寸可以从毫米到微米量级范围内变化。这些系统结合了传感和执行功能并进行运算处理。现有的微机械陀螺包括振动梁式微机械陀螺、振动面式微机械陀螺仪和谐振环式微机械陀螺仪。

国内石英振梁式(谐振音叉)陀螺零偏稳定性已达 $10°/h$,抗冲击达到 $10\,000g$。振动面式微机械陀螺由硅材料制作,是一种梳齿式结构,陀螺经补偿性能已到达 $3°/h\sim50°/h$,允许环境温度$-40℃\sim85℃$,是发展潜力极大的一种微机械陀螺。

在市场需求牵引下,随着电子技术和微机械加工技术的发展,相对于传统陀螺加工困难、成本较高的缺点,微机械陀螺将以其体积小、成本低、重量轻、可靠性高和易于批量生产的特点给传统的机械陀螺和光学陀螺带来极大的挑战。

2)工作原理

微机械陀螺同传统的机械陀螺不同,它没有高速旋转的马达来产生动量矩,而是利用一定的驱动技术,在一定方向产生高频振动。但从工作原理上讲,它跟经典陀螺仪一样,其基本原理是基于物理学上的哥氏加速度现象。所谓哥氏加速度,是指质点相对旋转坐标系的速度产生的相对于惯性空间的加速度,等于惯性角速度矢量与点的相对速度矢量的矢量乘积,即

$$a = 2\boldsymbol{\omega} \times \boldsymbol{v}_r \tag{3-7}$$

式中:a 是哥氏加速度;

$\quad\boldsymbol{\omega}$ 为惯性系的角速度矢量;

$\quad\boldsymbol{v}_r$ 为质点相对运动速度矢量。

哥氏力的大小为

$$a_k = 2\omega v_r \sin\theta \tag{3-8}$$

式中:θ 为惯性系速度矢量和相对速度矢量的夹角。

哥氏加速度垂直于 $\boldsymbol{\omega}$ 和 $\boldsymbol{v}_r$ 所组成的平面,指向由右手定则确定,如图 3-17 所示。

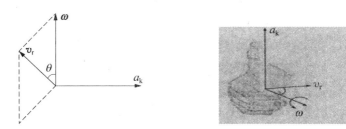

图 3-17　哥氏加速度矢量方向

振动陀螺仪的主体是一个做高频微幅振动的元件,利用高速振动的质量在被基座带动旋转时产生的哥氏效应敏感角运动。图 3-18 是一种线振动陀螺敏感结构的示意图。

微机械陀螺敏感结构由敏感质量、驱动、检测梳齿、驱动梁、敏感梁和支撑点(锚点)等部分组成。其中,x 方向是驱动振动的方向,y 方向是检测振动的方向。

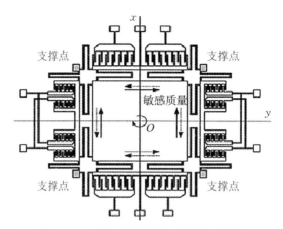

图 3-18　线振动微机械陀螺的敏感结构

　　敏感质量上下侧各有一组驱动梳齿和位移检测梳齿,驱动梳齿用来产生驱动力,使敏感质量沿 x 方向做等幅正弦振动,检测梳齿用来检测在驱动力作用下沿 x 方向产生的位移。

　　在敏感质量左右两侧有一组检测梳齿,用来检测敏感质量沿 y 方向的移动,从而检测出在哥氏加速度作用下沿 y 方向产生的位移。

　　陀螺敏感结构主要有两个运动模态,x 方向为驱动模态,y 方向为检测模态。两个模态分别视为两个独立的弹簧-质量-阻尼二阶系统。陀螺工作时,在驱动力作用下,沿 x 方向作简谐振动,当沿与 x、y 方向正交的 z 方向有角速率输入时,在 y 方向将有哥氏力产生,敏感质量将受到哥氏力作用而做简谐振动,整个系统的能量转化通过哥氏力来实现。

　　当外界有角速率 Ω,设驱动力为 $f_d(t)$,则 $f_d(t)/m = A\sin\omega t$,方程为

$$\begin{cases} \ddot{x} + 2\xi_d\omega_d\dot{x} + \omega_d^2 x = A\sin\omega t & (3-9\text{a}) \\ \ddot{y} + 2\xi_s\omega_s\dot{y} - 2\Omega\dot{\theta}\dot{x} + \omega_s^2 y = f_{ey} = 0 & (3-9\text{b}) \end{cases}$$

式中:ξ_d、ξ_s 分别为驱动轴和检测轴阻尼比;

　　k_d、k_s 分别为驱动轴和检测轴刚度系数;

　　ω_d、ω_s 分别为驱动和检测轴的谐振频率。

　　解式(3-9a)可得驱动位移的稳态解:

$$x(t) = \frac{A}{\sqrt{(\omega_d^2 - \omega^2)^2 + (\omega_d\omega/Q_d)^2}}\sin\left[\omega t - \arctan\frac{\omega_d\omega}{Q_d(\omega_d^2 - \omega^2)}\right] \quad (3-10)$$

式中:$Q_d = \dfrac{1}{2\xi_d}$ 为驱动轴的品质因数。

　　由式(3-10)得驱动位移的振幅为

$$x(t) = \frac{A}{\sqrt{[(\omega_d - \omega)(\omega_d + \omega)]^2 + (\omega_d\omega/Q_d)^2}}$$

$$= \frac{A}{\sqrt{[\Delta\omega(\Delta\omega + 2\omega_d)]^2 + (\omega_d\omega/Q_d)^2}}$$

$$= \frac{A}{\sqrt{(\Delta\omega^2 + 2\Delta\omega \cdot \omega)^2 + (\omega_d\omega/Q_d)^2}}$$

忽略平方项的影响可得驱动输出幅值近似为

$$B_d = \frac{A\varepsilon}{\sqrt{((2\Delta\omega/\omega)^2 + (1/Q_d)^2)}} \tag{3-11}$$

式中:$\varepsilon = 1/\sqrt{(\omega\omega_d)^2} \approx 1/\omega_d^2$;

$\Delta\omega = \omega_d - \omega$ 为激励频率与谐振频率的频差。

分析式(3-11),当 $\Delta\omega = 0$,即驱动频率与驱动模态固有频率相等时,驱动输出由品质因数 Q_d 决定,Q_d 越大,驱动模态输出振幅越大,所以品质因数越大越好。但当 Q_d 很大时,很小的频率差值,也会影响驱动输出,比如 $Q_d = 1\,000$,$\Delta\omega/\omega_d = 1/100$ 和 $Q_d = 1\,000$,频率偏差率 $\Delta\omega/\omega_d = 0$ 相比,驱动输出值相差好几十倍,Q_d 的有效值仅为

$$2\Delta\omega/\omega_d = \frac{1}{50} \tag{3-12}$$

对式(3-10)驱动位移求导得

$$\dot{x}(t) = \frac{A\omega}{\sqrt{(\omega_d^2 - \omega^2)^2 + (\omega_d\omega/Q_d)^2}} \cos\left[\omega t - \arctan\frac{\omega_d\omega}{Q_d(\omega_d^2 - \omega^2)}\right] \tag{3-13}$$

将式(3-13)代入方程(3-9)第2式,得到

$$y(t) = M_2(t) + \frac{2A\omega\Omega}{\sqrt{(\omega_d^2 - \omega^2)^2 + (\omega_d\omega/Q_d)^2}\,\sqrt{(\omega_s^2 - \omega^2)^2 + (\omega_s\omega/Q_s)^2}} \cdot$$

$$\cos\left[\omega t - \arctan\frac{\omega_d\omega}{Q_d(\omega_d^2 - \omega^2)} - \arctan\frac{\omega_s\omega}{Q_d(\omega_s^2 - \omega^2)}\right]$$

$$\tag{3-14}$$

检测位移的第一项 $M_2(t)$ 是瞬态项,它随时间指数衰减,可以不予考虑。第二项是载波频率为 ω 的调幅波。

从式(3-14)看出,检测方向的位移与驱动振动的幅度成正比,只有保持驱动振动幅度稳定,驱动频率保持恒定,输出信号才能准确地反映所要测量的角速率信号。

由于外界环境的变化(比如温度),陀螺驱动模态的品质因数会发生变化,驱动轴的固有频率也会变化,因此,必须进行驱动模态的闭环控制。

若外加的驱动力能够保证驱动模态的振幅稳定,可假设驱动模态的振幅和相位

均为稳定值,即驱动模态的运动为确定性运动,则设驱动振动为

$$x(t) = x_0 \sin \omega t \qquad (3-15)$$

得到驱动振动速率为

$$\dot{x}(t) = x_0 \omega \cos \omega t \qquad (3-16)$$

代入式(3.9b)可解得

$$y(t) = \frac{2A\omega\Omega}{\sqrt{(\omega_s^2 - \omega^2)^2 + (\omega_s\omega/Q_s)^2}} \cdot \\ \cos\left[\omega t - \arctan\frac{\omega_s\omega}{Q_s(\omega_s^2 - \omega^2)}\right] \qquad (3-17)$$

陀螺驱动模态和检测模态的相位差为

$$\Delta\phi = 90° - \arctan\frac{\omega_s\omega}{Q_s(\omega_s^2 - \omega^2)} \qquad (3-18)$$

所以,解调时若参考信号比驱动轴位移信号超前 $\Delta\phi$ 时,解调效率最高。

3) 微机械陀螺测控电路

微机械陀螺测控电路是保证微机械陀螺精度的关键,图 3-19 是一种微机械陀螺测控电路的电路原理框图。

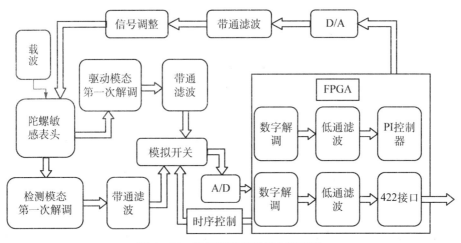

图 3-19　微机械陀螺测控电路原理

微陀螺在静电力的作用下产生线振动,并且在控制电路的作用下驱动轴达到谐振状态;根据陀螺力学,如果陀螺载体有角速度,则陀螺在检测轴方向上受到被驱动轴振动信号调制,大小正比于角速度的力——哥氏惯性力;陀螺检测轴在哥氏惯性力的作用下产生与驱动信号同频的振动;检测轴的振动使检测电容发生差动变化,利于微电容检测电路检测电容变化,得到电信号输出;用驱动轴振动信号

对检测轴信号进行解调,并经低通滤波,得到正比与角速度的电信号,即陀螺输出信号。

硅微机械振动陀螺驱动和检测模态的位移量非常小,其输出信号是一个极其微弱的电容信号,微机械陀螺必须检测出10^{-20} F的电容变化量,才能保证陀螺一定的精度,微机械陀螺控制电路采用基于 FPGA 的控制技术,用驱动轴振动信号对检测轴信号进行数字解调,并经低通滤波,得到正比与角速度的电信号。

陀螺测控方案的优点是:

(1) 由于除前置电路外所有的信号均转换为数字信号进行处理,因此陀螺控制电路稳定性得到大幅提高。

(2) 相比于模拟电路而言,数字电路可大大简化不同陀螺的闭环控制参数配置过程,且通过优化控制参数可获得更好的控制性能。

(3) 可输出更多的陀螺运动参数,用于对陀螺误差模型进行分析和处理;可非常方便地实现各种补偿算法。

3.2.3 速率陀螺(角速度陀螺)

3.2.3.1 速率陀螺的基本原理及组成

1) 概述

速率陀螺仪是用来测量物体运动角速度的陀螺仪表,是飞机上不可缺少的一种仪表,也是自动驾驶仪不可缺少的组成部件。根据速率陀螺仪的用途进行分类,速率陀螺仪主要包括:

(1) 用于指示飞机的转弯或盘旋角速度,通常称为陀螺转弯仪或转弯指示器。

(2) 为自动驾驶仪或其他控制系统提供飞机的角速度信号,通常称为速率陀螺仪或角速度陀螺仪。

(3) 为各种陀螺仪表提供转弯或盘旋切断信号,通常称为角速度信号器或陀螺转弯继电开关。

但应指出,陀螺转弯仪或角速度信号器测量角速度的作用原理都是与速率陀螺仪相同的,仅是在用途上不同和性能指标要求上不同,而带来结构上的某些差别和名称上的不同而已。因此,下面所说明的速率陀螺仪的作用原理,对于陀螺转弯仪或角速度信号器都是适用的。

速率陀螺仪可以用两自由度陀螺仪做成,也可以用单自由度陀螺仪做成。但目前所使用的速率陀螺仪一般都是由单自由度陀螺仪做成的,在这里我们也仅讨论单自由度的速率陀螺仪。

速率陀螺仪的种类很多,根据其结构中是否具有高速旋转转子,可以区分为常规速率陀螺仪和非常规速率陀螺仪两大类。常规速率陀螺仪是一种带有弹性约束的单自由度陀螺仪,根据构成弹性约束的方式不同,可分为机械弹簧约束(扭杆式速率陀螺仪)和电弹簧约束(反馈式速率陀螺仪)两种。所谓非常规速率陀螺仪系指在原理、结构诸方面与前者有本质区别,但同样能实现测量物体运动角速度功能的仪表,如:振梁式压电晶体速率陀螺仪,振弦式速率陀螺仪以及挠性片式、水银转子式、磁流体式等双轴速率陀螺仪。本章重点介绍常规速率陀螺仪的工作原理。

2）速率陀螺的基本原理

速率陀螺仪的作用原理建立在单自由度陀螺仪特性的基础上。对单自由度陀螺仪施加弹性约束和阻尼约束,就成为速率陀螺仪,所以现根据单自由度陀螺仪的特性,来说明它的基本作用原理。

如前文中对单自由度陀螺仪的特性的介绍,当基座绕单自由度陀螺仪所缺少自由度的轴线方向以角速度 ω_Y 转动时,由于支承推力矩 M_A 的作用,使陀螺仪产生绕内环轴的进动,其进动角速度为 $\dot{\beta}$。而进动转角 β 则随时间而增大;当基座转动的方向改变时,陀螺仪绕内环轴的进动方向也随之改变。我们可以利用单自由度陀螺仪的这种特性来测量角速度。

但是,如果仅有这个单自由度陀螺仪,那么陀螺仪绕内环轴进动的结果,总是使自转轴趋向与基座转动角速度的方向重合,即陀螺仪绕内环轴的进动转角 β 总是趋于 $90°$,所以单有单自由度陀螺仪仍然无法测量出基座转动角速度的量值大小。为了解决这个问题,需要在陀螺仪中装有定位弹簧,以便能够度量出基座转动角速度的大小。

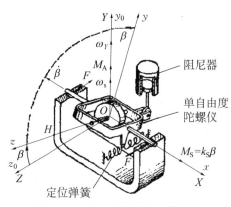

图 3 - 20　角速率陀螺的工作原理

如图 3 - 20 所示,当基座的转动角速度 ω_Y 使陀螺仪绕内环轴 Ox 的负向进动而出现相对转角 β 时,定位弹簧发生弹性变形,而产生绕内环轴的弹性力矩 M_S 作用在陀螺仪上。弹性力矩的方向与陀螺仪绕内环轴的偏转方向相反,大小与陀螺仪绕内环轴的相对转角大小成正比,可表达为

$$M_S = k_S\beta \qquad (3 - 19)$$

式中:k_S 是定位弹簧的刚性系数,即在单位转角下定位弹簧所产生的弹性力矩,其单位常用 $g \cdot cm/rad$ 表示。

在这个弹性力矩 M_S 的作用下,陀螺仪将力图产生进动角速度 ω_S。陀螺仪进动角速度的方向与基座转动角速度的方向相同,而进动速度的大小与弹性力矩的大小成正比:

$$\omega_S = \frac{M_S}{H} = \frac{k_S\beta}{H} \qquad (3 - 20)$$

当陀螺仪进动角速度小于基座转动角速度即 $\omega_S < \omega_Y$ 时,则支承的推力矩 M_A 继续产生作用,使陀螺仪绕内环轴继续进动而增大转角 β,这样就增大了定位弹簧的

弹性力矩 M_S，从而增大了陀螺仪的进动角速度 ω_S。反之，当 $\omega_S > \omega_Y$ 时，进动角速度 ω_S 则减小。

　　由此可见，定位弹簧弹性力矩的作用结果，总是使陀螺仪进动角速度趋向与基座转动角速度相等。当 $\omega_S = \omega_Y$ 时，支承对陀螺仪既没有推力矩作用，也没有约束反力矩作用，陀螺仪绕内环轴的进动角速度 $\dot{\beta} = 0$，而陀螺仪绕内环轴的转角 β 也达到稳定状态。则如下关系成立：

$$\omega_S = \frac{k_S \beta}{H} = \omega_Y \tag{3-21}$$

则陀螺仪绕内环轴的稳态转角 β 为

$$\beta = \frac{H}{k_S} \omega_Y \tag{3-22}$$

　　上式表明了速率陀螺仪测量基座转动角速度的基本关系。当陀螺角动量 H 和定位弹簧刚性系数 k_S 都为一定值时，陀螺仪绕内环轴稳态转角 β 的大小是与基座转动角速度 ω_Y 的大小成正比的。而且当基座转动角速度的方向改变到相反，即 ω_Y 为负值时，陀螺仪绕内环抽的偏转方向也相反，即 β 也是负值。因此，陀螺仪绕内环轴转角 β 的大小和方向，便可用来判明基座转动角速度 ω_Y 的大小和方向。

　　速率陀螺仪的输出轴是内环轴。如果在内环轴上安装有指示机构或信号传感器，便可把转角 β 变换成相应的角速度指示或相应的电压信号。

　　角度传感器输出电压的大小与转角 β 成正比，而极性取决于偏转的方向，可表示为

$$U = k_u \beta \tag{3-23}$$

式中：k_u 为角度传感器的标度因数。

　　因此，在稳态情况下，速率陀螺仪的输出电压为

$$U = k_u \beta = k_u \frac{H}{k_S} \omega_Y \tag{3-24}$$

　　设比例系数 K_u 为

$$K_u = k_u \frac{H}{k_S} \tag{3-25}$$

则 K_u 称为速率陀螺仪的标度因数，其单位常用 $\mathrm{V/(°/s)}$ 或 $\mathrm{mV/(°/s)}$。

　　速率陀螺仪的输入轴或称测量轴则是与内环轴和自转轴初始位置相垂直的轴线（即图 3-20 中的 OY 轴线），但速率陀螺仪用来敏感输入角速度的却是与内环轴和自转轴相垂直的轴线（即图 3-20 中的 Oy 轴线），为简便起见，这个轴线以下称为速率陀螺仪的敏感轴。只有当转角 β 为 0 时，速率陀螺仪的敏感轴与输入轴才重合。当 β 不为 0 时，这两根轴不重合，速率陀螺仪所敏感的仅是被测角速度在敏感

轴上的分量,这将造成测量误差。

仅有单自由度陀螺与定位弹簧来组成速率陀螺仪,陀螺仪绕内环轴将出现明显的振荡现象,而使得仪表的输出信号或指示表现出不稳定状态。因此采用阻尼器来施加绕内环轴作用的阻尼力矩,以便阻尼这种振荡使陀螺仪比较快地达到稳定状态。

由于速率陀螺仪的输出转角 β 与基座转动角速度 ω_Y 成正比,而角速度 ω_Y 就是转角的微分,所以速率陀螺仪测量角速度也可以说就是测量转角的微分,因此速率陀螺仪也称为微分陀螺仪。

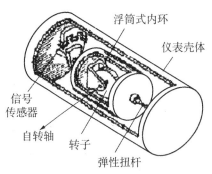

图 3-21 液浮式速率陀螺仪

3）速率陀螺的组成

速率陀螺仪有一般的结构和液浮式结构两种。图 3-21 所示的是液浮式的速率陀螺仪。

采用液浮式结构,主要是为了减小内环轴上的摩擦并得到所需的阻尼。但从基本结构来看,这两种形式并无多少区别,它们都是由以下几个部分组成的。

（1）单自由度陀螺仪。

单自由度陀螺仪是组成速率陀螺仪的基础部分。由陀螺电动机和内环组成。陀螺电动机通常采用三相异步陀螺电动机或磁滞陀螺电动机,内环做成方框形或陀螺房的形式,在液浮式结构中则做成浮筒的形式。内环轴的支承一般采用滚珠轴承,在液浮式结构中也采用宝石轴承。

（2）定位弹簧。

其作用是产生弹性力矩,以便度量输入角速度的大小。有螺旋弹簧、片弹簧和弹性扭杆等不同形式。弹性扭杆的一端与内环固连,另一端与表壳固连。当内环绕内环轴相对表壳出现转角时,弹性扭杆产生扭转变形而给出弹性力矩。弹性扭杆不仅起到定位弹簧的作用,而且还起到内环轴一端支承的作用,故可减少一个滚珠轴承。

（3）阻尼器。

用来阻尼陀螺仪绕内环轴的振荡。有空气阻尼器、液体阻尼器和电磁阻尼器等不同形式。

（4）信号传感器。

用于将输出转角变换成电压信号,它安装在内环轴方向。通常采用电位器或微动传感器。

3.2.3.2 速率陀螺的测量及误差分析

1）速率陀螺的性能指标及测量

速率陀螺仪的主要性能指标包括输入极限速率、标度因数、阈值、分辨率、零偏等,以单自由度弹性约束速率陀螺仪为例,其性能测量方法如下所述。

(1) 输入极限速率。

输入极限速率反映了速率陀螺可测得最大输入角速度能力。

测量输入极限速率时,把陀螺仪安装在速率转台上,使其输入基准轴平行于速率转台轴且与当地水平面垂直。陀螺仪正常工作后,给陀螺仪施加正输入极限速率,记录其输出信号。当输入速率减小时,其输出信号应按比例相应减小。

(2) 标度因数。

速率陀螺仪的标度因数,表示在单位角速度输入时速率陀螺仪的输出电压。

标度因数的测量通过速率转台进行:陀螺仪安装在速率转台上,使其输入基准轴平行于速率转台轴且与当地水平面垂直。根据陀螺仪的阈值和输入极限速率选取输入速率点。陀螺仪正常工作后,使速率转台从零速率开始按选定的速率点依次增大到受试陀螺仪的正输入极限速率,再按选定的速率点依次减小到零,再反向按选定的速率点逐步增大到负输入极限速率,再按选定的速率点依次减小到零为一个循环。

在每个测量点速率稳定后,连续读数(采样)不少于 10 次,取其算术平均值作为该测量点的输出信号值,然后按最小二乘拟合计算陀螺的标度因数。

(3) 阈值。

把陀螺仪安装在速率转台上,使其输入基准轴平行于速率转台袖且与当地水平面垂直。陀螺仪正常工作后,先测量输入速率为零时的陀螺仪输出,再对陀螺仪平稳无超调地施加一个规定阈值的速率输入,记录陀螺仪的输出,其相对于零速率时陀螺仪输出的变化量应大于上条测定的标度因数所对应的输出值的 50%。

(4) 分辨率。

速率陀螺仪的分辨率是指其能输出可靠信号时所能感测的输入量角速度的最小变化值。

把陀螺仪安装在速率转台上,使其输入基准轴平行于速率转台轴且与当地水平面垂直。陀螺仪正常工作后,先对陀螺仪施加一个相当于阈值 20～50 倍的某一常值输入速率,再对陀螺仪平稳无超调地增加一个规定分辨率的速率增量,陀螺仪的输出增量应大于以上测定的标度因数所对应的输出增量的 50%。然后回到原常值输入速率再平稳无超调地减小一个规定分辨率的速率增量,测量陀螺仪的输出增量应大于标度因数所对应的输出增量的 50%。

(5) 零偏(零位偏移)。

零偏是指速率陀螺仪中输入速率为零时陀螺仪的输出量,为陀螺的静态误差模型中与 g 无关的误差项。

零偏测试时,多采用可倾式速率转台。把陀螺仪安装在速率转台上,使其输入基准轴与速率转台轴平行,然后使速率转台轴与当地水平面平行,同时使陀螺仪的输出轴与当地水平面垂直,陀螺仪正常工作后,用 20～50 倍阈值的某一速率,0.5～

1 Hz 的某一频率,使速率转台顺时针和逆时针方向来回摆动。切断陀螺仪电源,继续摆动速率转台,直到陀螺转子停转。保持陀螺仪输出轴与当地水平面垂直的位置,重新接通陀螺仪电源,正常工作以后测量其输出信号。根据精度需要,对地球自转影响进行修正。

(6) 与加速度和与加速度二次方有关的漂移率系数。

为陀螺的静态误差模型中与加速度和与加速度二次方有关的漂移率系数,称为与 g 和与 g^2 有关的漂移率系数。

通常采用十二位置翻滚法进行测试:将陀螺仪安装在能精确定位且能以一定的速率水平翻滚的转台上,使其输出轴平行于转台轴并且水平指北,输入基准轴向上,自转基准轴指西。陀螺仪正常工作后,使转台以不大于 $5°/s$ 的速率顺时针方向旋转,每转过 $30°$,停转,待稳定后连续读取陀螺仪输出信号(采样)不少于 10 次,取平均值作为该位置时陀螺仪的输出值。

2) 速率陀螺的误差分析

因速率陀螺在有角速度输入的动态作用下,其输出转角是随时间按指数衰减振荡的规律变化。

当动态过程消失以后即陀螺仪绕内环轴的转动角加速度和角速度都为零的状态时,速率陀螺仪达到稳定工作状态。只有在干扰输入都为零并且工作转角 β 很小的情况下,才能得到理想的稳态输出特性。在这种情况下,速率陀螺仪是没有稳态误差的。然而,实际上干扰输入并不为零,陀螺仪的工作转角虽小也仍对输出有些影响,所以稳态输出不能达到理想值,这就造成了速率陀螺仪的稳态误差。

速率陀螺仪稳态输出电压相对误差 ε 可用下式表示:

$$\varepsilon = (\cos \beta - 1) - \frac{\omega_Z}{\omega} \sin \beta + \frac{J_X \dot{\omega}_X}{H\omega} - \frac{M_d}{H\omega} + \frac{\Delta}{K\omega} \qquad (3-26)$$

式中,陀螺转角 β、交叉轴向角速度 ω_Z、输出轴向角加速度 $\dot{\omega}_X$、陀螺漂移 M_d 和信号传感器零位电压 Δ 等因素,都将引起速率陀螺仪的稳态输出误差。

其中误差项 $(\cos \beta - 1)$ 是由于陀螺仪绕输出轴 x 转过 β 后,仪表的敏感轴 Oy 与输入轴 OY 不一致而引起的。此时,仪表实际上所感受到的角速度仅是被测角速度 ω 在仪表敏感轴 Oy 上的投影分量 $\omega\cos \beta$。当采用相对误差表示时,即为以上结果。

误差项 $(\omega_Z/\omega) \sin \beta$ 是由于陀螺仪出现转角 β 时,交叉轴向角速度 ω_Z 在仪表的敏感轴 y 上产生的分量 $\omega_Z \sin \beta$,也是由陀螺仪的敏感而造成的。这是一项交叉耦合误差。

上述两项误差都与陀螺转角 β 有关。为了减小这两项误差,必须限定陀螺仪的最大工作转角,所以速率陀螺仪的最大工作转角一般多在 $1°\sim2°$ 的范围内。

误差项 $J_X\dot{\omega}_X/(H\omega)$ 是由于仪表壳体绕其输出轴的角加速度 $\dot{\omega}_X$ 所引起的。当壳体随机体一起以角加速度 $\dot{\omega}_X$ 转动时,由于陀螺组件转动惯量 J_X 的存在,陀螺组件不能立即随着转动而落后一个角度,也就是相对于壳体转动了一个误差角 $\Delta\beta$。此误差角将引起定位弹簧产生力矩而使陀螺仪绕输出轴也作角加速转动。当陀螺仪绕输出轴转动的角加速度与壳体转动的角加速度相等时,陀螺仪绕输出轴的转角不再增大,达到一个稳定的数值。这个效果相当于在仪表的输入轴上有角速度输入一样。这项误差称带动误差。

对于机动性高的飞行器来说,角加速度 $\dot{\omega}_x$ 有时可能较大,从而造成较大的带动误差。可以利用一个角加速度计测量机体的角加速度 $\dot{\omega}_x$,并用此信号控制安装在速率陀螺仪输出轴向的力矩器,产生一个与力矩 $J_x\dot{\omega}_x$ 大小相等、方向相反的力矩,用来对这项误差进行补偿。

误差项 $M_d/(H\omega)$ 是由于作用在陀螺仪输出轴上的干扰力矩 M_d 所引起的。在速率陀螺仪中也采用"漂移"这一术语,当输出轴上有干扰力矩 M_d 作用时,将等效于在其输入轴上有一个漂移角速度 $\omega_d = M_d/H$ 输入,因此造成误差。当陀螺漂移角速度 ω_d 为一定值时,这项误差的大小与输入角速度 ω 成反比。在测量小角速度时这项误差是较大的。

陀螺漂移率决定了速率陀螺仪灵敏度,即测量小角速度的能力。因此,减小输出轴上摩擦力矩是提高速率陀螺仪灵敏度的关键。

误差项 $\Delta/(K\omega)$ 是由于信号传感器零位电压 Δ 所引起的。速率陀螺仪信号传感器输出电压的大小表示了输入角速度的大小。当信号传感器有零位电压时,就相当于在仪表输入轴上有一个角速度输入,从而引起测量误差。在测量小角速度时这项误差是较大的。因此,为了提高速率陀螺仪的灵敏度,必须尽量减小信号传感器的零位电压。

综上所述,当输入角速度 ω 较小时,陀螺转角 β 较小,前两个误差项的数值较小,后 3 个误差项的数值较大。当输入角速度较大时,陀螺转角 β 较大,前两个误差项的数值较大,后 3 个误差项的数值较小。

除此之外,速率陀螺仪标度因数 K_u 不稳定,也将直接造成角速度的测量误差,而 K_u 的稳定性取决于 k_u、k_S 和 H 的稳定性。

3.2.4　垂直陀螺(陀螺地平仪)

3.2.4.1　垂直陀螺的基本原理及组成

1) 概述

垂直陀螺仪是用以测量飞机的姿态角(俯仰角和倾斜角)的陀螺仪表,是双自由度陀螺仪的典型应用之一。在双自由度陀螺仪的基础上,增设适当的元件或装置,利用陀螺仪的进动性,即可使自转轴跟踪当地垂线,从而测量出飞机姿态角。

通常,将测量并输出姿态角电信号给机载设备的称为垂直陀螺仪,将带有指示机构供飞行员判读姿态角的称为陀螺地平仪。

垂直陀螺仪包括以下用途:

(1) 陀螺地平仪是飞机上主要的航行驾驶仪表之一。飞机在空中飞行,飞行员必须判明飞机的姿态角,才能正确地操纵飞机,完成飞行和作战任务。尤其在复杂气象条件下或是在夜航时,飞行员看不见大地的地平线和地标,只能借助于垂直陀螺仪的指示驾驶飞机。因此,垂直陀螺仪对保证飞行安全有很重要的作用。

(2)垂直陀螺仪也是飞机自动驾驶仪的主要部件之一。利用垂直陀螺仪测出飞机的姿态角及其相对给定姿态的偏差角,并转换成电信号,经放大后再传输给控制系统,以控制飞机按照预定的姿态飞行。

(3)为飞机上的其他特种设备,如陀螺磁罗盘和机载雷达系统等提供飞机的姿态角信号,以保证这些系统工作的精确性。

因此,利用垂直陀螺仪精确地测量出飞机的俯仰角和倾斜角,无论是对于飞机的驾驶,还是对于飞机的自动控制系统及其他机载设备来说,都是极为重要的。

2)垂直陀螺的基本原理及组成

测量飞机姿态角的关键问题,是在飞机上建立一个当地垂线基准。建立垂线基准最简单的办法是利用摆或气泡水准仪,但是,当飞机加速或转弯时,摆会受到加速度干扰,摆线将偏离地垂线。可见,摆具有方向的选择性,但缺少方向的稳定性。

而从双自由度陀螺仪的特性可知,其自转轴具有方向稳定性,可在加速度情况下稳定在原来的方向上。但是,陀螺自转轴是相对惯性空间保持方向不变,由于地球自转和飞机运动,当地垂线相对惯性空间不断改变方向,加之陀螺仪本身存在漂移,所以自转轴将会逐渐偏离当地垂线。所以陀螺仪具有方向的稳定性,但缺少方向的选择性。

为此,垂直陀螺仪是基于陀螺及摆的特性,利用陀螺仪的方向稳定性作为仪表的工作基础,并利用摆的方向选择性对陀螺仪进行修正,使陀螺仪获得敏感垂线的方向选择性。垂直陀螺仪就是通过这种技术途径在飞机上建立一个精确而稳定的垂线基准,所以垂直陀螺仪的基本原理就是摆对陀螺仪的修正原理,而这种修正是通过修正装置来实现的。

比较典型的垂直陀螺仪的结构原理如图 3-22 所示。它主要由双自由度陀螺仪、修正装置、指示机构或角度传感器等部分组成。

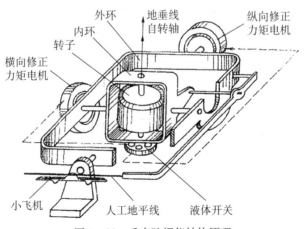

图 3-22　垂直陀螺仪结构原理

　　修正装置由摆式敏感元件和力矩器组成。摆式敏感元件常用液体开关或水银开关。液体开关实为液体摆,相当于一个能够传输电信号的气泡水准仪,故其中装的是特殊导电液体并设置有电极。图中示意的液体开关为五极式的,其中心电极与液体开关的壳体相连,另4个电极均布在壳体上部的圆周上,构成相互垂直的两对电极。液体开关安装在陀螺内环的底面上。力矩器常用力矩电机,但其结构做成扁环形或弧形,以使仪表结构紧凑。两个力矩电机分别安装在陀螺内、外环轴方向。当陀螺外环轴平行于机体纵轴安装时,外环轴和内环轴方向的力矩电机分别称为纵向和横向修正力矩电机。液体开关与力矩电机的连接电路称为修正电路,其电路原理如图 3-23 所示。

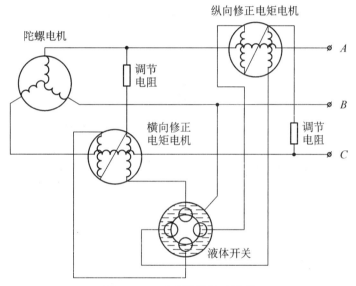

图 3-23　垂直陀螺修正原理

　　垂直陀螺仪的修正原理遵循进动规律。自转轴绕某一环架轴偏离垂线,应由绕另一环架轴的修正力矩进行修正,并且修正力矩的方向应是指向减小偏角的方向,才能使自转轴进动回到垂线位置。因此在修正电路中,敏感自转轴绕某一环架轴偏离的一对电极,应当用来控制另一环架轴上的力矩电机。

　　当自转轴重现垂线时,液体开关保持水平,气泡处于中央位置,均等地盖住 4 个电极表面约一半的面积,中心电极经导电液体至 4 个电极的电阻相等。这时每个力矩电机中两个控制绕组所通过电流的大小相等、方向相反,因而不产生修正力矩。

　　当自转轴偏离垂线时,液体开关随之倾斜,气泡向处于高位的电极移动,中心电极经导电液体至相应一对电极中两个电极的电阻不等。这时相应的力矩电机中两个控制绕组所通过电流的大小不等,因而产生修正力矩作用在陀螺仪上,使自转轴绕环架轴进动,直到液体开关中的气泡回到中央位置,即自转轴回到垂线为止。

　　3）垂直陀螺的安装方式及测量原理

　　飞机姿态角（俯仰角和倾斜角）的定义为：飞机纵轴与水平面之间的夹角，称为飞机的俯仰角，常用 θ 代表；飞机纵向对称平面（纵轴与竖轴组成的平面）与纵向铅垂平面（纵轴与垂线组成的平面）之间的夹角，称为飞机的倾斜角，常用 γ 代表。

　　垂直陀螺仪的自转轴能够复现地垂线，当飞机俯仰或倾斜时，自转轴并不会跟随飞机一起俯仰或倾斜，仍然是稳定在地垂线位置上，即陀螺仪绕内，外环轴都仍然保持稳定，因而测量飞机的俯仰角和倾斜角就有了比较的基准。

　　当双自由度陀螺仪的自转轴处于当地地垂线位置，采用纵向安装方式，即外环轴沿飞机纵轴安装时，内环轴为俯仰测量轴，外环相对内环轴的转角就即为飞机的俯仰角；而外环轴为倾斜测量轴，仪表壳体相对外环轴的转角即为飞机的倾斜角。采用纵向安装，无测量支架误差，可以准确测量出飞机的姿态角。其测量原理如图 3 - 24 所示。

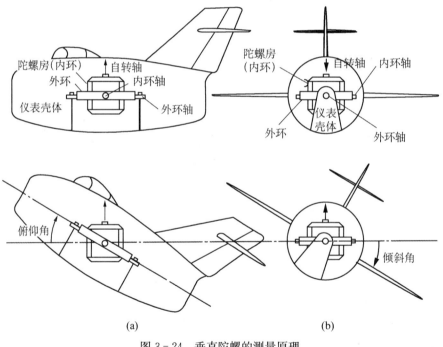

(a)　　　　　　　　　　　　　　　　　(b)

图 3 - 24　垂直陀螺的测量原理

　　采用纵向安装的垂直陀螺仪，其姿态角的测量角度受"环架自锁"的影响，俯仰角测量角度不超过 90°，倾斜角测量角度为 360°，其角度测量范围可以满足运输机等大型飞机的使用要求。而用于歼击机等机型使用的垂直陀螺仪，俯仰角和倾斜角通常都会超过 90°，因此，双自由度陀螺仪组成的垂直陀螺不能满足其使用要求。

　　为了适应歼击机的使用要求，必须在垂直陀螺中增设一个随动环，并由一套随动系统保持随动环处于水平状态。

这种结构形式,借助于随动环装置,可以保持外环轴与自转轴的相互垂直关系,从而消除了陀螺仪的"环架自锁"。

如图 3-25 所示,带有随动环的垂直陀螺,采取随动环轴平行于飞机纵轴的安装方式。当飞机俯仰时,带动表壳和随动环跟随机体一起转动,而外环绕外环轴保持稳定。随动环绕外环轴相对外环转过的角度,即为仪表测出的飞机俯仰角,因而外环轴成为仪表俯仰角的测量轴。当飞机倾斜时,带动表壳跟随机体一起转动,而随动环绕随动环轴保持稳定。表壳绕随动环轴相对随动环转过的角度,即为仪表测出的飞机倾斜角,因而随动环轴成为仪表倾斜角的测量轴。

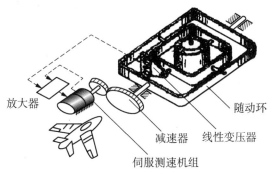

图 3-25　带随动环的垂直陀螺

3.2.4.2　垂直陀螺的测量及误差分析

1) 垂直陀螺的性能指标及测量

垂直陀螺仪利用自转轴作为测量飞机姿态角的基准,自转轴复现垂线的误差将直接造成测量飞机姿态角的误差。衡量垂直陀螺技术水平的性能指标主要有垂直精度、陀螺漂移、修正速度和工作准备时间等。

(1) 垂直精度。

垂直精度是垂直陀螺复现地垂线的准确度,用偏离真实地垂线的角度衡量,该角度值越小,垂直精度越高。一般垂直陀螺的垂直精度优于 $0.25°$。

在静态下,测量陀螺的姿态角输出的变化量,即为陀螺的垂直精度。

(2) 陀螺漂移。

垂直陀螺在摩擦力矩、不平衡量力矩等的作用下以及地球自转角速度的影响,使垂直陀螺转子轴偏离地垂线,这就是垂直陀螺的漂移。因垂直陀螺仪一般工作在修正状态下,其修正力矩足以克服干扰力矩引起的陀螺漂移,故在修正状态下,陀螺漂移对其测量精度的影响不大。但在飞机加速度或盘旋切断的状态下,垂直陀螺相当于自由陀螺仪状态,而陀螺漂移就成为影响误差的主要因素。

因陀螺仪一般均工作在修正状态下,因此垂直陀螺漂移的测量需在断开修正的状态下,测量陀螺的姿态角输出的变化量,一般刚体转子垂直陀螺的漂移在 $0.25°/\text{min} \sim 0.6°/\text{min}$ 的范围内。

在测量陀螺漂移时,需消除地球自转角速度对其的影响,因此在测量横向漂移(倾斜角漂移)时,需将陀螺的纵轴平行于东西方向;而在测量纵向漂移(俯仰角漂移)时,需将陀螺的纵轴平行于南北方向。

(3) 垂直陀螺的纵、横向修正速度。

垂直陀螺的修正速度是其在修正力矩的作用下复现地垂线的速度。单就静态而言,修正速度越大,垂直精度越高,但飞行时是动态的,修正速度大,错误修正引起的姿态角误差也大,使动态垂直精度降低。用于歼击机等机型的垂直陀螺,常处于机动状态,因此,修正速度不能太大。但修正速度过小,摩擦停滞角将增大,垂直精度也低。修正速度的最小值不得小于垂直陀螺的最大漂移速率与地球自转角速度的水平分量之和。

机电式垂直陀螺仪的修正速度一般在 $1°/min \sim 6°/min$ 的范围内。

测量修正速度时,需外加一个力矩分别使陀螺沿纵向或横向进动一个角度,然后测量陀螺自转轴修正回地垂线位置的时间。同测量漂移时一样,测量修正速度时需消除地球自转对其修正速度的影响。

(4) 工作准备时间。

工作准备时间通常指从接通工作电源开始至输出的姿态角误差小于规定值为止的时间,并隐含此时垂直陀螺电机的转速都高于预定值而具有足够的稳定性。

采用三相陀螺电机的垂直陀螺,工作准备时间的长短取决于起动程序控制方案。为缩短工作准备时间,采用了电气回零锁定、降压起动和高压修正控制方案。

2) 垂直陀螺误差分析

(1) 垂直陀螺误差产生的原因。

自转轴重现垂线之所以出现误差,是由于陀螺地平仪受到使用条件和干扰因素的影响而造成的。实际使用条件和干扰因素包括:

a. 地球自转运动引起当地垂线相对惯性空间的方位变动;

b. 飞机飞行速度引起飞机在地球表面上的位置不断改变,也相当于当地垂线相对惯性空间的方位变动;

c. 飞机直线加速或转弯运动引起的纵向或横向加速度,这对修正装置的摆式敏感元件造成很大干扰;

d. 作用于陀螺仪的干扰力矩的影响,这是陀螺地平仪本身所固有的干扰因素。

而在此干扰因素的作用下,垂直陀螺的主要误差包括修正误差、加速度误差及盘旋误差等。

(2) 误差分析。

a. 修正误差:

垂直精度是垂直陀螺仪一个重要的性能指标,而垂直精度的大小取决于修正误差的大小。

在陀螺地平仪的修正过程中,地球自转和飞行速度的影响始终存在,使垂线相对惯性空间转动,而且干扰力矩的作用也始终存在,使自转轴产生进动漂移。对于常数修正特性的陀螺地平仪来说,其常数修正力矩足以克服干扰力矩,并使自转轴进动跟上垂线的转动。若是理想的常数修正特性,那么即使自转轴相对垂线出现极微小的偏角,也立即会有常数修正力矩作用使它返回到垂线,故可认为没有修正误差。可是实际上,常数修正特性往往都具有一定的迟滞区,引起自转轴在垂线附近作振荡运动。振荡的幅值等于迟滞区的大小,因而修正误差的大小就等于迟滞区的大小。

而对于复合修正特性的陀螺地平仪来说,当自转轴的偏角大于比例区即处于常数区之内时,其常数修正力矩也足以克服干扰力矩,并使自转轴进动跟上垂线的转动,所以自转轴返回垂线运动。但是,当自转轴修正到比例区之内时,修正力矩的大小与自转轴偏角的大小成正比,随着偏角的减小,修正力矩也相应减小。当自转轴的偏角减小到某一数值时,修正力矩正好克服干扰力矩,并使自转轴进动跟随垂线一起转动,这样自转轴就相对稳定在该偏角位置上而不再修正,因此出现了修正误差。

垂直陀螺修正误差是由地球自转、飞行速度与干扰力矩三项因素组成的,其大小为

$$\beta_{\max}^* = \left| \frac{H\omega_e}{k_y} \right| + \left| \frac{HV}{k_y R_e} \right| + \left| \frac{M_{dy}}{k_y} \right| \tag{3-27}$$

$$\alpha_{\max}^* = \left| \frac{H\omega_e}{k_x} \right| + \left| \frac{M_{dx}}{k_x} \right| \tag{3-28}$$

式中:$\alpha_{\max}^*$、$\beta_{\max}^*$分别为横向、纵向最大修正误差;

k_x、k_y分别为横向、纵向垂直修正比例系数;

M_{dx}、M_{dy}分别为横向、纵向干扰力矩;

V 为飞机飞行速度;

H 为陀螺角动量;

ω_e 为地球自转角速度;

R_e 为地球半径。

为了提高垂直精度,必须减小修正误差。这可通过减小干扰力矩,增大垂直修正比例系数来实现。而增大修正比例系数,可使地球自转、飞行速度和干扰力矩等项误差同时减小。而当常数修正力矩为一定值时,可通过减小比例区来增大修正比例系数。因此,液体开关的比例区通常都做得很小。

b. 加速度误差:

飞机在空中加速飞行时,存在纵向加速度,致使液体开关中的液面受到加速度干扰而倾斜,气泡偏离中央位置,引起修正装置进行错误修正而使自转轴沿纵向偏离垂线位置,形成加速度误差,引起垂直陀螺的俯仰角测量误差。加速度误差的大小为

$$\beta_a = \frac{M_{ky}}{H} t_a \qquad\qquad (3-29)$$

式中：β_a 为纵向加速度误差；

　　　M_{ky} 为纵向修正力矩；

　　　H 为垂直陀螺角动量；

　　　t_a 为飞机连续加速的时间。

　　减小加速度误差的常用方法是在飞机出现加速度时采用加速度敏感元件切断纵向修正电路，这样便可避免自转轴沿纵向的错误修正，从而提高垂直陀螺的工作精度。

　　现应用较多的是利用纵向加速度开关（液体电门）切断纵向修正，一般是在纵向加速度大于（1.14～1.67 m/s²）时，自动切断纵向修正；而当加速度减小到小于 1.05 m/s² 时，纵向修正重新接通。

　　切断纵向修正对减小加速度误差可收到较好的效果，但是，切断纵向修正后仍然有误差存在，且其大小在很大程度上取决于纵向漂移的大小。

　　c. 盘旋误差：

　　飞机在空中转弯或盘旋时，存在横向向心加速度，致使液体开关中的液面受到横向加速度干扰而倾斜，气泡偏离中央位置，修正装置进行错误修正而引起自转轴偏离垂线位置，形成盘旋误差。与加速度误差不同，飞机盘旋不仅引起自转轴沿横向偏离垂线，而且引起自转轴沿纵向偏离垂线，这就同时造成测量飞机倾斜角和俯仰角的误差。

　　垂直陀螺盘旋误差最大值的计算式可近似表示为

$$\alpha_{max} = \frac{M_{ky}}{H\omega_B} + \frac{M_{kr}}{H\omega_B} \qquad\qquad (3-30)$$

$$\beta_{max} = 2\frac{M_{kr}}{H\omega_B} \qquad\qquad (3-31)$$

式中：α_{max}、β_{max} 分别为横向、纵向最大盘旋误差；

　　　M_{kr}、M_{ky} 分别为横向、纵向修正力矩；

　　　H 为垂直陀螺角动量；

　　　ω_B 为盘旋角速度。

　　盘旋误差是垂直陀螺相当严重的一项使用误差。减小盘旋误差的常用方法是在飞机出现盘旋时切断横向修正，这样便可避免自转轴沿横向的错误修正，从而提高垂直陀螺的工作精度。

　　现应用最多的是在飞机上加装角速度信号器。当飞机盘旋角速度大于（0.1～1.3）°/s 时，角速度信号器的继电器动作，将横向修正电路断开；而当飞机进入直线飞行时，又自动接通横向修正电路。

切断横向修正对减小盘旋误差可收到较好的效果,但是,切断横向修正后仍然有误差存在,且其大小取决于横向漂移的大小。

3.2.5 航向陀螺

3.2.5.1 航向陀螺的基本原理及组成

1) 概述

航向陀螺是用以测量飞机的航向角的陀螺仪表,是双自由度陀螺仪的典型应用之一。在双自由度陀螺仪的基础上,增设适当的元件或装置,利用陀螺仪的稳定性与进动性,使自转轴跟踪当地子午线,即可在飞机上建立一个相对子午面稳定的方位基准,从而测量出飞机航向角。

航向陀螺仪的用途包括:

(1) 航向陀螺仪是飞机上主要的航行驾驶仪表之一。当飞机作转弯或盘旋飞行、在强磁地飞行或在高纬度地区飞行时,飞行员主要是依靠航向陀螺仪判读飞机的航向角,驾驶飞机按照预定的航向飞行。

(2) 航向陀螺仪也是飞机自动驾驶仪的主要部件之一。当使用自动驾驶仪操纵飞机时,则需要航向陀螺仪作为飞机航向角的敏感元件,测量飞机偏离给定航向的角度,并转换成电信号传输给自动控制系统,以控制飞机按照预定的航向飞行。

2) 航向陀螺的基本原理

飞机的航向角是飞机的纵轴在水平面上的投影与子午线之间的夹角。由于子午线有地理子午线(或称真子午线)和磁子午线之分,所以航向角也有真航向角和磁航向角之分。测量航向角的关键问题,是在飞机上建立一个地理子午线基准或磁子午线基准。

最简单的航向陀螺由一个两自由度陀螺组成,它的自转轴水平放置,外环轴平行于地垂线,作为航向角的测量轴。当飞机航向改变时,陀螺壳体跟随飞机改变航向,而自转轴带动外环仍稳定在原来的方位,则陀螺壳体沿外环轴转动的角度,即为飞机的航向角。

由于双自由度陀螺仪的自转轴相对惯性空间具有很高的方位稳定性,在飞机有加速度干扰或外界磁场干扰时,陀螺仪绕外环轴仍然保持原来的方位稳定。这样,就可以在有干扰的情况下建立一个相对子午面稳定的测量航向角的基准,准确地测量出飞机的航向角。

但是,由于陀螺漂移、地球自转和飞行速度等因素的影响,自转轴不能长时间地稳定在子午线方向。一方面,自转轴将绕内环轴逐渐偏离水平面,从而造成自转轴与外环轴不能保持垂直关系,甚至重合在一起出现"框架自锁"而失去陀螺特性。另一方面,自转轴将绕外环轴逐渐偏离子午面,从而造成航向角的测量误差。

由此可见,不加修正的双自由度陀螺仪只能在短时间内当作航向的测量基准,而在较长的时间内就不能使用。因此,要利用双自由度陀螺仪来测量飞机的航向,就必须进行两种修正,即水平修正和方位修正。水平修正使陀螺自转轴保持水平,从而使自转轴与外环轴保持相互垂直的关系;方位修正是为了提高航向陀螺仪绕外环轴的方位稳定精度，即为了提高航向角的测量精度。

　　3）航向陀螺的组成

　　（1）不带随动环的航向陀螺。

　　基本的航向陀螺仪主要由双自由度陀螺仪、水平修正装置、方位修正装置和信号传感器等部分组成，其结构原理如图 3-26 所示。

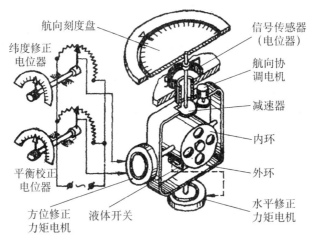

图 3-26　航向陀螺原理

　　水平修正装置是由敏感元件与执行元件组成的。其敏感元件多采用摆式敏感元件例如液体开关，它安装在内环上，执行元件通常采用修正电机，它安装在外环轴方向，如图 3-26 所示。当自转轴绕内环轴偏离水平面时，液体开关便送出控制信号，经放大后驱动水平修正电机产生绕外环轴作用的修正力矩，使自转轴绕内环轴进动而恢复水平。这样，就保证了自转轴与外环轴的相互垂直关系。

　　水平修正装置是通过保持自转轴水平来保持自转轴与外环轴的垂直关系。另有一种修正装置称为框架修正装置，则是直接保持自转轴与外环轴的垂直关系。其敏感元件由安装在内环轴上的环形接触器（又称换向器）和固定在外环上的电刷组成。当自转轴与外环轴垂直时，电刷位于接触器的绝缘区，修正电路断开，力矩电机无修正力矩产生。当自转轴与外环轴不垂直时，电刷滑动到接触器的导电片上，接通修正电路，力矩电机产生修正力矩作用在外环轴上，使自转轴绕内环轴进动而恢复到与外环轴相垂直的位置。这种接触式的敏感元件存在摩擦力矩，高精度的航向陀螺多采用无接触式的敏感元件，例如采用光电传感器作为框架修正装置的敏感元件。

　　航向陀螺仪的方位修正通常也是采用修正电机，它安装在内环轴方向，如图 3-26 所示。根据控制盒送来的方位修正信号，方位修正电机产生绕内环轴作用的修正力矩，使陀螺仪绕外环轴进动，以跟踪子午面相对惯性空间的方位变化。这样，就提高了航向陀螺仪的方位稳定精度。

　　传输航向角的信号传感器通常采用自整角机或电位器，安装在外环轴方向。自整角机的转子固装在外环上,定子固装在表壳上,可输出飞机航向角的电气信号。也可将航向刻度盘固装在外环上,指标固装在表壳上,则可直接给出飞机航向角的判读指示。

但是,航向陀螺仪并不具有自动找北的特性,所以飞行员在使用之前必须根据磁罗盘或天文罗盘的航向指示,来调整航向陀螺仪的航向指示。而且,方位修正也并不能完全消除航向陀螺仪相对子午面的方位偏离,所以飞行员在使用过程中每隔一定时间例如半小时或一小时,还必须根据其他罗盘系统的航向指示,对航向陀螺的航向指示进行调整。这种调整称为航向校正或航向协调。由于航向陀螺的这种工作特点,故单独用它作为指示仪表时常称为陀螺半罗盘。

(2) 带随动环的航向陀螺。

上述结构的航向陀螺结构简单,零件、组件较少,体积与重量都较小。但当机体有倾斜、俯仰动作时,可能会产生较大的支架误差,引起航向的测量误差。为了消除支架误差,可在航向陀螺中设置俯仰随动环和倾斜随动环。

带随动环的航向陀螺如图 3-27 所示,倾斜随动环轴与飞机纵轴平行,俯仰随动环轴与倾斜随动环轴垂直。在两个随动环轴上分别安装有信号传感器,两个伺服电机通过减速器可分别带动两个随动环绕各自的轴转动。垂直陀螺仪输出的飞机倾斜和俯仰信号与航向陀螺仪随动环轴上信号传感器输出的信号相比较,其误差信号经放大后控制相应的伺服电机,再通过减速器带动相应的随动环转动。这两套随动系统保证了航向陀螺仪的外环轴与垂直陀螺仪的自转轴相一致,因此当飞机倾斜或俯仰时航向陀螺仪的外环轴仍始终处于地垂线位置。

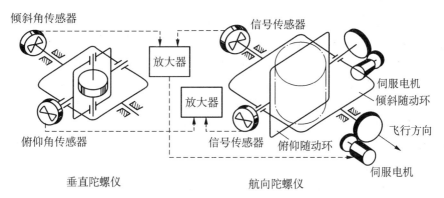

图 3-27　航向陀螺仪的随动环及其随动系统

3.2.5.2　航向陀螺的测量及误差分析

1) 航向陀螺的性能指标及测量

航向陀螺仪利用自转轴跟踪当地子午线,在飞机上建立一个相对子午面稳定的方位基准,从而测量出飞机航向角。自转轴的稳定性误差将直接造成飞机航向角的测量误差。衡量航向陀螺技术水平的性能指标主要有航向陀螺漂移、水平修正速度和工作准备时间等。

（1）航向陀螺漂移。

航向陀螺漂移是航向陀螺性能水平的主要标志。在半罗盘工作状态下，航向陀螺在摩擦力矩、不平衡量引起的力矩等的作用下产生的进动角速度以及地球自转角速度的垂直分量（影响表观误差），使航向陀螺电机轴以其合成的角速度绕地垂线转动，这就是航向陀螺的漂移。

表观误差与不平衡量引起常值漂移可以通过方位修正装置进行补偿，因此通常所说的航向陀螺漂移，是由摩擦力矩引起的随机漂移。

一般精度的航向陀螺的随机漂移率在 $2°/h\sim6°/h$ 范围内，较高精度的航向陀螺则要求漂移率达到 $1°/h\sim2°/h$。

测量航向陀螺漂移时，将其安装在是在水平静止基座上，使航向陀螺处于半罗盘工作状态。在任意航向上，记录航向角输出值的变化，测量次数不小于 4 次，按均方根值（RMS）计算航向陀螺漂移值。

在测量陀螺漂移时，需扣除表观误差（$\omega_e\sin\varphi$）的影响。

（2）水平修正速度。

航向陀螺的水平修正速度是其在修正力矩的作用下使自转轴恢复水平位置的速度。航向陀螺的水平修正速度应大于外环轴上所有干扰力矩引起的进动角速度与地球自转角速度的水平分量之和，过大会使航向摇摆漂移增加，一般在 $1°/\min\sim10°/\min$ 间。

测量水平修正速度时，需沿外环轴施加一个力矩使陀螺绕内环轴进动一个角度，然后测量陀螺自转轴修正回水平位置的时间。

（3）工作准备时间。

工作准备时间通常指从接通工作电源开始至输出的姿态角误差小于规定值为止的时间，并隐含此时垂直陀螺电机的转速都高于预定值而具有足够的稳定性。

工作准备时间通常指航向陀螺电机的转速高于预定值而且有足够的稳定性的时间。三相陀螺电机的启动时间较短，转速达到满转速的 70% 的时间约为 45 s。而单相异步陀螺电机启动时，转速上升较慢，一般为 3～5 min。为加快启动，在陀螺中必须设置启动电路，但这样会使陀螺的线路变复杂，可靠性有所下降。

2）航向陀螺误差分析

航向陀螺的误差，概括地说有 3 种：一是方位稳定误差，是自转轴与子午线发生相对运动引起的；二是支架误差，是飞机俯仰、倾斜时外框轴偏离地垂线引起的；三是盘旋误差，是飞机盘旋过程中水平修正引起的。

（1）方位稳定误差。

假设无方位修正力矩时，航向陀螺的方位稳定误差是由于陀螺漂移、地球自转和飞行速度所引起的自转轴相对子午面的偏离而引起的，其表达式如下：

$$\dot{\alpha} = \frac{M_{dr}}{H} - \omega_e \sin\varphi - \frac{V\sin\psi}{R_e}\tan\varphi \qquad (3-32)$$

式中：$\dot{\alpha}$ 为方位稳定误差；

  M_{dr} 为干扰力矩；

  φ 为当地纬度；

  ψ 为飞机航向角；

  V 为飞机飞行速度；

  H 为陀螺角动量；

  ω_e 为地球自转角速度；

  R_e 为地球半径。

a. 陀螺漂移误差：

陀螺漂移误差是由于陀螺内环轴上的摩擦力矩、不平衡力矩、非等弹性力矩等干扰力矩引起的漂移，其中不平衡力矩、非等弹性力矩近似为常值的干扰力矩，可以通过方位修正来减小。而内环轴上的摩擦力矩为随机干扰力矩，无法通过方位修正来减小，只能在内环支承上采取措施，常用的是采取旋转轴承及换向机构的方式来减小其摩擦力矩，减小方位稳定误差。

b. 地球自转误差：

地球自转误差引起陀螺方位角的误差，也称表观误差。为了补偿地球自转误差，必须采取方位修正措施。由于这项误差的补偿量与纬度有关，故应根据飞机所在地纬度的不同对方位修正力矩电机施加不同的控制信号，以产生相应的修正力矩。当修正力矩的量值为 $H\omega_e\sin\varphi$ 时，地球自转误差便可得到完全的补偿。但若给定的方位修正力矩为常值，不能按飞机所在纬度的变化而自动进行调节，则要引起误差，这种误差称为纬度误差。

c. 速度误差：

速度误差与飞行速度、航向角以及飞机所在地的纬度等参数有关。当飞机在高纬度地区飞行时，这项误差可能达到相当大的量值。但因这项误差与较多的参数有关，故用在陀螺磁罗盘中的航向陀螺仪并未对此加以补偿，而是通过航向校正或称航向协调的办法来加以消除。另外，在自动驾驶仪中应用的航向陀螺仪，对这项误差也不加以补偿。这是因为自动驾驶仪往往是控制飞机作大圆圈飞行，要求航向陀螺相对大圆圈平面保持方位稳定，并输出飞机相对大圆圈平面的偏航信号。而利用航向陀螺相对大圆圈平面保持方位稳定时，并不存在飞行速度误差，自然就不必加以补偿了。

（2）支架误差。

飞机俯仰、倾斜时，航向陀螺中的陀螺的支架（内环和外环）发生倾斜，致使航向角出现误差，这种误差称为支架误差。

根据航向角的定义，飞机的航向角是飞机纵轴在水平面上的投影与子午线之间的夹角。这个角度是绕着地垂线的转角,则飞机航向角的定义轴是地垂线。由双自由度陀螺仪组成的航向陀螺中,外环轴与飞机的竖轴平行,航向发送器的定、转子分别安装在外环与壳体上,壳体绕外环轴转动的角度即为测量到的航向角。可见,航向陀螺的测量轴是外环轴。

当飞机平直飞行时,外环轴与垂线相重合,即仪表航向角的测量轴与飞机航向角的定义轴相重合,这样仪表才能够测量到飞机真实的航向角。

当飞机俯仰或倾斜时,外环轴跟随飞机俯仰或倾斜而偏离了垂线,即仪表航向角的测量轴与航向角的定义轴不重合,则出现了航向角的测量误差。这种测量误差称为航向陀螺仪的支架误差。支架误差是几何性质的误差,一旦测量轴与定义轴相重合,支架误差也随之消失。

支架误差与俯仰或倾斜的角度有关,其计算公式如下:

$$\Delta \psi = \arctan \frac{\tan \psi (\cos \theta - \cos \gamma) - \sin \gamma \sin \theta}{\cos \theta + \tan^2 \psi \cos \gamma + \tan \psi \sin \gamma \sin \theta} \qquad (3-33)$$

消除支架误差的唯一方法是在航向陀螺中增设随动环和相应的随动系统,使外环轴在飞机倾斜或俯仰时始终处于地垂线位置。

(3) 盘旋误差。

盘旋误差是飞机盘旋时由于水平修正敏感元件受向心加速度干扰而输出信号,产生错误的水平修正力矩引起的一种误差。盘旋误差是随盘旋时间而积累的误差。

因此,在飞机盘旋后,应根据其他罗盘校正航向陀螺的输出,以消除盘旋过程中积累起来的误差。

消除盘旋误差的方法是在飞机盘旋时切断航向陀螺的水平修正或框架修正。

3.2.6　全姿态组合陀螺

3.2.6.1　全姿态组合陀螺的基本原理及组成

全姿态组合陀螺仪是把垂直陀螺仪和航向陀螺仪组合在一起,用来测量飞机俯仰角、倾斜角和航向角的一种陀螺仪表。

如果使用垂直陀螺仪测量飞机的俯仰角和倾斜角,并且使用航向陀螺仪测量飞机的航向角,就需要两个仪表才能解决测量飞机全姿态的任务。为了减少仪表个数且提高测量精度,则采用一个能够测量飞机全姿态的仪表,来代替单独的垂直陀螺仪和航向陀螺仪。

作为测量飞机全姿态的仪表有两类:一类是惯性导航系统,另一类是全姿态组合陀螺。全姿态组合陀螺由垂直陀螺仪和航向陀螺仪组合而成。虽然全姿态组合陀螺的测量精度不如惯性导航平台那么高,但其制造成本却比较低,而且维修也比较容易。因此,在未装惯导系统的飞机上,采用全姿态组合陀螺仪来测量飞机的全姿态是一个较好的途径。

怎样组合垂直陀螺和航向陀螺,才能够得到全姿态组合陀螺仪的合理结构方案呢？我们已经知道，要使垂直陀螺的俯仰角和倾斜角的测量范围同时达到360°，必须有倾斜随动环；要使航向陀螺同时消除飞机俯仰和倾斜的支架误差，必须有俯仰随动环和倾斜随动环。由此可见，可以通过共用一个倾斜随动环而将垂直陀螺和航向陀螺组合在一起，这样便可减少一个随动环和一套随动系统，也使仪表结构紧凑、体积和重量减小。

全姿态组合陀螺仪的典型结构示意如图 3 - 28 所示。这个结构方案的基本特点就是垂直陀螺和航向陀螺共用一个倾斜随动环。垂直陀螺直接安装在倾斜随动环内，其外环轴垂直于倾斜随动环轴。航向陀螺则安装在俯仰随动环内，其外环轴垂直于俯仰随动环轴，并且航向陀螺连同俯仰随动环一起安装在倾斜随动环内。俯仰随动环轴垂直于倾斜随动环轴，倾斜随动环轴则平行于飞机纵轴安装。借助于倾斜随动环和一套随动系统，使垂直陀螺的外环轴处于水平位置而与自转轴保持垂直关系，从而实现了在360°范围内测量飞机俯仰角和倾斜角的要求。借助于俯仰随动环和倾斜随动环及其随动系统，使航向陀螺的外环轴保持在地垂线位置上，从而消除了飞机俯仰和倾斜时的支架误差。这样的全姿态组合陀螺仪，实际上就是具有倾斜随动环的垂直陀螺与具有倾斜随动环和俯仰随动环的航向陀螺的组合。因此，其中的垂直陀螺、航向陀螺、倾斜随动环装置和俯仰随动环装置的工作原理与单个陀

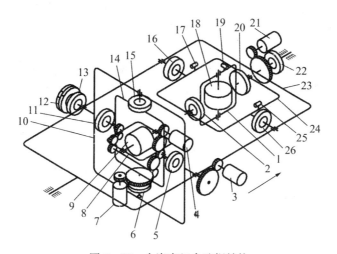

图 3 - 28　全姿态组合陀螺结构

1—垂直陀螺内环；2—内倾斜发送器；3—俯仰伺服测速机组
4—旋转轴承伺服电机；5—光电传感器；6—航向发送器
7—航向伺服电机；8—航向陀螺内环；9—航向陀螺电机
10—俯仰随动环；11—方位力矩电机；12—17°和 90°环
13—俯仰接收器；14—航向陀螺外环；15—水平力矩电机
16—横向力矩电机；17—加速度切断电门；18—垂直陀螺电机
19—横向液体电门；20—纵向力矩电机；21—倾斜伺服测速机组
22—倾斜发送器；23—倾斜随动环；24—垂直陀螺外环
25—纵向液体电门；26—俯仰发送器

螺仪的相同,这里不再赘述。

3.2.6.2　全姿态组合陀螺的测量及误差分析

全姿态组合陀螺中垂直陀螺和航向陀螺的测量与误差分析,与前述的垂直陀螺和航向陀螺的完全相同,这里不再叙述。但必须指出的是,因为全姿态组合陀螺仪是飞机俯仰、倾斜和航向的测量中心,所以要求垂直陀螺和航向陀螺都应具有较高的工作精度。例如,较为典型的全姿态组合陀螺仪其垂直陀螺的垂直精度为 0.25°,漂移误差为 0.25°/min,而航向陀螺的漂移误差则为 1.5°/h。

为了减小航向陀螺的漂移,在全姿态组合陀螺仪中通常都采取较多的措施来减小内环轴向的干扰力矩。例如,采用旋转轴承来减小内环轴支承的摩擦力矩;采用光电敏感元件作为水平修正的敏感元件以消除接触摩擦;内环轴向输电装置采用丝状导电环以减小摩擦力矩;采用弹性壁端盖结构的陀螺电机以避免温度变化所造成的转子质心偏移;采用钢制的内、外环增大结构刚度以减小非等弹性力矩,而且钢制内、外环的温度膨胀系数与陀螺电机相匹配,还减小了温度变化所造成的不平衡力矩。此外,还采用方位修正电机来补偿地球自转误差和陀螺常值漂移误差。

为了减小垂直陀螺的漂移,在全姿态组合陀螺仪中通常也采取较多的措施来减小内、外环轴向的干扰力矩。如果要求陀螺漂移达到 0.25°/min 的量级,则垂直陀螺的内、外环轴也应采用旋转轴承来支承。为了避免修正装置敏感元件交连影响造成比例区增大而带来修正误差增大,一般都采用三极式液体开关或水银开关作为敏感元件。

为了减小航向陀螺和垂直陀螺的漂移,全姿态组合陀螺仪的陀螺角动量一般都比较大。较典型的采用高比重材料制成陀螺转子,其角动量为 8000 g·cm/s 左右。

在全姿态组合陀螺仪中,倾斜随动系统和俯仰随动系统都应采用高精度的自整角机作为敏感元件,并应提高这些随动系统的工作精度、快速性及稳定性,这对于提高姿态和航向的测量精度也是很重要的。

3.2.7　磁罗盘

3.2.7.1　磁罗盘的基本原理

1) 工作原理

磁罗盘属于直读式仪表是利用自由旋转的永磁条跟踪磁经线,以地磁水平分量作为基准,测量和显示飞机的磁航向。

磁罗盘内部一对永久磁条挂在刻度盘内,使刻度盘保持水平,而刻度盘用轴尖支承在宝石轴承(碗座)上,并悬浮在罗盘油中,以减少与支撑部分的摩擦,罗盘杯体上固定的白色标记线代表机头方向的航向,相对于刻度盘的示数即是飞机的磁航向。

装有磁罗盘的同一架飞机在不同方位上的罗差数值可能不同,磁罗盘在飞机内部的安装位置的磁干扰强弱可能不同。为了正确测量飞机的磁航向,在磁罗盘外壳上装有罗差修正器,用它产生可以任意调节的人工补偿磁场,以减弱或抵消飞机磁场等干扰作用。为了使磁罗盘的指示值更加精确,磁罗盘原材料除磁铁是永磁材料外,磁罗盘的其他零件均由非磁性材料制造。工作原理如图3-29所示。

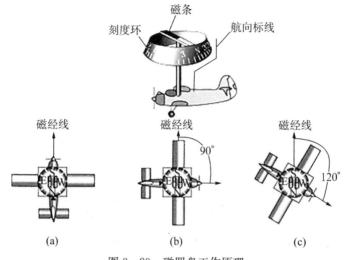

图3-29　磁罗盘工作原理

(a)磁航向=0°　(b)磁航向=90°　(c)磁航向=120°

2) 基本结构

磁罗盘由罗盘杯体组件(内含刻度盘组件与温度补偿室)、罗差修正器、照明组件、电位计组件、固定环、壳体、安装支架等构成。磁罗盘结构如图3-30所示。

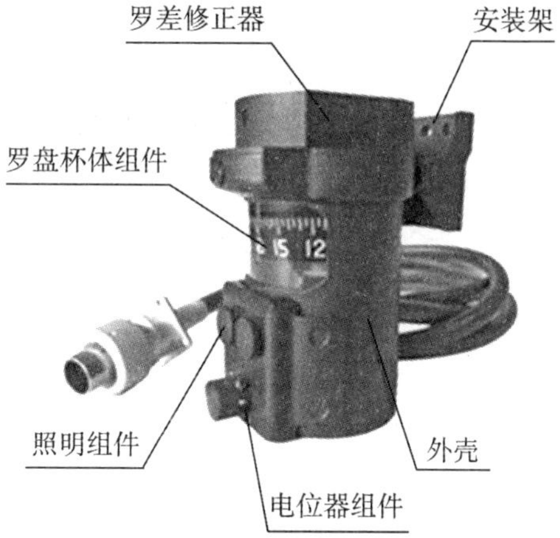

(1) 罗盘杯体组件。

罗盘杯体组件主要由刻度盘组件、温度补偿室、宝石、宝石支架、罗盘油等组成,宝石安装在宝石支架上,支架通过螺钉固紧在杯体底部,刻度盘悬浮在宝石上,杯体中充罗盘油,用盖子密封,罗盘油用以增加阻尼,衰减振动、冲击产生的影响,并产生浮力以减小轴尖与宝石轴承间的摩擦。

图3-30　磁罗盘结构

a. 刻度盘组件:

刻度盘组件由两根平行磁铁,轴尖组件及聚碳酸酯树脂注射而成。刻度盘的刻度为5°一刻,每30°标有方位数字或字母。N、18(代表S)表示北、南两个基本方位;9(代表E)、27(代表W)表示东、西两个基本方位。刻度线、字母、数字均为白色。观察窗口中央有一刻于杯体上的航向标线,当飞机航向改变时,航向标线相对于刻度盘转过一个角度,从而指示出飞机的磁航向。

　　b. 温度补偿室:

　　磁罗盘在工作过程中,由于飞机上环境温度变化,而引起罗盘油体积出现胀缩现象。故采用温度补偿室预留起温度补偿作用的气泡空间。

　　温度补偿室由密封罗盘杯体组件的内、外层盖组成。在磁罗盘倾斜不大于20°时,防止气泡进入观察窗口。

　　(2) 罗差修正器。

　　装在磁罗盘杯体组件上部的罗差修正器,由两根圆柱斜齿轮各带动两个装有磁铁的片形斜齿轮组成。片齿轮与圆柱齿轮之间应有足够的摩擦力,以保证在冲击、振动条件下,不会引起罗盘误差变化。罗差修正器结构如图3-31所示。

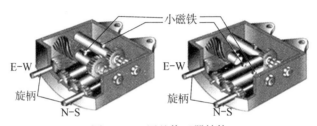

图 3-31　罗差修正器结构

　　(3) 照明组件。

　　照明组件用来为判读刻度盘指示刻度提供照明,照明按颜色可分为红光、白光、蓝白光、夜视绿等多种不同颜色。

　　(4) 电位计组件。

　　电位计组件用来为判读刻度盘指示刻度提供不同照明亮度。

　　(5) 固定环。

　　固定环由防磁硬铝合金制成,用于杯体组件和补偿器的连接,以及磁罗盘在飞机上的安装连接。

　　(6) 壳体。

　　壳体由铝合金制成,为了提高整表的强度、耐冲击和抗震性。

　　3) 技术性能指标

　　(1) 罗盘误差:在东(E)、西(W)、南(S)、北(N)方位不超过±2°。

　　(2) 倾斜误差:纵向倾斜10°时,在西(W)和东(E)方位上的读数变化不超过±4°。

　　(3) 摩擦误差:不超过1°。

　　(4) 罗差修正器的转动力矩:在北南(NS)、东西(EW)方位上在35°±5°的范围内。

3.2.7.2　磁罗盘的测量及误差分析

　　1) 磁罗盘的测量

　　(1) 测量环境要求。

a. 温度:15℃～35℃;

b. 相对湿度:20%～80%;

c. 大气压力:当地大气压力;

d. 磁场条件:地磁水平分量约 26.26 A/m、垂直分量约 31.83 A/m 的磁场中。

e. 放置状态:除非另有规定,磁罗盘的检验放置状态应水平放置。

(2) 测量设备要求。

测试设备(或试验器)的精度应符合国家规定的有关标准和计量部门的检验规程,其精度不应低于试验允差的 1/3。

(3) 技术指标的测量。

a. 罗盘误差的测量:

(a) 磁罗盘水平安装在专用试验器的安装架上(罗差修正器应在中和位置,否则应使用防磁螺丝刀进行调整),当罗差修正器处于中和位置时,适当转动磁罗盘,使试验器安装架的基准线、磁罗盘的航向标线与试验器转动盘盘面中心线对齐。

(b) 转动试验器转动盘,使试验器安装架的基准线、磁罗盘的航向标线和磁罗盘刻度盘上的所测方位刻度线在轻敲下对齐,待磁罗盘刻度盘稳定后,试验器基准盘方位刻度线与转动盘方位刻度线之差即为所测方位的罗盘误差。

b. 倾斜误差的测量:

(a) 磁罗盘水平安装在专用试验器的安装架上(罗差修正器应在中和位置,否则应使用防磁螺丝刀进行调整),当罗差修正器处于中和位置时,适当转动磁罗盘,使试验器安装架的基准线、磁罗盘的航向标线与试验器转动盘盘面中心线对齐。

(b) 转动试验器转动盘,使试验器安装架的基准线、磁罗盘的航向标线和磁罗盘刻度盘上的 E 或 W 刻度线在轻敲下对齐。在 E 或 W 方位上依照安装刻度线纵向倾斜 10°,读出试验器基准盘方位刻度线与转动盘方位刻度线的差值即为磁罗盘的倾斜误差。

c. 罗差修正器的转动力矩的测量:

(a) 磁罗盘水平安装在专用试验器的安装架上(罗差修正器应在中和位置,否则应使用防磁螺丝刀进行调整),当罗差修正器处于中和位置时,适当转动磁罗盘,使试验器安装架的基准线、磁罗盘的航向标线与试验器转动盘盘面中心线对齐。

(b) 将磁罗盘航向标线对准刻度盘上的 N 刻度线,用防磁螺丝刀慢慢向左(向右)转动罗差修正器的 N—S 齿轮轴,记录刻度盘向左(向右)的最大补偿角值,该角度即为 N(S)方位的罗差修正器的转动力矩。用防磁螺丝刀慢慢向左(向右)转动罗差修正器的 E—W 齿轮轴,记录刻度盘向左(向右)的最大补偿角值,该角度即为 E(W)方位的罗差修正器的转动力矩。

d. 摩擦误差的测量:

将不带罗差修正器的磁罗盘安装在专用试验器上,对准北(N)方位,轻敲仪表壳体后,记下刻度盘的示数,然后用永久磁铁将刻度盘从稳定位置向左(右)偏转 5°

以后,缓慢拿去磁铁,当刻度盘最后稳定时,重新记下刻度盘的读数。两次示数之差即为刻度盘的左(右)摩擦误差。

2) 磁罗盘的误差分析

(1) 航向标线位置的误差分析。

航向标线与固定环上中间刻度没有对齐,造成磁罗盘与飞机纵轴对称面不平行,指示误差增大。此时应松开补偿器前方固定环上的螺钉,握住固定环及罗差修正器,左右转动罗盘杯体组件,使航向标线与罗盘杯体中心线组成的平面,调整到与飞机对称面平行。

(2) 罗盘误差增大的误差分析。

磁罗盘工作过程中,可能出现罗盘误差增大的现象,造成罗盘误差增大的原因分为 4 个方面:

罗盘杯体漏液;

刻度盘轴尖磨损;

宝石磨损;

刻度盘迟滞或卡滞。

因磁罗盘的罗盘杯体是密封结构设计,此时应将磁罗盘罗盘杯的组件进行更换,即可解决刻度盘迟滞或卡滞现象。

(3) 照明失效的误差分析。

磁罗盘工作过程中,可能出现照明失效的现象,造成照明失效的原因分为 3 个方面:

照明光源损坏漏液;

照明电路短路或开路;

电连接器接触不牢固。

出现照明失效时,依据上述 3 个方面进行逐一排查,确认失效原因后采取相应应对措施,即可解决照明失效问题。

3.3　惯性器件的计量和校准

3.3.1　加速度计的计量与校准

加速度计因工艺水平、加工装配差异等原因,工程生产中每只加速度计性能在一定的规定范围内是有差异的。在实际使用中必须对每只加速度计精确计量标定,通过测试加速度计数学模型的各项系数,将加速度计经过校准后,确定加速度精度,最终提供给惯性系统使用,可得到最高的系统精度。

加速度计的计量标定,最常用的是重力场静态翻滚试验,可计量标定加速度计 $1g$ 量程内的静态数学模型各项系数,以及大量程精密离心标定试验、动态响应仿真试验、长期稳定性和重复性试验等。

加速度计重力场翻滚试验是通过测量重力加速度在加速度计敏感轴分量的对

应输出,通过解算可得加速度计各项性能。试验简便、准确。可在精密分度头上进行,根据测试精度需要可进行四位置、八位置等多位置试验。

精密离心试验是利用精密离心机产生向心加速度,作用到加速度计敏感方向,测量加速度计在不同加速度作用下输出,标定加速度计各项性能的试验。试验需高精度的精密离心机,可测得大过载条件下加速度计输出,得到加速度计全量程性能。

3.3.1.1 加速度计的主要技术指标

加速度计一般采用如下数学模型方程:

$$A = I/K_1 = K_0 + a_i + K_2 a_i^2 + K_{ip} a_i a_p + K_{io} a_i a_o + \delta_o a_p - \delta_p a_o \quad (3-34)$$

式中:A 为加速度,单位为 g;

I 为加速度计输出,单位为 mA;

a_i 为沿输入基准轴方向的加速度分量,单位为 g;

K_0 为偏值,单位为 g;

K_1 为标度因数,单位为 mA/g;

K_2 为二次非线性系数,单位为 g/g^2;

δ_o,δ_p 为输入轴绕输出轴和摆轴的失准角,单位为 rad;

K_{ip},K_{io} 为输入轴与摆轴和输出轴之间的交叉耦合系数,单位为 g/g^2;

a_p,a_o 为沿摆基准轴、输出基准轴方向的加速度分量,单位为 g。

数学模型的各项系数可通过重力场多位置翻滚试验测得。将加速度计安装在精密光学分度头上,使用水平仪并配合微调光学分度头,确定测试的基准零位。转动分度头,按所需 n 位置将 360° 等分,每次转动 $360°/n$,在各位置读取加速度计输出。由各位置加速度计输入输出值可计算数学模型系数。

加速度计常用指标如表 3-3 所示。

表 3-3 加速度计常用指标

序号	项　目	单位
1	偏值 K_0	g
2	标度因数 K_1	mA/g
3	标度因数 K_1 对称度	%
4	偏值 K_0 的重复性	g
5	标度因数 K_1 的重复性	%
6	偏值 K_0 短期稳定性	g
7	标度因数 K_1 短期稳定性	%
8	偏值温度系数	g/℃
9	标度因数温度系数	(mA/g)/℃
10	非线性系数 K_2	g/g^2
11	交叉耦合系数 K_{ip}	g/g^2

（续表）

序号	项　目	单位
12	交叉耦合系数 K_{io}	g/g^2
13	安装基准精度 δ_o	$'$
14	安装基准精度 δ_p	$'$
15	分辨率	g
16	阈值	g
17	准备时间	s
18	消耗电流	mA
19	密封性	$Pa \cdot m^3/s$
20	输入量程	g

3.3.1.2　加速度计的误差分析

影响加速度计精度有多种原因，有其自身的系统因素，也有计量标定误差。

1）系统因素

（1）磁场影响。

中高精度的加速度计一般都是力反馈式（闭环）加速度计，其通过力矩线圈和磁钢相互作用产生电磁反馈力矩，测量反馈力矩的电流或电压得到输出信号。所以加速度计输出的稳定性与工作气隙的磁场稳定性有很大关系。同时，磁钢自身也有很大的温度系数，在加速度计使用或计量标定过程中，因环境温度变化或自身发热引起磁钢磁性变化，也会对加速度计性能引起很大变化。另外工作气隙磁场也并不是均匀的，一般在磁场中部较均匀，而越靠近边缘磁场变化越大，越不均匀，则会引起加速度计输出线性度变差。

针对以上主要影响因素，一般采取下列措施：

a. 对磁钢进行稳磁处理。工艺上常用的方法有交流磁场稳磁、振动温度循环稳磁、时效稳磁等。

b. 在设计上采用热磁补偿技术，结构上设计补偿机构。一般可选用 1J30、1J32、1J33 等软磁合金。

c. 设计和适合增益，使加速度计摆组件工作在磁场中部，一般选取工作气隙的中部 1/3 范围，可获得较好的线性工作区。

（2）结构稳定性影响。

零组件加工和装配的内应力，伺服电路输出漂移，磁钢的自然时效退磁都会引起加速度计性能变化。如内应力均化过程引起的结构微变，会引起输入轴偏差，从而引起定位基准轴（失准角）变化和非线性误差增大。电气零位漂移会引起加速度计输出零偏误差增大。这些变化往往是综合在一起很难区分，虽然这些变化都是微量的，但对加速度计性能的影响是明显的。这些因素在设计上很难克服，需要在工艺上在实际中根据加速度计的具体结构特点采取措施。

目前普遍采用时效处理和环境应力筛选工艺手段。时效处理分为自然时效和人工时效。自然时效是在自然条件下放置数月,应力均化释放比较彻底,对产品无损害,但周期长、见效慢。人工时效是让加速度计在规定的高低温中循环放置,加速应力均化释放,周期短、见效快,但对产品内一些非金属材料,如胶黏剂、橡胶、各类漆等,会加快老化,缩短寿命。

2）测试误差

（1）温度。

因温度对加速度计内部磁钢的磁场以及加速度计结构都有影响,因此在加速度计计量标定时,给定温度与实际环境温度误差会引起不小的标定误差。一些加速度计要求内部设计加热片或加热时,在标定和使用时让加速度计工作在特殊规定的温度上,获得较高的精度。但结构复杂、功耗大,还需要使用时配套温控电路,超出温控温度精度便大幅降低,所以已逐步淘汰。

（2）振动。

由于加速度计本身就是对加速度敏感的,精度越高的加速度计越容易受到振动干扰,影响加速度计稳定性和重复性测试。尤其是沿加速度计敏感轴方向的振动频率接近加速度计谐振频率时,会产生很大的非线性误差,甚至发生谐振。为消除振动干扰,加速度计测试台必须进行隔振处理,从地面下 3～5 m 浇铸水泥台,水泥台四周填充泡沫塑料。测试时周围 100 m 不得有重型施工设备工作。

（3）电磁干扰。

加速度计周围环境中存在各种电磁干扰信号,它是一种随机干扰信号,存在很大的不确定性。尤其是测试加速度计零位信号时,由于加速度计零位偏值都比较小,这时电磁干扰信号与加速度计输出的有效信号在数量级相当,对测试结果精度影响就非常大。干扰电磁信号主要会影响零位输出及其稳定性。

为降低电磁干扰信号的影响,加速度计设计都会采取磁屏蔽措施,壳体和底座选用高导磁材料形成屏蔽罩。测试电缆使用屏蔽线并与设备外壳良好接地。测试时信号可适当滤波。

以上误差分析只是普遍性误差分析,各类型加速度计工作原理和结构参数不同,误差源也不相同。对于系统误差可通过试验找出规律,加以修正补偿。对于随机误差,要找出干扰源并加以消除,尽量降低干扰强度。

3.3.2　陀螺的计量与校准

3.3.2.1　陀螺仪的主要技术指标

早期的陀螺仪是飞机航行驾驶仪表重要组成部分,主要用于飞机航向、姿态或角速度信号的测量及显示输出。而随着惯性导航系统特别是捷联式惯导系统逐渐取代早期的航向姿态系统,成为飞机主要的导航系统。陀螺仪是惯性导航系统的核心元件之一,其精度是影响导航精度的关键之所在。

陀螺仪的性能指标除精度要求外,还包括对其工作准确度、灵敏度以及测量范围等方面的要求。其中最基本的有如下三项：

1）陀螺漂移率

陀螺仪的漂移率是衡量其精度的主要指标。

对双自由度陀螺仪而言，漂移角速度实为干扰力矩产生的进动角速度。漂移角速度的量值通常称为漂移率。显然，陀螺漂移率愈小，它所提供的方位基准的精度也愈高，因此漂移率是衡量双自由度陀螺仪精度的主要指标。

前文已经指出，陀螺漂移率 $\omega_d = M_d/H$，即陀螺漂移率 ω_d 与干扰力矩 M_d 成正比，并与陀螺角动量 H 成反比。

漂移率的单位一般采用°/h 表示。有时还采用千分之一地球自转角速度作为漂移率的单位。这种单位称为毫地速，用 meru 代表，即 $1\,\text{meru} = 0.015°/\text{h}$，例如漂移率 $0.01°/\text{h}$ 就等于 $0.667\,\text{meru}$。

对单自由度陀螺仪而言，当输入角速度为零时，由于输出轴上干扰力矩也会引起陀螺仪绕输出轴转动并输出转角。当描述单自由度陀螺仪的精度时，需要知道：当输入角速度等于什么数值时，才能使陀螺仪输出为零即处于零位状态。这个使陀螺仪输出为零的输入角速度的量值，称为单自由度陀螺仪的漂移率。单自由度陀螺仪的漂移率也称为零偏或偏值，定义为输入角速度为零时陀螺仪的输出量，通常用等效的输入角速度表示。

漂移率与零偏的概念通常可以互换。通常，漂移是针对自由陀螺仪中转子轴的运动来讲的，而偏值是针对速率陀螺仪而讲的。

因陀螺仪漂移率包括有一定变化规律的常值偏值和没有一定变化规律的随机漂移的部分。常值漂移可以进行补偿，因此，一般表征陀螺仪精度的指标主要是指它的随机漂移率的大小，通常用均方根误差 $\sigma(°/\text{h})$ 来表示。

随机漂移乃是围绕某一平均值 μ（即数学期望值）作无规律变化的随机变量，其误差大小应当用漂移数据的标准偏差 σ（即均方根偏差）来表示。在一次试验中，漂移数据的均值 μ 一般来说是一个常值而称为常值漂移。然而实践表明，这个"常值"还将随着试验起动的次数发生无规律的变化。这种随机漂移就是所谓的"逐次漂移"。逐次漂移率表征了陀螺漂移的稳定性，故常称为"漂移稳定性"或"零偏稳定性"。

现代惯导系统的精度要求一般为 $1\,\text{n mile/h}(1\sigma)$，相应地，要求陀螺仪的随机漂移率和漂移稳定性应当在 $0.01°/\text{h}(1\sigma)$ 以内。这是一项通用的和起码的性能指标。当然，有些精度更高的惯导系统已把此项指标提高到 $0.001°/\text{h}(1\sigma)$ 甚至 $0.0001°/\text{h}(1\sigma)$。

2）测量范围

对于速率陀螺来说，其测量范围通常是用最大测量角速度 ω_{max} 与最小测量角速度 ω_{min} 的比值来表示，显然，它实际上是陀螺仪能够感受并正确响应的输入角速度的倍数。

最小测量角速度 ω_{min} 又称为"灵敏阈"或"门限",其数值至少应比陀螺漂移角速度小三倍以上,故一般可提为 $0.003°/h$。至于最大测量角速度 ω_{max} 的数值,则依它是用在平台式还是捷联式惯导系统而有很大的差别。对于平台式惯导系统来说,ω_{max} 可以取为地球自转角速度的几倍,如 $75°/h$ 或更高些;而对捷联式惯导系统来说,ω_{max} 可能高达每秒几十度甚至几百度,测量范围的数值将达到 $10^6 \sim 10^9$。

3) 陀螺标度因数的稳定性

标度因数是指输出的变化与要测量的输入变化的比值。标度因数通常是用某一特定直线的斜率表示。该直线可以根据在整个输入范围内周期地改变输入量所得到的输出/输入数据,用最小二乘法进行拟合求得。

在工作过程中如,如果陀螺仪的标度因数发生变化,则会导致角速度的测量误差。因此标度因数必须具有高稳定性,至少应达到 5×10^{-5}。

3.3.2.2 陀螺仪的误差分析

陀螺仪的漂移率是衡量其精度的主要指标。陀螺仪的漂移稳定性,当前还是惯导系统中影响最大的误差源。因此,降低陀螺仪的漂移率是进一步提高惯性导航系统精度的重要途径。对陀螺仪漂移的性质、变化规律做进一步的研究,分析其误差特性,可为如何减小陀螺仪的漂移率提供一定的线索,为采取更有针对性的技术措施提供比较明确的方向。

根据干扰力矩的性质和变化规律,陀螺仪的漂移大体分为系统性(确定性)漂移与随机漂移两大类。

1) 系统性漂移

系统性漂移是由有规律性的干扰力矩造成的。由于这类力矩有确定的规律可遵循,因而宜于进行调整或补偿。

可是还需注意,有些干扰力矩在某一段试验时间之内可以找到它的大小、变化规律而加以补偿,但是经过一段时间的实际使用之后,力矩的数值可能发生了变化,因而必须重新测试、重新加以补偿才成。这是属于陀螺仪的性能在长时间使用时的稳定性问题。

根据陀螺仪漂移与运载体加速度之间的关系,可以把系统性的漂移分成三类:

(1) 与加速度无关的漂移。

这种漂移一般由弹性力矩、电磁或静电干扰力矩以及陀螺仪转子轴与框架轴不垂直时转子转速又改变所引起的力矩等干扰力矩所引起。其单位为 $°/h$ 或毫地度(meru)。

(2) 与加速度成比例的漂移。

一般是由于陀螺仪的质量中心偏离了框架轴线形成的质量不平衡所引起。其单位为 $(°/h)/g$。

(3) 与加速度平方成比例的漂移。

一般是由陀螺仪结构中非等弹性变形所引起。其单位为 $(°/h)/g^2$。

2) 随机漂移

随机漂移是由非确定性的随机干扰力矩所引起。如轴承的噪声、摩擦、由于机械振动而引起的变形、弹性材料的蠕变等引起的干扰力矩所造成的陀螺仪的漂移就属这种性质。这种力矩没有确定的规律性,因此不能用简单的方法进行补偿。

3.3.2.3　激光陀螺的计量与校准

1) 激光陀螺仪的漂移

激光陀螺仪的漂移表现为零点偏置的不稳定度,主要误差来源有:谐振光路的折射系数具有各向异性,氦氖等离子在激光管中的流动、介质扩散的各向异性等。

2) 激光陀螺仪的噪声

激光陀螺仪的噪声表现在角速度测量上。噪声主要来自两个方面:一是激光介质的自发发射,这是激光陀螺仪噪声的量子极限;二是机械抖动为目前多数激光陀螺仪采用的偏频技术,在抖动运动变换方向时,抖动角速率较低,在短时间内,低于闭锁阈值,将造成输入信号的漏失,并导致输出信号相位角的随机变化。

3) 激光陀螺仪的闭锁阈值

闭锁阈值将影响到激光陀螺仪标度因数的线性度和稳定度。闭锁阈值取决于谐振光路中的损耗,主要是反射镜的损耗。

激光陀螺相对于 Sgnac 干涉仪,激光陀螺做了如下两点关键改进:

(1) 采用激光作为光源,激光优良的相干性,使正反方向运行的两束光在陀螺腔体内形成谐振腔,即光束沿腔体环路反复运行时一直能保持相干,而 Sgnac 干涉仪只能走一圈。

(2) 改测量光程差(即相位差)为测量两束光的频率差,即拍频,这显著提高了陀螺测量的灵敏度。

若激光陀螺的谐振腔为环形,它的半径为 r,沿顺时针匀速转动,速度为 Ω,所有转动的线速度为 $V = r\Omega$,现在假设 $V \ll V_0$,其中 $V_0 = c/n_r$ 是环形腔中激光束的群速度,c 为真空中的光速,n_r 是谐振腔的归一化折射率。当谐振腔不动时,其中相向而行的两束光具有相同的频率 f。从惯性空间观察顺时针匀速转动的谐振腔,顺时针和逆时针光束进行 n 圈后,两束光回到出发点的时间差为

$$\Delta t = \frac{2m\pi r^2 \Omega}{V_0^2} \tag{3-35}$$

因此,环形腔长 $L = 2m\pi r$ 的变化量 ΔL 可以写为

$$\Delta L = \pm V_0 \Delta t = \pm \frac{2m\pi r^2 \Omega}{V_0} \tag{3-36}$$

而每束光由于转动而产生的频率差 Δf_n 为

$$\Delta f_n = \pm \frac{n_r r}{\lambda_0} \Omega \tag{3-37}$$

式中：$\lambda_0 = c/f_0$ 为环形腔静止时激光在真空中的波长。

由正反两束光干涉产生的拍频频率 Δf_{nB} 可写为

$$\Delta f_{nB} = 2 \mid \Delta f_n \mid = \frac{2n_r r}{\lambda_0}\Omega \qquad (3-38)$$

如果 $n_r = 1$，则有（频率差 Δf 用光学中常用的 ΔV 代替）

$$\Delta V = \frac{4A}{\lambda_0 L}\Omega \qquad (3-39)$$

式中：$A = \pi r^2$，为闭合光路包围的面积；

$L = 2\pi r$，为环形光路的长度。

虽然式(3-39)是由环形光路推导出来的，但是更严格的推导表明，该公式适合任何形状的光路，并且与转动中心无关，即式(3-39)为激光陀螺输出 ΔV 与输入 Ω 的关系式。

从理论上讲，激光陀螺结构简单，而且可以达到很高的精度，但是由于闭锁效应和零偏等因素的影响，激光陀螺的制造变得非常复杂，因此必须使用一些手段克服上述因素的作用。

在输入角速度比较小，但并不为零时，相向运动的两束光的频率差 ΔV 变为 0，也就是说有输入没有输出，这种效应就叫频率（模式）锁定效应或者闭锁效应。克服闭锁的方法是人为地使两束光的频率产生分裂，也就是对原有的频率加一个偏置，因此抑制锁频的技术又被称为偏置技术。

零偏是激光陀螺精度最直接、最难控制的问题，且种类多，但一般来说，引起零偏变化的因素有温度和磁场两种，因此只要得到陀螺零偏在这两种因素作用下的变化规律，就可以在陀螺的输出中消除零偏不稳定性带来的影响。

3.3.2.4 光纤陀螺的计量与校准

光纤陀螺的误差主要是安装误差、制造误差，主要体现在零偏、零偏稳定性、标度因数非线性度及标度因数重复性指标上。

1) 零偏(B_0)

零偏为陀螺在静止状态下所表征的陀螺初始状态，其中包含安装误差和制造误差信息。

测试方法为：将光纤陀螺仪通过安装夹具固定在水平基准上；设定光纤陀螺仪输出测量的采样间隔时间（1 s）及测试时间（2 h）；接通光纤陀螺仪电源，记录光纤陀螺仪在测试时间内的输出，数据为采样间隔内的积累。

计算方法：按下式计算零偏。

$$B_0 = \frac{1}{K}\overline{F} \qquad (3-40)$$

式中：K 为陀螺标度因数；

$\overline{F}$ 为陀螺在采样时间内的输出平均值。

2）零偏稳定性（B_s）

零偏稳定性为陀螺在静止状态下长时间工作输出数据的离散程度，表征陀螺在零位的稳定程度。

测试方法：同零偏测试方法。

计算方法：零偏稳定性计算大致可分为两种，一种为国军标 GJB 2426A—2004 规定的，通过计算标准方差来反应；另外一种为 IEEE Standard Specification for Fiber Optic Gyros 标准中规定的 Allan 方差法。

（1）国军标法。

测试数据按下式计算出零偏稳定性为

$$B_s = \frac{1}{K}\left[\frac{1}{n-1}\sum_{i=1}^{n}(F_j - \overline{F})^2\right]^{\frac{1}{2}} \tag{3-41}$$

式中：K 为标度因数；

n 为采样次数；

F_j 为第 j 个输入角速度 Ω_{ij} 时光纤陀螺仪输出值；

$\overline{F}$ 为陀螺在采样时间内的输出平均值。

（2）Allan 方差法。

设采样周期为 T_0，个数为 N 的陀螺输出序列为 Ω_1，Ω_2，$\cdots$，Ω_N；

对以上序列以 mT_0 为周期进行平滑，得到平滑后的 $N-m+1$ 个数据序列（簇）：

$$\overline{\Omega}_k = \frac{1}{mT_0}\sum_{i=k}^{k+m-1}\Omega_i \tag{3-42}$$

式中：$k = 1, 2, \cdots, N-m+1$；

$\overline{\Omega}_k$ 与 $\overline{\Omega}_{k+m}$ 称为相互独立的簇，上述序列中独立簇的个数为 $N-m+1$。

以 mT_0 为周期对 $N-m+1$ 个数据簇求差方，得到 $N-2m+1$ 个数据的差方序列：

$$\overline{\sigma}_k^2 = \frac{1}{2}(\overline{\Omega}_{k+m} - \overline{\Omega}_k)^2 \tag{3-43}$$

式中：$k = 1, 2, \cdots, N-2m+1$。

对以上差方序列求总体平均，得到与 m 相关的 Allan 方差值为

$$\sigma^2(mT_0) = \frac{1}{N-2m+1}\sum_{k=1}^{N-2m+1}\overline{\sigma}_k^2 \tag{3-44}$$

m 的取值范围为 $1 \leqslant m \leqslant N/2$。

3）标度因数非线性度 K_n

标度因数非线性度为陀螺在运动状态下输出值与转动角速率比值的稳定性，线

性度直接影响陀螺应用中标定精度。

测试及计算方法：选取不同角速率 Ω_j，对应陀螺输出平均值为 F_j，通过最小二乘法对不同 F_j 进行归一化处理，得到标度因数值 K，计算公式为

$$K = \frac{\sum\limits_{j=1}^{M} \Omega_j F_j - \dfrac{1}{M}\Omega_j \sum\limits_{j=1}^{M} F_j}{\sum\limits_{j=1}^{M} \Omega_j^2 - \dfrac{1}{M}\left(\sum\limits_{j=1}^{M} \Omega_j\right)^2} \qquad (3-45)$$

用拟合直线表示光纤陀螺仪输入输出关系见下式：

$$\hat{F} = K\Omega_j + F_0 \qquad (3-46)$$

按下式计算光纤陀螺仪输出特性的逐点非线性偏差：

$$\alpha_j = \frac{\hat{F}_j}{\mid F_m \mid} - \frac{F_j}{\mid F_m \mid} \qquad (3-47)$$

按下式计算标度因数非线性度：

$$K_{\mathrm{n}} = \max \mid a_j \mid \qquad (3-48)$$

做出光纤陀螺仪输出非线性偏差曲线（横坐标表示输入角速度，纵坐标表示非线性偏差）。

4）标度因数重复性 K_{r}

标度因数重复性度为陀螺标度因数指标在多次重复使用中的一致性。

测试及计算方法：按照标度因数测试方法，进行多次（不少于 6 次）测量，按下式计算：

$$K_{\mathrm{r}} = \frac{1}{K}\left[\frac{1}{Q-1}\sum_{i=1}^{Q}(K_i - \overline{K})^2\right]^{\frac{1}{2}} \qquad (3-49)$$

5）随机游走系数

随机游走系数主要衡量陀螺仪的输出噪声，由于光纤陀螺的工作原理及结构组成等方面的原因，其输出噪声相对较大，基本可认为是白噪声（及速率白噪声），其积分后就成为角度的随机过程（及角随机游走过程）。白噪声过程的特点是其均值为零，且均方差（也称为标准差）不随时间而变化，因而它是平稳随机过程。

按零偏测试方法，根据光纤陀螺仪检测电路的输出形式及其带宽特性，设定短的采样间隔时间及测试时间，对光纤陀螺仪输出量在短的测试时间内，获得一组初始样本序列。

（1）归一化计算方法。

在初始样本序列基础上，依次成倍加长采样间隔时间如下式所示：

$$\tau = kt_0 \qquad (3-50)$$

$$k = 1, 2, 4, 8, 16, 32, \cdots$$

由每相邻两个样本的均值再组成新的样本序列,并按式(3-41)求光纤陀螺仪零偏稳定性。

由不同的采样间隔时间,获得的光纤陀螺仪零偏稳定性,组成新的样本序列 $B_s(\tau)$。

计算出当 $kt_0 = 1\text{s}$ 时的光纤陀螺仪零偏稳定性 $B_s(1)$,$B_s(1)$ 又称为噪声等效速率 $NER(\tau)$,按下式计算光纤陀螺仪随机游走系数:

$$RWC = NER(\tau) \cdot \tau^{\frac{1}{2}} \tag{3-51}$$

(2) Allan 方差法计算步骤如下:

根据零偏稳定性 Allan 方差计算方法,以 t 为横坐标(用对数坐标),以 σ 为纵坐标(用对数坐标)。绘制 Allan 方差图(对数图),并拟合曲线。

在图样中,拟合一条斜率为 $-\dfrac{1}{2}$ 的直线,即

$$\frac{\sigma - \sigma_0}{t - t_0} = -\frac{1}{2} \tag{3-52}$$

在图样中,确定 m 的取值范围。在 m 的取值范围内,用最小二乘法求解 σ_0 和 t_0。取 $t_0 = 1$,计算 σ_0,即为随机游走系数。

3.3.2.5　MEMS 陀螺的计量与校准

微机械陀螺主要有石英振动梁微机械陀螺、面振动式硅微机电陀螺和硅谐振环式微机械陀螺,与传统机械陀螺一样,哥氏力(Coriolics force)仍是所有微机械陀螺的基本作用原理。

微机械陀螺的敏感结构采用微细加工工艺制造,在空间形成正交的两自由度结构或音叉结构,在敏感结构上通过集成电路或其他特殊工艺形成推动驱动模态交变振动的驱动器,在一定的正弦驱动力作用下,驱动轴或振梁产生正弦交变振动,哥氏加速度敏感基座相对惯性空间绕正交于振动轴的一个轴,此轴即为敏感轴。驱动力一般由静电驱动器或电磁驱动器等产生,通常是在驱动器上加载交变的电压信号。微机械陀螺的驱动轴的运动近似为一个二阶系统,根据二阶系统的幅频特性,在驱动轴的固有频率处,微机械陀螺的灵敏度将最高。

微机械陀螺驱动模态输出的信号通常是被载波调制的高频信号,通过解调,得到反映陀螺实际振动的谐波信号,经过低通滤波后,通过 PI 控制器得到加载到陀螺上的驱动电压;微机械陀螺驱动模态大都采用闭环控制,闭环控制的目的是保证驱动模态的振幅和相位恒定,检测模态输出的敏感信号经过解调和滤波后得到角速率输出。

微机械陀螺信号的读出技术主要采用模拟读出电路,但是随着微机械陀螺性能的进一步提高、陀螺结构的日益复杂以及自标定、自校准技术的提出,模拟电路在复杂性、灵活性、误差特性补偿等方面很难满足需求,而数字读出电路则能很好地适应这些需求,获得满意的效果。通过数字处理技术,可以有效地减小温度对结构刚度

所带来的影响,补偿因谐振频率漂移造成的相位漂移,对陀螺的输出信号进行一定的温度补偿,满足环境使用要求。

通过微机械陀螺的工作原理、加工工艺和测控电路可知,微机械陀螺敏感结构尺寸微小,通常在微米到毫米数量级,陀螺经检测合格后,在使用过程中,通常不需要进行校准,只需要按照专用技术规范进行性能检测;必要时返回工厂进行温度参数的校准,修改数字信号处理器或 FPGA 程序。

和光纤陀螺等新型陀螺一样,刻度因子、零偏和零偏稳定性、零偏重复性、分辨率、随机游走系数和带宽是微机械陀螺重要的技术参数,需要采用专用测试软件,在稳定平台、速率转台或摇摆台(测试带宽)上进行。

1) 陀螺刻度因子

陀螺刻度因子是指陀螺输出量与输入角速率的比值,是根据整个输入角速率范围内测得的输入/输出数据,根据最小二乘法拟合,用某一特定直线的斜率表示。

标度因子的残差决定了该拟合数据的可信程度,由此由不同角度引入标度因子非线性度、标度因子不对称度、标度因子重复性,标度因子温度灵敏度等参数。

影响微机械陀螺刻度因子的因素很多,如由于环境温度、应力释放等引起陀螺驱动模态、检测模态刚度,也就是固有频率的变化以及驱动轴品质因数的变化,所以微机械陀螺驱动模态的振动幅度稳定,驱动频率恒定是保证微机械陀螺刻度因子精度的关键。

2) 分辨率

微机械陀螺在规定的输入角速率下,能感知的最小输入角速率增量。由该角速率增量所产生的输出增量,至少应等于按标度因子所期望的输出增量的 50%。

提高微机械陀螺的分辨率就必须降低陀螺的噪声,提高陀螺的信噪比。

3) 零偏和零偏稳定性

当输入角速率为零时,微机械陀螺的输出量即为零偏。以规定时间内测得的输出量平均值相应的等效输入角速率表示。

当输入角速率为零时,衡量微机械陀螺输出量围绕其均值的离散程度。以规定时间内输出量的标准偏差相应的等效输入角速率表示,也可称为零漂,$(°)/h$ 或 $(°)/s$。它侧重于陀螺输出中的低频变化量,是陀螺的一项重要指标。

在零输入状态下的长时间稳态输出是一个平稳的随机过程,即稳态输出将围绕均值(零偏)起伏和波动。微机械陀螺的零偏随时间、环境温度的变化而有比较大的变化,是国内外惯性技术领域目前急需解决的共性问题。

4) 零偏重复性

在同样条件及规定间隔时间内,重复测量陀螺零偏之间的一致程度,以各次测试所得零偏的标准偏差表示,$(°)/h$ 或 $(°)/s$。

5) 随机游走系数

由白噪声产生的随时间积累的陀螺仪输出误差系数,$(°)/\sqrt{h}$。

6) 带宽

陀螺仪频率特性测试中,规定在测得的幅频特性中幅值降低3dB所对应的频率范围,单位为Hz。

带宽表示了陀螺能够精确测量输入角速率的频率范围,这个范围越大,表明陀螺的动态响应能力越强。为了提高陀螺的带宽,一般采用的方法是保持微机械陀螺驱动模态和检测模态的频率差,此频率差决定了微机械陀螺的带宽,当然测控电路的低通滤波频率也会最终影响陀螺的带宽。

3.4　惯性测量系统

3.4.1　常用坐标系

3.4.1.1　惯性坐标系

惯性坐标系就是没有旋转和加速度运动的坐标系,它是绝对静止或保持匀速直线运动的坐标系。惯性坐标系根据不同的使用要求分为地心惯性坐标系和起飞点(发射点)惯性坐标系,地心惯性坐标系取地心为原点,X_i轴和Y_i轴在地球赤道平面内,X_i轴指向春分点,Z_i轴(沿地球自转轴)在沿地轴指向北极的方向上,$OX_iY_iZ_i$符合右手直角坐标系。陀螺和加速度计的输出就是以惯性坐标系为参考基准的。

3.4.1.2　地球坐标系

地球坐标系是原点位于地心且与地球固联的右手直角坐标系,如图3-32所示,其Z_e轴与地球自转轴重合,向北为正,X_e与Y_e轴在地球赤道面内,且X_e轴指向格林尼治经线(零子无线)。地球坐标系相对地心惯性坐标系的转动角速率为ω_{ie},地球相对惯性空间的转动角速度的大小(15.0411°/h)与方向可近似认为是恒定不变的。

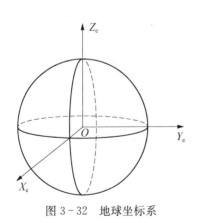

图3-32　地球坐标系

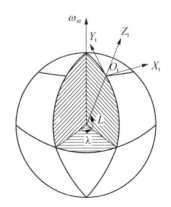

图3-33　东北天地理坐标系

3.4.1.3　地理坐标系

地理坐标系用来表示飞机所在的位置,它随地球自转及飞机的运动而相对地心惯性坐标系运动,其原点O_t一般就是飞机的质心,Z_t轴沿当地参考椭球的法线指向天顶,X_t 轴与 Y_t 轴均与 Z_t 轴垂直,即在当地水平面内,X_t 轴沿当地纬度线指向正东,Y_t 轴沿当地子午线指向正北,这就是通常所说的"东北天"地理坐标系,如图 3-33 所示。

3.4.1.4 机体坐标系

机体坐标系是与飞机关联的直角坐标系,它是为确定飞机相对导航坐标系的三维姿态角而定义的,其原点一般取飞机的质心,横滚(Y_b)轴一般取飞机的收尾线方向并指向首部,俯仰(X_b)轴则指向飞机右侧方向,方位(Z_b)轴、X_b 轴和 Y_b 轴构成右手直角坐标系。

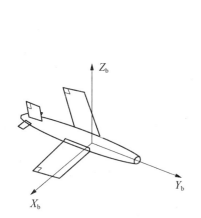

图 3-34　飞机机体坐标系

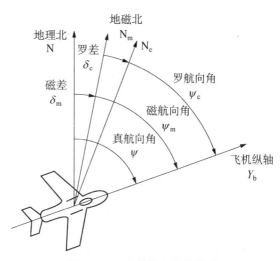

图 3-35　几种航向角的关系

3.4.2 陀螺磁罗盘(综合罗盘)

3.4.2.1 陀螺磁罗盘的基本原理及组成

1）飞机几种航向角的定义

根据所取基准线不同,可将航向分为磁航向角 ψ_m、真航向角 ψ、罗航向角 ψ_c,其关系如图 3-35 所示。

（1）真航向角 ψ。

地理子午线(即地理经线)与飞机纵轴在水平面上投影的夹角为真航向角。按真航向角计算的飞行航向称为真航向。真航向的 0°、90°、180°、270°方向就是正北、正东、正南和正西。

（2）磁航向角 ψ_m。

磁子午线(即地球磁经线)与飞机纵轴在水平面上投影的夹角为磁航向角。按磁航向角计算的飞行航向称为磁航向。磁航向的 N(0°)、E(90°)、S(180°)、W(270°)分别代表磁北、磁东、磁南和磁西。

地球磁北极和磁南极是根据地壳内部铁磁物质的分布情况而确定的,它与地理北或地理南不重合。地磁北极在地理北极附近(约北纬 72°,西经 96°),地磁南极在地理南极附近(约南纬 73°,东经 156°)。地球磁场的磁力线都是通过地磁南、北极的。地理子午线与磁子午线关系如图 3 - 36 所示。

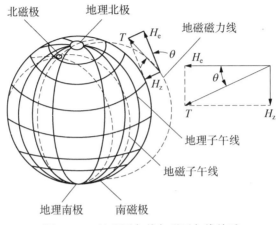

图 3 - 36　地理子午线与磁子午线关系

在地球北半球地区,磁针的 N 极下倾,南半球地区 S 极下倾,在磁赤道磁针水平。磁针倾斜的原因是地磁强度的方向与水平面不平行。地磁场强度与水平面的夹角称磁倾角 θ。地磁场水平分量 H_e 的方向线称为磁子午线,磁针在地磁水平分量的作用下,指示出磁子午线方向。

因为磁子午线与真子午线方向不一致而形成的磁偏角称为磁差 δ_m。在航向换算中,如图 3 - 35 所示,磁航向与真航向的关系为

$$\psi = \psi_m + \delta_m \qquad (3 - 53)$$

(3) 罗航向角 ψ_c。

在飞机上,由于钢铁机件和电磁设备所形成的磁场的影响,磁针将偏离该点地磁子午线方向。磁针在飞机上指示的南北线方向,称为罗盘子午线或罗子午线。罗子午线与飞机纵轴在水平面上投影的夹角为罗航向角。罗盘子午线与地磁子午线之间的夹角称为罗差,以 δ_c 表示。并规定罗盘子午线北方向在地磁子午线北方向的东面时,罗差为正。

如图 3 - 35 所示,罗航向角与磁航向角的关系为

$$\psi_m = \psi_c + \delta_c \qquad (3 - 54)$$

2) 陀螺磁罗盘的基本原理

前面已介绍过,航向陀螺(陀螺半罗盘)具有较好的稳定性,但不具有自动找北的特性;而磁罗盘具有自动找北的特性,但其稳定性差。于是,将两者结合起来,组成第三种形式的航向仪表——陀螺磁罗盘。

陀螺磁罗盘主要的工作原理如图 3-37 所示,利用磁传感器敏感飞机相对磁子午线的磁航向角,经修正机构进行误差修正后,经放大后对航向陀螺的航向进行磁修正,输出磁航向信号。

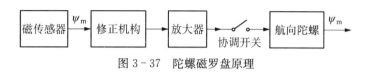

图 3-37　陀螺磁罗盘原理

陀螺磁罗盘的磁修正过程是通过同步传输随动系统来实现的。磁修正原理如图 3-38 所示。

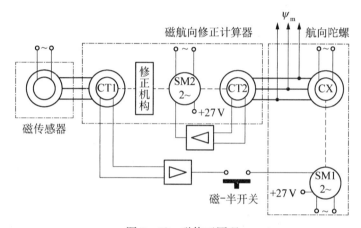

图 3-38　磁修正原理

磁修正工作状态时,磁传感器感受飞机磁航向角,输出与之对应的信号,输送至磁航向修正计算器的同步接收器 CT1 定子。CT1 的转子通过凸轮带修正机构与修正计算器的航向轴固连,此航向轴通过随动系统跟踪航向陀螺航向发送器 CX 的转子轴。当磁传感器输出的磁航向与陀螺航向不协调时,CT1 转子中产生失调电压信号,经变换、校正、放大后控制陀螺中航向伺服电机 SM1 通过减速器转动航向发送器 CX 的转子,实现陀螺的磁修正。

而修正计算器中航向接收器 CT2 定子接收航向发送器定子的信号,其转子输出电压信号,经放大后,驱动伺服电机 SM2 经减速器带动同步接收器 CT1、CT2 的转子转动,直到两接收器转子的电压信号为零,系统达到协调状态。此时陀螺发送器的转子轴就代表了当地磁子午线,它送出的航向信号就是陀螺磁航向信号。

当断开协调开关时,切断磁传感器对陀螺航向的修正,此时陀螺磁罗盘工作半罗盘状态。

3) 陀螺磁罗盘的组成

陀螺磁罗盘是由上述磁罗盘、航向陀螺,再加上显示、控制与误差修正等装置构成的,可根据使用要求对各部件的功能进行组合,组成陀螺磁罗盘系统。典型的陀螺磁罗盘如图 3-39 所示,主要由以下几个部件组成:

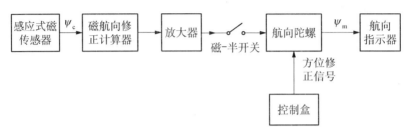

图 3-39　陀螺磁罗盘的组成部件

（1）磁航向传感器——实际上是输出磁航向信号的磁罗盘。一般采用感应式磁航向传感器,其利用地磁感应元件测量磁航向,并输出磁航向信号。

（2）航向陀螺——用来稳定磁航向传感器所测出的磁航向,或者直接用来相对大圆圈平面保持方位稳定而测量大圆圈航向,并输出稳定的航向信号给航向指示器。

（3）航向指示器——用来显示各种航向角,供飞行员判读。

（4）磁航向修正计算器——对磁航向传感器输出的磁航向信号进行误差修正,消除其剩余罗差。同时,它还可消除系统的象限罗差和工具误差。经误差修正后的磁航向信号送给航向陀螺仪。也可不设置磁航向修正器,将以上误差修正功能在航向指示器中实现。

（5）控制盒——用来转换陀螺磁罗盘的工作状态,并给航向陀螺仪输送方位修正信号以及控制航向协调速度。

（6）放大器——陀螺磁罗盘中各部件的联系都是通过随动系统来实现的,各随动系统的控制信号都须经放大器加以放大。

飞机上除磁罗盘、陀螺半罗盘和陀螺磁罗盘,还有一种综合罗盘。通常仪表罗盘(陀螺半罗盘、陀螺磁罗盘)和无线电罗盘综合而成的系统称为综合罗盘。综合罗盘中,在航向指示器中组合了无线电罗盘所测出的无线电台方位角的指示,而成为综合航向指示器。综合罗盘的原理与前述陀螺半罗盘、陀螺磁罗盘的原理基本相同,而其无线电台方位角的指示是通过一套同步传输随动系统来完成,在此不再赘述。

3.4.2.2　陀螺磁罗盘的误差分析

陀螺磁罗盘工作在半罗盘状态时,其航向角的输出误差是由航向陀螺的误差决定的,已在前文进行论述,在此不再赘述。

陀螺磁罗盘工作在磁修正状态时,是以磁传感器测量的磁航向角为基准对陀螺航向进行修正的,磁传感器测量误差是陀螺磁罗盘的主要误差来源。

由于飞机磁场的影响,将会造成磁传感器测量磁航向角的误差,定义为罗差 δ_c。

罗差是陀螺磁罗盘很重要的误差,必须在装机使用后加以测定和排除。

罗差有半圆罗差和象限罗差。半圆罗差用磁传感器上的罗差修正器来排除,而象限罗差用磁航向修正计算器中的修正机构来排除。当陀螺磁罗盘在飞机上安装使用时,需对罗差及磁传感器的安装误差进行排除。

1) 安装误差的排除

陀螺磁罗盘通电后,推动飞机测出在0°,90°,180°,270°四个磁航向的误差,按下式计算安装误差为

$$\Delta A = \frac{\Delta A_0 + \Delta A_{90} + \Delta A_{180} + \Delta A_{270}}{4} \tag{3-55}$$

当安装误差超过1°时,应该松开磁传感器的固定螺钉,按误差符号的反方向转动磁传感器来排除。

2) 半圆罗差的排除

先把飞机转到0°磁航向上,测得罗差ΔL_0,再把飞机转到180°磁航向上,测得罗差ΔL_{180},然后旋转磁传感器罗差修正器的N-S轴来修正罗差,此修正量为$(\Delta L_0 + \Delta L_{180})/2$。用同样方法,在90°、270°磁航向上测定和旋转W-E轴以修正罗差,其修正量为$(\Delta L_{90} + \Delta L_{270})/2$。如果半圆罗差$\leqslant 1°$,可以留与象限罗差一起排除。

3) 象限罗差的排除

罗盘的象限罗差、工具误差等是用磁航向修正计算器的凸轮带修正机构进行排除。

转动飞机,分别在0°,15°,30°,…,330°等24个磁航向上,利用磁航向修正计算器航向刻度盘上"N"对应的调节螺钉进行罗差调整,若罗差为正,应该反时针转动调节螺钉(往外拧),反之应顺时针转动调节螺钉(往里拧)。

3.4.2.3 磁场测量

前面已经论述,利用磁针在地磁场水平分量的作用下,指示出磁子午线方向的性质,可进行简单的磁场测量,组成直读式的磁航向测量仪表磁罗盘。

下面介绍另一种磁场测量方法,是通过测量软磁铁芯被地磁场磁化所产生的磁通大小,来测量飞机的磁航向。这是利用地磁感应元件进行磁航向测量的理论基础。

1) 软磁铁芯的地磁测量原理

设磁导率为μ的软磁铁芯水平放置在地磁场中[见图3-40(a)],由于地磁水平分量H_e的感应,该铁芯将被磁化而具有一定的磁感应强度B_e,B_e的方向与铁芯中心线一致,其大小为

$$B_e = \mu H_e \cos \psi \tag{3-56}$$

式中:ψ为铁芯中心线与地磁水平分量之间的夹角。

若铁芯的截面积为S,则地磁在铁芯中所产生磁通ϕ_e的大小为

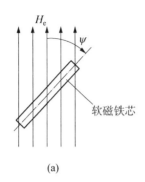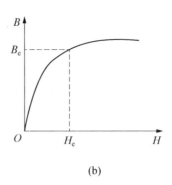

(a)　　　　　　　　　　　　　(b)

图 3-40　在地磁场中软磁材料的磁化现象

（a）在地磁场中的软磁铁芯　（b）B-H 关系曲线

$$\phi_e = B_e S = S\mu H_e \cos \psi \qquad (3-57)$$

铁芯中所产生的磁通 ϕ_e 同铁芯中心线与地磁水平分量之间的夹角 ψ 有关。如果测量出铁芯中的磁通 ϕ_e，就可以测量出铁芯的中心线与地磁水平分量之间的夹角 ψ。如果将铁芯沿飞机纵轴方向安装在飞机上，则可以测量出飞机纵轴相对磁子午线之间的夹角 ψ 了。

为了测量铁芯中的磁通，需要在铁芯上绕上测量线圈。但是，当铁芯的中心线与地磁水平分量之间的夹角一定时，磁通是一个定值，即铁芯中的磁通不是交变的。我们知道，只有交变的磁通通过闭合线圈时，才能在线圈上感应出电势。因而这时绕在铁芯上的测量线圈并不会产生感应电势，也就无法测出磁通 ϕ_e 的大小。因此，需在铁芯上再绕上磁化线圈，这样就组成了单相地磁感应元件。

2）单相地磁感应元件的测量原理

单相地磁感应元件由两根铁芯、一组磁化线圈和一个测量线圈组成，如图 3-41 所示。

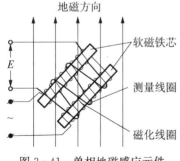

图 3-41　单相地磁感应元件

若磁化线圈通以交变正弦波电流，则在两个铁芯中均产生交变磁场，导致铁芯磁导率发生周期变化。当磁化电流接近峰值时，铁芯中的磁场也接近峰值，此时铁芯磁导率达最小值。因此，磁化电流变化一周，铁芯饱和两次，铁芯磁导率也变化两周。而当铁芯饱和时，磁导率接近于零，此时地磁通不能通过磁芯；只有当铁芯中的磁导率增大，地磁通才能进入铁芯。由于磁导率的周期变化，进入铁芯的地磁通也发生周期变化。在这个交变的地磁通作用下，测量线圈便产生感应电势 e，该电势的变化频率等于磁化线圈交变频率的两倍。其大小为

$$e = E\cos\psi \tag{3-58}$$

式中：E 为感应电势的最大值。

3.4.2.4　感应式磁航向传感器

感应式磁航向传感器就是利用地磁感应元件来探测飞机纵轴相对地磁子午线之间的夹角，以便修正陀螺航向，使航向陀螺输出磁航向信号。

感应式磁航向传感器的核心是三相地磁感应元件。为使三相地磁感应元件能正确感受地磁场水平分量，由一个二自由度万向吊挂系统与固定在飞机上的盖子组件相连，用配重调整万向吊挂系统的平衡性，当飞机向任意方向倾斜 17° 以内，万向吊挂能保证地磁感应元件处于水平状态。罗差修正器由两对扁形小磁铁组成，用以消除飞机上硬铁磁场产生的半圆罗差。

感应式磁航向传感器的基本工作原理，是利用其磁性敏感元件相对地磁场方位的改变而产生相应的输出信号的特点，来测定磁子午线的方向。而敏感元件工作原理是基于软磁材料的磁化特性，就是利用其软磁材料铁芯的磁感应强度 B_e 随交变的激磁磁场变化从而改变铁芯的磁导系数这一物理性能来测定地磁场水平分量方向。

三相地磁感应元件的铁芯是由两片平行放置的正六边形皮莫合金构成，磁路采取正六边形的闭合磁路。重叠放置的正六边形软磁铁芯上绕有三组线圈，三对激磁线圈互相串联，测量线圈联结成星形，如图 3-42 所示。

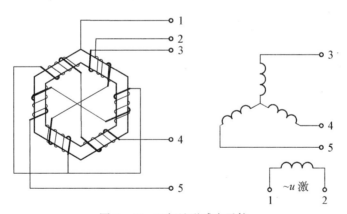

图 3-42　三相地磁感应元件

三相地磁感应元件的工作原理与单相地磁感应元件相同。因三相地磁感应元件各组线圈的中心线与地磁场水平分量方向之间的夹角不同，各测量线圈产生的感应电动势的大小不同，它们与磁航向角 ψ 的关系，可用下式表示：

$$\begin{cases} e_1 = E\cos\psi \\ e_2 = E\cos(\psi + 120°) \\ e_3 = E\cos(\psi + 240°) \end{cases} \tag{3-59}$$

三相感应电动势数值之间有一定的比例关系,相位依次相差120°。磁航向改变时,三相感应电动势的大小随之改变,但它们之间的相位关系保持相差120°不变。

另外,三相地磁感应元件只提供未经处理的三相信号输出,使用时通常与三线同步器构成模拟随动系统。在陀螺磁罗盘中应用时,三相地磁感应元件输出绕组与磁航向修正计算器的同步接收器的定子绕组相连,敏感元件测定的磁子午线方向,通过其三相感应线圈,以感应电压的形式传输到接收同步器定子绕组,同步器转子绕组感应出与定子绕组的合成磁场转角偏差,输出偏差信号。

感应式磁航向传感器的主要缺陷是由其摆式结构带来的。在实际使用条件下,由于加速度、振动等影响,敏感元件经常处于随机的非水平状态,产生附加误差或输出信号不稳定(摆动);同时其吊挂系统由于受机械结构等方面的限制,倾斜角小于17°才能正常工作,超过17°后敏感元件就不能保持水平,不能输出正确信号。

3.4.2.5　捷联式磁航向传感器

捷联式磁航向传感器是一种新型的地磁感应器件。通过测量沿机体3个轴向的磁场强度分量,通过姿态信号,将地磁信号投影到当地水平面,解算出当地磁方位。

1) 三轴地磁传感器磁航向测量原理

我们知道,地磁场方向总是指向地球磁北极。假设当地地磁矢量在水平面内沿机体 X、Y 方向的磁场分量为 H_x、H_y,如图3-43所示。

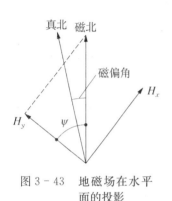

图3-43　地磁场在水平面的投影

那么,利用地磁矢量水平分量 H_x、H_y 就可以确定磁航向角 ψ:

$$\psi = \begin{cases} 90°, & H_x > 0, \ H_y = 0 \\ 270°, & H_x < 0, \ H_y = 0 \\ 180° + \arctan\left(\dfrac{H_x}{H_y}\right)\dfrac{180}{\pi}, & H_y < 0 \\ \arctan\left(\dfrac{H_y}{H_x}\right)\dfrac{180}{\pi}, & H_x \geqslant 0, \ H_y < 0 \\ 360° + \arctan\left(\dfrac{H_y}{H_x}\right)\dfrac{180}{\pi}, & H_x < 0, \ H_y > 0 \end{cases} \tag{3-60}$$

由于磁传感器是沿机体坐标系安装的,俯仰角 θ 和横滚角 γ 的存在使在机体 X_b 轴和 Y_b 轴上输出的磁场分量并不是当地地磁矢量在水平面内的分量。

解决办法是利用飞机的俯仰角 θ 和横滚角 γ,将测出的 h_{bx}、h_{by}、h_{bz} 投影到水平面内得到 H_x、H_y,即可计算出磁航向角 ψ。

设 H_x、H_y、H_z 为当地地磁矢量在当地的地平系(X 轴和 Y 轴在当地水平面内,Y 指向机体航行方向、Z 沿当地地垂线指天)3个轴的正交分量。那么,从图3-

43 中分析,机体坐标系地磁分量投影到地平坐标系的关系式为

$$\begin{bmatrix} H_x \\ H_y \\ H_z \end{bmatrix} = \begin{bmatrix} \cos\gamma & \sin\gamma\sin\theta & -\sin\gamma\cos\theta \\ 0 & \cos\theta & \sin\theta \\ \sin\gamma & -\cos\gamma\sin\theta & \cos\gamma\cos\theta \end{bmatrix} \begin{bmatrix} h_{br} \\ h_{by} \\ h_{bz} \end{bmatrix} \qquad (3-61)$$

即得到

$$H_z = h_{br}\cos\gamma + h_{bz}\sin\gamma \qquad (3-62)$$

$$H_x = h_{br}\sin\gamma\sin\theta + h_{by}\cos\theta - h_{bz}\cos\gamma\sin\theta \qquad (3-63)$$

代入式(3-60)即可计算出磁航向角 ψ。这就是采用三轴捷联磁传感器和姿态传感器测量计算磁航向角的方法。

2) 捷联式磁航向传感器工作原理

捷联式磁航向传感器的原理如图 3-44 所示。

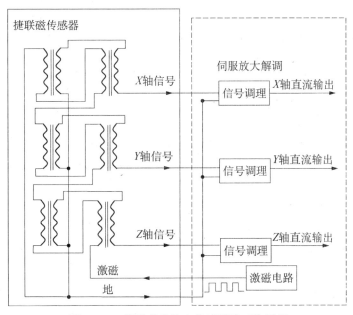

图 3-44 捷联式磁航向传感器的工作原理

捷联式磁航向传感器由 3 个相互垂直的绕组(探棒)组成,分别敏感地球磁场在 3 个正交轴上的地磁分量,经信号调理电路进行放大解调,输出与地磁分量成正比的 3 个轴的模拟电压信号,经转换电路变换,可送入捷联航姿系统中的航姿计算机进行解算,得出飞机的磁航向角。

3.4.2.6 利用磁传感器对航向陀螺方位角进行校准

前文已经论述,航向陀螺并不具有自动找北的特性,为此,使用时必须其建立航

向测量基准。同时,航向陀螺的方位修正也并不能完全消除航向陀螺相对子午面的方位偏离,从而造成航向角的测量误差,所以对航向陀螺的航向输出进行校准。

陀螺磁罗盘中,常用磁传感器来自动地对航向陀螺进行方位校正,为其建立一个磁航向测量基准,同时实时或定期对陀螺航向信号进行校准。

1) 利用磁传感器建立磁航向测量基准

陀螺磁罗盘航向陀螺通电启动时,航向陀螺自转轴的指向是随意的,如自转轴与磁子午线有夹角,如图 3 - 38 所示的磁修正系统工作,最终使自转轴对准当地磁子午线方向,则建立磁子午线测量基准。

2) 利用磁传感器对航向陀螺方位角进行校准

陀螺磁罗盘工作过程中,可利用磁传感器实时或定期对陀螺航向信号进行校准,这对应陀螺磁罗盘的两种工作状态,称地磁校正工作状态和陀螺半罗盘工作状态。

(1) 地磁校正工作状态。

如图 3 - 38 所示,当"磁-半"开关置于"磁"时,陀螺磁罗盘工作于地磁校正工作状态。在该工作状态下,若陀螺输出的航向信号与磁传感器敏感的磁航向信号的方位有差异,通过放大器放大后,控制航向伺服电机工作,带动航向发送器转子转动,待两者一致时,伺服电机停止工作,陀螺输出以当地磁北为基准的磁航向信号。此时,磁传感器的测量误差及罗差等为造成航向角测量误差的主要因素,而陀螺漂移误差不会引起航向角误差。

(2) 陀螺半罗盘工作状态。

如图 3 - 38 所示,当"磁-半"开关置于"半"时,陀螺磁罗盘工作于陀螺半罗盘工作状态。此时,切断磁修正电路,仅利用陀螺的定轴性,输出以磁北为起始基准的陀螺方位信号。此时,陀螺漂移将会使陀螺自转轴偏离磁北基准而引起航向角测量误差。因此,应定期地进行磁协调,重新建立新的"磁北"基准。

3.4.3　航向姿态系统

前文已经介绍的垂直陀螺、航向陀螺及陀螺磁罗盘等,都是单独的姿态或航向仪表。姿态系统与航向系统利用独立的陀螺仪完成飞机姿态角、航向表的测量、显示功能。

飞机上常用的是以组合航向、姿态测量功能的全姿态组合陀螺为核心,将其与航向、姿态的显示仪表、保证其正常工作的放大器、进行工作状态及电源转换、控制的继电器盒与控制盒等部件组合在一起,组成较为完善的测量及显示载体航向、姿态的系统,称为航向姿态系统或全姿态系统。

3.4.3.1　基于感应式磁传感器的航向姿态系统

1) 组成

图 3 - 45 所示的是 20 世纪在国内机载设备上广泛使用的航向姿态系统,其主要由全姿态组合陀螺、磁航向修正计算器、感应式磁航向传感器、控制盒、放大器、继电器盒、航向位置指示器、地平指示器等部件组成。

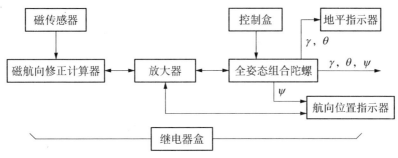

图 3-45 航向姿态系统的基本组成

（1）全姿态组合陀螺仪——测量飞机的俯仰角、倾斜角和航向角,并向各指示器及各种机载设备提供俯仰角、倾斜角和航向角信号。它是航向姿态系统的核心部件。

（2）感应式磁航向传感器——利用地磁感应元件测量磁航向,并输出磁航向信号用以对全姿态组合陀螺仪中的航向陀螺进行磁航向校正。

（3）磁航向修正计算器——对磁航向传感器输出的磁航向信号进行误差修正,消除其剩余罗差。同时,它还可消除系统的象限罗差和工具误差。

（4）航向位置指示器——用以飞行驾驶与领航需要的各种航向角的综合指示,例如磁航向角、真航向角、大圆圈航向角以及电台方位角或者还有航向指引信号等。

（5）控制盒——用来转换航向姿态系统的工作状态,并给全姿态组合陀螺中的航向陀螺输送方位修正信号。

（6）放大器——航向姿态系统中各部件的联系都是通过随动系统来实现的,各随动系统的控制信号都须经放大器加以放大。

（7）继电器盒——用以实现电源保护、提供特种电源、完成系统的程序启动及线路转换。

（8）地平指示器——用于指示飞机的俯仰角和倾斜角。

有的航向姿态系统中还将航向指示器与地平指示器的功能综合到全姿态指示器上,用一个显示仪表进行航向角与姿态角的显示。

2）工作原理

航向姿态系统的工作原理实际上就是远读式陀螺地平仪和陀螺磁罗盘的工作原理的组合。航向姿态系统中,由全姿态组合陀螺中的垂直陀螺与地平指示器组成姿态系统,其原理与远读式陀螺地平仪相同;全姿态组合陀螺中的航向陀螺与磁传感器、磁航向修正计算器、航向位置指示器组成航向系统,其原理与陀螺磁罗盘相同。

航向姿态系统的工作状态有两种,即地磁校正工作状态和陀螺半罗盘工作状态,这两种状态的作用原理也均与陀螺磁罗盘相同。

航向姿态系统中航向角、俯仰角和倾斜角的指示,分别通过航向、俯仰和倾斜3套随动系统来实现的。以航向显示通道为例,其原理如图3-46所示。

全姿态组合陀螺仪中航向自整角发送机定子的三相绕组,与航向指示器中航向自整角变压器定子的三相绕组对应连接。若航向指示器所指示的航向角与全姿态

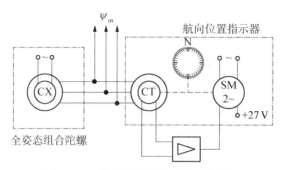

图 3-46　航向显示随动系统工作原理

组合陀螺仪所测出的航向角不协调,则航向自整角变压器的转子则输出电压信号,经放大后送给航向伺服电机。伺服电机通过减速器带动航向自整角变压器的转子转动,使自整角机回到协调位置。与此同时,伺服电机通过减速器还带动航向刻度盘转动。从而指示出飞机的航向角。

3.4.3.2　基于捷联磁传感器的新型航向姿态系统

1) 组成

在计算机技术和电子技术飞跃发展,出现了一种基于捷联传感技术、陀螺测量技术的新型的基于捷联磁传感器的航向姿态系统,其组成图 3-47 所示,系统由捷联式磁航向传感器、航向姿态计算机、全姿态组合陀螺、航向位置指示器和地平指示器 5 个部件组成。

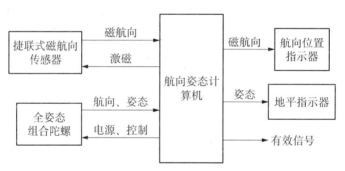

图 3-47　基于捷联磁传感器的新型航向姿态系统

其中捷联式磁航向传感器用于敏感测量地磁场沿飞机的纵、横轴和竖轴的磁场强度分量;而航向姿态计算机是一综合电子部件,综合了原航向姿态系统中控制盒、放大器、继电器盒及磁航向修正计算器的功能,用于完成航向姿态系统内部的计算、控制以及对外的输出和通信任务。

2) 工作原理

基于捷联磁传感器的新型航向姿态系统中姿态系统的工作原理与原航向姿态系统相同,均为利用全姿态组合陀螺测量飞机的姿态信号,并输出给地平指示器显示。

其航向系统,是利用三轴捷联磁传感器敏感地磁方向,通过垂直陀螺的姿态信号,将地磁信号投影到当地水平面,解算出当地磁航向,并用这个信号修正航向陀螺,使其输出信号为稳定的磁航向。其工作原理如图3-48所示。

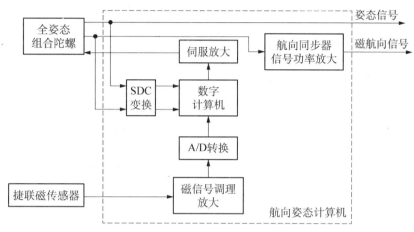

图 3 - 48　新型航向姿态系统工作原理

全姿态组合陀螺将测量到的姿态角同步器信号送入航向姿态计算机。航向姿态计算机将姿态角同步器信号分为两路,一路直接输出同步器信号,另一路经 SDC 数字变换后进入数字计算机;捷联传感器将其敏感的三轴磁场强度分量经航向姿态计算机内相应的调理、A/D 转换电路,也送入数字计算机。数字计算机根据姿态角与机体轴地磁分量,计算出飞机磁航向角。

全姿态组合陀螺将测量到的航向角同步器信号送入航向姿态计算机后,经 SDC 数字变换后进入嵌入式计算机,嵌入计算机按照计算出的飞机磁航向角,对陀螺航向进行磁修正后,全姿态陀螺即输出磁航向角同步器信号。航向姿态计算机将航向角同步器信号进行功率放大后向外输出磁航向同步器信号。

虽然从形式上看,新系统与老航向姿态系统同样都是"全姿态陀螺+磁传感器"的测量模式,但是,捷联磁传感技术的引入,将提高新系统的航向使用精度;并且,新系统通过引入计算机技术,可以显著地增强系统的功能。

3.4.4　捷联航向姿态系统

1) 原理

前面介绍的传统的航向姿态系统,是采用机械式陀螺仪表和指针式指示器来完成飞机航向、姿态的测量、显示功能。这种航向姿态系统存在仪表分散、配套复杂、精度不高、体积/重量大、可靠性差等不足,且难以和其他数字设备接口。20 世纪后期,随着惯性仪表及捷联惯性技术的发展,机载捷联航向姿态系统的原理与功能越来越接近惯性导航系统,只是精度水平有所差异,并逐渐取代了传统的航向姿态系统的结构形式与用途,不仅可实时提供三维姿态信息,还具有短时惯性导航功能,可作为机载惯导系统的备份,目前已经得到大量应用。

机载捷联航向姿态系统最早主要以挠性陀螺捷联系统为主,逐渐实现了与磁罗盘、高度表等的组合,后来光学陀螺捷联系统逐步得到应用。为提高性价比,机载捷联航向姿态系统一般采用中精度惯性系统,同时利用卫星定位系统、大气数据系统、磁传感器等多种辅助测量装置等进行组合。

图 3-49 所示为典型的光纤捷联航向姿态系统的组成及原理。系统采用光纤速率陀螺、石英挠性加速度计和捷联磁传感器为敏感元件来感测飞机飞行过程中沿机体 3 个轴向上的运动角速度、线加速度信号及地磁信号分量。

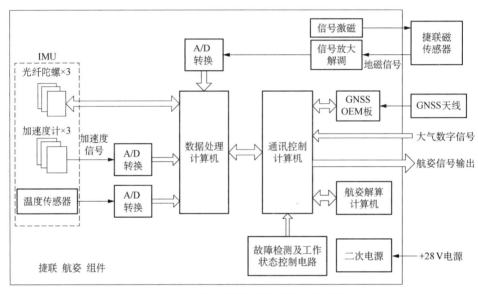

图 3-49　捷联航向姿态系统组成及原理

光纤陀螺输出的数字量信号可直接用于导航解算,而石英挠性加速度计输出的是电流信号,需经 A/D 转换变换成数字信号才能用于导航解算。捷联磁传感器输出的地磁信号经相应电子线路进行放大、解调后,经 A/D 转换变换成数字信号输送给数据处理计算机。

角速度、加速度及地磁数字信号经数据处理计算机进行误差补偿后传输给航姿解算计算机。航姿解算计算机通过惯性航姿计算及与其他辅助导航信息的组合计算后,可实时输出载体的航向、姿态信息,以数字量的形式输出给机上其他设备。

捷联航向姿态系统通常利用磁航向、GNSS 航向等外部辅助信息来完成初始姿态对准,有的精度较的产品也可进行自主方位对准。初始对准完成后,采用四元数法进行捷联航姿解算,并采用卡尔曼滤波技术对航姿信息进行实时修正。

2) 组成

典型的机载捷联航向姿态系统由捷联航姿组件与捷联式磁航向传感器两个部

件组成。

（1）捷联航姿组件。

捷联航姿组件是捷联航向姿态系统的核心组件，用于实现捷联惯性测量、二次电源变换控制、信号采集处理、航姿解算、状态监控、数字信号输出等系统功能。

捷联航姿组件除了机箱、安装支架等结构件外，主要由以下功能件及电路组成：

a. 惯性测量单元：

由 3 个光纤速率陀螺仪和三个石英挠性加速度计及捷联台体等组成，用于感测载体三轴向运动角速率和加速度。

b. 二次电源电路：

将输入的直流 28 V 电源进行滤波、瞬态抑制处理后，通过 DC/DC 模块转换得到系统工作所需的各种直流电源。

c. 地磁信号调理电路：

为捷联式磁传感器提供激磁电源信号，并对捷联磁传感器测得的三轴地磁分量进行放大、解调，输出相应的三轴直流电压信号。

d. 系统故障检测及工作状态控制：

进行故障检测，并输出离散量形式和数字编码形式的故障信息。

e. A/D 转换电路：

将加速度信号、三轴地磁信号转换为数字量。

f. 数据处理计算机：

接收各轴的光纤陀螺、加速度计、磁传感器等信号，并对以上信号进行滤波、补偿处理。

g. 通信控制计算机：

用于控制接收传感器信息及 GNSS、大气数据等信息，并将航向、姿态等信息，通过数字接口发送给机上设备。

h. 航姿解算计算机：

进行捷联航姿解算，并与 GNSS、大气数据信号进行组合解算，得到飞机的航向、姿态、速度、高度等信息。

（2）捷联式磁航向传感器。

捷联磁传感器用于感测飞机磁航向，是一种全固态的磁强计式地磁信号敏感元件，用于为系统提供感测的三轴地磁信号分量。

3.4.5 惯性导航

3.4.5.1 惯性导航原理与发展

惯性导航（INS）是一种自主的导航方法。它完全依靠机载设备自主地完成导航任务，和外界不发生任何光、电、磁、声等联系，也不向外发射信号，因此，隐蔽性好，工作不受任何自然和人为环境条件的限制。这一独特优点，使其成为航天、航海和航空领域中一种广泛使用的主要导航方法。

　　惯性导航的基本工作原理是以牛顿力学定律为基础,在飞机内部,采用惯性仪表(包括陀螺仪和加速度计)来测量飞机相对惯性空间的角运动和线运动,再通过积分运算可实时得到飞机的姿态、速度、位置等导航信息。

　　惯性导航系统是各类惯性系统产品中最典型的一类,其性能水平往往代表了一个国家惯性技术的整体水平。惯性导航系统一般由以下几个部分组成:

　　(1) 正交安装的 3 个陀螺仪和 3 个加速度计,分别用来测量飞机的角速率和线加速度。

　　(2) 惯导平台。模拟一个导航坐标系,把加速度计的测量轴稳定在导航坐标系,并用模拟的方法给出飞机的姿态和方位信息。为了克服作用在平台上的各种干扰力矩,平台必须有陀螺仪作为敏感原件的稳定回路。为了使平台能跟踪导航坐标系在惯性空间的转动,平台还必须有从加速度计到计算机再到陀螺仪并通过稳定回路形成的跟踪回路。

　　(3) 导航计算机。完成导航计算和平台跟踪回路中指令角速度信号的计算。

　　(4) 控制显示器。给定初始参数及系统需要的其他参数,显示各种导航信息。

　　图 3 - 50 表示平台式惯性导航系统各部分相互关系的示意图。平台式惯导系统可隔离飞机角运动,惯性仪表工作环境较好,可降低动态误差,平台 3 个框架轴上都有姿态角传感器,可测量三维姿态角。通过稳定平台的多位置翻转可完成误差系数自主标定,对计算机的性能要求也较低。其不足点包括机械结构复杂、体积与质量较大、成本较高、维护不便等。

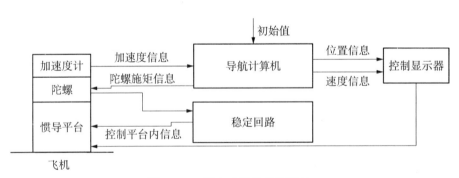

图 3 - 50　平台式惯导系统原理

　　从结构上来说,惯性导航有两大类:捷联式惯导系统(srapdown inertial navigation system)和平台式惯导系统。捷联式惯导系统是把加速度和陀螺仪直接固联在载体上,由计算机来完成惯导平台的功能,有时也称为"数学平台"。捷联式惯导系统原理如图 3 - 51 所示。

　　捷联式惯导系统没有机械的物理平台,惯性仪表与运载体直接固连,因而要直接承受运载体角运动的影响,工作环境较差,要求惯性仪表具有动态范围大、频带宽、环境适应性好、参数稳定等特点,对计算机的计算速度与容量要求也较高。捷联

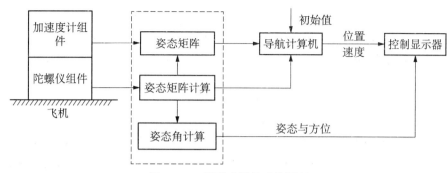

图 3-51 捷联式惯导系统原理

式惯导系统具有结构紧凑、轻小型、成本低、功耗小、寿命长、使用可靠等优点,数十年来,其精度水平得到了大幅提高,已成为现代惯性技术的重要发展方向并在各领域得到广泛应用。

由于陀螺仪是惯性导航的核心部件,因此,可以按各种类型陀螺出现的先后、理论的建立和新型传感器制造技术的出现,将惯性导航技术的发展划分为四代。需要注意的是惯性技术发展的各阶段之间并无明显界线。

第一代惯性导航技术指 1930 年以前。自 1687 年牛顿三大定律的建立,并成为惯性导航的理论基础;到 1852 年,傅科提出陀螺的定义、原理及应用设想;再到 1908 年由安修茨研制出世界上第一台摆式陀螺罗经,以及 1910 年的舒勒调谐原理。

第二代惯性技术开始于 20 世纪 40 年代火箭发展的初期,其研究内容从惯性仪表技术发展扩大到惯性导航系统的应用。首先是惯性技术在德国 V-II 火箭上的第一次成功应用。到 50 年代中后期,0.5 n mile/h 的单自由度液浮陀螺平台惯导系统研制并应用成功。1968 年,漂移约为 0.005°/h 的 G6B4 型动压陀螺研制成功。这一时期,还出现了另一种惯性传感器——加速度计。在技术理论研究方面,为减少陀螺仪表支承的摩擦与干扰,挠性、液浮、气浮、磁悬浮和静电等支承悬浮技术被逐步采用;1960 年激光技术的出现为今后激光陀螺(RLG)的发展提供了理论支持;捷联惯性导航(SINS)理论研究趋于完善。

70 年代初期,第三代惯性技术发展阶段出现了一些新型陀螺、加速度计和相应的惯性导航系统,其研究目标是进一步提高惯导的性能,并通过多种技术途径来推广和应用惯性技术。这一阶段的主要陀螺包括:静电陀螺(ESG)、动力调谐陀螺(DTG)、环形激光陀螺(RLG)、干涉式光纤陀螺(IFOG)等。ESG 的漂移可达 0.0001°/h;DTG 的体积小、结构简单,随机漂移可达 0.01°/h 量级;基于 Sagnac 干涉效应的 RLG 和捷联式激光陀螺惯导系统(SINS)在民航方面得到应用,导航精度可达 0.1 n mile/h。除此之外,超导体陀螺、粒子陀螺、音叉振动陀螺、流体转子陀螺及固态陀螺等基于不同物体原理的陀螺仪表相继设计成功。80 年代,伴随着半导体工艺的成熟和完善,采用微机械结构和控制电路工艺制造的微机械系统(MEMS)开始出现。

当前,惯性技术正处于第四代发展阶段,其目标是实现高精度、高可靠性、低成本、小型化、数字化、应用领域更加广泛的导航系统。一方面,陀螺的精度不断提高,漂移可达 $10^{-6}°/h$;另一方面,随着 RLG、FOG、MEMS 等新型固态陀螺仪的逐渐成熟,以及高速大容量的数字计算机技术的进步,捷联惯导在低成本、短期中精度惯性导航中呈现出取代平台式系统的趋势。

3.4.5.2　惯性导航系统构成与典型机种应用

1) 惯性导航系统构成

惯性导航系统由惯性导航组件(INU)、方式选择组件(MSU)和控制显示组件(CDU)构成。一般还有备用电池组件(BU)。机上大气数据计算机系统(ADS)向惯性导航系统提供高度、升降速度和真速信号,VOR/DME 向惯性导航系统提供测量的径向方位和斜距。以下将详细介绍各个组件:

(1) 惯性导航组件。

在平台式惯性导航系统中,惯性导航组件为 1～2 个三轴陀螺空间稳定平台,2～3 个高精度的陀螺仪及 3 个高精度的加速度计,一部数字计算机。在捷联式惯性导航系统中,惯性导航组件为加速度计组件和陀螺仪组件,分别输出加速度分量和角速率;替代电气机械平台的数学平台,把加速度分量转换给导航计算机;用角速率及由导航计算机输入的转动角速率建立修正姿态阵,计算飞机姿态角。

(2) 方式选择组件。

方式选择组件用来控制导航系统的电源,并通过方式选择旋钮选择工作方式。

a. 方式选择的挡位:

在方式选择的组件上,方式选择旋钮有以下 5 个选择位置。

(a) 等待,备用(STBY:standby)位。用于系统接通电源后启动、加温和初步校准,引进现在位置。

(b) 对准,对齐(ALIGN:alignment)位。用于系统在引进现在位置后继续校准,可以引进航路点坐标和导航台站数据,在约 15 min 的自校准时间内,飞机不能移动。

(c) 导航(NAV:navigation)位。用于系统自校准完毕后开始导航,在飞机的发动机尚未启动、飞机尚未移动之时即放此位,并且不能搬离此位,否则将重新校准。损失 15 min,导航位将为防止疏忽而施行自锁,若需搬离此位应先提起。

(d) 姿态基准(ATT REF:attitude reference)位。用于系统的单独姿态基准测量,当惯性导航系统中导航故障时,放此位可提供飞机的俯仰、倾斜和平台航向信号。因为无导航信号输出,系统的工作状态仅限于飞行姿态和方位陀螺的作用。

(e) 关闭(OFF)位。用于系统的关闭,即关断电源。

b. 准备导航灯:

惯性导航系统完成自校准后,准备导航(READY NAV)灯亮(绿色),表示系统已具备导航能力,将方式选择旋钮板搬至导航位(NAV),准备导航灯灭,系统即可用于正常导航和姿态测量。

c. 电池告警灯：

当惯性导航系统电源故障，使用电瓶工作 15 min 以上，或者电瓶的电压低于 16 V 时，电池告警(BATT)灯亮(红色)，系统将自动关闭，此时应将方式选择旋钮搬至关闭(OFF)位。

(3) 控制显示组件。

控制显示组件用于初始数值的输入、导航参数显示、系统测试、故障显示和告警等。

a. 数码显示窗和显示选择旋钮：

左、右数码显示窗，按照左 6 位、右 7 位显示各种导航数据，同时显示小数点、度分、南北、东西、左右等字符。

显示选择旋钮有 12 个位置，通过数码显示窗，显示引进飞机现在的位置或航路点坐标(纬度、经度)、各种导航数据、平台校准程序号以及系统正常工作的实验数据等。显示旋钮的挡位依次为：

偏航距离和偏航角(XTK/TKE)；

航向和偏流(HDG/DA)；

航迹角和地速(TK/GS)；

飞机现在位置(POS)；

航路点位置(WPT)；

伏尔塔康台位置(VORTAC)；

伏尔塔康台频率和标高(FREQ/EL)；

伏尔塔康台更新和磁差(UDT/MV)；

航线距离和时间(DIS/TIM)；

风向和风速(WIND)；

期望航迹和状态号(DTK/STS)；

系统测试(TEST)。

b. 位置点选择手轮：

位置点选择手轮用于导航台站(STA)和航路点(WPT)选择，可以用于手轮选择 1～9 个伏尔塔康台(当显示旋钮放 VORTAC 位)或者选择 1～9 个航路点(当显示选择旋钮放 WPT 位)。所选择的伏尔塔康台或航路点的编号，将向/背显示窗中显示出来。显示选择旋钮放航路点位，STA/WPT 手轮转至航路点编号"1"，数码显示窗显示航路点"1"的位置坐标(纬度数和经度数)。

c. 航路点向/背显示窗：

航路点向/背(FROM/TO)显示窗可显示飞机所飞航段的起讫航路点号码。

d. 亮度选择旋钮：

亮度选择旋钮(DIM)用来调整数码显示窗、航路点显示窗和告警显示窗的亮度。

e. 方式功能键：

方式功能键包括：

（a）航迹改变键（TKCHG：track change），用于人工改变所飞航迹；

（b）输入键（INSERT），用于输入位置点（飞机现在的位置、航路点、导航台）坐标、导航台频率、标高和磁差等；

（c）保持键（HOLD），用于冻结数码显示窗显示的数据；

（d）清除键（CLEAR），用于清除数码显示窗显示的数据。

f. 数字字符键：

数字字符键从 0～9 共有 10 个。其中"2, 4, 6, 8"这 4 个数字键，还兼作方位"N, W, E, S"，"N"和"W"可用于东、西磁差的输入；数字键"7"和"9"，还兼作左（L）和右（R）的偏航距离；数字键"5"，还兼作标高（EL）；数字键"0"，还兼作无线电频率（FREQ）以及期望航迹（DTK）；数字键"1"，还兼作启动更新程序、分解风以及偏航飞行方式。

g. 自动/人工/遥控方式电门：

自动/人工/遥控方式电门用于选择飞机改变航迹的方式。

放自动位（AUTO）位，飞机处于自动飞行状态，飞行中既可以自动改变航段，也可以人工改变航段；放人工（MAN）位，用于人工改变航段；放遥控位（RMT）位，用于将输入的坐标数据自动传输到多套惯性导航系统，从而遥控测量各航路点间的大圆航线数据。

h. 转换、电池、告警灯：

航路点转换提醒灯（ALERT）在 3 个灯的左边，用于飞机沿航线飞行时，提醒飞行员通过航路点，进行航路点的转换；在飞机接近航路点的前两分钟，该灯亮（琥珀色）；当飞机距离航路点还有半分钟时，该灯灭（自动改变航段时）或闪亮（人工改变航段时）。

电瓶组告警灯（BATT：battery）在 3 个灯的中间，当电瓶组向惯性导航系统供电时，该灯亮（琥珀色），供电时间为 15 min。

导航告警灯（WARN：warning），用于系统故障、输入现在的位置坐标不正确以及校准失效，系统不具备导航能力时，该灯亮（红色）。

2）导航系统在 B748-400 飞行中的应用

惯性导航系统在飞行中通常使用导航工作方式，引导飞机沿预定航线飞行，向自动驾驶仪和飞行指引仪提供导航信号，显示各种导航数据，检查航迹，位置更新。惯性导航系统还可同时测量飞机的姿态参数，向自动驾驶仪和姿态指引仪输入飞机的俯仰、倾斜姿态和平台航向。当系统失去导航能力或不再需要惯性导航系统提供导航数据时，可以将方式选择组件上的方式选择旋钮放姿态基准位，这时惯性导航系统只能提供飞机的姿态参数，而控制显示组件上的数据码显示窗已不能显示。

（1）滑行显示。

飞机在滑行时，用惯性导航系统监视真航迹角和滑行速度。将控制显示组件上的显示旋钮放航迹角/地速位，当地速为 1 kn 时，在右显示窗口显示，此时左显示窗显示真航向;当地速超过 10 kn 时,左显示窗显示航迹角,精度为 0.1°。

(2) 离场入航或返回离场点。

飞机起飞爬升到一定高度,将建立起到航路起点的起始航线。在惯性导航系统选择起始航迹时,可以采用直飞航路点或直接进入所需航段的方法。如果在沿航线飞行中,需要返回离场点,也可以用惯性导航系统选择这一工作方式。

a. 直飞航路点入航:

从飞机所在位置选择起始航迹直飞前方航路点的方法,可以采取自动方式和人工方式。

(a) 自动方式直飞前方航路点。飞机起飞离场后,若自动沿航线(航路点"1"和"2")的起始航迹飞行,在控制显示组件的向背显示窗中,输入"1"和"2",飞机将沿直线飞往前方航路点入航,将显示选择旋钮放期望航迹/状态号位,左显示窗显示航线角 45°,右显示窗显示导航状态。

(b) 人工选择飞往前方航路点。在控制显示组件上的向背显示窗中,输入飞机现在位置"0"和前方航路点"2",飞机将从所在位置飞往前方航路点入航,此时的航线角为 20°。

b. 切入所选航段入航:

当自动驾驶仪(A/P)工作于导航方式时,在控制显示组件上的向背显示窗中,输入航路点"1"和"2",飞机将以 45°切入角自动切入所选航段。

c. 返回离场点:

如果在沿航线飞行中,飞机因故需要返回离场点,可以使用惯性导航系统人工选择飞往离场点的航迹。在控制显示组件上的向背显示窗中,由原来保持的"02"航迹,改换成"01"航迹,飞机将从当前位置飞往离场时的航路点。从控制显示组件上的数码显示窗中,可以显示飞机位置坐标变化的情况。

(3) 转换航段。

飞机沿预定航线飞行中,在航路点可以利用惯性导航系统自动转换航段,也可以人工转换航段。

a. 自动转换航段:

当选择自动转换航段方式时,控制显示组件上的自动/人工/遥控电门放自动位。如要观察航迹的变化情况,可以将显示选择旋钮放期望航迹/状态号位。

飞机到达航路点前两分钟,航路点转换提醒灯亮;飞机到达航路点前约 30 s,航路点转换提醒灯灭;惯性导航系统向自动驾驶仪提供航迹保持信号,在转弯点前半分钟转为提供转弯脉冲信号,飞机通过转弯点,将自动进入下一航段。飞机在航路点前,控制显示组件上的左数码显示窗显示航线角为 40°,飞机经过航路点转换后,左数码显示窗显示航线角变为 75°。

b. 人工转换航段:

当选择人工转换航段方式时,控制显示组件上的自动/人工/遥控电门放人工位。如要观察航迹的变化情况,将显示选择旋钮放期望航迹/状态号位,可以观察航迹改变前后的航线角变化情况。

飞机到达航路点前两分钟,航路点转换提醒灯亮;飞机到达航路点前约 30 s,航路点转换提醒灯闪亮,提醒飞行员人工转换航段。如果仍然未进行人工航段转换,航路点转换提醒灯将持续闪亮,向背显示窗不改变向背显示。

人工转换航段时,按航迹改变键,将台站/航路点手轮转至所需航路点的号数,确认向背显示窗所引进的航段正确,飞机将转到下一航段,航路点转换提醒灯灭,左显示窗显示改变的航线角。所以,人工改换航段可以用于绕过某些航路点,从航路转换点直飞所需航路点。

(4) 修改飞行计划。

在沿航线飞行中,根据飞行任务的变化情况,有时需要改变原定飞行计划。为了绕过飞雷雨区或强顶风区,也需要进行机动飞行。

a. 从飞机现在位置直飞前方任意航路点:

在飞行中,利用惯性导航系统从飞机当前位置,可以直飞前方任意一个航路点。在控制显示组件上的显示选择旋钮离开 VORTAC 位、FREQ/EL 位和 UDT/MV 位,任意选放其他位;按航迹改变键,输入现在位置"0"和前方任意位置(如"5"),将建立直飞航线"0～5",用显示旋钮的距离/时间以及期望航迹/状态号位,可以检查新建航线的航线数据。从而飞机执行从所在位置直飞前方航路点的新飞行计划。

b. 自航线的航路点直飞前方任意航路点:

在人工转换航段时,按航迹改变键,使向背显示窗显示两个航路点的号数,自转换的航路点连接前方任意一个航路点,实现直飞前方任意航路点的飞行方式。

c. 改变航路点的位置:

当前方航路点为天气恶劣区域或飞行禁区时,在惯性导航系统的控制显示组件上,可以重新输入该航路点的坐标,由区域导航计算机连接新航线,飞机将沿新航线绕过恶劣天气区域或飞行禁区。显示选择旋钮放航路点位,将台站/航路点手轮转至需要改变的航路点号数,输入新的航路点位置坐标;检查新建的两个航段的距离、时间和航线角、飞机执行沿两个新建航段的飞行计划,再沿原航线飞行。但是不可以修改飞机所在航段的两个航路点。

d. 按给定的航迹角飞行:

使用惯性导航系统绕飞时,还可以采取按航迹角改航的方法。

在控制显示组件上的显示选择按钮放期望航迹/状态号位,输入期望航迹角,在左数码显示窗显示,此时向背显示窗显示无明确航路点的符号"99",飞机转向所选的航迹角飞行;如果判明飞机已经绕过恶劣天气区域或飞行禁区,重新输入原期望航迹,飞机的飞行方向又转向原航线方向。如果需要飞向前方航路点(如"9"或"1"),那么将向背显示输入现在位置和前方航路点的号数(如"09"或"01"),飞机将直飞前方航路点。

（5）位置更新。

随着飞行时间的增长，惯性导航系统将产生积累误差，每隔 $2\sim3h$ 要进行一次位置更新。飞机位置的测量，以航路上有精确坐标的点（如 VOR/DME 台的位置）作为检查点，当飞机到达检查点时，将显示现在的位置坐标与检查点坐标进行比较，如果误差超过规定数值时，应予以更新。

a. 自动位置更新：

飞行中，将控制显示组件上的显示选择按钮放更新/磁位差，按功能键"Δ"（即数字键"1"），左数码显示窗显示更新代码"0~5"。

代码"0"表示无线电导航不能用；

代码"1"表示无线电导航不能更新；

代码"2"表示无线电导航能用，DME 或 VOR 有效；

代码"3"表示无线电导航能用，VOR/DME 有效；

代码"4"表示无线电导航能用，双 DME 有效；

代码"5"表示无线电导航能用，双 VOR/DME 有效。

当更新代码为"0""1"时，表明系统不能进行自动无线电位置更新；当更新代码为"3""4""5"时，表明系统可以进行自动无线电位置更新。

b. 人工位置更新：

当接收不到 VOR/DME 区域导航的定位信息时，不能使用无线电自动位置更新；可以用有精确坐标的位置点作为检查点（如 NDB 台、机场上空和显著地标等）。飞行中，飞机到达检查点时，将惯性导航系统测量的坐标与检查点坐标进行比较，如果误差超过规定数值，采取人工位置更新的方法，替代惯性导航系统测量产生的误差。

在控制显示组件上，显示选择旋钮放飞机的现在位置位，当飞机飞达检查点上空时，按控制显示组件上的保持键，可冻结飞机现在的位置坐标。比较一致的检查点坐标，若需要进行人工位置更新，则输入检查点位置坐标。

（6）惯性导航系统关机。

当全天飞行结束后，应将方式选择旋钮至关闭位，整个惯性导航系统将停止工作。

在飞机上的电源断开后，惯性导航系统若继续开机，此时它将自动转换到备用电瓶上，经过 $15\sim30\,min$ 时间将备用电瓶耗尽。

飞机在中转机场降落作短暂停留时，若精度小于 1.5 kn，可以不关闭惯性导航系统，否则应于再次起飞前重新进行校准。

3.4.5.3 惯性导航传感器的计量与校准

惯性导航传感器主要是加速度计和陀螺仪，惯性导航传感器的计量与校准是对加速度计和陀螺仪的计量与校准。目前，惯性导航传感器精度较高，基本能满足惯性导航系统定位精度的要求。在惯性导航传感器的计量中，普遍将正交三轴陀螺仪和加速度计作为基本惯性导航传感器。然而，实际应用中，由于惯性传感器本身制造误差和安装误差以及温度等因素的影响，这些都将对飞行器的姿态、线加速度的精确计量产生负面影响,甚至造成很大的误差。这就需要对惯性传感器的计量误差进行分析,建立误差模型,通过误差校准的方法,尽可能克服由传感器本身制造误差和安装误差而产生的计量误差。

惯性传感器本身误差主要有安装误差、传感器的零偏、刻度因素、温度误差等。

1) 加速度计组合的静态计量误差模型

不同的加速度计有不同的计量误差模型。以石英挠性加速度计为例,其常用的简化模型为

$$\begin{cases} A_x = A_{x0} + K_x(a_x + F_{xy}a_y + F_{xz}a_z) + \varepsilon_x \\ A_y = A_{y0} + K_y(a_y + F_{yx}a_x + F_{yz}a_z) + \varepsilon_y \\ A_z = A_{z0} + K_z(a_z + F_{zx}a_x + F_{zy}a_y) + \varepsilon_z \end{cases} \qquad (3-64)$$

式中: $\boldsymbol{A} = \begin{bmatrix} A_x & A_y & A_z \end{bmatrix}^\mathrm{T}$,为加速度计的输出;

　　$\boldsymbol{A}_0 = \begin{bmatrix} A_{x0} & A_{y0} & A_{z0} \end{bmatrix}^\mathrm{T}$,为加速度计的零偏;

　　$\boldsymbol{a} = \begin{bmatrix} a_x & a_y & a_z \end{bmatrix}^\mathrm{T}$,为加速度计敏感的加速度;

　　$K_i (i = x, y, z)$,为加速度计的标度因素;

　　$F_{ij} (i = x, y, z; j = x, y, z; i \neq j)$,为加速度计安装误差系数;

　　$\boldsymbol{\varepsilon} = \begin{bmatrix} \varepsilon_x & \varepsilon_y & \varepsilon_z \end{bmatrix}^\mathrm{T}$,为随机误差。

式(3-64)可以简写为

$$\boldsymbol{A} = \boldsymbol{A}_0 + \boldsymbol{K}a + \boldsymbol{\varepsilon} \qquad (3-65)$$

$\boldsymbol{K}$ 的表达式为

$$\boldsymbol{K} = \begin{bmatrix} K_x & K_x F_{xy} & K_x F_{xz} \\ K_y F_{yx} & K_y & K_y F_{yz} \\ K_z F_{xz} & K_z F_{zy} & K_z \end{bmatrix} = \begin{bmatrix} K_x & K_{xy} & K_{xz} \\ K_{yx} & K_y & K_{yz} \\ K_{zx} & K_{zy} & K_z \end{bmatrix} \qquad (3-66)$$

式中: $K_{ij} (i = x, y, z; j = x, y, z; i \neq j)$,为耦合系数,单位与标度因素一致。

式(3-65)即为加速度计的计量误差模型。

随机误差 $\boldsymbol{\varepsilon}$ 可以用计量值的平均值来估计,因而在不考虑随机误差 $\boldsymbol{\varepsilon}$ 时,根据式(3-65),有

$$\boldsymbol{a} = \boldsymbol{K}^{-1}(\boldsymbol{A} - \boldsymbol{A}_0) \qquad (3-67)$$

通过式(3-67),使加速度计带误差的计量值 $\boldsymbol{A}$ 转换为加速度计敏感值 $\boldsymbol{a} = \begin{bmatrix} a_x & a_y & a_z \end{bmatrix}^\mathrm{T}$,实现了加速度计的校准。从式(3-67)可知,加速度计校准的过程就是标定计量模型中参数 $\boldsymbol{K}$ 和 $\boldsymbol{A}_0$ 的过程。

2) 光纤陀螺静态计量误差模型

由于光纤陀螺的线性度较好,二次项误差基本可忽略不计,一般用线性函数关系表示光纤陀螺的静态特性,即有

$$\begin{cases} G_x = G_{x0} + K_x(\omega_x + E_{xy}\omega_y + E_{xz}\omega_z) + \varepsilon_x \\ G_y = G_{y0} + K_y(\omega_y + E_{yx}\omega_x + E_{yz}\omega_z) + \varepsilon_y \\ G_z = G_{z0} + K_z(\omega_z + E_{zx}\omega_x + E_{zy}\omega_y) + \varepsilon_z \end{cases} \tag{3-68}$$

式中:$G = [G_x \quad G_y \quad G_z]^T$,为光纤陀螺的输出,单位为陀螺原始输出,如 LSB,一个 LSB 代表 A/D 变换的最小量化值,下同;

$G_0 = [G_{x0} \quad G_{y0} \quad G_{z0}]^T$,为光纤陀螺的零偏(LSB);

$\Omega = [\omega_x \quad \omega_y \quad \omega_z]^T$,为参考坐标系角速度$[(°)/s]$;

$K_i(i = x, y, z)$,为光纤陀螺的标度因素$\{[LSB/(°)]/s\}$;

$E_{ij}(i = x, y, z; j = x, y, z; i \neq j)$,为光纤陀螺安装误差系数,无量纲;

$\varepsilon = [\varepsilon_x \quad \varepsilon_y \quad \varepsilon_z]^T$,为随机误差(LSB)。

式(3-68)可以简写为

$$G = G_0 + K\Omega + \varepsilon \tag{3-69}$$

K 的表达式为

$$K = \begin{bmatrix} K_x & K_x E_{xy} & K_x E_{xz} \\ K_y E_{yx} & K_y & K_y E_{yz} \\ K_z E_{zx} & K_z E_{zy} & K_z \end{bmatrix} \doteq \begin{bmatrix} K_x & K_{xy} & K_{xz} \\ K_{yx} & K_y & K_{yz} \\ K_{zx} & K_{zy} & K_z \end{bmatrix} \tag{3-70}$$

式中:$K_{ij}(i = x, y, z; j = x, y, z; i \neq j)$,为耦合系数,单位与标度因素一致。

式(3-68)即为光纤陀螺的计量误差模型。

随机误差 ε 可以用计量值的平均值来估计,因而在不考虑随机误差 ε 时,根据式(3-69),有

$$\Omega = K^{-1}(G - G_0) \tag{3-71}$$

通过式(3-71),使光纤陀螺带误差的计量值 G 转换为需测量的角速度 $\Omega = [\omega_x \quad \omega_y \quad \omega_z]^T$,实现了陀螺的校准。从式(3-71)可知陀螺校准的过程就是标定计量模型中参数 K、G_0 和 ε 的过程。

3) 翻滚法标定加速度计组合的静态计量误差模型系数

将 IMU 放在一个水平基准台面上,做翻滚实验。利用加速度计敏感地球重力加速度进行标定。这时:

$$\begin{bmatrix} a_x \\ a_y \\ a_z \end{bmatrix} = R \begin{bmatrix} 0 \\ 0 \\ g \end{bmatrix} \tag{3-72}$$

式中:R 为翻滚角矩阵。

标定过程分为以下 3 个步骤。首先将 Z_b 轴垂直水平基面,并记为位置 1。依次绕 X_b 轴逆时针转 90°,180°和 270°,分别记为位置 2,3 和 4。其对应的翻滚角矩阵 R 为

$$\boldsymbol{R}_j^1 = \begin{bmatrix} 1 & 0 & 0 \\ 0 & \cos\alpha_j & \sin\alpha_j \\ 0 & -\sin\alpha_j & \cos\alpha_j \end{bmatrix} \tag{3-73}$$

式中：$\alpha_j = 0°,\ 90°,\ 180°,\ 270°(j=1,\ 2,\ 3,\ 4)$。与此同时，分别记录加速度计的计

量值 $\boldsymbol{A}_{1j} = \begin{bmatrix} A_x \\ A_y \\ A_z \end{bmatrix}_{1j}\ (j=1,\ 2,\ 3,\ 4)$。

　　与上述步骤类似，分别将 Y_b 轴垂直水平基面，绕 Z_b 轴翻转；X_b 轴垂直水平基面，绕 Y_b 轴翻转，并依次记录加速度计的计量值 A_{ij}。翻滚矩阵分别为

$$\boldsymbol{R}_j^2 = \begin{bmatrix} 0 & \cos\alpha_j & \sin\alpha_j \\ 0 & -\sin\alpha_j & \cos\alpha_j \\ 1 & 0 & 0 \end{bmatrix} \tag{3-74}$$

$$\boldsymbol{R}_j^3 = \begin{bmatrix} 0 & \cos\alpha_j & \sin\alpha_j \\ 1 & 0 & 0 \\ 0 & -\sin\alpha_j & \cos\alpha_j \end{bmatrix} \tag{3-75}$$

　　由 12 位置计量数据建立加速度计静态计量误差参数方程，得

$$\begin{bmatrix} A_{11} \\ A_{12} \\ A_{13} \\ A_{14} \\ A_{21} \\ A_{22} \\ A_{23} \\ A_{24} \\ A_{31} \\ A_{32} \\ A_{33} \\ A_{34} \end{bmatrix} = \begin{bmatrix} B_1 & B_2 & B_3 & I_3 \\ C_1 & C_2 & C_3 & I_3 \\ -B_1 & -B_2 & -B_3 & I_3 \\ -C_1 & -C_2 & -C_3 & I_3 \\ C_1 & C_2 & C_3 & I_3 \\ D_1 & D_2 & D_3 & I_3 \\ -C_1 & -C_2 & -C_3 & I_3 \\ -D_1 & -D_2 & -D_3 & I_3 \\ D_1 & D_2 & D_3 & I_3 \\ B_1 & B_2 & B_3 & I_3 \\ -D_1 & -D_2 & -D_3 & I_3 \\ -B_1 & -B_2 & -B_3 & I_3 \end{bmatrix} \begin{bmatrix} \boldsymbol{K}_x \\ \boldsymbol{K}_y \\ \boldsymbol{K}_z \\ \boldsymbol{A}_0 \end{bmatrix} \tag{3-76}$$

　　记

$$\hat{\boldsymbol{A}} = \begin{bmatrix} A_{11} & A_{12} & A_{13} & A_{14} & A_{21} & A_{22} & A_{23} & A_{24} & A_{31} & A_{32} & A_{33} & A_{34} \end{bmatrix}^{\mathrm{T}}$$

$$G = \begin{bmatrix} B_1 & B_2 & B_3 & I_3 \\ C_1 & C_2 & C_3 & I_3 \\ -B_1 & -B_2 & -B_3 & I_3 \\ -C_1 & -C_2 & -C_3 & I_3 \\ C_1 & C_2 & C_3 & I_3 \\ D_1 & D_2 & D_3 & I_3 \\ -C_1 & -C_2 & -C_3 & I_3 \\ -D_1 & -D_2 & -D_3 & I_3 \\ D_1 & D_2 & D_3 & I_3 \\ B_1 & B_2 & B_3 & I_3 \\ -D_1 & -D_2 & -D_3 & I_3 \\ -B_1 & -B_2 & -B_3 & I_3 \end{bmatrix} \quad (3-77)$$

$$\boldsymbol{\xi} = \begin{bmatrix} \boldsymbol{K}_x & \boldsymbol{K}_y & \boldsymbol{K}_z & \boldsymbol{A}_0 \end{bmatrix}^{\mathrm{T}}$$

则式(3-76)可以简写为

$$\hat{\boldsymbol{A}} = \boldsymbol{G}\boldsymbol{\xi} \quad (3-78)$$

式中：

$$\boldsymbol{A}_0 = \begin{bmatrix} A_{x0} \\ A_{y0} \\ A_{z0} \end{bmatrix}, \boldsymbol{K}_x = \begin{bmatrix} K_x \\ K_{xy} \\ K_{xz} \end{bmatrix}, \boldsymbol{K}_y = \begin{bmatrix} K_{yx} \\ K_y \\ K_{yz} \end{bmatrix}, K_z = \begin{bmatrix} K_{zx} \\ K_{zy} \\ K_z \end{bmatrix}, \boldsymbol{B}_1 = \begin{bmatrix} 0 & 0 & g \\ 0 & 0 & 0 \\ 0 & 0 & 0 \end{bmatrix}$$

$$\boldsymbol{B}_2 = \begin{bmatrix} 0 & 0 & 0 \\ 0 & 0 & g \\ 0 & 0 & 0 \end{bmatrix}, \boldsymbol{B}_3 = \begin{bmatrix} 0 & 0 & 0 \\ 0 & 0 & 0 \\ 0 & 0 & g \end{bmatrix}, \boldsymbol{C}_1 = \begin{bmatrix} 0 & g & 0 \\ 0 & 0 & 0 \\ 0 & 0 & 0 \end{bmatrix}, \boldsymbol{C}_2 = \begin{bmatrix} 0 & 0 & 0 \\ 0 & g & 0 \\ 0 & 0 & 0 \end{bmatrix}$$

$$\boldsymbol{C}_3 = \begin{bmatrix} 0 & 0 & 0 \\ 0 & 0 & 0 \\ 0 & g & 0 \end{bmatrix}, \boldsymbol{D}_1 = \begin{bmatrix} g & 0 & 0 \\ 0 & 0 & 0 \\ 0 & 0 & 0 \end{bmatrix}, \boldsymbol{D}_2 = \begin{bmatrix} 0 & 0 & 0 \\ g & 0 & 0 \\ 0 & 0 & 0 \end{bmatrix}, \boldsymbol{D}_3 = \begin{bmatrix} 0 & 0 & 0 \\ 0 & 0 & 0 \\ g & 0 & 0 \end{bmatrix}$$

$$\boldsymbol{I}_3 = \begin{bmatrix} 1 & 0 & 0 \\ 0 & 1 & 0 \\ 0 & 0 & 1 \end{bmatrix}$$

对方程(3-78)采用正交最小二乘法求解,得

$$\boldsymbol{\xi} = (\boldsymbol{G}^{\mathrm{T}}\boldsymbol{G})^{-1}\boldsymbol{G}^{\mathrm{T}}\hat{\boldsymbol{A}} \quad (3-79)$$

由式(3-79)可一次得到加速度计组合的 3 个标度因子 K_x、K_y 和 K_z,3 个零偏 A_{x0}、A_{y0} 和 A_{z0},6 个耦合系数 K_{xy}、K_{xz}、K_{yx}、K_{yz}、K_{zx} 和 K_{zy},共 12 个参数。

根据式(3-66),6个安装误差系数可由下式得到:

$$F_{xy} = \frac{K_{xy}}{K_x}, \ F_{xz} = \frac{K_{xz}}{K_x}$$

$$F_{yx} = \frac{K_{yx}}{K_y}, \ F_{yz} = \frac{K_{yz}}{K_y} \tag{3-80}$$

$$F_{zx} = \frac{K_{zx}}{K_z}, \ F_{zy} = \frac{K_{zy}}{K_z}$$

4) 加速度计组合的静态计量误差校准

利用翻滚法标定加速度计组合的静态计量误差模型系数后,再利用式(3-67),即可实现加速度计组合的静态计量误差校准。

5) 六位置法标定陀螺静态计量误差模型系数

基于地球自转角速度在东西方向无分量,采用六位置法,进行标定,标定步骤如下:

(1) IMU 安装好后,调整转台使 IMU 的 OX 轴向上为位置 1,向下为位置 2,OY 轴向上为位置 3,向下为位置 4,OZ 轴向上为位置 5,向下为位置 6,如图 3-52 所示。

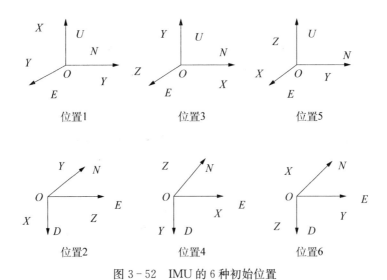

图 3-52　IMU 的 6 种初始位置

(2) 在每个平面时,以水平轴的一个光纤陀螺作为参考,使转台绕铅锤方向转动,分别指向东、南、西、北 4 个方向点。

(3) 当转台转到每个方向点时,使转台停留 1~3 min 左右,然后再开始采集光纤陀螺和加速度计的输出值,采集时间 6 min 左右(测试时采用 365 s)。

光纤陀螺标度因数计算方法:

$$\bar{G}_j = \frac{1}{N} \sum_{P=1}^{N} G_{jP} \tag{3-81}$$

$$\bar{G}_r = \frac{1}{2}(\bar{G}_s + \bar{G}_e) \tag{3-82}$$

$$G_j = \bar{G}_j - \bar{G}_r \tag{3-83}$$

式中:N 为采样次数;

$\quad G_{jP}$ 为光纤陀螺仪第 P 个输出值;

$\quad \bar{G}_j$ 为第 j 个输入角速度 ω_{ij} 时光纤陀螺仪输出的平均值;

$\quad \bar{G}_r$ 为转台静止时,光纤陀螺仪输出的平均值;

$\quad \bar{G}_s$ 为测试开始时,光纤陀螺仪输出的平均值;

$\quad \bar{G}_e$ 为测试结束时,光纤陀螺仪输出的平均值;

$\quad G_j$ 为第 j 个输入角速度 ω_{ij} 时光纤陀螺仪输出值。

用最小二乘法求标定因数 K:

$$K = \frac{\sum\limits_{j=1}^{M} \omega_{ij} G_j - \frac{1}{M} \sum\limits_{j=1}^{M} \omega_{ij} \sum\limits_{j=1}^{M} G_j}{\sum\limits_{j=1}^{M} \omega_{ij}^2 - \frac{1}{M} \left(\sum\limits_{j=1}^{M} \omega_{ij} \right)^2} \tag{3-84}$$

将 IMU 固定在转台上,分别使 X_b、Y_b、Z_b 轴指天,并以恒定速率绕相应轴作逆时针和顺时针旋转,并记录 3 只陀螺的输出。假定转台以恒定转速 ω 绕 j 轴逆时针和顺时针旋转,3 只陀螺的输出分别为 G_{j+}^i 和 G_{j-}^i($i, j = x, y, z$),i 表示陀螺的 3 个敏感轴,j 表示绕该轴旋转,逆时针为正,顺时针为负。则可以求得陀螺的零位偏差 G_{i0} 和安装误差系数 E_{ij}($i, j = x, y, z$):

$$\begin{cases} G_{x0} = \dfrac{G_{x+}^x + G_{x-}^x}{2} \\[2mm] G_{y0} = \dfrac{G_{y+}^y + G_{y-}^y}{2} \\[2mm] G_{z0} = \dfrac{G_{z+}^z + G_{z-}^z}{2} \end{cases} \tag{3-85}$$

$$\begin{cases} E_{xy} = -\dfrac{G_{z+}^x - G_{z-}^x}{2K_x\omega}, \quad E_{xz} = -\dfrac{G_{y+}^x - G_{y-}^x}{2K_x\omega} \\[2mm] E_{yx} = -\dfrac{G_{z+}^y - G_{z-}^y}{2K_y\omega}, \quad E_{yz} = -\dfrac{G_{x+}^y - G_{x-}^y}{2K_y\omega} \\[2mm] E_{zx} = -\dfrac{G_{y+}^z - G_{y-}^z}{2K_z\omega}, \quad E_{zy} = -\dfrac{G_{x+}^z - G_{x-}^z}{2K_z\omega} \end{cases} \tag{3-86}$$

6）光纤陀螺的静态计量误差校准

利用六位置法标定光纤陀螺的静态计量误差模型系数后，利用式（3－71），即可实现光纤陀螺的静态计量误差校准。

7）加速度计的零偏和标定因素温度计量误差模型及校准

不同的加速度计受温度影响是不同的。以石英挠性加速度计为例，该加速度计零位温度特性呈明显的非线性性，刻度因子温度特性近似于线性。

加速度计零偏 A_0 的三阶温度模型方程如下：

$$A_0(T) = \alpha_0 + \alpha_1(T - T_0) + \alpha_2(T - T_0)^2 + \alpha_3(T - T_0)^3 + \varepsilon_a \quad (3-87)$$

式中：α_0 为 T_0 时加速度计零偏值（V）；

α_1，α_2，α_3 为加速度计零偏温度模型中的一阶、二阶和三阶温度系数（V/℃）；

ε_a 为随机误差。

标定因素的线性温度模型方程如下：

$$K_1(T) = \beta_0 + \beta_1(T - T_0) + \varepsilon_\beta \quad (3-88)$$

式中：β_0，β_1 为模型的零次项系数（V/g）和一次项系数[V/(g·℃)]；

ε_β 为随机误差。

在温箱内测试不同温度下加速度计零偏和标定因素，采用最小二乘拟合法拟合出式（3－87）和式（3－88）中各项系数。加速度计零偏和标定因素温度校准的过程就是标定出上式中各项系数。

8）光纤陀螺温度误差模型及校准

温度及其变化率是引起光纤陀螺误差的主要环境因素之一，可通过建立数学模型而加以校准。在光纤陀螺惯性导航产品的误差建模中，一般仅针对产品工作时的温度对陀螺的零偏和刻度因数进行建模。由于温度环境对光纤陀螺的零偏影响较大，而对光纤陀螺标度因素的影响较小，在中低精度应用中一般不需要对陀螺标度因素进行温度误差建模。

一般情况下，可将光纤陀螺零偏的确定性温度误差模型表示为

$$G_0 = G_1 + G_T T + G_{\dot{T}} \dot{T} \quad (3-89)$$

式中：G_0 为陀螺零偏；

G_1 为模型常值项；

G_T，$G_{\dot{T}}$ 为与温度和温度变化率相关的误差系数。

式（3－89）将光纤陀螺的温度漂移误差表示为温度、温度变化率等多因素的线性多项式形式。由于温度场是作为一种分布式参数持续作用于陀螺的不同结构及部件，陀螺内部不同部位温度和温度变化率客观上存在差异，且都对陀螺温度漂移有不同程度的贡献，综合作用的结果使陀螺输出偏离输入形成温度漂移误差。因此，光纤陀螺的温度漂移误差可以看成温度场在多个典型空间位置上的取值及其对

时间导数的线性组合。取 $r \geqslant 2$ 个位置的温度及温度变化率,得到陀螺温度误差的多元线性回归模型为

$$G_0 = G_1 + \sum_{i=1}^{r} G_{T_i} T_i + \sum_{i=1}^{r} G_{\dot{T}_i} \dot{T}_i \qquad (3-90)$$

式中:G_0 为陀螺零偏;

$\quad$ G_1 为模型常值项;

$\quad$ T_i、$\dot{T}$ 为第 i 位置的温度和温度变化率;

$\quad$ G_T、$G_{\dot{T}}$ 为对应模型回归系数,即模型被估计量;

$\quad$ ε 为随机误差。

对于一组温度(及其变化率)采样值,得到对应的陀螺零偏,就可以利用最小二乘法回归得到模型回归系数 G_1,$G_{T_1} G_{T_2} \cdots G_{T_r}$,$G_{\dot{T}_1} G_{\dot{T}_2} \cdots G_{\dot{T}_r}$ 的估计值。在初始阶段,可以适当选取一些变量,再运用统计学原则剔除影响不显著的变量,并在最终的模型中保留影响显著且数目较少的变量。

光纤陀螺的零偏温度校准的过程就是利用最小二乘法回归得到模型回归系数 G_1,$G_{T_1} G_{T_2} \cdots G_{T_r}$,$G_{\dot{T}_1} G_{\dot{T}_2} \cdots G_{\dot{T}_r}$ 的过程。

3.4.5.4　惯性导航系统的发展

惯性导航系统的发展与其核心器件陀螺仪和加速度计发展密不可分,未来的发展趋势主要有以下几个方面:

1) 向捷联式方向发展

捷联式惯性导航系统(SINS)是把加速度计和陀螺仪直接固联在载体上,用计算机来完成导航平台功能的惯性导航系统。与平台式导航系统相比具有体积小、可靠性高、功能强、重量轻、成本低、精度高以及使用灵活等优点,因此捷联式成为当今惯性导航系统发展的主流。

2) 向多模式组合导航方向发展

惯性导航系统同时具备自主性好、信息全面、抗干扰性强等军事应用价值的性能,20 世纪末以来,各类现代化的运载体对导航系统的精度、实时性、可靠性、经济性等要求越来越高,仅靠惯导系统已难以满足各方面的要求,惯导系统在成本与精度方面的不足也严重限制了其向某些军用及民用广阔领域的进一步发展。在一些工作时间长、精度要求较高的应用中,可将惯导系统作为基准导航系统再与其他一种或多种导航系统相结合,通过多信息融合技术进行相互的误差补偿,从而组成一种性价比更高的惯性基组合导航系统,使惯导系统与其他导航系统之间能够取长补短,满足多方面需求。

(1) 惯性/卫星组合导航系统。

惯性导航系统相对定位精度高,不易受干扰,但误差积累。而卫星导航系统具有定位精度高,误差不积累,可全天候地在全球范围内定位,导航仪价格也较低,但

卫星导航属于无线电导航系统,易受干扰。对于运动的载体,有时信号会被遮挡,此时卫星的定位就会被中断。惯导系统与卫星导航系统这种互补的特点使得两者的组合有很好的效果。美国全球定位系统 GPS、俄罗斯卫星导航系统 GLONASS、欧盟伽利略定位系统 Galileo、我国"北斗"导航系统 BD 已投入使用,惯性/卫星组合导航系统将逐步替代纯惯性导航系统成为未来的主要导航系统。

(2) 惯性/地磁匹配组合导航系统。

随着地磁测量技术及各相关学科的快速发展,地磁导航因具有无源、全自主、无辐射、体积小、能耗低、价格便宜等优良特性,已成为导航重要发展方向,日益受到关注。作为一种匹配定位算法,地磁导航的误差不会随着时间产生累积效应,因而非常适合与惯性导航系统进行信息融合,构成组合导航系统,对惯性器件产生的累积误差进行及时的修正。惯性导航系统的短期高精度又可为地磁匹配提供位置参考,从而提高匹配效率和匹配精度。惯性/地磁匹配组合定位能满足"长期、自主、实时、高精度、全天候"的导航需求,是未来组合导航系统发展趋势。

(3) 惯性/星光组合导航系统。

基于星敏感器的现代天文装置具有姿态精度高、自主性好、不易受干扰等优点,但输出频率不高,且一般不能提供其他导航信息。可见,惯性导航与星光导航在导航信息的全面性、连续性及误差特性等均具有良好的互补性。利用星敏感器可校正惯导系统的姿态误差,而惯导系统可为星敏感器连续提供三维姿态参考信息,使星敏感器实现星图的快速搜索与识别。

惯性/星光组合系统的特点主要有:

a. 惯性系统与星敏感器易于进行全数字化、一体化的集成设计,这样,组合系统实现轻小型、长寿命、高可靠、低功耗等目标。

b. 星敏感器输出的高精度姿态信息可对惯导系统进行姿态误差修正,可以提高组合导航系统的导航精度,且完全自主、隐蔽性好。

c. 惯性导航系统和星光导航系统具有余度功能,可有效提高组合导航系统长期工作的可靠性。

惯性/星光组合导航系统有多方面的性能特点,将成为未来组合导航系统的重要发展方向,今后在航天领域、远程导弹与飞机等领域都将有广阔的应用前景。

3) 向小型化方向发展

随着微机械陀螺仪、硅微机械加速度计研究和技术进步,低成本、低功耗、小体积重量的 MEMS 微惯性测量单元应用前景广阔,是未来惯性系统发展必然趋势。

3.4.6　陀螺罗经

3.4.6.1　陀螺罗经的特点和用途

陀螺罗经又称为陀螺罗盘,它是一种能自动找出地理北并指示出真航向的陀螺仪表。陀螺罗经能够自动找北,所指示的是真航向,在工作过程中无需由其他航向仪表来进行校正,自主性强。它的工作不依赖于地磁场,不受外界磁场的影响,没有磁罗盘所具有的磁差和罗差。

由于陀螺罗经的这种特点,使它成为舰船和潜艇上不可缺少的导航设备,它也可为舰艇上的火炮和鱼雷提供方位基准。在民用上,陀螺罗经可用作隧道和矿山建设的测向仪表。在航空上,惯性导航系统通常应用陀螺罗经的找北原理来实现平台方位的精确对准。

但是,陀螺罗经也有其不足之处。陀螺罗经的工作精度受航行体的速度、加速度等影响比较大。在速度大的航行体上使用时需要进行精确的速度校正,这就限制了它在航空上的广泛应用。

3.4.6.2 陀螺罗经的装置和原理

1) 陀螺罗经的基本工作原理

陀螺罗经的基本工作原理是利用地球自转角速度和重力场的综合效应,使双自由度陀螺仪的自转轴能精确地自动寻找真北方向,从而指示出真航向。

如图 3-53 所示,将一个双自由度陀螺仪放置在地球上,并使其外环轴沿垂线方向。如果自转轴的初始位置处于水平面内并指向地理南北方向,则由于地球的自转运动,陀螺仪将出现以下的表观运动现象:

(1) 由于地球自转角速度垂直分量 $\omega_e \sin \varphi$ 的影响,自转轴以角速度 $\omega_e \sin \varphi$ 绕外环轴(在陀螺罗经中外环轴常称为垂直轴)相对地球转动。在北半球它相对子午面向东偏离,在南半球它相对子午面向西偏离,在赤道上则不产生偏离。

(2) 当自转轴相对子午面出现向东或向西的偏角 α 时,由于地球自转角速度北向分量 $\omega_e \cos \varphi$ 的影响,自转轴以角速度 $\omega_e \cos \varphi \sin \alpha$ 绕内环轴(在陀螺罗经中内环轴常称为水平轴)相对地球转动。当自转轴处于子午面东边时,则相对水平面逐渐抬起,当自转轴处于子午面西边时,则相对水平面逐渐下降。

由于地球角速度北向分量和垂直分量,使得陀螺极点在相平面上的表观进动轨迹成为一个以极轴方向为中心的圆(见图 3-53)。如果顺着自转轴方向看,陀螺极点沿圆形轨迹逆时针转动,每 24 小时转动一圈。

在这种情况下,显然无法利用陀螺仪来指示真北,故应设法使陀螺极点的运动轨迹收敛,亦即设法使自转轴返回到子午面。为此,在陀螺罗经中采取了两个措施:一是由修正装置使极点运动轨迹压扁成为椭圆,且椭圆长半轴小于圆的半径;另一是由阻尼装置使极点的椭圆轨迹收敛(见图 3-53)。实际上,两者是同时进行的。

2) 修正装置及原理

修正装置感测自转轴绕内框轴相对水平面的偏角,根据偏角的大小和方向,绕内框轴给陀螺仪施加修正力矩。在陀螺罗经中产生修正力矩的方法有两种:一是使内环组合件的重心向下偏离内环轴线即具有下摆性[见图 3-54(a)],当自转轴偏离水平面时,摆性便形成绕内环轴作用的修正力矩;另一种是在内环上装有摆式敏感元件[见图 3-54(b)],并在内环轴上装有修正电机,当自转轴偏离水平面时,摆式敏

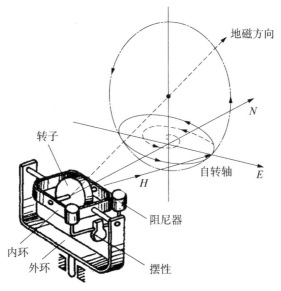

图 3 - 53 陀螺罗经原理

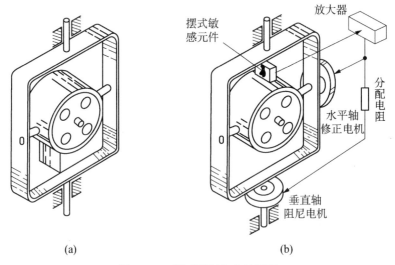

(a)   (b)

图 3 - 54 摆式罗经与电控罗经

（a）摆式罗经 （b）电控罗经

感元件送出信号,控制修正电机产生绕内环轴作用的修正力矩。前者称为摆式罗经,后者称为电控罗经,这两种修正方法的修正原理是相同的,现以摆式罗经为例说明。

将陀螺罗经放置在北半球的某一地点上,如图 3 - 55 所示。假设起始时自转轴水平指向东[见图 3 - 55(a)],这时摆的重力作用线通过内环轴线,所以对内环轴不形成修正力矩。可是,由于地球自转角速度北向分量 $\omega_e \cos \varphi$ 的影响,经过一段时

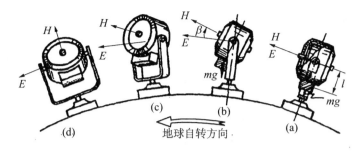

图 3 - 55 陀螺罗盘自转轴的运动情况

间，自转轴相对水平面抬起并与水平面成 β 角[见图 3 - 55(b)]，这时摆的重力作用线不通过内环轴线，便形成绕内环轴作用的修正力矩。设摆的质量为 m，其质心向下偏离内环轴线的距离为 l，则修正力矩的大小为

$$M_{kx} = mgl \sin \beta \qquad (3 - 91)$$

其中 mgl 为取决于罗经结构参数的常量（$mgl = K$），偏角 β 一般为小角度，上式可简化为

$$M_{kx} = K\beta \qquad (3 - 92)$$

这时修正力矩的方向是绕内环轴且垂直于纸面向外，也就是指向真北方向。在这个修正力矩的作用下，自转轴将趋向子午面进动[见图 3 - 55(c)]，其进动角速度的大小为

$$\omega_y = \frac{M_{kx}}{H} = \frac{mgl\beta}{H} = \frac{K\beta}{H} \qquad (3 - 93)$$

经过一段时间后，自转轴将到达子午面位置[见图 3 - 55(d)]。

在自转轴趋向子午面进动的过程中，地球仍然在不断自转，因此当自转轴到达子午面位置时，自转轴仍然是在水平面之上，并且偏角 β 达到最大。这样，修正力矩就继续作用，使自转轴偏离子午面而向西进动。由于自转轴在子午面西边时，它相对水平面是逐渐下降的，于是偏角 β 将逐渐减小，进动角速度也随之减小。到了某一时刻，自转轴正好处在水平面位置，修正力矩等于零，自转轴停止进动。但由于地球仍然在不断自转，经过一段时间后，自转轴相对水平面又会出现偏角 β，应该注意，这时自转轴是处在子午面的西边，自转轴从水平面位置继续下降的结果，使自转轴偏离到水平面之下。这样，修正力矩的方向改变到与原来的相反，自转轴产生反方向的进动而返回子午面。当自转轴重新到达子午面位置时，自转轴仍然是在水平面之下，而且偏角 β 达到最大，在该偏角所产生的修正力矩作用下，自转轴又偏离子午面而向东进动到达原来的起始位置上。然后上述的振荡运动过程又会重复出现。

3）阻尼装置及原理

为了消除陀螺自转轴绕真北方向的振荡，需对陀螺仪施加阻尼作用，使其振荡衰减下来,这样自转轴才能稳定在子午面位置上,而成为可以实际使用的陀螺罗经。

　　在陀螺罗经中阻尼振荡的方法有许多种,例如偏心连接法、水平摆法、液体阻尼法以及电气阻尼法等。根据所产生的阻尼力矩是绕水平轴(即内环轴)作用在陀螺仪上,还是绕垂直轴(即外环轴)作用在陀螺仪上,可分为水平轴阻尼和垂直轴阻尼。这里仅以电气阻尼方法为例。

　　如图 3-54(b)中所示在内环上安装有摆式敏感元件,而在外环轴向安装有阻尼力矩电机。摆式敏感元件敏感出自转轴绕内环轴相对水平面的偏角 β,并输出与该偏角成正比的电压信号。这个信号经放大器放大后,除了用来控制水平轴修正电机产生修正力矩外,还用来控制垂直轴阻尼电机产生阻尼力矩。这种方法是属于垂直轴阻尼,其阻尼力矩的大小与偏角 β 的大小成正比。设阻尼的比例系数为 C,则阻尼力矩的大小为

$$M_{cy} = C\beta \tag{3-94}$$

而阻尼力矩的方向应指向减小偏角的方向。即当自转轴在水平面之上时阻尼力矩的方向指下,而自转轴在水平面之下时阻尼力矩的方向指上,这样才能起到阻尼振荡的作用。

　　如果在放大器中还设有超前网络,则放大器除了对摆式敏感元件的信号加以放大,用来控制水平轴修正电机产生修正力矩外,还将对摆式敏感元件的信号进行微分,用来控制水平轴修正电机产生阻尼力矩。这样就不要另加垂直轴阻尼电机。这种方法仍属于水平轴阻尼,其阻尼力矩的大小与角速度 $\dot{\beta}$ 的大小成正比。设阻尼系数为 k_c,则阻尼力矩的大小为

$$M_{cx} = k_c\dot{\beta} \tag{3-95}$$

而阻尼力矩的方向则与角速度 $\dot{\beta}$ 的方向相反。

4 无线电测量

利用无线电波的传播特性测定目标的位置、速度和/或其他特性,或获得与这些参数有关的信息。

4.1 无线电测量原理

4.1.1 无线电波传播的基本概念

发射天线或自然辐射源产生的无线电波,通过自然条件下的媒质或真空到达接收天线的过程,称为无线电波的传播,它是一种电磁能量的传播。与其他波动如声波、机械波等不同,其传播不必依赖传输媒质,可在真空中进行,这是无线电波的重要特征之一。

研究电磁波的传播特性时,常采用自由空间的概念,它是电导率为零、相对介电常数 ε 和相对磁导率 μ 都恒为 1 的各向同性、均匀无耗介质空间,其介质特性与真空等效。电磁波在自由空间传播时,只有直线传播的扩散损耗,传播速度等于真空中的光速。

但实际的电磁波绝大多数是在存在各种各样媒质的环境中传播的,这些媒质的电磁参数具有明显的不均匀性和随机性,使得通过它们的电磁波的传播特性发生随机变化,产生反射、折射、散射、绕射、色散和吸收等现象,并可能引起无线电信号的畸变。实际传播媒质对电波信号传播的影响,主要表现在传输的吸收性损耗、相速变化、传播方向的改变、干扰和噪声等方面。

若传输媒质的特性随时间而产生随机变化,则称该媒质是随(机)参(量)的。电波在随参媒质中传播,会出现信号随时间的随机起伏,产生衰落现象。它可以是由于电离层吸收作用的变化而产生的吸收型衰落,其变化较慢,周期是几分钟到几小时,甚至长达几个月,称为慢衰落;也可以是由于电离层状态的随机变化导致路径改变产生多径效应的干涉型衰落,其变化周期较短,通常在几分之一秒到几分钟之间,称为快衰落。不同频率的衰落情况不同,称为选择性衰落。信号的衰落造成信号失真,对于通信和导航系统等获取信息的准确性和可靠性将产生严重影响。

若传播媒质对传播的影响与电波频率有关,称媒质是色散的。电波在这种媒质中传播时,相速会发生变化,即不同频率的无线电信号传播的速度不同,当到达接收点时,信号产生失真,已不再保持发射时各频率分量的正确相位关系,出现了色散效应。在地球大气中,对流层对 20 GHz 以上、电离层对 30 MHz 以下的无线电波分别存在色散效应。另外,由于多径传输时的多相位现象,在最大和最小延迟差与信号的带宽可比拟时,也会对信号波形造成明显的畸变。

若传播空间存在不同特性的传输媒质,或媒质具有不均匀性,称为非均匀媒质空间。电波在其中传播时,会产生折射、反射、绕射等现象,使传播方向发生改变。有时利用这个现象来增加电波传播的距离,但也会造成无线电导航中角度或方位测量的精度下降。

4.1.1.1　地面波传播

电波沿地球表面的传播称为地面波传播(groundwave propagation)或表面波传播(surface wavepropagation)。当天线采用直立形式低架于地面上,架设高度远小于波长时,其电波的最大辐射方向为沿着地球表面的方向,这时主要是地面波传播,并且通常为垂直极化波的方式。

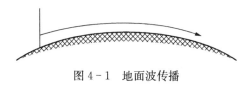

图 4 - 1　地面波传播

与在均匀媒质中以一定速度直线传播的方式不同,电波沿地球表面传播时,在地表面两侧(一侧为空气,一侧为半导电地面)的电场、磁场满足一定的电磁传播边界条件,电磁波能量被紧密地束缚在地球表面上,并引导电磁波沿该表面行进,图4-1所示为地面波传播的示意图。

地面波的传播主要受半导电性地球表面的影响,如地面的磁电特性、地貌地物的不平坦性等,与昼夜、季节、气象变化等条件和太阳的放射性关系不大。

地面是否平坦与电波的波长有关。由于地球表面呈现球形和起伏不平的地貌特征,使电波传播路径主要按绕射方式进行,只有当波长超过障碍物高度或与其相当时,才具有绕射作用。如对于长波来说,除了高山外其他地面都可以看作是平坦的;而对于分米、厘米波来说,即使是水面波浪或田野上的丛生植物,也会对传播产生比较明显的障碍作用。另外,不同地质的电磁特性变化很大,海水、淡水、土壤、岩石等不同的电气特性,将会导致地面波的传播有较大变化。

地面波的特点是信号质量好,传播比较稳定可靠,并且没有多径效应;但随着电波频率的增高(一般大于 2 MHz 时),地面对电波的吸收就趋于严重,其传播(绕射)损耗迅速增大,因此只适宜于频率较低的中波、长波或超长波的远距离通信或导航,并且需要较高的发射功率和大尺寸天线。在军事领域,也常用短波、超短波作几千米或几十千米以内的短距离通信、侦察和干扰等。

4.1.1.2　天波传播

天波传播(skywave propagation)是指电波由发射天线向高空辐射,在高空被电离层连续折射或散射而返回地面接收点的传播方式,有时也称电离层电波传播(ionospheric propagation)。电离层反射无线电波的能力与电波频率有关,并且电波必须满足一定的入射(角)条件;否则,将穿过电离层而不再返回地面。图4-2是天波

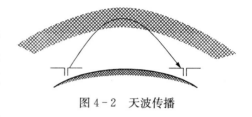

图4-2　天波传播

传播的示意图。天波传播与电离层密切相关。电离层是一种随机、色散、各向异性的媒质,其形成主要由太阳辐射引起,电离层各区的电子浓度、高度分布等与地理位置、季节、时间及太阳活动情况等有密切关系,会出现各种规则和不规则的变化。

电波在电离层中传播时会产生各种效应,如短波信号的传输很不稳定,噪声大、可靠性低,相移、衰落现象比较严重,随机多径传输又使信号产生失真和带宽受限,并且会因电离层暴、电离层骚扰等异常情况造成信号中断,这是天波传播的主要缺点。随着高频自适应通信技术的发展和应用,短波通信的可靠性已经得到很大提高,目前在移动通信方面占有重要的地位。

天波传播的主要特点是传输损耗小和超视距传播,可用较小功率实现远距离通信,如果经过电离层折射与地面反射的多次跳跃传播,还可实现数千千米、甚至几万千米的信号传输。长、中、短波都可利用电离层反射传播,但以短波为主,是大多数短波通信、广播的主要传播方式,如机载短波电台(H. F. Comm)工作于2~30 MHz。其他频段的无线电波可能被吸收或穿越大气层进入太空,因而无法利用天波传播。

4.1.1.3　视距传播

视距传播(propagation over thel ineofsight)又称直接波传播或空间波传播,是指在发射天线与接收天线相互"看得见"的距离内,电波由发射点直接到达接收点的传播,是一种直接的、对视的传播方式,但有时也包括地面反射波、衍射波的传播。

视距传播可分为地—地视距传播和地—空视距传播。前者的传播距离会受到地球曲率的限制,但由于大气造成的折射会使电波向地面方向产生细微的弯曲,因此实际的最大传输距离要大于视线距离。图4-3是几种主要的视距传播方式示意图。

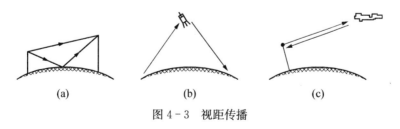

|(a)|(b)|(c)|

图4-3　视距传播

大多数的视距传播路径至少有一部分是在大气的对流层中,且通信的一端处于地球表面上,因此地面状态和对流层等都会对视距传播造成影响,表现为反射、折

射、散射、绕射和吸收等，影响程度与气象情况、电波频率有关。频率较高时，山、树木、建筑物等对电磁波的散射和绕射作用会进一步增强，在几千兆赫及更高频率上，还应考虑雨、雪等水凝物和大气成分对电波的吸收衰减及散射作用。另外还有空间直射波和地面反射波之间的干涉影响，这是由于地表的特定几何物理结构造成的。

发射和接收天线的高度基本决定了视距传播的通信距离，利用具有强方向性的高度天线是扩大传输距离的有效途径；但需对天线位置、高度进行调整，以减小信号之间的干扰和衰减的影响。

对于超短波及以上波段的无线电信号，由于不宜采用地面波传播和天波传播，因此视距传播是其主要传播方式，如机载超短波电台（V. H. F. Comm）的工作频率为 118.000～135.975 MHz。视距传播也是卫星通信、卫星导航的基本传播方式。

4.1.2　空间坐标系

4.1.2.1　地球形状及其参数

人们对地球形状和大小的认识经历了一个相当长的历史过程。由于地球围绕太阳公转的同时也在绕其本身的地轴自转，按照自旋的物理特性，地球应该是一个旋转椭球；但是地球又不是一个理想的旋转椭球体，其表面起伏不平，很不规则，有高山、陆地、大海等。

地球的形状通常可由物理表面和数学表面来表示。物理表面指的是客观存在的地球与外层大气之间的分界面；数学表面则是地球表面重力的等位面，也叫大地水准面（geoids）。大地水准面能更好地描述地球几何特性，并且可以通过大地测量来确定。

但是，由于地球形状的不规则和质量分布的不均匀，地球重力场的变化并不规则，造成真实的大地水准面是一个不规则的球面，无法用一个简单的数学方程来表达。为了描述方便，通常将大地水准面假想成理想海面，这种海面无潮汐、无温差、无盐分，密度均匀，并且延伸形成闭合曲面。

在实际应用中，人们采用一个旋转椭球面按照一定的期望指标（如椭球面和真实大地水准面之间的高度差的平方和为最小）来近似大地水准面，并称之为参考椭球面。

参考椭球面的大小和形状可以用两个几何参数来描述，即长半轴 a 和扁率 f，其具体数值由大地测量确定。由于测量方法和手段的不断改进与完善，其几何参数的精度也在不断提高，目前应用中两个比较重要的参考椭球系是克拉索夫斯基椭球和 WGS 84 椭球，其参考椭球参数如表 4-1 所示。

表 4-1　常用参考椭球系的主要参数

椭球名称	克拉索夫斯基椭球	WGS 84 椭球
长半轴 a/m	6 378 245	6 378 137
扁率 f	1/298.3	1/298.257 223 563

4.1.2.2 天球坐标系

在某些特定的场合(如研究宇宙航行和天体运动时),需要寻找一个独立于地球之外的基本稳定的坐标系以描述物体相对于地球的运动;同时,要能够比较直观地从地球的角度出发观察和描述整个宇宙。

天球坐标系便是一种能够符合上述两方面需要的空间坐标系,如图 4-4 所示。该坐标系的定义为:原点在地球质心,X 轴指向平春分点,Z 轴是天轴,平行于平均地球自转轴,Y 轴垂直于 X、Z 轴并构成右手坐标系。该坐标系是空间准惯性坐标系,也是稳定力学的基本坐标系。卫星的运动就可以在天体坐标系中较为直观和形象地描述。

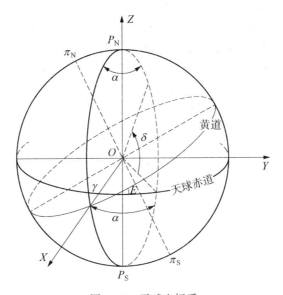

图 4-4 天球坐标系

天球是以地球质心为球心,半径为无穷长的一个球体,也叫地心天球。地球自转轴的延长线称为天轴,天轴与天球的交点 P_S 和 P_N 分别称为天球的南、北天极。通过地球质心与天轴垂直的平面,就是地球赤道所在的平面,称为天球赤道面。天球赤道面与天球相交的大圆称为天球赤道。

地球公转的轨道(黄道)所在的平面的无线延伸称为天球黄道面,其与天球相交的大圆称为天球黄道。通过天球中心,并且垂直于黄道的直线称为黄轴,其与天球的交点分别称为南黄极、北黄极。天球黄道与天球赤道的两个交点,分别称为春分点、秋分点,并且与地球的节气相对应。

由于地球的形状接近一个赤道隆起的椭球体,因此在日月引力和其他天体引力的作用下,地球在绕太阳运动时的自转轴方向将发生变化,绕北黄极缓慢地旋转(从北天极上方观察为顺时针方向),因而使北天极以同样的方式在天球上绕北黄极旋转,从而使春分点产生缓慢的西移。

4.1.2.3　地心地固坐标系

如果将对宇宙天体的研究范围缩小到地球表面附近,就要选择一个相对于地球自转静止的坐标系,即建立一个固联在地球上的坐标系,称作地心地固坐标系。它的具体定义为:原点在地球的质心,XOY 平面与地球平赤道面重合,X 轴的指向穿过格林尼治子午线和赤道的交点,Z 轴与地球平极轴重合。该坐标系在大地测量领域中应用较为广泛,国际上常用的 WGS 84 椭球就是该坐标系的近似描述。

4.1.2.4　地平坐标系

对于在地球表面,并且运动范围不大的载体来说,其运动区域接近于一个平面,只要能够获得东、北向载体的位移或速度信息,就可以比较准确地知道载体的位置。因此,建立位于地球表面的坐标系是比较实用和重要的,称为地平坐标系,具体定义为:原点位于当地参考椭球的球面上,X 轴沿参考椭球卯酉圈方向并指向东,Y 轴沿参考椭球子午圈方向指向地球北极,Z 轴沿椭球面外法线方向指向天顶。如图 4-5所示。该坐标系对地球表面处于地表及平流层内的用户来说比较直观,因此适用于大多数导航的应用,故又称为导航坐标系。

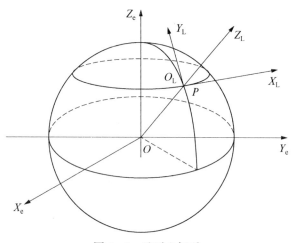

图 4-5　地平坐标系

4.1.2.5　载体坐标系

对于车辆、舰船,特别是飞机这样的载体,其往往是群体运动中的一员,特别在飞机协同作战的过程中,需要知道自己的运动速度以及其他成员与自己的相对位置关系,如是在左侧还是右侧,在下方还是上方,以便于驾驶员采取相应的动作。

建立以载体为中心、固联于载体上的坐标系,称为载体坐标系。载体坐标系的原点位于载体的质心,Y 轴指向载体的纵轴方向向前,Z_b 轴沿载体的竖轴方向向上,X_b 轴与 Y_b、Z_b 轴构成右手坐标系,如图 4-6所示。

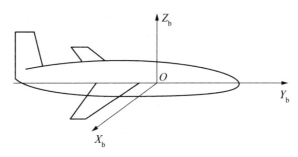

图 4-6　载体坐标系

4.1.2.6　坐标系转换

航行体的导航参量是与特定的空间坐标系相关联的,坐标系不同则导航参量将会发生变化。在某些应用场合,需要对导航参量进行空间坐标系的变换。譬如,利用卫星导航定位的飞机编队成员之间需要知道彼此的相对位置关系,此时就需要将其他飞机在地心地固坐标系中的位置坐标,转化为某编队成员所在的地平坐标系中的相对位置坐标。此外,卫星的定轨通常是在地心地固坐标系中进行测量定位的,但是为了研究卫星的运行轨道以及对轨道进行预测等需要,往往将卫星在地心地固坐标系的位置转化为天球坐标系中的位置坐标。

坐标系的转换包括两个基本环节,即坐标平移和坐标旋转。坐标平移比较简单,因此着重阐述坐标旋转。平面直角坐标系 XOY 绕 O 点逆时针旋转角度 α 后得到坐标系 $X'OY'$,如图 4-7 所示。

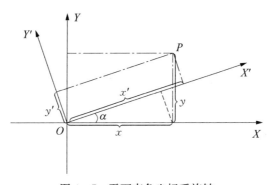

图 4-7　平面直角坐标系旋转

假设 P 点在 XOY 坐标系中的坐标值为 (x,y),则不难得到 P 点在 $X'OY'$ 中的坐标值 (x',y') 为

$$\begin{bmatrix} x' \\ y' \end{bmatrix} = \begin{bmatrix} \cos\alpha & \sin\alpha \\ -\sin\alpha & \cos\alpha \end{bmatrix} \begin{bmatrix} x \\ y \end{bmatrix} \tag{4-1}$$

空间三维坐标的旋转通常可以分解为多次平面坐标的旋转。如地心地固坐标系转换为天球坐标系需要绕地球极轴旋转由地球自转引入的角度;地平坐标系绕 X

轴顺时针旋转纬度角,然后绕 Y 轴旋转经度角,就可以转换到地心地固坐标系;载体坐标系绕航行体纵轴旋转横滚角,然后绕飞机横向旋转俯仰角,最后绕航行体垂向旋转航向角,就可以转换到当地地平坐标系。此外不难证明直角坐标系之间的旋转变换矩阵为单位正交矩阵,其逆变换为其本身的转置,因此坐标系间的反向转换可以据此求得。根据各坐标系之间的关系,可以求得下列坐标系之间的转换公式。

(1) 地固坐标 $[X_e, Y_e, Z_e]^T$ 转换为天球坐标 $[X_i, Y_i, Z_i]^T$。

$$\begin{bmatrix} X_i \\ Y_i \\ Z_i \end{bmatrix} = \boldsymbol{R}_e^i \begin{bmatrix} X_e \\ Y_e \\ Z_e \end{bmatrix} = \begin{bmatrix} \cos\Omega & -\sin\Omega & 0 \\ \sin\Omega & \cos\Omega & 0 \\ 0 & 0 & 1 \end{bmatrix} \begin{bmatrix} X_e \\ Y_e \\ Z_e \end{bmatrix} \qquad (4-2)$$

式中:Ω 为地球自转引起的天球坐标系和地心地固坐标系的旋转角度。

(2) 地平坐标 $[X_L, Y_L, Z_L]^T$ 转换为地固坐标 $[X_e, Y_e, Z_e]^T$。

$$\begin{bmatrix} X_e \\ Y_e \\ Z_e \end{bmatrix} - \begin{bmatrix} X_{oe} \\ Y_{oe} \\ Z_{oe} \end{bmatrix} = \boldsymbol{R}_L^e \begin{bmatrix} X_L \\ Y_L \\ Z_L \end{bmatrix} = \begin{bmatrix} -\sin\lambda & -\cos\lambda\sin\varphi & \cos\lambda\cos\varphi \\ \cos\lambda & -\sin\lambda\sin\varphi & \sin\lambda\cos\varphi \\ 0 & \cos\varphi & \sin\varphi \end{bmatrix} \begin{bmatrix} X_L \\ Y_L \\ Z_L \end{bmatrix}$$
$$(4-3)$$

式中:$[X_{oe} \quad Y_{oe} \quad Z_{oe}]^T$ 为载体所在地平坐标系原点的地心地固坐标;

λ、ϕ 为载体的经、纬度。

(3) 载体坐标 $[X_b, Y_b, Z_b]^T$ 转换为地平坐标 $[X_L, Y_L, Z_L]$

$$\begin{bmatrix} X_L \\ Y_L \\ Z_L \end{bmatrix} - \begin{bmatrix} X_{oL} \\ Y_{oL} \\ Z_{oL} \end{bmatrix} = \boldsymbol{R}_b^L \begin{bmatrix} X_b \\ Y_b \\ Z_b \end{bmatrix} \qquad (4-4)$$

式中:$[X_{oL}, Y_{oL}, Z_{oL}]^T$ 为载体的地平坐标;

R_b^L 为坐标旋转变换矩阵,其表达式如下:

$$\boldsymbol{R}_b^L = \begin{bmatrix} \cos r\cos y - \sin r\sin y\sin p & -\sin y\cos p & \cos y\sin r + \sin y\sin p\cos r \\ \cos r\sin y + \sin r\cos y\sin p & \cos y\cos p & \sin y\sin r - \cos y\sin p\cos r \\ -\cos p\sin r & \sin p & \cos p\cos r \end{bmatrix}$$
$$(4-5)$$

式中:r、p、y 分别表示飞行器的横滚角(roll)、俯仰角(pitch)和航向角(yaw)。

4.1.3　参数测量原理

4.1.3.1　角度测量原理

要完成方位角参量的测量,通常需要导航台发射一定的无线电信号,由安装在载体上的接收设备(称为无线电测向器)完成角度的测量。振幅法和相位法是方位角度测量的两种常用方法。

1）振幅法

振幅法的基本出发点是利用天线的方向性图实现振幅与角度的对应关系,有两种实现体制。一种是导航台站用方向性天线发射信号,用户利用无方向性天线接收,定义为站台主动式;另一种是导航台站用无方向性天线发射信号,用户端利用方向性天线接收,定义为用户主动式。

（1）站台主动式。

站台主动式主要用来测量载体和导航台站的连线与基准方向（地理北向或某一特定方向,如飞机跑道）之间的夹角。如图4-8所示,导航台发射有一定宽度的定向波束在空间作全方位扫描,扫描的角速度为 ω,当定向波束扫过基准方向时,导航台发射全向波束的脉冲信号。设用户收到全向波束信号的时刻为 t_1,收到定向波束的时刻为 t_2,则用户与导航台站连线方向与基准方向的夹角可由下式求得

$$\alpha = \omega(t_2 - t_1) \tag{4-6}$$

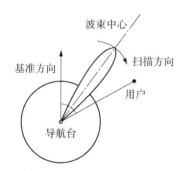

图4-8　站台主动式振幅法测向

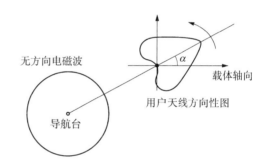

图4-9　用户主动式振幅法测向

（2）用户主动式。

用户主动式用来测量载体和导航台站连线与载体轴向之间的夹角,如无线电罗盘。这时,导航电台利用无方向性天线发射全向信号,载体测向设备利用方向性天线进行接收,如图4-9所示。图中用户的方向性天线可以旋转,当方向性图的零点从载体的轴向旋转到载体与导航台站的连线方向时,用户便无法接收到导航台站的信号,此时便可以测量出载体和导航台站连线与载体轴向之间的夹角。利用方向性天线的零点进行测向的方法称为最小值法。同理,还有最大值法和等信号法,后者是利用带有两个波束的方向性天线的等幅值处进行测向的方法。

2）相位法

无线电波传播时,相位与角度之间没有直接的对应关系,但可以通过采取某些措施使它们建立起对应关系,比如旋转方向性天线、绕圆周旋转无方向性天线,以及采用基线测量法等。

与振幅法不同,相位法并不要求天线有尖锐的方向性,即使采用无方向性天线也可完成角度的测量。

（1）旋转天线方向性图。

如图 4 - 10 所示，假若导航台具有两套发射天线，一套是在水平面内旋转的方向性发射天线，一套是全向天线。系统通过全向天线辐射与方向性天线转动频率相同的电波信号，空间中距离测量原理距导航台相同距离上的该信号相位将是完全相同的，与方位无关，称之为基准相位信号；同时通过在水平面内旋转方向性天线，则空间任意一点接收到的场强将是一个包络调制信号，包络的相位与接收点的方位相关，称为可变相位信号。测出可变相位信号和基准相位信号之间的相位差，就可以确定接收点的方位，如伏尔和塔康系统。

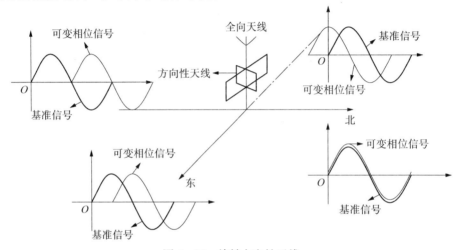

图 4 - 10　旋转方向性天线

（2）旋转无方向性天线。

无方向性天线在辐射电磁波时，本身不含空间的角度信息。假设无方向性天线 A 在发射信号的同时，还在半径为 R 的平面圆周上以固定的角频率 Ω 旋转，如图 4 - 11 所示。

由于旋转天线的多普勒效应，接收信号的频率将被天线的转速所调制，相当于对信号进行了频率调制。这种调制使接收信号的相位发生相应变化，产生的包络线相位与方位有一定的对应关系，从而可以确定载体的方位，如多普勒伏尔系统。

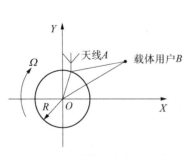

图 4 - 11　旋转无方向性天线

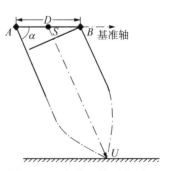

图 4 - 12　相位基线测角原理

（3）基线方式。

采用相位的基线测角原理如图 4-12 所示。沿确定的基准方向 AB 并以一定的距离 D 放置两个无方向性天线 A、B，它们发射同相的电磁波。用户处于天线 A、B 的远场 U 点，通过接收 A、B 的信号并比较它们的相位，则可得到用户相对于基准轴 AB 的角度 α，其关系如下：

$$\phi = \phi_B - \phi_A = \frac{2\pi}{\lambda} D \cos \alpha \tag{4-7}$$

式中：λ 为接收电波的波长。

由于相位计只能测量 2π 范围以内的相位值，而由上式确定的相位差的范围是 $(-\infty, +\infty)$，所以存在测相的多值性，即当 $D > \lambda$ 时，相位差的范围将超过 2π。因此基线长度 D 应当尽量设计的小于波长 λ。

4.1.3.2　距离测量原理

无论是对距离（即矢径长度），还是距离差、距离和的测量，都是利用电磁波在均匀介质空间中传播的直线性和等速性为条件的，主要有相位、频率和脉冲（时间）3 种测量距离的方法。

1）相位法

相位测距（差）是通过测量电磁波在运载体和导航台之间信号相位的变化来确定距离（差）的。设 A、B 两点的距离为 r，则电波传播在它们之间形成的相位差为

$$\phi_{AB} = r\omega / c \tag{4-8}$$

在测距时为了避免时间同步问题，常常测的是双程相位差，即电波往返于 A、B 间的相位差为

$$\Delta\phi = 2r\omega / c \tag{4-9}$$

由此可得 A、B 间的距离为

$$r = \frac{\lambda_0}{4\pi} \Delta\phi \tag{4-10}$$

应用相位法测量距离差时，实际是测量载体收到导航台站 A、B 发射电波的相位差。由于导航台站之间是严格同步的，因此载体接收到两个信号相位的不同完全是由电波传播的行程差引起的。可以得到相位差和距离差之间的关系为

$$\Delta r = r_B - r_A = \frac{\lambda_0}{2\pi} \Delta\phi \tag{4-11}$$

由几何知识可知测得的相位差实际上描述了以两个导航台为焦点的双曲面的方程。

由于两个台站（或载体与用户）之间的距离较大，因此相位法测距中常常存在多值性问题，需要采取相应措施消除多值模糊。

2) 频率法

频率测距是利用发射信号与反射信号的差频来进行测量的,因此必须要有一定的反射面,通常用来进行对地高度或相对水面高度的测量。基于无线电调频信号的频率测高,其原理如图 4 - 13 所示。

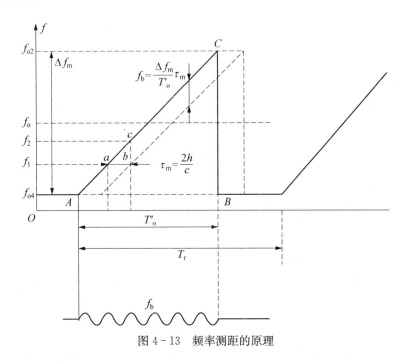

图 4 - 13　频率测距的原理

由图可知,发射信号为一线性时间调频信号,也就是其频率的变化与时间成正比。由于电波的传播需要时间,那么在某一时刻,反射回来的信号与正在发射的信号的频率将不相同,它们之间的频率差异将反映信号传播的时间,对应于信号往返的距离或载体的高度。通过测量反射信号与发射信号间的差拍频率,就可以得到距离。

(1) 有源测距。

有源测距是指信号在用户和导航台站之间经历了往、返两个传播过程(这时用户需要发射信号),通过测量信号在空间的往返传播时间计算出用户和导航台站之间的距离。其测距示意图如图 4 - 14 所示。

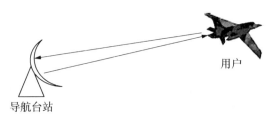

图 4 - 14　有源测距

通常测距询问脉冲由用户发出,该脉冲经过特殊编码以区别其他用户发出的信号,导航台站收到该脉冲后,延迟一定的时间 τ(为了进行零距离测量)后向该用户发射应答脉冲,由用户接收并测量两个脉冲之间的时间间隔 Δt,便可以得到载体和导航台站之间的距离,即

$$D = \frac{\Delta t - \tau}{2} c \qquad (4-12)$$

有源测距对时钟的性能要求比较低,但是存在电磁暴露问题,不利于军事的应用,并且容易对其他设备造成干扰。

(2) 无源测(伪)距。

无源测距方式中,用户仅仅接收导航台站发来的电波信号,利用本地时间测量信号的到达时刻,同时由接收信号的电文中获知信号的发射时刻。利用本地的接收时刻与导航电文中数据所提供的发射时刻之差,即可完成距离的测量。因此,无源测距中要求用户的时钟与导航台的时钟必须严格同步,即保持同频同相,或者说既无频差又无钟差。所以,严格意义上的无源测距往往需要在测距之前进行大量的时钟同步工作。

如果用户时钟与导航台时钟不同步,则所测得的距离中就包含了与它们钟差对应的一段距离,此时所测距离称为伪距,往往需要再增加另外的观测量对钟差予以消除。罗兰 C 系统和 GPS 系统便是采用此种测距方式。

4.1.4　无线电导航定位原理

无线电导航定位是通过无线电信号参量所测量到的几何、物理参量来确定用户的方位、距离、位置、姿态等。其中,方位、距离、姿态等导航参量可以较直接地由无线电参量(如幅度测角、时间测距、相位测姿等)测量得到,而用户的位置参量则需要较复杂的导航解算,主要有两种方法:通过测量的几何参量与几何位置之间的数学关系进行定位,通常称为位置线法;通过测量的物理参量(如速度、加速度等)与几何位置之间的运动学关系确定位置,一般称为推航定位法。

4.1.4.1　位置面与位置线定位

导航几何参量通常都是空间坐标的标量函数 $u(x, y, z)$,代表空间的标量场。在三维空间中,它们分别对应各种类型的曲面。无线电导航中测得的电参数所对应的几何参量往往为一个固定的数值,对应于标量场中的某一个等位面 $u = u(x, y, z)$,称为位置面,如角位置面、距离位置面和距离差位置面等。两个位置面的交线称为位置线,位置线与另一条位置线或与另外的位置面相交就得到用户的位置。

通过无线电方式测量到 3 个独立的几何参量,则可以得到 3 个独立的位置面方程为

$$\begin{cases} u_1 = u_1(x, y, z) \\ u_2 = u_2(x, y, z) \\ u_3 = u_3(x, y, z) \end{cases} \qquad (4-13)$$

根据上述方程便可以解算得到载体在空间中的三维位置。特别需要指出的是，在地球表面的运载体，在没有高度测量设备的情况下，可以将地球表面作为它的一个位置面，因此只需要测量两个几何参量（或两个位置面），就可以进行较为粗略的平面二维定位。

1）角位置面

角参量都是相对一定的基准而言的，如偏航角是飞机的机头方向相对于飞机与导航台的连线而言。基准方向可以是直线，也可以是平面，视具体的导航方式而定，其位置面分别如图 4-15 所示。

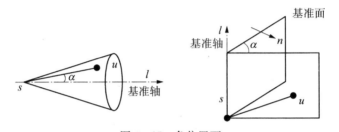

图 4-15　角位置面

若基准方向为直线，则角位置面为圆锥面，其矢量方程为

$$\boldsymbol{u} \cdot \boldsymbol{l} = \cos \alpha \tag{4-14}$$

式中：$\boldsymbol{l}$ 为基准轴的单位方向矢量，$\boldsymbol{l} = \begin{bmatrix} l_x & l_y & l_z \end{bmatrix}^{\mathrm{T}}$；

$\boldsymbol{u}$ 为用户与导航台站连线的单位化矢量，即

$$\boldsymbol{u} = \begin{bmatrix} x_u - x_s & y_u - y_s & z_u - z_s \end{bmatrix}^{\mathrm{T}} / \sqrt{(x_u - x_s)^2 + (y_u - y_s)^2 + (z_u - z_s)^2} \tag{4-15}$$

由此可得到对应的代数方程为

$$\frac{(x_u - x_s)l_x + (y_u - y_z)l_y + (z_u - z_s)l_z}{\sqrt{(x_u - x_s)^2 + (y_u - y_s)^2 + (z_u - z_s)^2}} = \cos \alpha \tag{4-16}$$

若基准方向为某一平面，则角位置面为平面，其矢量方程为

$$(\boldsymbol{u} \times \boldsymbol{l}) \cdot \boldsymbol{n} = \cos \alpha \tag{4-17}$$

式中：$\boldsymbol{l}$、$\boldsymbol{u}$ 矢量定义同上；$\boldsymbol{n}$ 为基准面法线的单位方向矢量：

$$\boldsymbol{n} = \begin{bmatrix} n_x & n_y & n_z \end{bmatrix}^{\mathrm{T}}$$

可得对应的代数方程为

$$\frac{(y_{su}l_z - z_{su}l_y)n_x + (z_{su}l_x - x_{su}l_x)n_y + (x_{su}l_y - y_{su}l_x)n_z}{\sqrt{(x_u - x_s)^2 + (y_u - y_s)^2 + (z_u - z_s)^2}} = \cos \alpha \tag{4-18}$$

2）距离位置面

若测量的是物理距离，则位置面为球面，其代数方程为

$$r = \sqrt{(x_u - x_s)^2 + (y_u - y_s)^2 + (z_u - z_s)^2}$$

$$(4-19)$$

式中：(x_s, y_s, z_s) 和 (x_u, y_u, z_u) 分别为导航台和用户的位置坐标。

常用的三球交汇定位原理如图 4-16 所示。

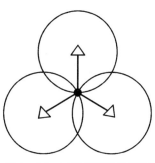

图 4-16　三球交汇定位原理

若测量的是距离差，则位置面为双曲面，其代数方程为

$$\Delta r = (x_u - x_{s1})^2 + (y_u - y_{s1})^2 + (z_u - z_{s1})^2 -$$
$$(x_u - x_{s2})^2 + (y_u - y_{s2})^2 + (z_u - z_{s2})^2$$

$$(4-20)$$

式中：(x_{s1}, y_{s1}, z_{s1})、(x_{s2}, y_{s2}, z_{s2}) 和 (x_u, y_u, z_u) 分别为第一导航台、第二导航台和用户的位置坐标。

3）定位解算

利用几何参量获得导航参数的方法主要有闭合形式解、迭代及最小二乘解、最优估值解（如卡尔曼滤波、神经网络、小波变换）等。限于篇幅，此处只介绍最常用的迭代及最小二乘解法。

设导航参数为 $\boldsymbol{X} = \begin{bmatrix} x_1 & x_2 & \cdots & x_m \end{bmatrix}^T$，与导航参数相关的测量几何参量为 $\boldsymbol{Y} = \begin{bmatrix} y_1 & y_2 & \cdots & y_n \end{bmatrix}^T$。通常导航参数和几何参量之间的数学映射关系比较复杂，很难直接求得其闭合形式解，通常采用迭代逼近的形式求解。

先设导航参数的概约值（初值）为 $\hat{\boldsymbol{X}} = \begin{bmatrix} \hat{x}_1 & \hat{x}_2 & \cdots & \hat{x}_m \end{bmatrix}^T$，则几何参量在该估值点展开为（忽略掉二阶以上的高阶小量）

$$\boldsymbol{Y} = \boldsymbol{Y}(\hat{\boldsymbol{X}}) + \left.\frac{\partial \boldsymbol{Y}}{\partial \boldsymbol{X}}\right|_{\boldsymbol{X}=\hat{\boldsymbol{X}}} (\boldsymbol{X} - \hat{\boldsymbol{X}})$$

$$(4-21)$$

定义 $\Delta \boldsymbol{X} = \boldsymbol{X} - \hat{\boldsymbol{X}}$，$\Delta \boldsymbol{Y} = \boldsymbol{Y} - \boldsymbol{Y}(\hat{\boldsymbol{X}})$，$\boldsymbol{H} = \left.\dfrac{\partial \boldsymbol{Y}}{\partial \boldsymbol{X}}\right|_{\boldsymbol{X}=\hat{\boldsymbol{X}}}$，则有

$$\Delta \boldsymbol{Y} = \boldsymbol{H} \cdot \Delta \boldsymbol{X}$$

$$(4-22)$$

若 $\boldsymbol{H}$ 为非奇异方阵，则可以求得

$$\Delta \boldsymbol{X} = \boldsymbol{H}^{-1} \Delta \boldsymbol{Y}, \quad \boldsymbol{X} = \hat{\boldsymbol{X}} + \Delta \boldsymbol{X}$$

$$(4-23)$$

通常 $\boldsymbol{H}$ 也是未知导航参量的函数，因此上述得到的导航参量误差未必能真正将初值一次性修正到真值。将修正后的导航参量值作为新初值继续进行迭代，一直到 $\Delta \boldsymbol{X}$ 或 $\Delta \boldsymbol{Y}$ 小到满足要求为止。另外，在实际工程中经常见到 $\boldsymbol{H}$ 为非方阵的情况

$(n>m)$，此时不存在唯一解，但按照最小二乘方法将能够得到最小范数解，即

$$X = \hat{X} + (H^T H)^{-1} H^T [Y - Y(\hat{X})] \tag{4-24}$$

4.1.4.2 推航定位

推航定位是许多自备式导航系统和设备的主要定位方式，其基本原理是运动学方程的积分关系，它的主要步骤为

（1）给定用户或载体出发时刻的位置坐标。

（2）测定用户在运动过程中的速度参量 $v = (v_x, v_y, v_z)$（通常在用户的载体坐标系中）。

（3）利用航姿系统所测量的姿态信息（横滚角 r、俯仰角 p、航向角 y），将测量的载体坐标系中的速度分量转换到地平坐标系。

$$\begin{bmatrix} v_e \\ v_n \\ v_u \end{bmatrix} = \begin{bmatrix} \cos r\cos y - \sin r\sin y\sin p & -\sin y\cos p & \cos y\sin r + \sin y\sin p\cos r \\ \cos r\sin y + \sin r\cos y\sin p & \cos y\cos p & \sin y\sin r - \cos y\sin p\cos r \\ -\cos p\sin r & \sin p & \cos p\cos r \end{bmatrix} \cdot \begin{bmatrix} v_x \\ v_y \\ v_z \end{bmatrix}$$
$$\tag{4-25}$$

（4）经积分运算，求速度与时间乘积的累加和，即运动的距离，通过计算得到用户的位置坐标。

例如，假设已知用户起点的地理坐标为 λ_0、ϕ_0、h_0，测得用户东、北、天向的速度为 v_e、v_n、v_u，则可以通过下式的计算得到用户的地理位置：

$$\begin{cases} \lambda_n = \lambda_0 + \sum_{i=0}^{n} \dfrac{v_{ei}T_s}{R_{Ni}} \\ \varphi_n = \varphi_0 + \sum_{i=0}^{n} \dfrac{v_{ni}T_s}{R_{Mi}} \\ h_n = h_0 + \sum_{i=0}^{n} v_u T_s \end{cases} \tag{4-26}$$

式中：T_s 为速度信息的采样时间间隔。由上式可见，如果测得的速度数据或者姿态数据有误差，则位置误差将具有随时间积累的特性。所以，在一段时间的推航之后，需要对推航的位置信息进行更正，一般可以在载体通过导航台站或者地标时重新进行空间位置对准，或通过其他定位精度更高、没有积累误差效应的导航系统对其定期校正，或者与其他导航系统进行组合，实现信息的融合处理。

4.1.5 无线电导航工作区

导航系统的工作区，是指导航系统能够向载体提供既定质量要求（精度、完好

性、连续性、可用性等)的导航定位服务的空间区域。工作区的范围由系统的几何配置、工作频段、辐射功率、天线的方向性、接收机性能、大气噪声、地理环境条件和影响信号可用性的其他因素共同决定。一般情况下如无特殊说明,通常都是指狭义工作区,即由仅满足给定导航精度要求的区域形成的覆盖范围。

无线电导航系统的导航精度不仅与距离有关,而且与载体和导航台站的相对几何位置有关,即相同距离上的用户定位精度可能存在较大差别,这是由其定位误差在空间的形状和走向决定的。

4.1.5.1 误差椭球

所有的导航定位功能都是通过测量直接或间接实现的。由于各种噪声、干扰和不可预见因素的存在,测量总会存在误差。通常认为测量误差是随机变量,一般很难通过理论或建模等。

方法对其进行精确描述。在误差相对较小、影响因素较多的情况下,根据中心极限定理,可以将其近似作为正态分布的随机变量来处理,这与很多实际情况也符合较好。同时为了分析方便,还假定这些误差都是零均值、平稳、遍历的随机过程。

当测量的无线电参量有测量误差时,所对应的位置面和位置线也要发生变动,从而导致最终的定位误差。利用微分的概念,可得到测量误差和定位误差之间的关系为

$$\begin{cases} \delta_{u1} = \dfrac{\partial u_1}{\partial x}\delta_x + \dfrac{\partial u_1}{\partial y}\delta_y + \dfrac{\partial u_1}{\partial z}\delta_z \\[2mm] \delta_{u2} = \dfrac{\partial u_2}{\partial x}\delta_x + \dfrac{\partial u_2}{\partial y}\delta_y + \dfrac{\partial u_2}{\partial z}\delta_z \\[2mm] \delta_{u3} = \dfrac{\partial u_3}{\partial x}\delta_x + \dfrac{\partial u_3}{\partial y}\delta_y + \dfrac{\partial u_3}{\partial z}\delta_z \end{cases} \quad (4-27)$$

式中:$\delta_{ui}(i=1,2,3)$ 为测量误差;

δ_x、δ_y、δ_z 分别为 x、y、z 方向的定位误差。

令

$$\boldsymbol{\delta}_u = \begin{bmatrix} \delta_{u1} \\ \delta_{u2} \\ \delta_{u3} \end{bmatrix}, \quad \boldsymbol{\delta}_x = \begin{bmatrix} \delta_x \\ \delta_y \\ \delta_z \end{bmatrix} \quad (4-28)$$

则有

$$\boldsymbol{\delta}_u = \boldsymbol{G}\boldsymbol{\delta}_x = \begin{bmatrix} \dfrac{\partial u_1}{\partial x} & \dfrac{\partial u_1}{\partial y} & \dfrac{\partial u_1}{\partial z} \\[2mm] \dfrac{\partial u_2}{\partial x} & \dfrac{\partial u_2}{\partial y} & \dfrac{\partial u_2}{\partial z} \\[2mm] \dfrac{\partial u_3}{\partial x} & \dfrac{\partial u_3}{\partial y} & \dfrac{\partial u_3}{\partial z} \end{bmatrix} \begin{bmatrix} \delta_x \\ \delta_y \\ \delta_z \end{bmatrix} \quad (4-29)$$

从而有

$$\begin{cases} \boldsymbol{\delta}_x = \boldsymbol{G}^{-1}\boldsymbol{\delta}_u \\ \boldsymbol{C} = \mathrm{Cov}(\boldsymbol{\delta}_x) = \boldsymbol{G}^{-1}\mathrm{Cov}(\boldsymbol{\delta}_u)(\boldsymbol{G}^{-1})^{\mathrm{T}} \end{cases} \tag{4-30}$$

由上面的结果分析可以得到如下结论：

（1）定位误差在每个坐标轴向的误差分量也为零均值正态分布。

（2）用户的测量定位误差随几何位置的变化而变化。

（3）用户定位误差的三维概率密度函数为。

$$f(\Delta x, \ \Delta y, \ \Delta z) = \frac{1}{(2\pi)^{3/2}\mid \boldsymbol{C}\mid^{1/2}}\exp\left\{-\frac{1}{2}\begin{bmatrix}\Delta x & \Delta y & \Delta z\end{bmatrix}\boldsymbol{C}^{-1}\begin{bmatrix}\Delta x \\ \Delta y \\ \Delta z\end{bmatrix}\right\} \tag{4-31}$$

式中，等概率误差面是一个误差椭球面

$$\begin{bmatrix}\Delta x & \Delta y & \Delta z\end{bmatrix}\boldsymbol{C}^{-1}\begin{bmatrix}\Delta x \\ \Delta y \\ \Delta z\end{bmatrix} = K \tag{4-32}$$

随着用户空间坐标的变化，该误差椭球的取向和大小都将发生变化。

4.1.5.2　几何因子

假设测量误差为零均值的正态随机变量，且有独立同分布的性质，则式（4-30）可进一步化简为

$$\mathrm{Cov}(\boldsymbol{\delta}_x) = \begin{bmatrix}\sigma_x^2 & \sigma_{xy} & \sigma_{xz} \\ \sigma_{yx} & \sigma_y^2 & \sigma_{yz} \\ \sigma_{zx} & \sigma_{zy} & \sigma_z^2\end{bmatrix} = (\boldsymbol{G}^{-1}\boldsymbol{G})^{\mathrm{T}}\sigma^2 \tag{4-33}$$

下面以卫星导航中的伪距定位为例，说明导航系统中与定位精度密切相关的几何因子的定义。对于伪距定位而言，若要同时完成时、空的四维解算，需要同时测量四个独立的伪距方程，其表达式如下：

$$\begin{cases} \rho_1 = \sqrt{(x-x_{s1})^2 + (y-y_{s1})^2 + (z-z_{s1})^2} + c\Delta t \\ \rho_2 = \sqrt{(x-x_{s2})^2 + (y-y_{s2})^2 + (z-z_{s2})^2} + c\Delta t \\ \rho_3 = \sqrt{(x-x_{s3})^2 + (y-y_{s3})^2 + (z-z_{s3})^2} + c\Delta t \\ \rho_4 = \sqrt{(x-x_{s4})^2 + (y-y_{s4})^2 + (z-z_{s4})^2} + c\Delta t \end{cases} \tag{4-34}$$

式中：$\rho_i(i=1,2,3,4)$ 为第 i 颗卫星与用户的伪距；

$(x_{si}, y_{si}, z_{si})(i=1,2,3,4)$ 和 (x, y, z) 分别为第 i 颗卫星和用户的位置坐标；

Δt 为用户与卫星系统时的钟差；

c 为光速。

对上述测量方程微分可得

$$\begin{cases} \delta_{\rho 1} = \dfrac{x - x_{s1}}{r_1}\delta_x + \dfrac{y - y_{s1}}{r_1}\delta_y + \dfrac{z - z_{s1}}{r_1}\delta_z + \delta_{\Delta t} \\[3mm] \delta_{\rho 2} = \dfrac{x - x_{s2}}{r_2}\delta_x + \dfrac{y - y_{s2}}{r_2}\delta_y + \dfrac{z - z_{s2}}{r_2}\delta_z + \delta_{\Delta t} \\[3mm] \delta_{\rho 3} = \dfrac{x - x_{s3}}{r_3}\delta_x + \dfrac{y - y_{s3}}{r_3}\delta_y + \dfrac{z - z_{s3}}{r_3}\delta_z + \delta_{\Delta t} \\[3mm] \delta_{\rho 4} = \dfrac{x - x_{s4}}{r_4}\delta_x + \dfrac{y - y_{s4}}{r_4}\delta_y + \dfrac{z - z_{s4}}{r_4}\delta_z + \delta_{\Delta t} \end{cases} \qquad (4-35)$$

式中：$r_i = \sqrt{(x - x_{si})^2 + (y - y_{si})^2 + (z - z_{si})^2}$；

$\delta_{\rho i}$ 为用户与第 i 颗卫星所测伪距的误差；

δ_x、δ_y、δ_z、$\delta_{\Delta t}$ 为由于伪距测量误差引入的各位置坐标和钟差的估计误差。

为了表达方便，将上式写成矩阵形式，即

$$\boldsymbol{\delta}_\rho = \boldsymbol{G}\boldsymbol{\delta}_{x,\Delta t} = \begin{bmatrix} e_1^T & 1 \\ e_2^T & 1 \\ e_3^T & 1 \\ e_4^T & 1 \end{bmatrix} \begin{bmatrix} \boldsymbol{\delta}_x \\ \delta_{\Delta t} \end{bmatrix} \qquad (4-36)$$

其中：

$$\boldsymbol{\delta}_\rho = \begin{bmatrix} \delta_{\rho 1} \\ \delta_{\rho 2} \\ \delta_{\rho 3} \\ \delta_{\rho 4} \end{bmatrix}, \quad \boldsymbol{\delta}_x = \begin{bmatrix} \delta_x \\ \delta_y \\ \delta_z \end{bmatrix} \qquad (4-37)$$

由于 δ_ρ 是随机测量误差，相应的 δ_x，Δt 也属于随机变量，所以需要利用它们的统计特性来研究，其协方差为

$$\mathrm{Cov}\,\boldsymbol{\delta}_\rho = E(\boldsymbol{\delta}_\rho \cdot \boldsymbol{\delta}_\rho^T) = E(\boldsymbol{G}\boldsymbol{\delta}_{x,\Delta t}\boldsymbol{\delta}_{x,\Delta t}^T\boldsymbol{G}^T) = \boldsymbol{G}[\mathrm{Cov}\,\boldsymbol{\delta}_{x,\Delta t}]\boldsymbol{G}^T \qquad (4-38)$$

故有

$$\mathrm{Cov}\,\boldsymbol{\delta}_{x,\Delta t} = \boldsymbol{G}^{-1}[\mathrm{Cov}\,\boldsymbol{\delta}_\rho](\boldsymbol{G}^T)^{-1} \qquad (4-39)$$

假若所有的伪距测量误差都是统计独立的，并且有相同的统计特性，其均值为零，方差为 σ_2，则由式(4-39)可得

$$\mathrm{Cov}\,\boldsymbol{\delta}_{x,\Delta t} = \boldsymbol{G}^{-1}I(\sigma^2)(\boldsymbol{G}^T)^{-1} = \sigma^2(\boldsymbol{G}^T\boldsymbol{G})^{-1} \qquad (4-40)$$

展开得

$$
\begin{bmatrix}
\sigma_x^2 & \sigma_{xy}^2 & \sigma_{xz}^2 & \sigma_{x\Delta t}^2 \\
\sigma_{yx}^2 & \sigma_y^2 & \sigma_{yz}^2 & \sigma_{y\Delta t}^2 \\
\sigma_{zx}^2 & \sigma_{zy}^2 & \sigma_z^2 & \sigma_{z\Delta t}^2 \\
\sigma_{\Delta t x}^2 & \sigma_{\Delta t y}^2 & \sigma_{\Delta t z}^2 & \sigma_{\Delta t}^2
\end{bmatrix}
= \sigma^2
\begin{bmatrix}
G_{11} & G_{12} & G_{13} & G_{14} \\
G_{21} & G_{22} & G_{23} & G_{24} \\
G_{31} & G_{32} & G_{33} & G_{34} \\
G_{41} & G_{42} & G_{43} & G_{44}
\end{bmatrix}
\tag{4-41}
$$

由上式可以得出用户时、空导航参量的估计误差与空间几何之间的关系。为研究及分析的方便,据此定义几何精度衰减因子(geodetic decline of precision)为

$$
GDOP = \sqrt{\sigma_x^2 + \sigma_y^2 + \sigma_z^2 + \sigma_{\Delta t}^2}/\sigma = \sqrt{G_{11} + G_{22} + G_{33} + G_{44}} = \left[\mathrm{trace}(\boldsymbol{G}^{\mathrm{T}}\boldsymbol{G})^{-1}\right]^{1/2}
\tag{4-42}
$$

同时,还可以分别定义位置误差几何因子 PDOP、水平位置误差几何因子 HDOP、垂直位置误差几何因子 VDOP 和时钟误差几何因子 TDOP 为

$$
\begin{cases}
PDOP = \sqrt{\sigma_x^2 + \sigma_y^2 + \sigma_z^2}/\sigma = \sqrt{G_{11} + G_{22} + G_{33}} \\
HDOP = \sqrt{\sigma_x^2 + \sigma_y^2}/\sigma = \sqrt{G_{11} + G_{22}} \\
VDOP = \sqrt{\sigma_z^2}/\sigma = \sqrt{G_{33}} \\
TDOP = \sigma_{\Delta t}/\sigma = \sqrt{G_{44}}
\end{cases}
\tag{4-43}
$$

4.1.5.3　几何工作区

从 4.1.5.2 节的结论可知系统的定位精度与几何位置有关,即在某些区域中,导航系统的精度下降可能已经不能满足正常导航的需要。

由上面的误差椭球概念可以知道,定位点落在误差椭球面内的概率为

$$
P(K) = \iiint\limits_{0 \sim K} f(\Delta x, \Delta y, \Delta z)\mathrm{d}v = 1 - \iiint\limits_{K \sim \infty} f(\Delta x, \Delta y, \Delta z)\mathrm{d}v = \int_0^K f(K)\mathrm{d}v
\tag{4-44}
$$

并且

$$
\begin{cases}
P(K)\,|_{K=0} = 0 \\
P(K)\,|_{K=\infty} = 1
\end{cases}
\tag{4-45}
$$

由于椭球的体积为 $V = \dfrac{4}{3}\pi abc$,由等概率误差椭球方程得

$$
\frac{x^2}{2\sigma_x^2} + \frac{y^2}{2\sigma_y^2} + \frac{z^2}{2\sigma_z^2} = K^2
\tag{4-46}
$$

对比椭球标准方程

$$
\frac{x^2}{a^2} + \frac{y^2}{b^2} + \frac{z^2}{c^2} = 1
\tag{4-47}
$$

得 $a = \sqrt{2}K\sigma_x$, $b = \sqrt{2}K\sigma_y$, $c = \sqrt{2}K\sigma_z$, 所以

$$V = \frac{8\sqrt{2}\pi}{3}\sigma_x\sigma_y\sigma_z K^3 \tag{4-48}$$

可得

$$\mathrm{d}v = 8\sqrt{2}\pi\sigma_x\sigma_y\sigma_z K^2 \mathrm{d}K \tag{4-49}$$

因此

$$P(K) = \int_0^K f(K)\mathrm{d}v = \int_0^K 8\sqrt{2}\pi\sigma_x\sigma_y\sigma_z f(K)K^2\mathrm{d}K \xrightarrow{\text{分部积分}} \Phi(K) - \frac{2}{\sqrt{\pi}}Ke^{-K^2} \tag{4-50}$$

式中：

$$\Phi(K) = \frac{2}{\sqrt{\pi}}\int_0^K e^{-K^2}\mathrm{d}K \tag{4-51}$$

通常导航系统是在给定的误差概率 P 的条件下,来确定椭球各个轴的大小,要求误差椭球的半长轴不能超出额定数值,满足这一条件的空间区域就构成了系统的几何工作区。

4.2 无线电测量传感器

4.2.1 甚高频全向信标

4.2.1.1 一般概念

甚高频全向信标(very high frequency omni directional range)属于它备式导航,或称地面基准式导航(ground based navigation),是一种近程无线电相位测角系统,简称伏尔(VOR)。

它是第二次世界大战后期在美国首先发展起来的,1949 年正式作为国际标准航线的无线电导航系统使用。为了克服地面站内地形地物带来的影响,在普通伏尔(CVOR)的基础上又发展了多普勒伏尔(DVOR),进一步提高了系统的测向精度。

VOR 与无线电罗盘的作用基本一致,都可提供定位和航路导航功能,但两者相比较,VOR 还具有下列特点:

(1) 无线电罗盘采用地面无方向性发射,机上用方向性天线接收的方法测角;VOR 则采用地面方向性天线(CVOR)或全向天线(DVOR)的旋转辐射,机上用无方向性天线接收的方法测量方位。

(2) VOR 精度高于无线电罗盘,并可直接提供飞机相对于地面导航台的方位角,采用磁北向为方位基准,无需航向基准的辅助。

（3）VOR 工作于超短波的高频波段，受静电干扰小，指示较稳定，但作用距离受到视距传播的限制。

（4）VOR 对地面导航台的场地要求较高，如果地形起伏较大或有大型建筑物位于天线附近，则由于反射波的干扰，会引起较大的方位测量误差。

利用 VOR 有两种定位方法，一为测角定位（θ-θ 定位），即测出飞机到两个已知位置 VOR 台的方位角，得到两条径向的位置线，由其交点来确定飞机的地理位置；二为测角—测距定位（ρ-θ 定位），或称极坐标定位，即与时间测距系统 DME 相结合，通过测量飞机的方位角和到 VOR/DME 台的距离进行定位。

伏尔系统从用途上分为航路伏尔和终端伏尔。航路 VOR（CVOR）台址通常选在附近区域无障碍物的航路点上，如山的顶部，以尽量减小因地形效应引起的台址误差和多路径干扰。

在一条"空中航路"上，根据航路的长短、规定的航路宽度和伏尔系统的精度，可以设置多个 CVOR 台。每个 CVOR 台可辐射无限多的方位线或径向线作为预选航道，飞机沿着预选航道可以飞向或飞离 CVOR 台，并指出飞机偏离航道的方向（左或右）和角度，实现飞机的归航与出航。CVOR 台还可作为航路检查点，为实行交通管制服务。

而终端 VOR（TVOR）安装在机场，通常设置在跑道后方，采用跑道轴线的延长线作为方位基准来指示飞机相对跑道的方位。它常和 DME 或 ILS 的航向信标（LOC）装在一起，或者组成极坐标定位系统，或者利用和跑道中心延长线一致的 TVOR 台方位线，代替 LOC 对飞机进行着陆前的引导。

在飞机上，VOR 的接收指示设备与 LOC 一般是部分共用的，如使用同一套的天线、控制盒、指示器、接收机的高频和中频部分等。这样，在航路上可用于 VOR 导航，在进近着陆时可用于航向信标指示。因此，VOR 和 LOC 工作在同一甚高频段的不同频率上。

VOR/LOC 的工作频率范围从 108.00～117.95 MHz，频率间隔 50 kHz，共有 200 个波道。航路 VOR 使用 112.00～117.95 MHz 的 120 个波道；在 108.00～111.95 MHz 之间的 80 个波道，由 TVOR/LOC 共用 40 个波道，LOC 专用 40 个波道。

VOR 系统采用视距传播的方式工作，其有效作用距离由接收机的灵敏度、地面台的发射功率、飞机飞行高度以及 VOR 台周围的地形地物等因素决定，其中 CVOR 的发射功率为 100～200 W，典型作用距离可达 200 n mile；TVOR 发射功率约为 50 W，工作距离一般在 25 n mile 以上。

4.2.1.2　相位测角系统

相位测角系统包括信标台和接收指示设备，前者一般装设于地面或大型船舰上，后者安装于运载体上。

利用全向天线和方向性天线组合，可以得到 $F(\theta) = (1 + A\cos\theta)$ 形式的方向性

函数,其方向性图为心形,当在水平面内以某一角频率 Ω 顺时针方向旋转时,在某一方位的运载体得到的调幅场为

$$e_{\mathrm{a}} = E_{1\mathrm{m}}[1 + A\cos(\Omega t - \alpha)]\cos\omega t \qquad (4-52)$$

式中:α 为飞机的起始方位;

A 为方向性天线场的幅值 $E_{2\mathrm{m}}$ 和全向天线场的幅值 $E_{1\mathrm{m}}$ 之比。

可以看出,当 t 固定时,接收信号包络线的相位只与方位有关,其基波相位变化 2π,相当于方位 α 变化了 $360°$。信号相位和运载体方位的关系是单值的,可实现通过相位连续测量角坐标的目的,如图 4-17 所示。

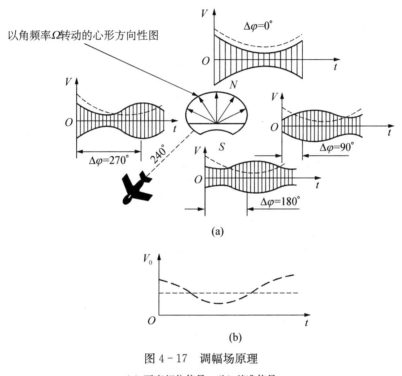

图 4-17 调幅场原理

(a) 可变相位信号 (b) 基准信号

为了得到包络线的相位,地面无线电信标还应当全向辐射附加的基准信号作为基准相位。辐射基准信号的方法主要有以下几种:

(1) 由发送基本信号的通道,对载频或分载频进行调幅或调频,发送正弦基准电压。

(2) 由发送基本信号的通道,利用频率或相位与基准电压相当的脉冲系列对载频进行振幅调制来传送。

(3) 用另一信号通道,以对载频进行振幅调制的方式传送正弦基准电压。

相位测角系统其天线方向性图的转动,可以用直接的机械旋转方法或电气顺序

控制的方法。后一种方法在天线庞大而笨重的情况下比较方便以及可靠性较高,它是对固定不动的方向性天线和全向天线分别馈以一定频率和相位关系的电流,使在无线电信标周围空间产生包络线相位与方位有一定关系的调幅场,并且通过改变天线馈电的相位关系,使方向性图在空间发生旋转。

4.2.1.3 普通伏尔

VOR 地面台发射被两个低频信号调制的射频信号,一个低频信号为基准相位信号,其相位在 VOR 台各个方位上相同;另一个为可变相位信号,其相位随 VOR 台的径向方位而改变。

运载体的方位决定于这两个信号之间的相位差。图 4-18 给出了 VOR 地面台的结构组成方框图。

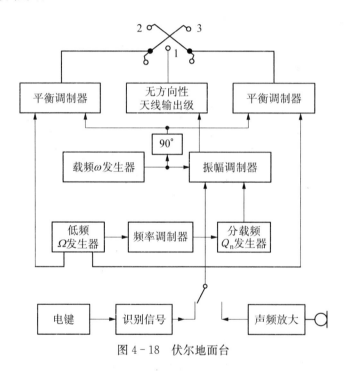

图 4-18 伏尔地面台

图 4.18 中天线阵中天线 1 是全向的,用载频电流供电,在空间产生的场为

$$e_1 = E_{1m}\cos \omega t \qquad (4-53)$$

天线 2、3 为分集天线,或称可变相位天线,其方向性函数分别为

$$\begin{cases} F_2(\theta) = \cos \theta \\ F_3(\theta) = \sin \theta \end{cases} \qquad (4-54)$$

故天线 2、3 在水平面内形成两个正交的“8”字形辐射场。分别用频率为 Ω 的低频电压对载频进行平衡调制,所得的旁频电流对天线 2、3 供电,并且对天线 3 的供电

电流的包络相位有一 90° 相移,所产生的场分别为

$$\begin{cases} e_2 = E_{2\mathrm{m}}F_2(\theta)\cos\Omega t\cos\omega t \\ e_3 = E_{3\mathrm{m}}F_3(\theta)\sin\Omega t\cos\omega t \end{cases} \tag{4-55}$$

并且 $E_{2\mathrm{m}} = E_{3\mathrm{m}}$,这 3 个天线的场在空间叠加,形成一个合成场,即

$$\begin{aligned} e &= e_1 + e_2 + e_3 \\ &= E_{\mathrm{m}}(1 + A\cos\theta\cos\Omega t + A\sin\theta\sin\Omega t)\cos\omega t \\ &= E_{\mathrm{m}}[1 + A\cos(\Omega t - \theta)]\cos\omega t \end{aligned} \tag{4-56}$$

式中: $A = E_{2\mathrm{m}}/E_{1\mathrm{m}}$。可以看出,两个正交的"8"字形方向性图随时间 t 连续变化,结果使其合成的"8"字形方向性图连续转动;3 个天线的合成场场强为心形方向性图,在空间按 Ω 的角频率旋转,其方向性图最大值出现的时刻决定于方位角 θ。这样就实现了天线不动、但方向性图旋转的目的,并且建立了无线电信号相位和运载体方位的对应关系。其方向性图的旋转示意如图 4-19 所示。

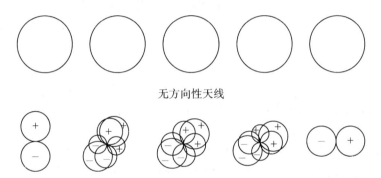

图 4-19　无方向性旋转

在实际应用中,总辐射场的包络由两部分组成,一部分是 30 Hz、相位与方位有关的可变相位信号,另一部分是 30 Hz 与方位无关的基准信号。为了在接收设备中能够分开两个 30 Hz 的信号,VOR 地面台采用了两种不同的调制方式。

基准相位信号由 VOR 地面台的全向天线发射,在空间形成全向水平极化辐射场。该信号先用 30 Hz 对副载波调频,然后用调频副载波再对载波调幅,其 30 Hz 调频信号的相位在 VOR 台各个方位上是相同的。基准相位信号产生的过程如图 4-20 所示。

由此得到基准信号的辐射场为

$$e_1 = E_{1\mathrm{m}}\left[1 + m\cos\left(\Omega_{\mathrm{n}}t + \frac{\Delta\Omega_{\mathrm{n}}}{\Omega}\cos\Omega t\right)\right]\cos\omega t \tag{4-57}$$

则 VOR 系统总的合成场表达式可写为

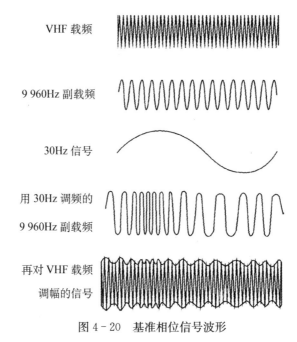

VHF 载频

9 960Hz 副载频

30Hz 信号

用 30Hz 调频的
9 960Hz 副载频

再对 VHF 载频
调幅的信号

图 4 - 20　基准相位信号波形

$$e = E_{\mathrm{m}}\left[1 + A\cos(\Omega t - \theta) + m\cos\left(\Omega_{\mathrm{n}}t + \frac{\Delta\Omega_{\mathrm{n}}}{\Omega}\cos\Omega t\right)\right]\cos\omega t \qquad (4 - 58)$$

式中：$m = E_{1\mathrm{m}}/E_{\mathrm{m}}$。对于 VOR 系统来说，振幅调制的频率 $F = 30\,\mathrm{Hz}$，副载波频率 $F_{\mathrm{n}} = 9\,960\,\mathrm{Hz}$，调频最大频偏 $\Delta F_{\mathrm{n}} = \pm\,480\,\mathrm{Hz}$。

　　VOR 系统规划在磁正北方向，使可变相位信号的正向最大值与基准信号的正向最大值同时出现，而在正东方向，使两者出现的时刻相差四分之一周期，即相位差为 $90°$，其他方位的相位差以此类推，并且为一一对应的关系。安装于运载体上的 VOR 接收指示设备，将上述 $30\,\mathrm{Hz}$ 的基准信号和 $30\,\mathrm{Hz}$ 的可变相位信号分别加以提取，测量出它们之间的相位差，即可对应得到运载体所处的实时方位。

　　在伏尔台的主载频上，必须同时发射一个台识别码信号，用于对 VOR 台进行识别和监视。采用国际莫尔斯电码，键控的 $1020\,\mathrm{Hz}$ 音频对载波进行调幅，由 $2\sim3$ 个字母组成，每 $30\,\mathrm{s}$ 重复一次。

　　由于地面信标台分集天线的间隔误差、地面反射等因素的影响，使天线水平面的方向性图发生变化，给测向带来误差。一般 CVOR 的测量精度在 $\pm(2°\sim3°)$ 范围内，而下面介绍的多普勒伏尔（DVOR）由于减小了场地误差的影响，精度有较大提高。

4.2.1.4　多普勒伏尔

　　无方向性天线本身无法建立与方位一一对应的关系，因此需要采取一定的措施。多普勒伏尔采用沿一定圆周旋转无方向性天线的相位测角原理，由于旋转天线的多普勒效应，辐射（或接收）的信号频率将被天线的转速所调制，就相当于对信号进行了频率调制,并使信号的相位发生相应变化,产生包络线相位与方位有一定关系的调相辐射场,从中可以确定运载体的方位,因而称为多普勒伏尔。

图 4-21 绘出了这种 DVOR 的基本工作原理。图中,在圆周中心 O 点的等幅振荡发射机,将高频能量馈送给无方向性天线 A,该天线按角频率 Ω 以半径 R 在水平面内进行圆周运动。在此过程中,馈送电流的相位未加任何调制,但由于天线的旋转辐射,在某一距离 B 点处,接收到的是按正弦规律调制的调相信号,其相位随接收点方位的变化而不同,两者是一一对应的连续函数关系 $\phi = \phi(\theta)$。

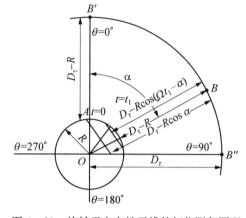

图 4-21　旋转无方向性天线的相位测角原理

设发射机送给天线的电流按正弦规律变化,即

$$i = I_m \sin \omega t \tag{4-59}$$

并设初始时刻,天线处于方位角 $\theta = 0°$ 的地方。在离开天线旋转中心 O 距离相同(同为 D_τ)的各点上,信号相位是不相同的,与天线 A 到观测点 B 的距离或电波传播路程之差有关,是观测点方位 α 和时间 t 的函数,即 B 点接收到的信号为

$$e_B = E_m \sin \omega \left[t - \frac{D_\tau}{c} + \frac{R}{c} \cos(\Omega t - \alpha) \right] \tag{4-60}$$

因此,旋转天线的辐射场是一个调相场,其调相系数为

$$\varphi_m = \frac{\omega R}{c} = \frac{2\pi R}{\lambda_0} \tag{4-61}$$

在 B 点接收到的信号的瞬时频率值,可由对相位的求导得出

$$\omega_B = \frac{\mathrm{d}\varphi}{\mathrm{d}t} = \omega \left[1 - \frac{\Omega R}{c} \sin(\Omega t - \alpha) \right] \tag{4-62}$$

式(4-62)表明,接收信号的频率是随天线旋转角频率 Ω 按正弦规律变化的,而信号的频偏决定于载频频率、发射天线的旋转角速度和旋转半径,即

$$\Delta\omega = \frac{\omega \Omega R}{c} = 2\pi \Omega \frac{R}{\lambda_0} \tag{4-63}$$

接收到 DVOR 信标台的信号,测量出包络线的相位,就可确定运载体相对于信标台的方位。与普通伏尔同理,多普勒伏尔的信标台也必须发射一个恒定的相位信号,作为相位的比较基准。基准相位信号采用调幅方式由载频通道发射出去,并且使基准电压相位和天线旋转相位协调一致。考虑了基准信号之后,在离开地面信标

台距离为 x 的 $\theta=\theta_B$ 方位上，接收到的无线电信号为

$$e_B = E_m(1+m\sin K\Omega t) \cdot \sin\left[\omega t - \frac{\omega D_\tau}{c} + \frac{\omega R}{c}\cos(\Omega t - \theta_B)\right] \quad (4-64)$$

式中：m 为调幅系数；

　　K 为整数或分数。

　　运载体上接收指示设备收到上述信号，分离出恒定相位信号（基准信号）和可变相位信号（方位信号），比较它们的相位差，可单值地确定运载体相对于信标台的方位，其工作原理以及机载设备都与 CVOR 相同。图 4-22 给出了在不同方位角上收到的基准信号与方位信号相位变化的示意图。

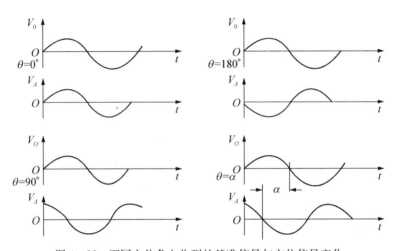

图 4-22　不同方位角上收到的基准信号与方位信号变化

　　为了比较方便地分离出包络线，需要加大系统中旋转天线所带来的频偏，即得到大的调相系数。根据前面推导，在波长 λ_0 已定的情况下，可采用增大转速或加大半径的方法，而一般情况采用后者。但在天线较大的情况下，直接旋转有一定困难，可以将许多天线按一定的半径，排列成一个天线阵，对阵中的每个辐射单元轮流馈电，达到模拟天线转动的目的。图 4-23 为 DVOR 地面台的原理方框图。

　　DVOR 的天线系统由中央无方向性天线，和以它为中心在一定半径的圆周上均匀排列的 48～50 个边带天线组成，天线安装在一个大的金属反射网上面。中央无方向性天线由带有 30 Hz 基准信号和 1020 Hz 识别信号调幅的载频 f 的连续波信号馈电，向外辐射作为系统的基准信号。

　　圆阵中的天线由将载频 f 偏移 9960 Hz 的连续波（边带）信号馈电，产生与方位有关的双边带信号，在 9960 Hz 分载频上经调频后由边天线辐射，上、下边带的信号频率分别为 f_0+9960 Hz 和 f_0-9960 Hz。为模拟天线的转动，圆阵中每个边带天线的馈电都经过一个电容换向器或固态开关的控制，依次把要发射的两个边带信号分

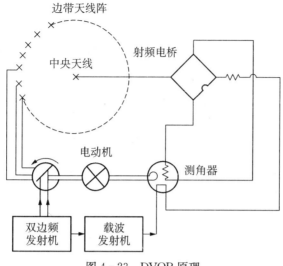

图 4-23 DVOR 原理

别馈送给在直径方向上相对的两个天线振为 30/s,最终形成边带信号以 30 Hz 的转速环绕中央天线的连续旋转。

为满足 ±480 Hz 的调制频偏,圆天线阵的直径取为 13.4 m,且以 30 r/s 的转速转动,将产生 1262 m/s 的圆周速度,相当于 VOR 无线电信号的 480 个波长/s 变化,即产生了 VOR。

所要求的 ±480 Hz 的频率偏移。采用大天线阵的另一个好处是,由于宽孔径天线具有削弱场地误差(如多路径效应)的能力,并且 DVOR 中采用了双边带发射,进一步减小了场地误差影响,其测量精度比 CVOR 大为提高,可以达到在任何径向(方位)上的误差不超过 1° 的精度。

4.2.1.5　VOR 的机上设备

VOR 机载接收指示设备对 CVOR 和 DVOR 是通用的,主要包括控制盒、天线、甚高频接收机和指示仪表。在一些型号的飞机上,VOR 接收机也常与仪表着陆系统(ILS)的各接收装置组合在一起,称为甚高频导航接收机。

1) 控制盒

甚高频导航控制盒一般是 VOR、ILS、DME 共用,用于对机上包括 VOR 在内的甚高频通信、导航设备的工作频率转换和测试检查,主要功能有频率选择和显示、用测试按钮检查相应设备的工作性能、音量控制等。

2) 天线

VOR 天线与 ILS 的航向信标(LOC)天线一般是共用的,安装在飞机垂直安定面上或机身上部,安装位置应避免机身对电波的阻挡,以提高接收信号的稳定性。天线形状如图 4-24 所示。

3) 指示器

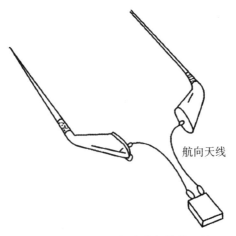

图 4-24　VOR 及航向信标接收天线

　　设置有 3 种指示器,方位指示器(无线电磁指示器 RMI)直接产生出飞机方位示数,进行飞机的定位和导航;"左右"和"前后"指示器分别与给定方向的移相器一起工作,并分别给出运载体相对于给定方向的位置偏离(左或右)信息、相对于 VOR 信标台的向/背位置(前或后)信息。

　　图 4-25 是某型号波音飞机上水平位置指示器(航道偏离指示器)HSI 的显示情况,可在 HSI 指示器上读出飞机与预选航道之间的偏离情况。图中,航道计数器显示 027,表示预选航道为以 VOR 地面台的北向为基准,方位为 27°的一条射线;航道偏离杆代表正确的航线,航道偏离刻度以点的方式表示飞机偏离航道的程度,在使用全向信标时,每个点表示偏离 2°。

　　所谓向/背台的位置,是表示飞机到 VOR 信标台的方向矢量与预定飞行方向的

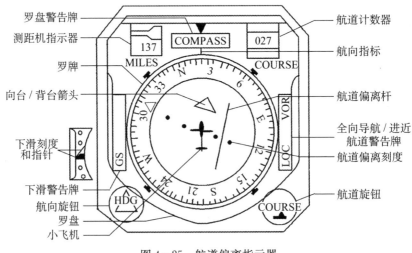

图 4-25　航道偏离指示器

夹角为小于(向台)或大于(背台)90°的位置,或者是指飞机位于所选航道的哪一边。在图 4-25 中,向台/背台箭头位于小飞机上方时,表示飞机向台(TO)飞行,位于小飞机下方时,表示飞机背台(FROM)飞行。

在图 4-26 中,设预选航道为 30°,则通过 VOR 台,与 30°～210°线成直角的 AB 线为向/背台区分线。飞机位于不包括预选航道的下方半平面内即为向台飞行,而与航向无关,反之亦然。

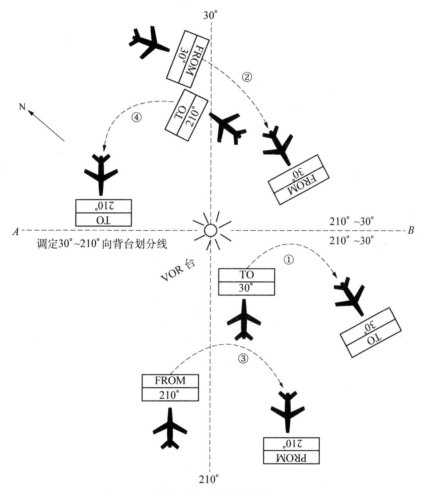

图 4-26 向背台指示

包括普通外差式接收机、幅度检波器和相位比较器等,进行接收和处理 VOR 台发射的方位信息,输出话音、台识别信号、方位信号、航道偏离信号、向/背台信号、旗警告信号等给指示器等设备。

图 4-27 为 VOR 机上设备的原理框图。接收机的高频部分与普通外差式接收机相同,由一全向天线负责接收 VOR 地面台信号,经调谐高频放大、下变频和中频

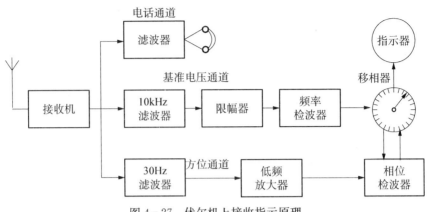

图 4-27　伏尔机上接收指示原理

放大后,选择出所需要的 VOR 地面导航台信号,进行振幅检波。从检波器输出端的低频信号分别加到方位、基准和语音 3 个不同的通道。

其中,相位与方位有关的低频信号,在方位通道中先经过放大加到包络检波器中,然后再经 30 Hz 滤波器和低频放大,检出调幅 30 Hz 可变的相位信号,输出到相位检波(比较)器中。

在基准电压通道中,首先通过幅度检波器并经 9960 Hz 滤波器,检出 9960 Hz 调频副载波的包络信号,并通过一个双向限幅器变成等幅调频信号,再通过鉴频器对分载频进行频率检波,得到 30 Hz 调频的基准相位信号,经过移相器后也加到相位检波(比较)器中。

这样,方位信号和基准电压信号就分别送入到相位比较器中。其中基准信号是先通过移相器再进行相位比较的,移相器中带有指针,可指示出所移相位的度数。利用移相器对基准电压进行移相,移相后的基准电压信号与方位通道中的可变相位信号在相位检波器中进行比相,输出的比较电压再反馈到移相器,作为控制信号对移相器进行调整,直到移相器的相移大小与方位通道电压的相位相等时,相位检波器输出为零,调整结束。此时就可从移相器上读取方位指示;另外有专门的方位指示器与移相器相连并同步转动,指示出移相器的相移数据并提供给飞行员显示。

VOR 系统还提供有话音传输通道,用于地-空语音通信。这时,经音频放大器放大的话音,同副载波一起对载波调幅。话音频率主要集中在 300～3 000 Hz 范围内,不会干扰基本的导航功能,在接收机电路中可通过带通滤波器将语音分开。

VOR 的测角方式主要包括自动 VOR(automatic VOR)和人工 VOR(manual VOR)。前者无需人工干预能自动地测量出飞机的方位角;后者也叫航道偏离工作方式,可引导飞机沿着相对 VOR 台的任意方向飞行,要求驾驶员相对某一 VOR 台选择一条要飞的预选航道,飞机飞行的方向和预选航道相比较,由 HSI(水平位置指示器或航道偏离指示器)给驾驶员提供飞右或飞左指示。

4.2.2　测距机

4.2.2.1　一般概念

DME(distance measurement equipment)直译为距离测量设备或测距器,用于测量飞机到某固定地点的直线距离,由于采用询问—应答的方式工作,也称为应答/测距器(或系统)。

它是在第二次世界大战中随着雷达的出现而发展起来的,借鉴了一次雷达测距的原理,采用二次雷达的工作方式。其中,普通测距器称为 DME 或 DME/N(normal),精密测距器称为 DME/P(precise),两种系统在原理和组成上十分相似,但产生于不同的历史时期,有着不同的用途及信号覆盖范围。

1955 年美国开发了塔康系统,其与民用伏尔组合构成伏塔克系统。1956 年伏塔克系统被国际民航组织所采纳,1959 年确定了与塔康兼容的普通测距器的国际标准。精密测距器是随着微波着陆系统而产生的。1978 年 4 月国际民航组织选取时间基准波束扫描的微波着陆系统作为新一代国际标准着陆系统,1982 年制定了双脉冲双模式(DPDM)精密测距器的技术方案及规范,并于 1985 年正式批准为国际标准。

普通测距器主要用作航路和终端区的导航,可以与伏尔联合组成伏尔/测距器近程导航系统,还可以协助仪表着陆系统进行进场着陆的引导;精密测距器作为微波着陆系统的组成部分,进行飞机精密进场着陆的引导。一般情况下,航路用测距器的覆盖范围大于等于 200 n mile,终端用测距器的覆盖范围大于等于 60 n mile,而精密测距器的覆盖范围在 22 n mile 以上。

两种测距器(或系统)都采用脉冲调制方式测距,测距询问和测距回答信号都是载频调制的脉冲对信号,按规定的码间隔分开一定时间间隔,以使系统工作不易受随机干扰信号的影响。精密测距器还进一步采用了双模式工作,即初始进场模式(IA)和最后进场模式(FA),IA 用于保证两种测距系统的兼容性,而 FA 提供精密测距器所需要的高精度。一般距地面台 7 n mile 以内的范围属于 FA 工作的区域;当飞机距地面台 8 n mile 时,开始从 IA 向 FA 过渡;在过渡区域(8～7 n mile)两种模式的询问被交替发射,当 FA 达到足够的回答频率时,机上询问器的工作自动地从 IA 模式过渡到 FA 模式。

两种系统的主要差别在于测距精度,精密测距器比普通测距器高得多。普通测距器的系统误差一般不超过 ±370 m(2σ)。精密测距器有两种精度标准,标准 1 适合常规起落飞机的引导要求,标准 2 适合对垂直起落和短距离起落飞机的引导,要求在微波着陆系统的基准数据点处,标准 1、标准 2 应分别达到航道跟随误差小于等于 ±30 m(2σ)、±12 m(2σ),控制运动噪声误差分别小于等于 ±18 m(2σ)、±12 m(2σ)。

4.2.2.2　基本组成及关键技术

1) 系统基本组成

地面设备包括接收机、信号处理器、发射机和天线等,机载设备包括询问发生器、发射机、天线、接收机和距离计算器等,系统组成如图 4-28 所示。

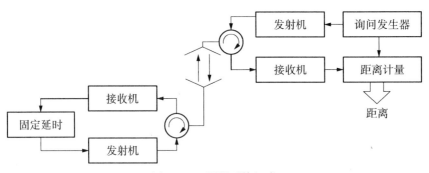

图 4-28　测距系统组成

其基本的工作过程为:机载设备发射询问脉冲,被地面台应答器接收,经固定的时间延时,地面应答器向机上询问器发射回答信号。机上设备收到回答信号后,根据询问发射和回答接收之间的时间间隔,算出询问器和应答器之间的直线距离,即

$$[电波速度×(发收时间间隔-固定延时)]/2 \qquad (4-65)$$

由于相对于无线电波的传播速度而言,飞机的运动速度是相当缓慢的,因此在信号传播的短时间内,飞机位置的变化对距离计算精度的影响基本可以忽略不计。

测距应答器通常安装在机场,在飞机进近和着陆过程中,由机上测距器不断地测出到机场的距离。可以应用于两种工作状态之一:直接测量到着陆地点的距离(斜距),或引导飞机沿既定半径的圆形轨道作等待飞行。

2) 通道划分和随机询问

由于空中可同时存在许多需要获得对同一地面台站距离信息的飞机,地面也布置着众多台站,为了不造成飞机与地面台站之间的错误连接,必须划分很多(频率)通道。并且在测距过程中,为了消除本发射机或其他发射机的干扰,通常询问器和应答器也要工作在不同频率上。

地面台必须确认所收到的询问是对本台的询问才产生回答信号,机上询问器也必须确认收到的是被询问台的回答信号才进行距离测量。国际民航组织对测距器的通道规定如图 4-29 所示。

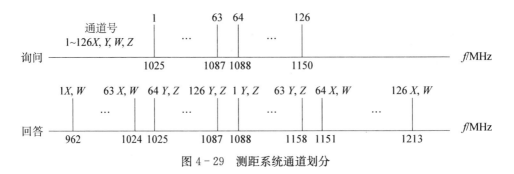

图 4-29　测距系统通道划分

由图可见,系统工作在 962~1213 MHz 的频段,分成四段,每段占 63 MHz。机上询问占中间两段,即 1025~1150 MHz,通道之间间隔为 1 MHz,有 126 个询问频率。地面回答是全波段,有 252 个回答频率,分成 X、Y 两种编码方式。对于精密测距器,在 X、Y 编码的基础上又增加了 W、Z 两种编码方式,共有 504 个通道。因此一个地面台站可以同时为空域中至少 100 多架飞机提供服务。系统工作时,要求同一通道的询问频率与回答频率隔开 63 MHz,以提高信号质量,避免同频相加干扰。

在测距器的 252 个通道中,其中有 160 个与伏尔、40 个与仪表着陆系统配对使用,精密测距器的 504 个通道中,有 200 个与微波着陆系统配对使用,并且它们都避开了空中交通管制雷达询问/应答器的频率范围(1030/1090 MHz)。

通道规定了地面台和对该地面台测距的众多飞机之间的联络通道。但是对于某一架飞机而言,它既收到地面台该通道对它的回答信号,也收到地面台对调谐到该通道的其他飞机的回答信号,这架飞机必须能从众多回答信号中挑选出属于它自己的回答信号,才能正确进行测距。

为了避免和其他飞机的询问及回答信号在时间上产生重叠冲突,使每架飞机都能区分哪些回答是属于它本身的询问引起的,要求机上发射询问信号的重复频率不应是一个固定值,而要在一定范围内随机抖动。由于每架飞机都有各自的、彼此不相关的询问随机抖动特性,而相对于其他飞机的询问和回答信号与本飞机的询问是时间无关的,从而可在大部分的时间段里挑选出属于它自己的回答脉冲进行测距。

3) 搜索、跟踪和记忆状态

机上询问器要建立询问信号和回答信号之间的时间同步关系,必须通过移动搜索门来捕获地面站的回答信号。这时处于搜索方式,通常应增加询问率,以减少完成搜索的时间。通常模拟式搜索可以在 20 s 内完成,数字式搜索只需要 2 s 的时间,而精密测距器采用数字式相关器技术,可以在 1 s 甚至几分之一秒时间内完成搜索。

一旦询问器确认了属于它自己的同步回答信号,设备就进入了保持锁定方式,距离门将跟随飞机的运动而同步移动,设备处于跟踪状态。这时询问器移去警旗,输出和显示所测距离。

在跟踪状态时应尽量降低询问率,以减轻地面应答器的工作负荷,为尽可能多的飞机提供测距服务。

在跟踪期间,如果电波被障碍物或其他飞机遮挡,或飞机处于天线方向性图的零值点方向,或地面台短暂关闭,或其他原因引起回答信号在短时间内消失,则询问器进入记忆状态,将以飞机原有的运动速度进行记忆跟踪,而不立即返回搜索状态。在记忆跟踪时间内,一旦出现满足跟踪条件的状态,就立即转入正常的跟踪状态;若该时间内仍没有收到回答信号,询问器才重新返回到搜索状态。对用于着陆阶段的精密测距器,当信号丢失后立即返回到 IA 模式的搜索状态,同时保持 1 s 具有告警显示的记忆输出。

4) 定时脉冲和定时点

测距系统的信号是脉冲对编码信号,脉冲形状是高斯形(对于测距器)或者cos—cos²形(对于精密测距器)。前者也称为钟形,后者是指脉冲前沿按cos曲线变化,后沿按cos²曲线变化,两者都是为了保证在传输过程中有较好的抗干扰能力。较早的测距是应用脉冲对的第二脉冲进行定时,但是发现该脉冲对多路径非常敏感,测距误差较大。因此现代的测距系统都应用第一脉冲定时,测距精度得到提高。

另外,对于测距器和精密测距器的 IA 模式,采用"半幅度定时"的方式,即把脉冲上升沿 50% 幅度点的位置作为定时的基准点。而对于精密测距器的 FA 模式,采用"延时衰减比较法"产生定时基准点,以进一步提高测距精度。

5) 固定延时、寂静时间和回波抑制时间

地面应答器在询问脉冲对的接收和相应回答脉冲对的发射之间要引入一段固定延时,根据工作模式的不同,延时量分别是 $50\,\mu s$、$56\,\mu s$ 或 $62\,\mu s$。延时的目的是使地面应答器有足够的信号处理时间,以及可以使飞机对地面台进行零公里测距。

寂静时间是在地面应答器里引入一段封闭时间,在这段时间里接收机的信号接收功能被封闭。地面应答器在对飞机询问脉冲对的译码生效后,会立即进入寂静状态,此时应答器的接收机对所有的飞机询问都不回答。这样,一可以在回答发射期间保护接收机,二可以防止接收机在这段时间里对多路径回波信号的响应,其不利之处是会降低系统的应答效率。寂静时间一般不大于 $60\,\mu s$。

在某些多路径回波比较严重的地区,在寂静时间后可设立回波抑制时间,这时只有超出一定相对门限(即相对于直达信号)的信号才被视为有效询问信号;否则,将被视为多径的回波信号而被抑制掉。设置回波抑制时间可进一步消除同步多路径干扰,但也有可能把某些幅度不够大的真正询问信号抑制掉,因而也会降低系统效率。

6) 随机填充脉冲和等待状态

测距系统工作时,地面信标台还必须发射随机填充脉冲。其原因在于系统的机上询问器含有 AGC 电路,AGC 需要收到一定重复频率的脉冲串后方可正确地建立。按国际民航组织的规定要求,地面信标台的最低发射速率不得小于 700脉冲对/秒,并尽可能接近 700 脉冲对/秒。因此在空中飞机数量不足的情况下,就需要补充发射脉冲来满足 AGC 电路的需求;随着空中交通密度的加大,应答器的回答脉冲对数增加,随机填充的脉冲数将自动减少;并且当飞机数量达到一定的程度时,就不再需要发射随机填充脉冲了。试想,在空中仅有一架装有测距器的飞机的情况下,如果没有地面发射的随机填充脉冲对,那么它将只有 30 个脉冲对/秒(测距器跟踪状态的最大询问速率)或 40 个脉冲对/秒(精密测距器跟踪状态的最大询问速率),这时机上的自动增益控制就建立不起来。为此,必须用随机填充脉冲的形式模拟其他飞机的应答脉冲的存在。

上述随机填充脉冲的方法是从改进地面应答器的设计来解决的,即在系统内部将电路中的噪声放大到一定程度,去触发系统的应答电路而实现的。

另外,当应答器服务距离之外的许多飞机处于该应答器的通道上,向该应答器询问时,可能会使得应答器接收机过于繁忙,而影响它对服务距离之内询问飞机的回答。所以,机上询问器应具有"自动等待状态"的功能,即设法使机上询问器能否开始发射询问脉冲,要取决于它接收到的应答信号平均电平是否超过预定值,或收到的应答脉冲对的频率是否超过预定值。果飞机离应答器很远,它接收的平均信号电平或应答脉冲对的频率未达到预定值,询问器就封闭而不发射询问脉冲,直到它进入应答器工作区,接收到超过给定程度要求的应答信号为止。一般情况下,当接收的应答信号超过 300~400 对/秒时,询问脉冲方可开始发射,而此前的状态就称为等待状态。

7）台站识别

每个测距地面台都有一组规定的识别代码和相应的莫尔斯码,用莫尔斯码的点划信号控制 1350 Hz 信号,再去触发应答器的高频调制器,把识别信号发射给空中的飞机。机上询问器里有 1350 Hz 的滤波器,滤出莫尔斯信号送到驾驶员耳机。

当飞机驾驶员选定了通道,就确定了相应的测距地面台,从耳机里就可听到该地面台发射的识别音响信号,从而判定所选台址的正确性。

4.2.2.3　系统工作原理

1）地面设备

地面信标台主要包括 I/O 部分、控制部分、监测部分、应答器部分、双工器、环流器、天线和电源等。精密测距器地面设备的简化如图 4 - 30 所示。

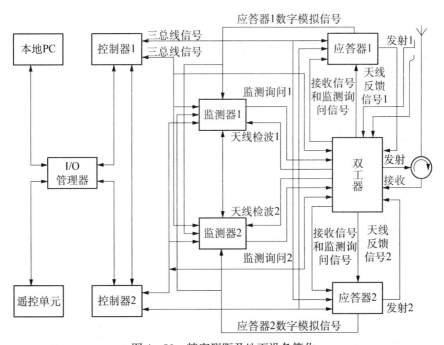

图 4 - 30　精密测距及地面设备简化

I/O部分使操作员利用控制面板或个人计算机实现对地面信标台的控制与监测。如果通过调制解调器把它与控制中心的遥控单元连接起来,还可使操作员在控制中心实现对整个地面信标台的控制与监测。

控制部分包括两个控制器,协调整个地面设备各部分的工作。两个控制器按主从方式配置,如果主控制器失效,从控制器将自动接管全部工作。

监测器用于对信标发射信号和应答器工作参数的监测,也是双机备份制,每个监测器包括监测询问、模拟处理和数字测量等功能单元。

应答器也是双机制,每个应答器由接收机、处理器(含 FA 模式处理器)、调制器、功率放大器和频率合成器等组成。地面台工作时,一个应答器接天线,称作主应答器;另一个应答器接假负载,称作备份应答器。

机上询问信号被地面天线接收,经环流器和双工器送到接收机,信号被放大、变频、处理和解调。接收机输出的宽带信号送 FA 模式处理器,延时产生 FA 模式的回答触发信号;接收机输出的 IA 模式询问触发脉冲对在信号处理器里延时产生 IA 模式的回答触发脉冲。最后把 FA 和 IA 回答触发脉冲、随机填充脉冲和识别脉冲组合在一起,送往调制器。

在调制器里触发信号被转变为具有正确间隔和形状的脉冲对。自动调制控制电路调整输出调制脉冲的幅度,以控制发射脉冲的波形。功率放大器受调制器控制,把频率合成器的大约 1 W 的连续波调制放大成一定功率(约 150 W)的地面发射信号,经双工器和环流器送往地面天线。天线实现机上询问信号的接收和地面回答信号的发射。

2) 机上设备

精密测距器机上设备的原理简化如图 4 – 31 所示。

受中心处理器控制,编码器产生符合规定间隔和规定发射速率的询问触发脉冲对。频率合成器依据所选通道号,由中心处理器控制,产生频率等于询问频率的连续波信号。

调制器受触发脉冲对触发,形成具有规定形状的调制脉冲对;在功率放大器里,该脉冲对被放大至具有规定功率的发射信号,经环流器和机上天线发向地面应答器。

询问器收到地面应答器的回答信号,经接收机前端预选和高频放大后与本振混频,产生 63 MHz 中频,并进入窄带中放检波和宽带中放检波电路。窄带检波信号和宽带检波信号既送往视频处理器,也送往 AGC/ALC 处理器,进行自动增益控制和自动电平控制。

视频处理器包括鉴幅器、鉴频器、HAF 触发形成器和 DAC 触发形成器,确认所收到的窄带检波信号和宽带检波信号是有效回答信号,经触发后送距离处理器。

距离处理器含有译码器、相关器、距离计数器和堆栈寄存器。当某个距离单元(或者是某个时间单元)的回答脉冲累计超过规定门槛时,表示机上设备已完成搜索

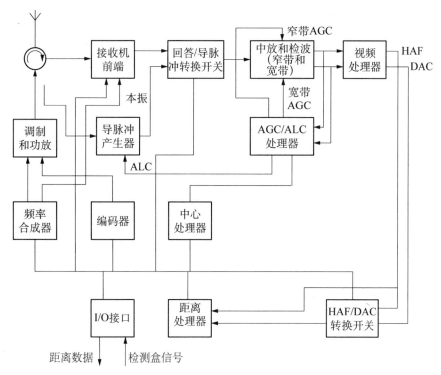

图 4-31 精密测距机机上设备简化

功能,达到跟踪状态。

此时,相关器向中心处理器发出中断申请,距离计数器启动,当接收到回答信号时,将距离计数压入堆栈寄存器。中心处理器响应中断时,根据相关器的粗值计数,从堆栈寄存器中读入精密的距离计数值。最后经过 I/O 接口,输入控制盒信号,输出距离数据,实现实时测距的功能。

4.2.3 无线电罗盘

4.2.3.1 系统简介

无线电罗盘测向系统是一种地基定向系统,由机载或船载定向仪自动测定地面发射台的无线电波来波方向,从而获得飞机或船只相对信标台的角坐标方位数据。

系统由机载设备和地面设备两部分组成,机载无线电自动定向仪(ADF)是一种 M 型最小值法测向设备,称之为无线电罗盘(radio compass);地面导航台也称无方向性信标(NDB),其台站识别信号采用 1020 Hz 调制的两个英文字符的莫尔斯码格式。

系统工作频率一般在 150~1800 kHz 范围内,属于中波、长波或短波波段,功率在 500 W 左右。在此波段内,可靠的方位信息只能从地波或直达波才能得到,其作用距离由地面导航台发射功率及机上接收机灵敏度决定,一般可达几百千米,典型为 250~350 km。

另外,地面台发射的信号常常会受到天波的影响,在夜间情况会更加恶劣。因此只有当飞机离地面导航台较近,地波信号覆盖良好时,方位读数才可靠。当接收点的信号场强较大,且忽略飞机结构的影响,系统的测向精度可达到2°左右。

无线电罗盘测向系统的基本功能包括:

(1) 可以连续自动地对准地面导航台,引导飞机沿给定航线飞行,在给定方向上完成从一个台站至另一个台站的飞行。

(2) 通过测出飞机对两个以上地面导航台的方位角数值,利用所得到的直线位置线的交点,实现对飞机的水平位置定位。

(3) 引导飞机进入空中走廊的出、入口。

(4) 引导飞机完成着陆前的进场机动飞行和下降飞行,使飞机对准跑道中心线,配合仪表着陆系统,引导飞机着陆。

(5) 在航海应用中,引导船舶在不良视距下通过狭窄海道和进出港,并且可用来确定发出SOS呼救信号的遇难船舶的方位。

4.2.3.2 机载无线电自动定向仪

机载ADF的种类和型号较多,以旋转调制式和伺服指针式最为普遍。现以旋转调制式为例说明。

1) 基本组成及工作状态

自动定向仪包括3种主要工作状态:

(1) ADF(自动测向)——由垂直天线和环形天线联合接收信号进行自动测向。

(2) ANT(天线)——由垂直天线接收信号作为普通接收机使用。

(3) TEST(测试)——定向仪自检,按下测试按钮时,指示器应指示一规定的数值(一般为90°),以确定定向仪的工作是否正常。

目前飞机上装载的ADF通常由以下4个部分组成:

(1) 天线系统。

天线系统包括垂直天线、环形天线和测角器,由环形天线旋转产生的感应电压输入到罗盘接收机中,与垂直天线的接收信号结合形成M型测向信号。当环形天线做成固定方式时,以测角器的旋转代替环形天线的旋转。

(2) 罗盘接收机。

一般多为普通的超外差式报话两用接收机,有很好的选择性和灵敏度,用于将接收的高频信号进行放大、变频、检波等处理,变换为带有方位信息的低频信号,输出到无线电磁指示器(RMI)和水平状态指示器(HSI)中,实现自动测向。

接收机还可单独与垂直天线连接,接收导航台发出的音频调制的识别信号及其他信息,通过音频选择供飞行员监听,或接收无线电广播、用于通信等。

(3) 控制盒。

控制盒由表头及各种旋钮组成,用来控制各种工作状态的转换、波段转换、电台选择和调谐等,进行波道预选、频率选择和远、近台的转换。

由于地面导航台在大部分的时间里只发射等幅信号,为便于监听,控制盒上还设有音调(tone)电门,将其置于音调位置,接收机内将以固定音调对载频信号进行调幅,使耳机中产生声音输出。

（4）指示器。

通过同步电机与测角器相连,用指针指示出所测方位角度的数值。

需要注意的是,机载 ADF 所指示的角度是以飞机纵轴为基准,顺时针转到飞机与导航台连线所形成的夹角,如图 4 - 32 所示（为 60°的夹角）。要获得导航台相对于飞机的方位,还必须知道飞机的航向角,因此需要与磁罗盘等航向测量设备相结合。另外,为了获取读数的方便,飞机上常把磁罗盘与

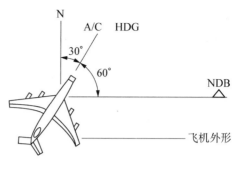

图 4 - 32　无线电磁指示器指示方位原理

ADF 的指示部分合在一起,称为无线电磁指示器(radio magnetic in dicator,RMI)。

2）基本原理

图 4 - 33 为无线电罗盘的工作原理框图。

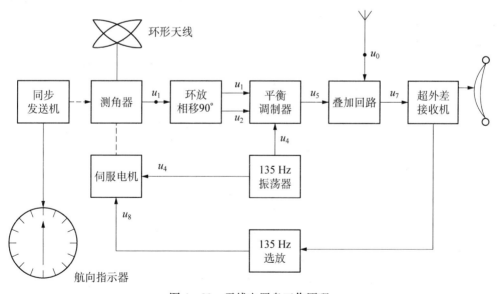

图 4 - 33　无线电罗盘工作原理

具有"8"字形方向性图的环形天线接收地面信标台的发射信号,为使该信号与垂直天线接收到的信号同相叠加,先将环形天线的信号移相 90°,并经放大与倒相后

加给平衡调制器两个幅度相等而相位相反的信号,平衡调制器在135 Hz低频信号控制下工作,得到两个旁频(边频)信号,然后与垂直天线的无方向性载频信号进行相加,得到一个调制度是电波来向θ的函数的调幅波信号。

该调幅波信号在超外差式接收机中进行处理,经过混频、中放、检波等环节,得到具有方位信息的低频信号并分成两路输出,其中一路到耳机用于人工定向;另一路经135 Hz的选频放大电路,将135 Hz信号从低频信号中分离出来,放大后作为误差信号加到伺服电机的控制线圈上。同时在伺服电机的激磁线圈中,还加有从135 Hz本地振荡器直接输出的135 Hz信号。

在这两个信号的共同作用下,伺服电机转动,同时带动环形天线向最小值信号的方向转动,直到转到环形天线信号为零、方向性图最小值对准导航台时为止,此时无线电罗盘中就只有垂直天线的信号。在这个过程中,同步发送机转子和航向指示器指针都在同步转动,最终指示器指针就指出了所测导航台的航向角。

3) 关键技术和解决方法

(1) 环形天线的转动和双值性的消除在ADF中,环形天线的"8"字形方向性图最小值方向有两个($\theta = 90°$和$270°$),两者相差180°,即具有"双值性",应该加以判别或消除以保证定向的单值性。

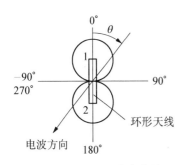

图4-34　环形天线方向性

由图4-34可知,当$90° < \theta < 270°$时,导体2上的感应电动势e_2超前于导体1上的感应电动势e_1。此时若通过伺服电机使环形天线顺时针旋转,θ将逐渐减小,当θ减小到90°时,环形天线感应的合成电动势$e_合 = 0$,天线停止转动,$\theta = 90°$的方向即为导航台方向。反之,若$-90° < \theta < 90°$,则e_1超前于e_2,通过伺服电机使环形天线逆时针旋转,θ将逐渐增大,直至$\theta = 90°$时为止。

采用这种办法,环形天线将只有一个稳定的最小值方向($\theta = 90°$),而另一个最小值方向($\theta = 270°$)将是不稳定的。当非稳定的最小值方向对准导航台时,在干扰作用下或电波的来向稍有变化,产生的摆动便会使环形天线离它而去,自动转向稳定的最小值点,而不会再回到非稳定点,这样就保证了单值定向。

要确定信号e_1和e_2的相对相位,即判断e_1是超前或滞后于e_2,需要另加一个天线,正好可以利用前面提到的无方向垂直天线(又称判读天线),它接收同一无线电波信号,通过比较其上的电动势与环形天线合成电动势$e_合$的相位差,即可确定e_1是超前还是滞后于e_2,从而确定环形天线的旋转方向。

(2) 用测角器代替环形天线的转动——天线不动、方向性图转动的机理在测向过程中,环形天线的转动是个关键,一般有两种方法,一为直接法,即直接用电机拖动环形天线旋转,但对于高空高速飞行的飞机而言,受高空气流影响等操作比较困

难;二为间接法,即天线固定不动,通过测角器
实现方向性图的转动。

　　直接法目前已比较少见,现在多采用间接
法,它是在飞机上安装两个环形天线,相互垂
直放置并且固定不动,可分别取与飞机的纵轴
平行和垂直的方向,两天线同时接收地面信标
台的信号,如图 4 - 35 所示。在测角器内,放
置有两个相互垂直固定的场线圈分别与两环
形天线相连,另有一个可转动的活动线圈置于
两场线圈所产生的电磁场内,称为搜索线圈,
如图 4 - 36 所示。

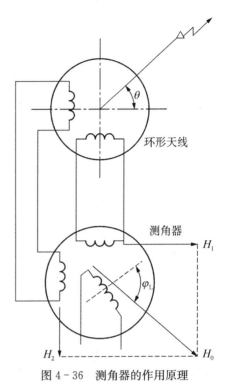

图 4 - 36　测角器的作用原理

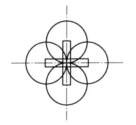

图 4 - 35　固定的环形天线及其方向性

　　固定的两个环形天线接收到电波后,得到的感应电动势在方位空间上相互垂
直,其振幅分别与 $\cos\theta$ 和 $\sin\theta$ 成正比,为

$$\begin{cases} e_1 = E_{1m}\cos\theta\cos\omega t \\ e_2 = E_{2m}\sin\theta\cos\omega t \end{cases} \tag{4-66}$$

式中:θ 为环形天线 1 所在平面与地面导航台的相对角度。

　　由于场线圈与环形天线两两相连,这两个感应电动势将分别加在测角器的固定
绕组上,在测角器内产生互相垂直的两个感应磁场,即

$$\begin{cases} h_1 = H_1\cos\theta\cos\omega t \\ h_2 = H_2\sin\theta\cos\omega t \end{cases} \tag{4-67}$$

　　两个磁场形成一个合成磁场,即

$$h = \sqrt{h_1^2 + h_2^2} = \sqrt{H_1^2\cos^2\theta + H_2^2\sin^2\theta} \cdot \cos\omega t \tag{4-68}$$

　　由于测角器内两场线圈的参数是按相同比例设计的,即满足

$$\frac{E_{1m}}{E_{2m}} = \frac{H_1}{H_2} \tag{4-69}$$

因此合成磁场即为两环形天线合成电动势的影射,其方向代表了无线电波的来波方向,并与基准方向即环形天线 1 的夹角为 θ。

测角器内的转子在合成磁场的作用下转动。设其活动线圈平面与合成磁场方向的夹角为 ϕ_L,则搜索线圈在合成磁场作用下,所产生的感应电动势为

$$e = E_m \sin \phi_L \cos \omega t \qquad (4-70)$$

可以看出 e 为 ϕ_L 的函数,且具有"8"字形方向性图的性质,同时与式(4-66)比较可知,活动线圈的感应电动势与其中一个环形天线的表达式完全相同($\phi_L = \theta$),即活动线圈转动时,ϕ_L 变化导致 e 的变化规律与环形天线完全一样,相当于环形天线在转动。这样就通过搜索活动线圈的转动,代替了环形天线的转动,实现了天线不动、方向性图转动的目的。

(3) 环形天线的安装与伺服电机的转动。

在飞机上安装环形天线时,要求将稳定的零值点朝向机头方向,即"8"字形方向性图的纵轴与飞机纵轴方向严格保持一致。具体实现方法是:使电波从机头沿机身轴线射入,转动测角器搜索线圈使其感应电势消失,指示器指示零度,这样即确定了机身轴线方向为基准方向。

当无线电波从其他方向射入时,其合成磁场方向变化,搜索线圈产生电动势,电机带动它向方向性图零值点的方向转动,转到电动势 $e = 0$ 时停止转动,所转过的角度就是飞机对导航台的航向角,罗盘指示器与搜索线圈相连并随之转动。

伺服电机包括激磁线圈和控制线圈两组,前者加基准信号,后者加控制信号,电机的转动由这两个信号的相对相位控制。控制信号的相位超前基准信号时,电机正转;滞后时,则反转;两者相位相等时,电机停转。

在无线电罗盘中,135 Hz 的本振信号加到伺服电机激磁绕组,其相位固定;接收机输出的 135 Hz 合成信号加到电机控制绕组。该合成信号是一个可变相位信号,其相位由无线电波从机头左方还是右方射入决定。

当无线电波射入方向在飞机机头右方时,环形天线或搜索线圈感应的可变相位信号为正,与控制信号同相,但经检波输出后,信号相位前移 90°,就比控制信号超前了 90°,因此使伺服电机带动测角器搜索线圈正转(顺时针转动),使感应电动势逐渐减小直至为零为止。同理,也可以分析当射入方向在飞机机头左方的情况。

4.2.3.3 无方向无线电信标

无线电测向信标可分为两类,即全向性和定向性指向标。前者利用无方向性天线发射信号,用测向仪接收指示信号,也称为无方向信标,如与无线电罗盘配合的航路信标台。后者利用有一定方向性的天线发射信号,可用一般收音机或专用接收指示器接收并测定方向,比如放在跑道中心轴附近的仪表着陆系统信标台,用于引导飞机完成着陆前的机动飞行、穿云下降并对准跑道。

无方向无线电信标台具有准确的地理坐标位置,定期发射无线电信号,包括测向、识别和语音信号。有 3 种基本的工作状态:等幅波方式——用于测向;调幅波方式——用

于测向和台站识别;语音方式——用于测向和通话。由控制台实现状态之间的转换。

无方向信标的组成如图4-37所示。其中话音放大器传送语音信号,音频振荡器产生调幅波信号,等幅波信号直接输出到高频信号发生器。然后通过幅度调制加到高频载波上,并由放大器产生大功率信号,通过天线辐射到空间去。

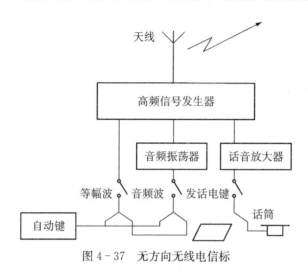

图4-37　无方向无线电信标

台站识别信息一般每分钟至少发两次,每次连续发两遍,每遍包括4～6个字母,由莫尔斯码的点、划组成。在两次识别信号中间仍然发等幅波,以保证飞机上的无线电罗盘能够连续地测向。

当信标台发射调幅波识别信号时,自动信号键的电码控制一个音频振荡器,按电码组合规律产生频率一定的音频信号。在自动信号键发"点"和"划"期间,信标台发射调幅信号,其余时间仍发射等幅信号。图4-38为带有识别信号的调幅信号波形图。

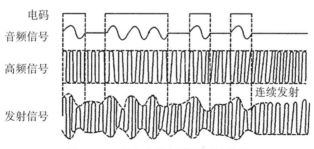

图4-38　无方向信标的调幅波信号

当发射等幅波识别信号时,自动键电码直接控制高频信号发生器,因此在发"点"和"划"期间有输出信号,其他时间没有信号,如图4-39所示,因此测向会有中断,指示器指针会发生抖动。

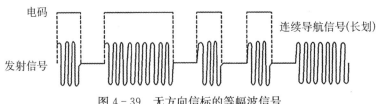

图 4-39 无方向信标的等幅波信号

另外,地面信标台还可以作为中波通信机使用,用于实施单向的对空联络,发送等幅电报、调幅电报和进行地空通话等。进行通话时,只需将话筒接入,话音信号即自动地对高频信号进行调制并发射出去。

4.2.4 仪表着陆系统

4.2.4.1 系统简介

着陆是飞机航行中最为重要的阶段,也是事故率最高的阶段,要求飞行员必须在很短的时间内完成许多高标准的操作。若仅靠目视着陆,一般要求在飞行高度不低于 300 m 时,水平能见度不小于 4.8 km,否则难以保证降落安全。

为了保证飞机能在不良气候条件下或夜间安全着陆,必须使用无线电导航系统向飞机提供高精度的定位引导信息,给出飞机与规定的下滑航道的偏离程度。目前,军用、民用机场大多使用仪表着陆系统(instrument landing system,ILS),少数机场安装有微波着陆系统(microwave landing system,MLS)。

仪表着陆系统的地面设备包括航向台(LOC)、下滑台(GS)和信标台(MB)三大部分。航向台和下滑台都是利用在空间相交的双针状方向性图天线,以等信号区的形式分别提供与水平面成一定角度的下滑面引导、与水平面垂直的航向面引导。下滑面和航向面相交形成一条位于跑道中心线上方、与跑道面有一定角度的固定下滑航道。信标台为 2 或 3 个,在跑道中心线的延长线上,向天空辐射方向性图为窄圆锥形的无线电波束,提供飞机距离跑道入口的位置坐标信息。

机上设备分别包括航向、下滑和信标接收机,前两者常装在一个机盒内。相应地,机上需要 3 种天线,即水平极化的 VOR/LOC 共用天线、下滑接收机的折叠式偶极天线、信标接收机的环形天线。飞机的航向和下滑信息可在几种不同类型的仪表上显示,其相对于给定航向面和下滑面的偏差位置由位置指示器表示,供驾驶员调整下滑路线。ILS 机载设备的控制一般通过甚高频导航(VHFNA V)控制盒来实现,可以同时选择航向接收机频率及相应的下滑接收机频率。另外,当飞机飞过不同信标台的上空时,信标接收机会发出相应的音响和灯光信号,来表示飞机的当前位置。

在正常飞行中,飞机在巡航高度上到达目的地后开始下降,这时如果云高超过 800 m,水平能见度超过 4.8 km 时,允许飞机按照目视飞行规则着陆。但在恶劣气候条件下,着陆必须按照仪表飞行规则进行。

ICAO 根据着陆系统的引导性能,并考虑到跑道上水平能见度的气象条件,把着陆级别分为Ⅰ、Ⅱ、Ⅲ三类,规定了相应的决断高度(见表4-2)。在此高度上,飞行员根据能否清晰地看到跑道,对继续着陆或拉升复飞做出决断。

表 4-2　国际民航组织的着陆级别划分

着陆类别	水平精度 /(m, 2σ)	垂直精度 /(m, 2σ)	决策高度 /m	距跑道入口 距离/m	最低引导 高度/m	跑道能见度 /m
非精密进场	/	/	120	2050	/	1500
CAT Ⅰ	17.09	4.14	60.9	872.3	30.5	791.7
CAT Ⅱ	5.15	1.73	30.5	290.8	15.2	365.4
CAT ⅢA	4.02	0.54	15.2	0	0	60.9
CAT ⅢB	4.02	0.54	15.2	0	0	45.7
CAT ⅢC	4.02	0.54	15.2	0	0	0

飞机在跑道延伸线上方 500～30 m 的高度范围内飞行,将由 ILS 产生的无线电波束引导,要求从仪表飞行过渡到目视着陆必须很平稳,并且保证可以立刻进行复飞。当飞机到达Ⅰ类或Ⅱ类最低决策高度时,规定飞行员必须能够看到跑道,否则放弃着陆。图 4-40 是仪表着陆系统的工作示意图。

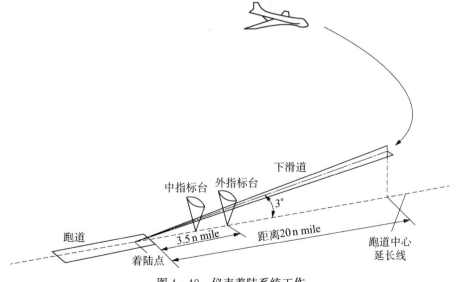

图 4-40　仪表着陆系统工作

在具体应用中,ILS 实际上是将无线电波束在地面反射后形成的等信号区,因此其性能在很大因素上取决于场地标准,如果场地障碍物多、地面不平整等都会造成航向面和下滑面的弯曲,影响引导性能。目前大多数机场的仪表着陆系统只能达到Ⅰ类着陆标准,只有少数机场可以达到Ⅱ类标准,也主要与场地情况有关。

4.2.4.2 下滑台

下滑台利用两组在不同高度的天线,同时辐射方向性图互相交叠的上下两个波束,在与水平面成一定角度的方向上形成等信号区。两组天线的信号可通过载波频率、调制频率或调制方式的不同而加以区别,下面以调制频率的不同进行介绍。

1) 下滑台地面信标

下滑信标安装于飞机跑道一侧,距跑道中心 $120\sim180\,\mathrm{m}$,距跑道终端 $200\sim450\,\mathrm{m}$,为飞机着陆提供与跑道成 $2°\sim3°$ 倾角的下滑面引导,有效导航距离为 $10\,\mathrm{n\ mile}$ 以上。下滑台工作的载频频率在 $329.15\sim335\,\mathrm{MHz}$ 频段内,每隔 $150\,\mathrm{kHz}$ 为一频点,共有 40 个波道,各波道与导航台的波道配对使用。其基本组成如图 4-41 所示,发射机产生甚高频振荡,通过功率分配和交叉调制电桥分别加到两个通道上去,其上、下天线通道的载波分别被 $90\,\mathrm{Hz}$、$150\,\mathrm{Hz}$ 低频信号调幅。

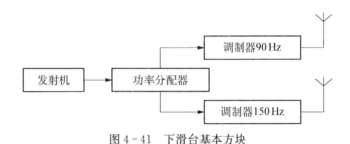

图 4-41 下滑台基本方块

设馈电给上、下天线的电流瞬时值分别为

$$\begin{cases} i_{\mathrm{h}} = I_{\mathrm{h}}(1+m_1 \sin \Omega_1 t)\sin \omega t \\ i_{\mathrm{L}} = I_{\mathrm{L}}(1+m_2 \sin \Omega_2 t)\sin \omega t \end{cases} \tag{4-71}$$

式中:ω 为载频角频率;m_1、m_2 分别为角频率 $\Omega_1 = 2\pi f_1$、$\Omega_2 = 2\pi f_2$ 的低频信号的调幅系数,其中 f_1 为 90 Hz,f_2 为 150 Hz。

若向两根天线馈送的电流初始相位为零,则它们在远区形成的场可表示为

$$\begin{cases} e_{\mathrm{h}} = E_{\mathrm{hm}}f_{\mathrm{h}}(\theta)(1+m_1 \sin \Omega_1 t)\sin \omega t \\ e_{\mathrm{l}} = E_{\mathrm{lm}}f_{\mathrm{l}}(\theta)(1+m_2 \sin \Omega_2 t)\sin \omega t \end{cases} \tag{4-72}$$

式中:E_{hm}、E_{lm} 分别为上、下天线在它们的方向性图最大值方向辐射的信号幅度;$f_{\mathrm{h}}(\theta)$、$f_{\mathrm{l}}(\theta)$ 分别为上、下天线在垂直面上归一化的方向性函数。则两天线辐射信号的合成场为

$$e = e_{\mathrm{l}} + e_{\mathrm{h}} = \left[E_{\mathrm{hm}}f_{\mathrm{h}}(\theta) + E_{\mathrm{lm}}f_{\mathrm{l}}(\theta) \right]$$

$$\left[1 + \frac{m_1 E_{\mathrm{hm}}f_{\mathrm{h}}(\theta)}{E_{\mathrm{hm}}f_{\mathrm{h}}(\theta) + E_{\mathrm{lm}}f_{\mathrm{l}}(\theta)} \sin \Omega_1 t + \frac{m_2 E_{\mathrm{lm}}f_{\mathrm{l}}(\theta)}{E_{\mathrm{hm}}f_{\mathrm{h}}(\theta) + E_{\mathrm{lm}}f_{\mathrm{l}}(\theta)} \sin \Omega_2 t \right] \sin \omega t$$

$$\tag{4-73}$$

式(4-73)中 $\sin\Omega_1 t$、$\sin\Omega_2 t$ 前面的系数确定了调制旁频振荡幅度与角度 θ 的关系,称为空间调制深度,并表示为

$$\begin{cases} M_1 = \dfrac{m_1 E_{hm} f_h(\theta)}{E_{hm} f_h(\theta) + E_{lm} f_1(\theta)} \\ M_2 = \dfrac{m_2 E_{lm} f_1(\theta)}{E_{hm} f_h(\theta) + E_{lm} f_1(\theta)} \end{cases} \tag{4-74}$$

对于合成信号,通过机载下滑接收机就可以实现将上、下天线的信号进行分离,并得到等信号区方向的位置。

2) 下滑台机载接收机

机载接收机的基本组成结构如图 4-42 所示。天线接收下滑台辐射的信号,经过放大、变频、检波,用低频滤波器将 90 Hz 和 150 Hz 的信号分开,分别整流成直流电压信号,接入相减电路,下滑指示器指示的是两电压信号的差值,其相对于下滑线

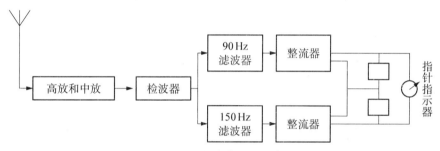

图 4-42 下滑台接收机基本方块

的偏离 Δg 与空间调制深度之差成正比,即

$$\Delta g = K(M_1 - M_2) \tag{4-75}$$

式中:K 为比例系数。因此,下滑指示器的指示取决于上、下天线方向性图的调制系数之差。令式(4-75)等于零,且 $m_1 = m_2$ 时,可得到关于等信号区方向的位置方程为

$$E_{hm} F_h(\theta_0) = E_{lm} F_1(\theta_0) \tag{4-76}$$

两天线信号调制系数相等的方向与地面形成 $2°\sim3°$ 的夹角。当飞机处于下滑道平面下方时,下滑接收机接收的 150 Hz 调制系数大于 90 Hz 的调制系数,下滑指示器指示飞机向上飞行;反之亦然。

4.2.4.3 航向台

航向台安装在跑道中心线的延长线上,提供与跑道平面垂直的航向面信号。当飞机高度在 600 m 以上时,要求在航向道左右 $10°$ 扇形范围内的有效导航距离应达 $18\sim25$ n mile;在航向道左右 $35°$ 扇形范围内,有效导航距离应达 $10\sim17$ n mile。航向台发射的载频频率为 $108\sim112$ MHz,每隔 50 kHz 为一频点,共划分了 40 个波

道。其识别信号为 1020 Hz 调制的 2～3 个英文字符的莫尔斯电码。

与下滑台原理类似，航向台的地面信标沿跑道中心线两侧发射两束水平交叉的辐射波瓣，分别被 90 Hz 和 150 Hz 低频信号调幅。当飞机飞行在跑道中心线上时，两者的调制系数相同，仪表指针或水平位置指示器中的航道杆在中心位置；当飞机在跑道中心线的左边时，90 Hz 信号的调制系数将大于 150 Hz 的调制系数，仪表指针偏向右边，飞机向右修正航向。用航道杆指示飞机的航向偏离程度时，每一点代表 0.5°。

航向台天线是沿一条直线装设的许多对水平极化的偶极子天线（见图 4-43），垂直于跑道且对称放置，一般为 5 或 7 对。各天线振子按下述方式馈电：用同相电流对各振子馈电，形成一个最大值方向位于跑道中心线上的单波瓣方向性图，称为和信号方向性图；由旁频电流给跑道中心线两边的振子反向供电，即两边的电流相位相差 180°，形成位于跑道中心线上相位相反的双波瓣方向性图，称为差信号方向性图；其合成的方向性图就成为向左或右偏离跑道中心线一定角度的波束形状。

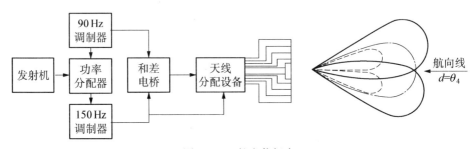

图 4-43　航向信标台

由于 90 Hz 与 150 Hz 调制频率的旁频分量在跑道中心线两侧是反向的，这样其方向性图就一个向左偏离、一个向右偏离，在跑道中心线方向上两个波瓣的方向性图相交，形成信号相等的航向导引面。与航向地面信标台配合使用的机载航向接收机，其组成结构和工作原理与下滑接收机基本相同，不再重复。

4.2.4.4　指点信标

指点信标配合仪表着陆系统使用，架设在飞机进近方向跑道中心线的延长线上，在距跑道始端的几个特定位置点上垂直向上发射锥形波束，为飞机提供距离信息。

ICAO 规定，大、中型机场应设置 3 个指点信标台，即外标台、中标台和内标台，如图 4-44 所示，小型机场一般只有外标台和中标台。3 个信标台分别装设在距离跑道入口端约 7200 m、1050 m 和 75 m 的地方，具体安装位置根据机场条件可做适当调整。它们的发射功率都为 12 W，载频频率为 75 MHz，采用莫尔斯码幅度调制方式。

外标台的声频调幅频率为 400 Hz，识别电码为 2 划/秒（蓝色灯）；中标台声频调幅频率为 1300 Hz，识别电码为一点一划/秒（琥珀色灯）；内标台音频调制频率为 3000 Hz，识别电码为 6 点/秒（白色灯）。

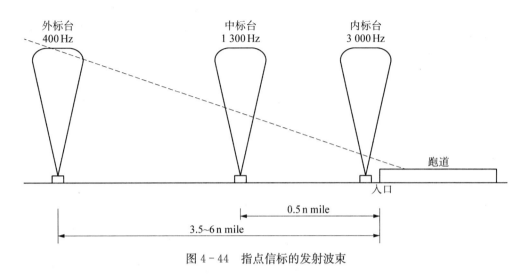

图 4-44 指点信标的发射波束

　　只有当飞机飞过信标台上空时,机上信标接收机才能收到信号,接收机的指示灯和音响设备将提醒飞行员进行决断。随着距机场的距离越来越近,报警声音和灯光的闪烁会逐级地越来越短促。

4.2.4.5 仪表着陆系统的优缺点

　　仪表着陆系统在第二次世界大战后被国际民航组织规定为飞机引导着陆的标准设备,至今已有 50 多年历史,主要用于提供Ⅰ类和Ⅱ类精密着陆的仪表引导。仪表着陆系统设备简单、使用方便、可靠性高,应用广泛,目前全世界处于运行的 ILS 有几千套。但是,由于仪表着陆系统固有的技术体制原因,存在着许多原理和应用方面的局限:

　　(1) 它只能在空间提供一条单一的下滑道,一次只允许一架飞机从单方向降落。

　　(2) 提供的下滑角是固定不变的,对飞机类型限制大,不适应特殊类型的飞机进场着陆的要求,如直升机、垂直起降飞机、短距离起落飞机等。

　　(3) 系统依靠地面反射形成下滑道,对周围地形要求高,不允许有遮挡物,要求安装场地非常平整和宽阔,增大了平整场地的费用。

　　(4) 下滑道会随季节和气候变化而变化,并且容易产生弯曲。

　　(5) 工作频率低,天线尺寸大,安装调试不方便。

　　(6) 其工作波道只有 40 个,对在地理上分布密集的机场而言数量不够。

　　(7) 仪表着陆系统工作在米波频段,与调频广播电台的频率靠近,因此易受广播电台的干扰和影响。

4.2.5 微波着陆系统

4.2.5.1 一般概念

　　空中运载体在整个航行过程中,着陆阶段的安全非常重要。由于操作复杂,且与外界气象条件的关系极为密切,常常会造成严重的后果及危害,因此对着陆引导的要求十分严格。随着航空事业的发展,空中交通密度不断增加,飞机机型也日益增多,各种机型在着陆阶段对着陆引导的要求也不尽相同,因此早期出现的仪表着陆系统已不能适应航空技术发展的要求,迫切需要研制适应性强、覆盖范围广、制导精度高的新型着陆系统。

美国航空无线电技术委员会(RTCA)于1970年制定了对新着陆系统的要求,1972年4月国际航空导航会议批准了这些要求。对新着陆系统的基本要求如下:

(1) 能提供全天候导航功能。

(2) 能提供各种进场航线(曲线进场、分段进场等)的引导。

(3) 可以导引进场速度、下滑角、质量等不同的各种军用和民用飞机进行着陆。

(4) 机上设备功能完善时,无须增加其他辅助设备,应能在国际民航规定的Ⅲ类条件下完成着陆导引任务。

(5) 应能导引机上设备功能较少的飞机在Ⅰ类条件和Ⅱ类条件下进行着陆。

(6) 不同功能级别的机上设备和地面设备,应能相互配合使用,即携带功能较全接收机的飞机,应能在地面设备功能较少的机场着陆;反之,携带功能较少接收机的飞机,能在地面设备功能较全的机场着陆。

(7) 能提供反向进场制导。

(8) 系统应能在现有的任何机场上安装使用。

(9) 机上设备应能和与仪表着陆系统配套使用的飞行控制系统配合使用。

(10) 能在限定的时间内,准确地将飞机引导到跑道上,从而提高跑道的利用率。

考虑到仪表着陆系统是通过地面方向性天线所辐射的电磁波来引导飞机着陆的,由于信号频率低,机场附近物体反射引起的多径效应对导引精度影响较大,难以实现高级别的着陆标准。因此应该尽可能压缩天线辐射的波瓣密度,考虑采用微波波段比较合适,产生了微波着陆系统(MLS)的思路。

20世纪70年代以前,西方国家已研制出许多微波着陆系统,但这些系统均未能完全满足上述要求。因此在微波着陆系统的基本要求被提出和批准后,国际民航组织陆续收到了各成员国提出的能满足要求的系统方案,其中澳大利亚提出的间断扫描方式和美国提出的时间基准波束扫描方式在原理上极为相似,并且优于其他国家提出的方案。1978年4月在蒙特利尔举行的会议上,美国和澳大利亚联合推荐的时间基准波束扫描(TRSB/Interscan)信号格式被确定为新的国际标准体制,并且一直沿用至今。

微波着陆系统是一种全天候精密进场着陆系统,采用时间基准波束扫描的原理工作。系统分地面设备与机载设备两大部分,通常要求机载设备尽可能地简单。地面设备一般包括正向方位角制导台(正航向台)、仰角制导台(下滑台)、拉平制导台、后方位角制导台(反向航向台)和精密测距设备。根据需要,有时也可增设360°方位台、后仰角制导台(反向下滑台)等。

微波着陆系统的工作覆盖区如图 4-45 所示。要求正向方位和仰角的制导区域能覆盖到以跑道为中心线±60°的扇形区域,其垂向覆盖区为 0°～20°,径向作用距离为 30 n mile。要求方位制导和仰角制导的数据更新率分别为 13.33 Hz 和 40 Hz。

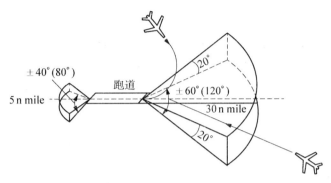

图 4-45　微波着陆系统的工作覆盖区

反向制导区域(失误进场)应能覆盖以跑道为中心±40°的扇形区域,径向作用距离不小于 5 n mile,数据更新率为 6.66 Hz。

拉平制导区应能够覆盖−2°～+8°的扇形区(最好能扩大到+15°),其数据更新率要求为 40 Hz。MLS 可采用的工作频段包括 C 频段中的 5 000～5 250 MHz 和 Ku 频段中的 15 400～17 500 MHz。在同样波瓣宽度的情况下选用 Ku 频段可以使天线尺寸小一些,但是这一频段的大气传播衰减较大,特别是在有雨雪等恶劣天气的情况下。因此选用 C 频段更能保证系统在世界上任何地方都能稳定而可靠地全天候工作。但拉平制导设备选用了 Ku 频段,是由于它需要有更高的制导精度,而工作距离可以允许小一些。

MLS 系统采用模块化设备,每一模块都能独立完成规定的功能,可以根据机场的不同要求选装其中的某些模块并组成系统。系统同时具有地空数据传输功能,以便给着陆飞机及时传送有关信息,如当地气象条件、跑道长度等。

4.2.5.2 基本工作原理

时基波束扫描微波着陆系统通过测定飞机在空间的角位置来导引飞机着陆。波束以很高的角速度在既定的工作区域内来回扫描,利用来回扫过着陆飞机时所形成的两个脉冲之间的时间间隔作为测定飞机空间角位置的基本数据,从这个角度来说,MLS 基于测量时间来得到角度值,因此属于脉冲/时间无线电导航系统。

现以航向台为例说明微波着陆系统的测角原理。航向台天线辐射的是在水平面内很窄(约 1°)而在垂直面内相当宽(约 20°～30°)的扇形波束,该波束从水平面内于跑道一侧 60°角的位置开始,以恒定角速度沿规定方向扫描到跑道另一侧 60°角的位置,作短暂固定时间的停歇后,再沿相反方向,以同样的角速度回扫到起始位置。经过一段固定休止时间后,重复上述扫描过程,如此周而复始地对既定空间进行扫描。

若在波束扫描的空域内有飞机进入,将接收到航向台发射的信号。当扇形波束自初始位置扫描扫过飞机时,机上设备将接收到一个脉冲信号,称为"去"脉冲;当波束由中间停歇位置扫回其初始位置时,又将扫描过飞机,机上设备这时将收到"来"脉冲信号。

机上接收到的"去"和"来"脉冲的脉冲宽度,与扇形波束在水平面内的宽度及波束扫描速度有关。而"去""来"两个脉冲之间的时间间隔则确定了飞机在扫描空间中的角位置(见图 4-46),测量出这一时间间隔后,就可以单值地确定飞机相对于跑道中心线的方位角。

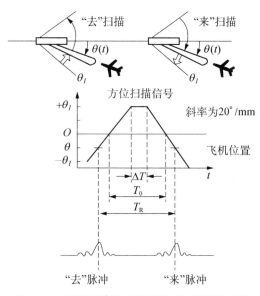

图 4-46 时基波束扫描微波着陆系统测角原理

图 4-46 中,当扇形波束的扫描角速度不变时,则有

$$\frac{\mathrm{d}\theta}{\mathrm{d}t} = \frac{1}{K} \tag{4-77}$$

式中:K 为常数,称为刻度因子,由波束扫描速度而定。在航向台和下滑台中,一般 $K = 100\,\mu\mathrm{s}/(°)$ 左右。由于波束的扫描速度很高,扫描范围一般仅为一百多度(如 $120°$),因而波束单程("去"或"回")扫描时间不会超过 $20\,\mathrm{ms}$,来回扫描加上中间的停歇时间也不会超过 $50\,\mathrm{ms}$。在这样短的时间内,可以近似认为飞机的位置基本上没有变动。

由图 4-46 可以看出,当飞机处于跑道中心线上的位置时,接收到"去"脉冲和"来"脉冲的时间间隔为 T_0。当飞机处于与跑道中心线成 θ 方向的位置时,则接收到"来""去"脉冲的时间间隔为 T_{R}。

假定扇形波束在中间位置的停歇时间为 ΔT，则波束完成一次完整的扫描时间为 $[K(4\theta_i)+\Delta T]$，或可表示为 T_R+2t，其中 θ 为扇形波束开始扫描时（或在中间停歇位置时）相对于跑道中心线的角位置，t 为自开始位置扫描到飞机所在位置 θ 时所经过的时间。因此可以计算出：

$$\theta = \frac{T_R - T_0}{2K} \tag{4-78}$$

式中：K 与 T_0 可视为常数，或设计时视要求而确定的常数。因此，只要能测量出"去"和"来"脉冲之间的时间间隔 T_R，就可以确定出飞机相对于跑道中心线的方位角 θ。

同理，利用下滑台扇形波束在垂直面内来回扫描，根据机载接收机收到这一辐射波束所产生的"去""来"脉冲之间的时间间隔，就可以确定出飞机在地平面上的仰角，即着陆飞机的下滑角度。

时基波束扫描微波着陆系统的航向台和下滑台扇形波束扫描如图 4-47 所示。

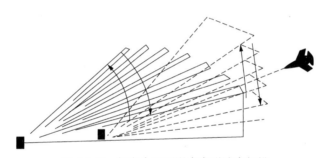

图 4-47 航向台和下滑台扇形波束扫描

4.2.5.3 系统组成及其在机场上的配置

时基波束扫描微波着陆系统由地面设备和机上设备两大部分组成。地面设备包括正航向分系统、下滑分系统、拉平制导分系统、测距设备应答器、数据传输分系统、反航向台、反下滑台等部分。除测距部分外，其他各分系统都工作在 5 030～5 090 MHz 的频段上，共划分为 200 个频道，每一频道宽度为 300 kHz。同一条跑道的各分系统都工作在同一频道上，但以时分方式工作，它们在时间上是同步的，严格按照一定的时间顺序轮流辐射信号。

根据具体要求的不同，可选用上述某些或全部分系统来装备机场。例如，可用前两种分系统组成最简单的简易型着陆系统，保证最低等级的着陆要求；前五种分系统组合，可形成基本型着陆系统，完成Ⅱ类甚至Ⅲ类着陆要求；为了使失误进场的飞机也能收到航向和下滑导引信号，引导飞机反向安全着陆，需增设后两种分系统，称为扩展型着陆系统。

图 4-48 所示为时基波束扫描微波着陆系统的机场布置。

正航向台通常安装在跑道延长线上与跑道终端有一定距离的外侧。为了使装

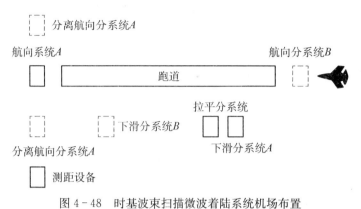

图 4-48　时基波束扫描微波着陆系统机场布置

有仪表着陆系统的机场跑道同时也可装微波着陆系统,航向台的天线还可做成两个完全独立的部分,分别装在跑道以外中心延长线两侧的对称位置上,使同一条跑道可以同时使用两种系统,可导引装有不同类型着陆设备的飞机着陆。

下滑台一般装在跑道外一侧,介于跑道门和飞机着陆点之间的某一位置上。

拉平制导台为处于拉平阶段的飞机提供距离地面的高度信息,可以通过两种方式来实现。一种方式是利用测距设备测出距飞机的距离,拉平制导台测出飞机相对于机场跑道平面的仰角,通过计算得出飞机离地面的高度。另一种方式是只由拉平制导台单独提供出飞机离地面的高度信息,这时拉平制导台设置在通过飞机着陆点与跑道中心线相垂直的直线上,在跑道一侧距中心线 100~200 m 处。拉平台天线辐射的为扇形平面波束,在水平面上宽度为 ±80°,在垂直面上宽度为 0.5°,并在垂直面上快速扫描,其作用距离应不小于 8 n mile。安装天线时,应保证扇形波束的中心线与跑道中心线相垂直。

当飞机处于拉平制导台的覆盖区域以内时,将收到扇形波束扫过时产生的"去"脉冲和"来"脉冲,根据它们之间的时间间隔,可以确定出飞机相对于天线的相对中心平面的仰角 Δ。然后再根据拉平制导台天线与跑道中心线的水平距离 d,以及拉平制导台天线相位中心距离地平面的高度 h_0,就可以计算出飞机距离天线的高度为

$$h = h_0 + d\tan\Delta \tag{4-79}$$

测距分系统提供飞机到机场的距离信息,其应答器通常装设在跑道终端,在正航向台附近。它的工作原理与普通测距器一样,但精度很高,测距误差一般小于 30 m,称为精密测距设备(PDME)。该分系统也工作于 C 频段,其正向作用距离不小于 30 n mile,反向作用距离不小于 5 n mile。

数据传输分系统用来传送各种有助于飞机安全着陆的数据,分为基本数据和辅助数据两类。前者包括方位刻度因子、最小可选用的下滑角、最大方位覆盖区、各地面台波束宽度数据等;后者提供诸如跑道条件、安装位置等数据。所提供的数据经过简单的处理,就可以在机上标准显示设备上显示出来。

反航向台通常安装在跑道以外,距跑道中心延长线适当距离的位置。它辐射的扇形方向性图在水平面上的宽度为 3°左右,在垂直面上的宽度为 20°左右,并在水平面上以跑道中心线为基准±40°的区域内扫描,作用距离不小于 5 n mile。反向下滑台通常安装在跑道一侧比较接近跑道终端的位置,其原理和性能要求类同。

微波着陆系统的机上设备由天线、接收机、信号处理器、显示器、控制器以及测距机询问器等部分组成。对于小型飞机可以只配天线和接收机,其输出信号送仪表着陆系统的显示器,显示下滑、航向偏航的情况;对于大型飞机,可以配用模拟或数字信号驱动的偏离显示器、水平情况显示器、飞行控制器等,或者直接把信号送到自动飞行控制系统中。

4.3　无线电测量系统

4.3.1　VOR/DME 导航系统

两套 DME 和一套 VOR 可组成 VOR/DME 无线电导航系统。该系统的首要工作是判定系统工作方式。系统的工作方式有两种:DME/DME 工作方式和 VOR/DME 工作方式。下面分别说明。

1) 系统工作方式的判别

虽然 DME 测距误差为 0.1~0.4 nm,但利用两套 DME 来确定飞机位置的定位误差却因飞机与两个地面台相对位置的不同而有较大的差异。将飞机位置对应的地面点与两个地面台位置线的夹角,成为交会角。交会角为 90°时,定位误差最小。交会角接近 180°时,定位误差最大。原则上交会角应大于 30°,小于 150°。

系统工作方式的判别方法是,首先根据接收到的相对两个地面台的测距信号和系统计算机中存储的该两台位置计算交会角,根据交会角的大小,VOR 台的接收情况以及前时刻系统的工作方式等情况,确定本时刻的工作方式与相应的地面台,具体的判别过程则因系统设计不同而不同,但一般应遵守以下原则:

(1) 计算量尽量小。

(2) 尽量选用当时正在使用的 DME 台或者 VOR 台,尽量减少换台次数。

(3) 根据地面台配置的多少而有所不同。

2) DME/DME 工作方式

系统判别为 DME/DME 工作方式后,利用 DME 接收机测出的飞机相对两个地面台的斜距和从其他设备输入的飞机高度信号,计算出与飞机相应的地面点到地面台的距离,根据系统内计算机存储的地面台位置信息,可计算出飞机位置。

3) VOR/DME 工作方式

系统判别为 VOR/DME 工作方式后,利用 VOR 接收机测出的飞机相对地面台的方位角和 DME 接收机测出的相对地面台的斜距,以及其他设备输入的飞机高度信号,计算出与飞机相应的地面点到地面台的距离,再据存储的地面台位置信息,计算出飞机位置。

4.3.2　卫星导航系统

4.3.2.1　概述

卫星导航系统是以人造地球卫星作为导航台的星基无线电导航系统,能为全球的陆、海、空、宇的各类运载体和其他用户,提供全天候、不间断、高精度、实时的三维位置、速度和时间信息。严格来讲,卫星导航系统属于时间或相位无线电导航系统,但由于它可自成体系,应用广泛且发展迅速,具有替代目前大多数传统导航系统的能力和趋势,因此将其单列一章讨论,并在下一章专门讲述卫星导航的增强技术。

1957 年,苏联成功地将世界上第一颗人造地球卫星发射到地球近地轨道后,引起了世界的广泛关注。美国约翰·霍普金斯大学应用物理实验室的研究人员通过观测卫星播放的信号发现,在卫星通过接收站视野的时间内,接收机接收到的卫星频率和卫星实际发射的频率之间存在着一定的频差,这就是多普勒频移,并且发现多普勒频移曲线和卫星轨道之间存在着相互对应的关系,即置于地面确知位置的接收站,只要能够测得卫星的多普勒频移曲线,就可以确定卫星运行的轨道;反之,若卫星轨道(位置)已知,那么根据接收站测得的多普勒频移曲线,也能确定固定的地面接收站的地理位置。由此首先产生了利用卫星信号的多普勒频移为地面用户导航的基本思路。

世界上第一个投入运行的卫星导航系统,即美国海军导航卫星系统(Navy Navigation Satellite System, NNSS),亦称子午仪(transit)系统。该系统 1964 年建成并投入使用,1967 年对全球民用开放。子午仪系统开辟了世界卫星导航的历史,解决了远作用距离和高定位精度统一的可行性问题。但是,由于信号覆盖存在着较长的时间断续,使用户得不到连续定位,而且由于需要对单星多点测量多普勒频移,每次定位时间较长(几分钟至十几分钟),加之定位精度不尽如人意,促使人们考虑新的更理想的卫星导航系统。

美国海军分别于 1967 年、1969 年和 1974 年相继发射了 3 颗中高度蒂麻森(Timation)卫星,其中用铯原子钟代替石英钟获得成功;又于 1977 年发射了两颗导航技术卫星 NTS 2 和 NTS 3,后来即成为 GPS 系统的首批卫星。海军还试验了伪码测距技术,并将时间同步精度提高到微秒量级。与此同时,美国空军也开始了代号为 621B 的"导航开发卫星"系统的试验,首先发射一颗"静止"卫星,然后又发射3～4 颗具有一定轨道倾角的准同步轨道卫星,试验获得成功。

之后,美国国防部综合了两军对导航定位的要求,吸取"蒂麻森"和 621B 的优点,于 1973 年决定联合开发 NAVSTAR/GPS 系统,并于 1993 年系统达到了初始工作能力。

GPS 实际上是冷战的产物,历经 20 年,耗资 100 亿美元,被誉为是导航领域的革命,甚至预言是未来统一的导航系统。继美国研制 GPS 之后,作为其对手的苏联也不甘示弱,开始研制其全球卫星导航系统 GLONASS,经过近 20 年的努力,1995年 12 月,苏联的主体俄罗斯成功地发射了一箭三星,标志着 GLONASS 星座的 24

颗在轨卫星已经布满,经过数据加载、调整和检验,1996 年 1 月,GLONASS 系统实现了正常运行。

目前,美国的 GPS 系统和俄罗斯的 GLONASS 系统同时并存又互相竞争,出于军事对抗的需要,美国曾采取了降低 SPS(标准定位服务)服务精度的 SA(选择可用性)措施;而俄罗斯则宣布不受限制地为民用用户提供服务,以扩大其影响。

为了克服 GPS 的 SA 带来的精度影响,人们研究开发了差分 GPS(DGPS),以后又发展了局域增强(LAAS)和广域增强(WAAS)系统,以及 GPS 与惯导(INS)的组合系统等,以获得精度更高、完善性和可靠性更好的导航定位服务。

基于 GPS 和 GLONASS 首先是为军事服务的系统,以及政治和经济上的考虑,欧洲开始建设"伽利略"系统,该系统是专门为民用而设计的全球卫星导航定位系统,2010 年建成,比 GPS 更先进、更有效和更可靠。我国已于 2003 年正式加盟"伽利略"导航卫星计划,参与"伽利略"计划的实施过程。

另外,中国也于 20 世纪 90 年代末建成了区域卫星通信和定位系统"北斗一号"。系统发射的是地球同步静止卫星,提供有源二维定位功能,定位精度较 GPS 和 GLONASS 要差。

一般的卫星导航系统主要由三部分组成,即空间的人造卫星、地面测控站和用户接收定位设备。空间部分的卫星需要知道自己的精确位置及具有精密的原子钟,以提供导航的空间基准和时间基准,并按一定的时间周期向用户发播用于导航的参数(星历等)。为了保证导航精度,必须建立一些能够跟踪卫星运动轨迹和对其进行控制的地面测控基站,以对卫星轨道进行精确测量并预测卫星未来一段时间内的位置误差相关参数,将其注入卫星中,供卫星在相当长的一段时间内播发或转发。此外,地面控制中心和用户之间也可以通过卫星中继进行数据通信。用户接收定位设备(或称用户接收机)一般是卫星信号的接收测量及位置解算设备,能够搜索、跟踪并利用卫星的信号和星历进行定位及进行其他相关处理。

随着微电子技术、计算机软/硬件技术、网络通信技术和电子数字地图技术的发展,作为用户设备的卫星导航接收机,正在向小型化、数字化、硬件软化、多功能组合化方向发展。卫星导航在武器制导、情报搜集、战场指挥、大地测绘、车船飞机导航、时间同步、陆海空交通管理等方面的应用方兴未艾。卫星导航已经悄悄渗透到人们的日常生活中,成为继移动通信之后 21 世纪新的经济增长点。

4.3.2.2 卫星导航原理

卫星导航定位系统作为星基的无线电导航系统有其特殊的方面。如在经典无线电导航中,电波的振幅是经常采用的电测量参数,而在卫星导航中则很少应用,原因是卫星距离地面比较遥远,信号的传播过程中衰减较大且不均匀;另外,卫星通信大多采用扩频通信,信号功率跟噪声的功率相当,因而也很难从电波的振幅中提取出导航信息。因此,卫星导航系统通常都是利用脉冲测距或相位测距的手段,并有其典型的导航定位方法。

1) 测量参数

卫星定位技术中引入了一个很重要的概念,即伪距。它是与距离同一量纲而且包含有距离信息,却又不单纯是距离的物理测量量。伪距的数学表达式为

$$\rho = r + \Delta r \tag{4-80}$$

式中:r 为真实的距离;Δr 为由各种因素引入的确定性的或随机性的距离畸变。例如,通常的 Δr 可以简单地认为是由用户与卫星间钟差 Δt_{su} 所对应的距离,也可以将其展开为 $\Delta t_{su} + \Delta t_{cm}$ 所对应的距离,即多考虑了一部分通道中传输媒介引入的影响。考虑的因素越多,模型越精确,所带来的定位精度越高。

(1) 码伪距测量。

伪码又称作伪随机码,是现代扩频通信中广泛采用的一种信道编码方式。一种二进制的伪随机序列,如图 4-49 所示。伪随机码具有类似于随机二进制序列"0""1"的分布特性,有宽的频谱和优良的相关特性,但并不是真正的随机序列,而具有预先确定性和周期性,所以也称为伪随机序列。由于其在实际应用中易于产生、复制,从而可以利用其实现相关接收。当伪随机序列的码片长度越小,序列周期的码元数目越大,则其信号频谱越宽,相关峰越接近于 δ 函数。

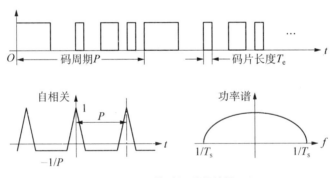

图 4-49 伪随机码的特性

伪随机码测距的原理如图 4-50 所示,卫星发射经伪码扩频调制的载波信号,调制方式一般采用相移键控或频移键控。由于伪码的可复制性,用户本地接收机产生一个可能与卫星发射的伪码不同相的本地伪码信号。接收机搜索卫星发射的信号,对信号进行相关检测,实际上也就是对本地伪码的相位进行粗调,一旦捕捉到信号,即相关峰超过一定的门限,便转入对信号的跟踪调整。伪随机码延时锁定环路使用户产生的本地伪随机序列的相位始终跟踪被接收的伪随机序列。

在精确锁定的情况,本地伪随机序列将与被接收的卫星信号序列相位同步,而后将本地伪随机序列变换成便于进行时间测量的脉冲,将此脉冲在用户本地的时间轴上读数,同时从电文中解读出卫星发射该脉冲的时刻,两者之间的时间差值 τ 就相应于所要测量的伪距所对应的时间。

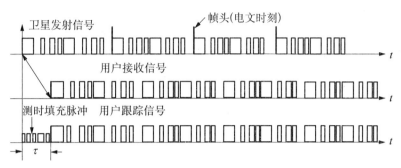

图 4-50　伪距测量

伪随机序列测距的精度主要取决于码跟踪环路的跟踪精度,而码环路之所以有高的跟踪精度主要是利用了伪随机序列良好的相关特性,采用窄带的环路滤波器也有利于压制噪声。

伪随机序列虽然是连续的信号,但从其相关特性可知,它仍有良好的距离分辨能力,通常码跟踪精度可以达到 1/10~1/100 码位。

(2) 载波相位测量伪距。

载波相位测量伪距,原理和用伪随机码测量伪距相同,但它是以载波波长作为测量时延的尺度,载波相位测量的观测量是接收机所接收到的卫星载波信号与本振参考信号的相位之差。

但接收机收到的信号是卫星发播的调制信号,欲利用其载波进行测量首先要去调制。在已知码结构的情况下,通过相关处理可以得到卫星发射的纯净载波信号。如不知码结构,利用如平方律环路检波等技术也可以得到纯净载波。一旦去掉调制取得了纯净载波,就可以对信号进行相位测量,测量示意图如图 4-51 所示。

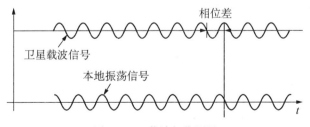

图 4-51　载波相位测量

本地参考信号的频率接近于卫星发射的载波频率,但由于多普勒效应,所接收到的载波频率与本地参考信号的频率是有差别的。另外由于时刻起点不同和空间的传播,从而导致两个信号的相位产生差值。通常的相位(或相位差)测量只能给出一周以内的相位值(0~2π),因此存在整周模糊问题。

在接收机中通常把所接收到的高频信号与本地信号进行混频,取得中频信号以便进一步处理。事实上,中频信号的相位值即是所接收信号与本地信号的相位差。也就是说,接收机接收到的卫星发播信号与本地参考信号的相位差值可以通过测量中频信号的相位值得到。事实上,如果对整周进行计数,则自某一初始取样时刻以后就可取得连续的相位测量值,可以用作载波相位伪距值。

载波相位测量的精度很高,约为 $\left(\dfrac{1}{100} \sim \dfrac{1}{200}\right)$ 的载波波长。但是载波相位测量存在载波整周的多值性问题,需要采取措施加以解决。

2) 定位原理

(1) 单星定位。

最早的子午仪(transit)系统的定位原理就是单星定位,它采用序贯(连续)伪距测量的方式获得用户的位置,但必须满足一定的假设条件。

卫星导航定位的基础是伪距,即

$$\rho = r(X_a,\ X_u) + \Delta r \tag{4-81}$$

通常情况下,式(4-81)可以具体化为

$$\rho(t) = \sqrt{[x_u(t) - x_a(t)]^2 + [y_u(t) - y_a(t)]^2 + [z_u(t) - z_a(t)]^2} + \Delta t_u(t) -$$
$$\Delta t_a(t)$$

$$\tag{4-82}$$

在式(4-82)中,左边为伪距测量量,可认为是已知量,右边是未知量。所以在某一个确定时刻,仅仅有一个测量方程式是不能确定用户和卫星的未知量的。不仅如此,如果假设卫星的位置或者卫星的钟差未知,再多的测量方程也不能对用户定位,因为每多一个方程就多一个未知量,未知量的个数总是多于测量方程,故无确定解。因此,总是要假定卫星在任意时刻的位置皆是准确已知的(即由星历确定),而卫星时钟是与地面同步的,从而其钟差可忽略不计。上式可简化为

$$\rho(t) = \sqrt{[x_u(t) - x_a]^2 + [y_u(t) - y_a]^2 + [z_u(t) - z_a]^2} + \Delta t_u(t) \tag{4-83}$$

在有了上面的假设之后,是否可以通过上面的序贯伪距测量,获得用户的钟差和位置了呢? 回答不是肯定的,还需要一些条件。

首先,用户的钟差不应当是时间独立未知量,原因很简单,在这种情况下,每测量一个伪距,就会多一个钟差未知量。解决的途径有两种:

a. 用户采用原子钟,从而保持用户的钟差不变(变化可忽略)。

b. 获得时钟误差传递的精确模型,使得不同时刻的钟差互相关联。

通常,由于钟差的随机性,获得普通时钟的精确钟差传递模型是很困难的,因此往往采用原子钟。

　　其次,用户的位置也不应当是时间独立的未知量,原因同上。也就是说,要么用户是静止的,在这种情况下可以对用户与卫星的伪距序贯测量后定位;要么有用户的精确运动学或动力学模型。通常情况下,除大地测绘外,静点的测量对军用和民用来说意义并不大;而对于运动用户来说,获得其精确的运动学或动力学模型比较困难,但通过推航系统,如惯性导航系统、多普勒导航系统等可以满足用户的需求。

　　由此可见,单星是可以定位的,在原理上是行得通的。但是要完成用户的导航定位对许多条件要求比较苛刻,在实际应用中难以满足。

　　(2) 双星定位。

　　如图 4-52 所示,双星定位采用的是有源工作模式,即用户和地面中心之间要建立双向通信。通常有 3 种定位模式,即双发单收、单收双发和视距模式。在非视距模式中,地面中心通过卫星 S_1 或 S_2 向用户发射询问信号,用户接收并转发应答信号,应答信号再通过 S_1、S_2 两颗卫星返回地面中心,在地面中心测得距离 $r_{s1}+r_1$、$r_{s2}+r_2$。由于地面中心及卫星在空间的坐标为已知,因此 r_{s1}、r_{s2} 也已知,就可以得到 r_1、r_2 两个导航定位参量,即得到分别以 S_1、S_2 为球心,以 r_1、r_2 为半径的两个球面。若用户在地面上,则第三个位置面即地球面,用这 3 个位置面即可对用户定位。地面中心算出用户位置后,再通过卫星 S_1 或 S_2 传送给用户。

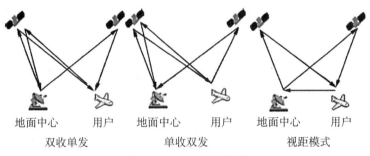

图 4-52　双星定位模式

　　视距模式与非视距模式稍有不同,用户的应答信号不是按原路径返回地面中心,而是由用户直接返回地面中心,因此其工作范围较小。地面中心测得的距离为 $r_{s1}+r_1+r_u$ 和 $r_{s2}+r_2+r_u$。其中,r_{s1}、r_{s2} 是已知的,因此对测量修正后可得到 r_1+r_u 和 r_2+r_u,它们是用户到卫星以及到地面中心的距离和,由此可确定出以卫星 S_1 和 S_2 分别与地面中心 C 组成焦点的两个旋转椭球面,再结合高度数据就可求得用户的位置。

　　在系统工作过程中,卫星必须位于地面中心的视界之内,用户则须处于卫星 S_1、S_2 的共同覆盖区域之内。采用与地面保持相对静止的同步轨道卫星很容易满足这种要求,并且静止卫星可以得到很大的、连续覆盖的工作区域,是一种很好的实现区域覆盖的导航系统方案。美国的 Geostar、欧洲的 Localstar 及我国的北斗一号卫星导航系统就是采用的该种方案。但是,系统给出的是二维的定位数据,第三维数据可通过特定条件(如在海平面上)得知,或采取其他手段(如气压测高、电子地图等)

得到。

　　地面中心集中了所有用户的位置信息和通信信息,便于实现对系统中所有用户的监视、指挥和控制。但当用户数目过大时,地面中心会因其处理、计算和控制容量有限而产生系统饱和问题。系统中用户设备只是转发信号和解调必要的信息,设备可做得很简单,但因用户要发射电波,易被侦测,尤其不利于军事用户对无线电隐蔽的要求。

　　用两颗卫星也可组成无源测距定位系统,避免了用户需发射电波的缺点,但为了精确测距,卫星和用户都要装备相互同步的精密时钟,如原子钟。

　　(3) 三星定位。

　　两颗卫星的无源测距定位要求卫星和用户都带有精密时钟,这在数量较少的卫星上还能允许,但大量的用户都装备精密时钟,其使用和维护的成本就太昂贵了。

　　但是如从另一方向考虑,即通过再增加一颗卫星 S_3,3 颗卫星都带有相互同步的精密时钟,用户同时接收 3 颗卫星发射的电波,解调出时钟信号,或分别测量 S_1 与 S_2 卫星、S_2 与 S_3 卫星的传播延时差,相应得到距离差 r_1-r_2、r_2-r_3。这两个参量分别表示以卫星 S_1、S_2 和卫星 S_2、S_3 为焦点的两个旋转双曲面,如再加上地球面,这 3 个位置面的交点,即为用户位置。

　　在这种方案中,用户不需要高稳定时钟,也无须发射信号,但系统为二维定位,对于非地面用户,必须要有其他的高度测量信息,并且定位误差受高度误差的影响较大,几何精度衰减因子和系统覆盖不能同时达到较好效果。

　　(4) 四星定位。

　　以上 3 种定位方式,事实上都是在避免进行伪距的直接测量。这是由于系统本身不能提供足够的观测量信息来解决除位置之外的其他未知量(如钟差)。虽然这些系统基本上能够保证位置的解算问题,但是都或多或少地引入了其他的观测量(如高度),这使得卫星系统不能够独立完成导航定位功能,同时也难以达到理想的定位效果。

　　多星定位解决了这个问题。由于地面的用户多种多样,所以系统就从星基部分进行改进,即增加卫星的数目。由于伪距方程中通常含有本地用户和卫星之间的钟差这一未知变量,因此利用伪距技术除完成定位外还要同时解算出钟差,从而要解算的未知数增加到了 4 个,从解方程的角度考虑至少需要 4 个独立的伪距测量方程,即至少需要 4 颗卫星,这就是四星定位的由来。

　　四星定位的方程为

$$\begin{cases} \rho_1 = \sqrt{(x-x_{x1})^2+(y-y_{x1})^2+(z-z_{x1})^2}+c\Delta t \\ \rho_2 = \sqrt{(x-x_{x2})^2+(y-y_{x2})^2+(z-z_{x2})^2}+c\Delta t \\ \rho_3 = \sqrt{(x-x_{x3})^2+(y-y_{x3})^2+(z-z_{x3})^2}+c\Delta t \\ \rho_4 = \sqrt{(x-x_{x4})^2+(y-y_{x4})^2+(z-z_{x4})^2}+c\Delta t \end{cases} \quad (4-84)$$

美国的 GPS、俄罗斯的 GLONASS、欧洲未来的 Galileo 等都属于此类系统。并且为了做到全球覆盖,即保证地球上的每个地方在任意时刻都至少能观测到 4 颗卫星而进行独立定位,系统往往至少保证在空中布置有 18 颗卫星。

3) GPS 全球定位系统

美国的子午仪系统于 1964 年投入运行后,主要用于静点定位及船舰等低动态用户,但不适合高动态的作战用户。基于军民等多种应用需求,美国政府认为最佳的导航系统应当具有全球覆盖能力,并且能够全天候、实时为高动态平台提供高精度、高安全性的导航定位服务,因此自 20 世纪 60 年代以来,随着卫星技术的进一步发展和对未来战争的考虑,美国政府机构包括军方、国家航空航天局(NASA)和交通部(DOT)等都对发展用于定位的卫星系统产生了极大兴趣。

1989 年,美国国防部长办公室(OSD)建立了国防导航卫星系统(DNSS)计划,拟将各军种的研制工作统一起来,以形成三军联合使用的系统。1973 年最终由 GPS 联合计划办公室(JPO)制订了 NAVSTARGPS 计划,简称为 GPS。系统主要为军方设计,兼顾民用和商用,美国国防部的最初目的是用于武器的精密投放和防止军用导航系统种类的大量增加。

GPS 具有全球覆盖能力,能够全天候、实时地为用户提供高精度、高安全性、连续的导航定位服务,包括三维位置、三维速度和时间信息,满足了当初提出的最佳定位系统的标准。

卫星星座由安排在 6 个轨道平面上的 24 颗卫星组成,卫星上载有高精度的原子频标,并且与地面的 GPS 系统时进行同步。卫星采用码分多址(CDMA)方式分别在 L1、L2 波段上广播测距码和导航数据,中心频点分别为 1 575.42 MHz、1 227.60 MHz。GPS 用户接收机为无源方式工作,无用户数量的限制。

GPS 设计有两种工作能力:初始工作能力(initial operating capability,IOC)和军用完全工作能力(final operating capability,FOC)。1993 年,当星座中已布满 24 颗 GPS 卫星(BLOCK Ⅰ/Ⅱ/ⅡA)时,系统达到初始工作能力。1995 年,24 颗工作卫星(BLOCK Ⅱ/ⅡA)在指定的轨道正常运行并经过军事实践证实后,国防部宣布系统具有了 FOC 能力。

GPS 设计了两种伪随机码,即 P 码(精测码)和 C/A 码(粗测/捕获码),P 码只供美国及其盟国军事和特殊用户使用,提供精密定位服务(PPS);C/A 码则无差别地供世界民用用户使用,提供标准定位服务(SPS)。

GPS 的最初试验结果表明,P 码接收机的水平定位精度为 10 m(50%),C/A 码也可达到 20 m(50%)。因此美国军方担心敌方利用 C/A 码对美国的安全构成威胁,曾采用了选择可用性(SA)措施,即通过抖动星钟(δ 过程)和扰动星历表数据(ε 过程),来人为地降低 C/A 码定位精度。在 SA 情况下的 SPS 精度下降为水平 100 m(2σ)、垂直 156 m(2σ),测速精度为 0.3 m/s(2σ),定时精度为 340 ns(2σ)。由于民用社团和国际组织等对该政策的抵抗和采取了消除措施,以及俄罗斯 GLONASS 系统的竞争和欧洲的卫星导航计划,美国已于 2000 年宣布取消了 SA 措施。

美国国防部还采取了 AS(anti spoofing,反欺骗)措施,将 P 码与加密的 W 码进行模 2 求和形成 Y 码后发射,来避免敌方用复制或发射类似 P 码信号的方法对美国的 P 码接收机进行欺骗干扰,以及使敌方设计的 P 码接收机不能直接定位。1994年,AS 已经永久性地接通。

进入 21 世纪之后,美国开始实施 GPS 现代化计划,即"导航战"计划和"GPSⅢ卫星计划",主要是为了增加民用频率、加大信号强度、改进导航电文、改善导航定位精度、提高可靠性和强化抗干扰能力等。

4) 系统组成

(1) 空间部分。

空间部分是由广播导航信号的多颗卫星组成的星座,卫星运行在距地球表面约 20 200 km 高空的近圆轨道上,运行周期约 11 h 58 min。

GPS 星座由 24 颗工作卫星组成,均匀分布在 6 个倾角为 55°的轨道面上,每个轨道有 4 颗卫星。卫星轨道近似为圆轨道,长半轴为 26 559 800 m。相邻轨道平面间升交点赤经相差 60°,相邻轨道面卫星的真近点角相差 30°,如图 4-53 所示。此种星座可为全球任何地方同时提供 4~8 颗仰角在 15°以上的可观测卫星。如果将遮蔽仰角降到 10°或 5°,则分别最多可观测到 10 颗或 12 颗卫星。

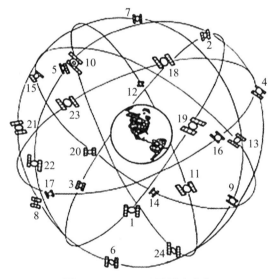

图 4-53　GPS 卫星星座分布

GPS 卫星的主体呈圆柱形,直径约为 15 m,在轨质量为 84 368 kg,设计寿命为 7年半,如图 4-54 所示。卫星上的导航分系统包括导航电文存储器、高稳定度的原子频标、伪噪声码发生器和 S 波段接收机、L 波段双频发射机等。GPS 卫星一般安装两台铷原子钟和两台铯原子钟,其稳定度为 10~12 和 10~13。

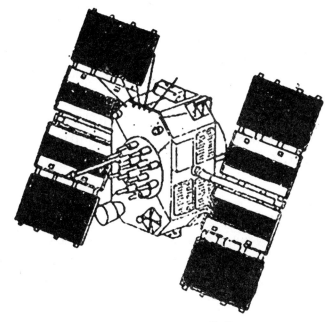

图 4 - 54 GPS 卫星外形

GPS 卫星的主要功能为：

a. 接收和储存由地面监控站发来的导航信息，接收并执行监控站的控制指令。

b. 卫星上设有微处理机，可进行必要的数据处理。

c. 通过星载高精度原子钟产生基准信号，提供精确的时间基准。

d. 向用户连续不断地发送导航定位信号。

e. 接收地面主控站通过注入站发送给卫星的调度命令。如调整卫星的姿态、启用备用时钟或启用备用卫星等。

BLOCK Ⅱ和 BLOCK Ⅱ/A 都是第二代 GPS 卫星，但 BLOCK Ⅱ/A 的功能大大增强，它不仅增强了军事功能，而且大大扩展了数据存储容量。第三代 GPS 卫星 BLOCK Ⅱ/R 能进行自主导航，具有卫星交联测距和软导航数据处理能力，在没有与地面联系的情况下可以工作 6 个月，而其精度与有地面控制时的精度相当。

（2）地面测控部分。

地面测控部分由一个主控站、5 个全球监测站和 3 个地面控制站组成，主要任务是跟踪所有的卫星以进行轨道和时钟测定、预测修正模型参数、进行卫星时间同步、数据加载、电文编排注入、卫星调度等。

各站的主要功能如下：

a. 主控站：

负责从各监测站收集跟踪数据，计算卫星的轨道和钟参数，并将这些结果送到 3 个地面控制站中，以便向卫星加载数据。此外，还进行卫星控制和协调系统工作。

b. 监测站：

监测站配有精密的铯钟和能够连续测量到所有可见卫星伪距的接收机,所测伪距每 15 s 更新一次,利用电离层和气象数据,每 15 min 进行一次数据平滑,然后发送给主控站。

c. 地面控制站：

地面控制站有时也称作地面天线(GA),负责与卫星之间的数据通信,由主控站传来的卫星星历和钟参数以 S 波段射频链上行注入各个卫星,每天一次或两次。如果某地面站发生故障,各卫星中预存的导航信息还可用一段时间,但导航精度却会逐渐降低。

(3) 用户终端。

GPS 用户设备(接收机)用于接收卫星发送的导航信号,恢复载波信号的频率和卫星钟,并从导航电文中解调出卫星星历、卫星钟校正参数等数据;通过测量本地时钟与恢复的卫星钟之间的时延来测量接收天线至卫星的距离(伪距);通过测量恢复的载波频率变化(多普勒频率)来测量伪距变化率;根据这些数据解算出用户的地理经度、纬度、高度、速度、准确的时间等导航信息。

常用的 GPS 接收机可按以下的原则进行分类：

a. 按其用途分类,可分为授时型、精密大地测量型、导航型;

b. 按其性能分类,分 X 型(高动态)、Y 型(中动态)、Z 型(低动态或静态)接收机;

c. 按所接收的卫星信号频率分为单频(L1)、双频(L1/L2)接收机;

d. 按接收的伪随机码类型有 C/A 码、P 码、P/Y 码接收机;

e. 按采用的观测量分为码伪距接收机、载波相位(L1 相位、L2 相位)接收机。

其中 C/A 码接收机用于标准定位服务,P 码、P/Y 码接收机用于精密定位服务,只有美国军方和特许的非军方用户才能使用。

5) 信号结构与导航电文

(1) 卫星信号。

用于导航定位的卫星星历等参数将以调制信息的形式广播给用户。卫星上有日稳定度约为 $10\sim13$ 的铯原子钟,产生 $f_0 = 10.23\,\mathrm{MHz}$ 的基准频率。卫星载波信号工作在 L 波段,为了校正电离层折射引入的附加传播时延,系统采用双频体制,分别为 L1 和 L2,它们与基准频率 f 的关系为

$$\begin{cases} f_{L1} = 154 \times f_0 = 1575.42\,\mathrm{MHz} \\ f_{L2} = 120 \times f_0 = 1227.60\,\mathrm{MHz} \end{cases} \qquad (4-85)$$

卫星向用户广播的导航信号(数据)或导航电文主要包括：卫星星历及星钟校正参数;测距时间标记;大气附加延迟校正参数(主要是电离层);其他与导航有关的信息。这些信息均采用不归零二进制编码形式,数据符号位速率为 50 Hz,共 1500 bit (位)的数据在 30 s 内传输完毕。数据经编码后与伪码(C/A 码和 P 码)通过模 2 和进行扩频,再将扩频后的码对载频进行二进制相移键控(BPSK)后发射给用户。

GPS 系统采用了直序扩频通信,在实现高抗干扰能力的保密通信和卫星识别(基于 CDMA 技术)的同时,用于完成精密的单程码测距。卫星扩频码采用两种伪随机码,即 C/A 码和 P 码。C/A 码率为 $f_0/10 = 1.023\,\text{MHz}$,P 码码率为 $f_0 = 10.23\,\text{MHz}$,另外在反电子欺骗 AS 接通时,密钥码 W(码率为 $0.5115\,\text{MHz}$)用来将 P 码加密成 Y 码(WP = Y)。

其中 P 码调制在 L1 和 L2 两个载波上,因此能校正大部分的电离层误差,再加上 P 码的速率为 C/A 码的 10 倍,使接收机处理信号的分辨率高,噪声低,同时多径影响较小,总定位精度远远优于 C/A 码。

C/A 码只调制在 L1 上,其相位与 P 码正交(即移相 90°)。设 P 码、C/A 码和导航电文的二进制状态序列分别用 $P(t)$、$G(t)$ 和 $D(t)$ 表示,则调制载波可表示为

$$\begin{cases} L_1(t) = E_1 \cdot P(t) \cdot D(t) \cdot \cos\omega_1 t + E_1 \cdot C/A(t) \cdot D(t)\sin\omega_1 t \\ L_2(t) = E_2 \cdot P(t) \cdot D(t)\cos\omega_2 t \end{cases} \quad (4-86)$$

(2) 导航电文。

导航电文是卫星以二进制码的形式发送给用户的导航定位数据,又称广播星历或数据码(D 码),内容主要有卫星星历、系统时间、卫星星钟改正参数、轨道摄动改正、电离层延迟改正参数、工作状态信息、C 码引导 P 码的捕获信息、全部卫星的概略星历等。

a. 电文格式与结构:

导航电文的格式结构有主帧、子帧、字码以及页码,如图 4-55 所示。其基本单位是主帧,每主帧长 1500 bit,传送速率为 50 bit/s,播发一帧电文需 30 s 时间。

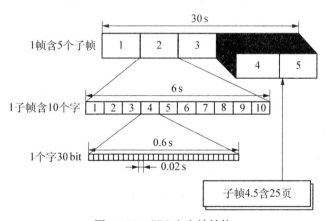

图 4-55 GPS 电文帧结构

每主帧包括 5 个子帧,每子帧长 300 bit;每子帧含 10 个字,每个字 30 bit。第 1、2、3 子帧内容每 30 s 重复一次,每小时更新一次。而子帧 4、5 各含有 25 页,共 15000 bit($2 \times 300 \times 25 = 15000$),其内容只有在卫星注入新的数据后才得到更新。

子帧 1、2、3 和 4、5 的每一页均构成完整的一帧(300×5＝1 500 bit)。而完整的电文包含 25 帧,共有 37 500 bit(1 500×25＝37 500),耗时 12.5 min(750 s)。

导航电文的子帧的结构如表 4-3 所列,其中 TLM 为遥测字,HOW 为交接字。

表 4-3　GPS 导航电文子帧结构

子帧 1	TLM	HOW	数据块 Ⅰ——星钟改正等
子帧 2	TLM	HOW	数据块 Ⅱ——卫星星历
子帧 3	TLM	HOW	
子帧 4	TLM	HOW	备用
子帧 5	TLM	HOW	数据块 Ⅲ——卫星历书等

b. 导航电文内容:

TLM 位于各子帧的开头,由 8 位同步头(10001011)、14 位遥测数据、空白 2 位、6 位奇偶校验组成,其中编码脉冲以同步头为起点,顺序按位拼装,即可译出正确的导航信息。同步头的起点还是一个时间标记点,带有传播时延的信息,而卫星发射同步起点的时间包含在前一子帧 HOW 字的 Z 计数中。

HOW 的第 1~17 bit 表示 Z 计数;第 18 bit 表示卫星上次注入电文后是否有姿态调整;

第 19 bit 用来指示数据帧是否与 P 码的历元同步;然后是 3 bit 的子帧识别码;最后是 6 bit 的奇偶校验码。

HOW 字的主要作用是可以实时了解当前观测时刻在 P 码周期中的位置,以便在测距时实现由粗测距码(C/A 码)到精测距码(P 码)的转换。其中 Z 计数记录子帧的数目,每周六的午夜零时作为第 1 个子帧的起点,周期为一个星期,共有 100 800 个子帧计数。只要将子帧计数器的内容乘以 6(s),就能得到下一子帧的起始时间。同步标志指明导航信号中的子帧是否与伪码同步,若不同步就不能进行 C/A 码到 P 码的转换。子帧识别指明该子帧是 5 个子帧中的那一个子帧。

数据块 Ⅰ 为第 1 子帧的第 3~10 字码,其中包括了以下内容:

(a) 卫星时钟校正参量(a_0, a_1, a_2);

(b) 时钟基准时间 t_{oc};

(c) 时钟校正参量的老化度 $ADOC = t_{oc} - t_L$;

(d) 大气校正(电离层延迟校正)参量(α_0, α_1, α_2, α_3, β_0, β_1, β_2, β_3);

(e) 两个载频在卫星发射设备中的群延时差 TGO。

因单频用户不能用双频法修正电离层附加延迟,只能靠模型来修正,因此 TGO 供单频用户在修正测距数据时用。

数据块 Ⅱ 含有卫星星历或轨道预报参数,占用第 2、3 子帧,提供定位最常用的数据及参数,包括参考历元及其相应的摄动轨道参数和数据龄期。主要参数的符号和意义列于表 4-4。

表 4-4　GPS 星历主要参数

参数	意义	参数	意义
t_{oe}	星历的基准时间	i'	轨道倾角漂移率
M_0	t_{oe} 时的卫星平近点角	Δn	平均角速率偏移
Ω_0	t_{oe} 时的卫星轨道平面升交点赤经	Δi	倾角偏移
i_0	t_{oe} 时的卫星轨道平面倾角	C_{uc}, C_{us}	升角距角 $u = \omega + v$ 修正量
E	轨道偏心率	C_{ic}, C_{is}	倾角修正量
A	轨道半长轴	C_{rc}, C_{rs}	地心距修正量
n_0	平均角速率	ω_e	地球自转角速度
Ω	近地点幅角	$t_{oe} - t_L$	星历参数老化度
Ω'	升交点赤经漂移率		

数据块 Ⅲ 包含子帧 4、5 的内容,有卫星的导航信息、工作状态信息、星历、电离层校正参数、反电子欺骗特征符和世界协调时(UTC)相关参数等。与前面的两个数据块不同,数据块 Ⅲ 还包含有其他卫星的参数,包括历书的基准时间 t_{oe}、粗略的星历(历书)、卫星钟修正量、卫星识别和卫星健康状态等,用来计算其他卫星的概略信息,为预测下一个时刻的可见卫星和快速捕获信号提供重要参考。

由于数据块 Ⅲ 所在的第 4、5 子帧可以通过每颗卫星广播,所以用户只需收到一颗卫星的信号,就可以粗略地知道其他卫星的情况。利用这些概略信息和自己所在的位置,用户能够选择工作正常和位置适当的最佳星座卫星,并根据已知的卫星编号(码分地址)进行设置,从而可以实现快速捕获卫星信号和定位。

6) 系统应用

GPS 是一种以军事为主要目的、兼顾民用的全球卫星导航定位系统,其建成和应用是导航技术的一场革命,具有划时代的意义。系统以无源方式定位,可同时为无限多用户提供时空信息服务,具有高精度、全天候、连续、实时的特点,因而使其在交通运输、航空航天、大地测量、地球物理、武器制导等方面得到了广泛的应用。

(1) 导航定位应用。

GPS 是目前空中、海洋和陆地导航定位最先进、最理想的技术手段,可以为飞机、舰船、车辆、坦克、炮兵、陆军部队和空降兵等,提供全天候连续导航定位,是航天飞机和载人飞船理想的制导、导航系统,可为其起飞、在轨运行和再入过程提供连续服务。

(2) 精密定位应用。

应用 GPS 载波相位测量技术,可以精确地测定两点间的相对位置,精度可达 $10^{-7} \sim 10^{-8}$,为大地测量、海洋测量、航空摄影测量和地质监测、地球动力学测量提供了高精度、现代化的测量手段,已广泛应用于建立准确的大地基准、大地控制网和地壳运动监测网等。

(3) 精密授时和大气研究。

GPS 用户接收机通过对 GPS 卫星的观测,可获得准确的 GPS 时。GPS 时与 UTC 时是同步的,因此 GPS 亦是当今精度最高的全球授时系统。一般接收机测时精度为 100 ns;专用定时接收机可获得更高的精度,用于远距离的时间同步可达 ns 级。

利用 GPS 所测定的电离层延迟和多普勒频移延迟,可用来研究电离层的电子积分浓度、折射系数、电子浓度随高度的分布,以及这些参数在时间、空间上的相关性等。

(4) 武器制导。

GPS 的高精度可以增强武器平台的精确打击能力,为各种武器系统提供高精度、实时的定位和定速数据,被称为"效益倍增器"。为进一步提高武器制导精度和可靠性,GPS 组合导航技术也得到了应用,如 GPS/INS,GPS/DNS 等已经成熟并且装备军用。

(5) 航天试验研究。

GPS 在各类航天研究中有着广泛的应用,可以覆盖到 9 000 km 以下的空间,且不受天气条件、发射场区、射向、射程和发射窗口的限制,可实现连续、全程的跟踪测量,可跟踪多个目标,且精度高、费用低。GPS 可以为低轨通信卫星群进行实时轨道测量,为卫星入轨和回收提供实时点位测量,为航天飞行器提供高精度姿态测量,而差分 GPS 可以完成飞船的交会和对接。

4.3.2.3　其他卫星导航系统

1) GLONASS 系统

随着美国 GPS 计划的开展,苏联看到了卫星导航存在的巨大潜力和 GPS 对其构成的军事威胁,于 20 世纪 70 年代启动了建立独立卫星导航系统 GLONASS 的计划,1982 年 10 月成功发射了第一颗导航卫星。1994—1995 年,苏联的主体俄罗斯共进行了 7 次发射,1995 年年底当 24 颗卫星布满星座时,俄罗斯宣布其具备了完全工作能力。

GLONASS 的研制主要为满足军事需要,同时兼顾民用。在 1988 年的国际民航组织(ICAO)会议和国际海事组织(IMO)会议上,苏联向世界承诺可以无偿使用 GLONASS 导航信号。1991 年俄罗斯再次宣布 GLONASS 不带任何限制地供民间使用,打破了美国垄断卫星导航的局面,使 GPS 系统处于竞争状态。

GLONASS 在系统构成和技术性能方面与 GPS 基本相似。为进一步提高 GLONASS 系统的定位能力,开拓民用市场,俄政府计划近几年内将其更新为 GLONASS - M 系统,并计划将系统发播频率改为 GPS 频率。

(1) 系统组成。

GLONASS 星座由 24 颗工作卫星(其中 3 颗为在轨热备份)组成,星座如图 4 - 56 所示。24 颗卫星均匀地分布在升交点赤经相隔 120°的 3 个轨道平面上,轨道倾角为 64.8°。卫星处于离地面 19 100 km 的圆轨道上,运行周期 11 h 15 min。21 颗卫星星座可为地球表面上 97% 的区域提供 4 颗卫星的连续可见性,而 24 颗卫星星座可使地球表面 99% 以上的地区同时连续观测到不少于 5 颗的卫星。

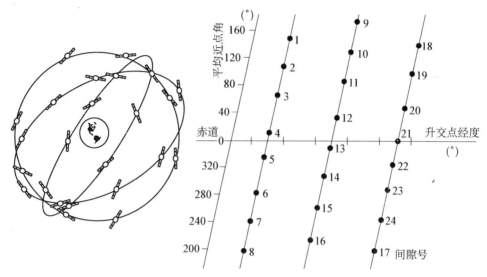

图 4-56　GLONASS 系统星座分布

星上设备包括通信、导航、姿态控制、机动、热控制、电源等系统。其中,导航设备(OBNC)是卫星的核心,有两种工作模式。记录模式时,导航信息由地面站上行注入卫星,然后存储在星上存储器中,在正常情况下,导航数据每转一圈上行注入一次。发射模式时,OBNC 在两个载频(1 246～1 257 MHz 和 1 602～1 616 MHz)上产生导航信号,如卫星星历数据、原子钟校正值和历书数据等。

地面控制设施(GBCC)有如下功能:

a. 测量和预测各颗卫星的星历;

b. 将预测的星历、时钟校正值和历书信息上行加载给每颗卫星;

c. 使星钟与 GLONASS 系统时同步;

d. 计算 GLONASS 系统时和 UTC(SU)之间的偏差;

e. 卫星的指挥、控制、内务和跟踪。

地面控制设施主要包括以下部分:

a. 系统控制中心(SCC):

是由俄罗斯航天部队操纵的军事设施,安排和协调 GLONASS 的所有系统功能。

b. 中央同步器:

用来形成 GLONASS 系统时。来自中央同步器的信号被中继到相位控制系统(PCS),来监测通过导航信号发送来的卫星钟的时间/相位。PCS 通过两种测量测定卫星时间/相位的偏差:①利用雷达技术直接测量到卫星的距离;②将卫星发送的导航信号与地面的高稳定度频标产生的基准时间/相位加以比较。由此预测的星钟时间/相位校正值由地面站上行加载给卫星。

c. 指挥和跟踪站(CTS)：

测量各颗卫星的轨道,并将所需的控制和载荷信息用上行链路注入卫星的处理器。跟踪包括 3～5 个测量时间段,每个时间段持续 10～15 min。到卫星的距离用雷达技术来测量,其最大误差在 2～3 m 之间,并且周期性地用激光跟踪站的激光测距装置来校准,最大测距误差不大于 15～18 cm。

星历提前 24 小时预测,并每天上行加载一次;星钟校正参数每天更新两次。因此,卫星测距信号的定时误差可能引起的伪距测量误差至多有 5～6 m。

d. 导航外场控制设备站：

监测 GLONASS 导航信号。如果发现异常,便将这些异常回报给系统控制中心。

(2) 信号结构与导航电文。

所有的 GLONASS 卫星都发射同样的伪随机码,但采用不同的频率发射,即频分多址(FDMA)。FDMA 的缺陷是接收机的体积大且造价昂贵,但具有某些抗干扰和抗互相关的特性,以及更简单的选码判据。GLONASS 卫星以两个分立的 L 频段载频发射信号,每颗 GLONASS 卫星的载频可由下式求得

$$f = (178 + K/16)Z \tag{4-87}$$

式中:f 的单位为 MHz;

K 为 -7～13 之间的整数值;

$Z = 9$(L1) 或 7(L2),其中 L1、L2 上相邻频率间的间隔分别为 0.562 5 MHz、0.437 5 MHz。

GLONASS 有两种导航电文,S 码电文和 P 码保密电文,两种电文的速率都是 50 bit/s。主要用途是提供卫星星历和频道分配方面的信息。每个载频用 PRN 测距码序列(S 码 0.511 M 和 P 码 5.11 M)和 50 bit/s 数据信号的模 2 加来进行扩频调制。

S 码导航电文的内容分为可操作信息及非操作信息两类,前者包括卫星时间信息、卫星时间相对 GLONASS 系统时间的偏差、发送导航信息的载频与其标称值之相对差、精密星历信息等,更新率为每 30 min 一次,其精密星历的有效时段为星历时刻前后 15 min。

非操作信息包括系统全部卫星的状态数据(状态预报星历)、各卫星时间相对 GLONASS 系统时间之差(相位预报星历)、全部卫星轨道参数(轨道预报星历)、GLONASS 系统时间标度改正值等,更新率为 24 h,其预报星历的预报精度与数据龄有关,较精密星历精度差。

GLONASS 导航电文中所给出的时间值是在 GLONASS 时间系统中度量的,在经过各种修正后与 UTC(SU)之差小于 1 μs;所给的空间坐标值在 PZ 90 坐标系

中度量。

完整的导航电文长 2.5 min,可分为相等的 5 帧,每帧长 30 s;每帧又可分为 15 个子帧,各子帧长 2 s;每帧的 1~4 子帧给出该星的星历,第 5 子帧给出该星星号及系统时间修正值,6~15 子帧每 2 个子帧给出 1 颗卫星的历书数据,每帧可给出 5 颗卫星的历书数据;每一子帧又分为信息与校验位(1.7 s)及时标码(0.3 s)。整个电文的结构如图 4-57 所示。

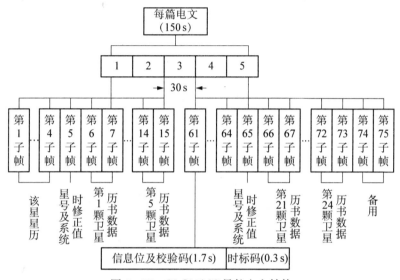

图 4-57　GLONASS 导航电文结构

2) 伽利略系统

由于美国的 SA 政策以及 GPS 系统的某些不足,使得卫星导航的民用特别是民用航空的应用受到制约。欧洲主要国家认为卫星导航系统是欧洲安全的重要保障,应确保欧洲用户在导航定位方面不会陷入被他人独占或垄断的被动局面和困境。鉴于政治、经济、军事等多方面利益的考虑,欧洲提出了伽利略卫星导航系统。

1999 年 2 月欧盟宣布要发展下一代 GNSS(全球导航卫星系统),目的是和其他任何 GNSS 系统一起实现全球的无隙导航定位。2002 年 3 月欧盟首脑会议批准了伽利略卫星导航定位系统的实施计划。计划按 3 个阶段实现,2001—2005 年为研究开发与在轨验证阶段;

2006—2007 年为星座部署阶段;预计 2008 年后投入使用。但该计划目前已经推迟。

伽利略系统不是一种军用卫星导航系统,并且在技术和性能上要优于 GPS,因此无论在经济领域还是军事领域都向 GPS 提出了挑战。

(1) 系统组成。

伽利略系统分为空间卫星星座、地面控制、用户接收机三大部分,与 GPS、

GLONASS一样采用时间测距原理进行导航定位。

a. 空间部分：

伽利略星座包括 30 颗 MEO 卫星，其中 27 颗呈现对称的 Walker 结构，剩下 3 颗提供在轨冗余，以便对故障卫星进行快速补充。卫星分布在倾角为 56° 的 3 个轨道平面上，每个轨道面的升交点赤经相差 120°。每个轨道上有 9 颗工作卫星和一颗备份卫星，轨道高度 23 616 km，每颗卫星运行周期是 14.4 h。

整个星座共有 9 条地面轨迹，其整体几何位置变化的重复周期大约是 24 h，这是由于 Walker 星座的对称性、轨道相位的选择和地面轨迹的数目而形成的特性。图 4 - 58 为伽利略星座的示意图。

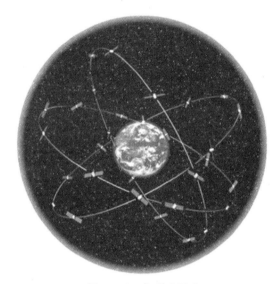

图 4 - 58　伽利略星座

卫星上配备有导航有效载荷和搜索营救有效载荷。导航有效载荷负责生成时间与导航信号，与来自地面站的数据信息调制在一起，并在星上储存、格式化和编码。搜索营救有效载荷通过一幅独立的天线接收求救者发出的 406 MHz 标准遇险信标信号，用 1544 MHz 频率转发到搜索营救控制中心，实时将这些信息集成到伽利略的导航数据流中，并中继返回给紧急救援的无线电指向标。

b. 地面控制部分：

地面控制部分包括一对导航系统控制中心（NSCC）；一组轨迹图谱和时间同步站（OSS）组成的全球网络；一系列遥控跟踪、遥测和指令（TT&C）站。一个专用的全球通信网将上述所有站网和设施互相连接在一起，所有的导航控制与星座管理任务均在导航系统控制中心的监控下执行。

各种业务的完好性监控由一个完好性全球监控网（IMS）、完好性监控中心（ICC）和完好性上行站（IULS）完成。各个完好性监控站负责接收单路伪距测量结果,并与本地气象和其他数据一起送往完好性信息处理站形成完好性信息,经由完好性上行链路站发给在轨的 MEO 卫星,卫星将其融合到导航数据信息流中,并向用户广播。

(2) 系统信号和频谱方案。

a. 频段分配:

Galileo 所使用的频率分布在 1 164～1 214 MHz(E5a 和 E5b,低 L 波段)、1 260～1 300 MHz(E6,中 L 波段)、1 559～1 591 MHz(E2 L1 El,高 L 波段,简称为 L1),这些频段都属于无线电导航卫星服务(RNSS)的频率范围。

为了保证 Galileo 和 GPS、GLONASS 的兼容性,简化 GPS/Galileo/GLONASS 兼容接收机设计,Galileo 的 L1 波段选用了和 GPSL1 波段相同的中心频率,GalileoE5a 频段和 GPSL5 频段重合,GalileoE5b 频段和 GLONASSL3 频段重合。另外,L6 频段是搜寻救援服务信号的下行频段。

b. 通信制式:

伽利略系统将与 GPS 全面兼容,并且可以独立工作,因此采用了和 GPS 类似的码分多址复用技术(CDMA)来区别各颗不同的卫星。数据广播是该系统的一个特点,由于需要面对不同的对象提供不同层次的多种服务,因而其空间信号的信号结构将比 GPS 的民用码信号复杂,其数据信息传输速率从 50 bit/s 到 1 000 bit/s 不等。

c. 导航电文:

系统提供含有测距码和数据信息的导航信号,测距码由每颗卫星上的高稳定度星钟产生,数据信息则由地面上行注入站向卫星发送。导航信息由星上存储和处理,并被定义成一定的帧格式向外播发。当数据通道没有被完全占据时,基本的导航数据可以重复播发从而减少初次定位的时间。

导航电文的内容包括星钟、星历、识别码和状态标识等,以及能使用户预测星钟和星历精度的"空间精度信息"。这样可使接收机权衡考虑每颗星的测量质量,达到改善导航精度的目的。

与 GPS 发射 6 个轨道参数来代表星历不同,Galileo 通过发射卫星在 SGS 85 地心坐标系中的位置 X、Y、Z 和速度 X'、Y'、Z' 来代表星历数据,其更新率为 0.5 h。

(3) 系统服务。

根据不同业务需求以及相关的业务和安全要求,系统主要提供以下类型的服务。

a. 开放服务:

该类业务可向全球免费提供优于 GPS 现行民用精度的导航、定位和授时业务,可广泛应用于一般的航空、航海、道路交通运输、工业界和个人等。任何用户只要拥有伽利略卫星导航接收机就可以免费获得服务。

b. 商业服务:

相对开放服务而言,该服务是需要付费的增值业务,含有加密的增值数据,只有在接收机上使用密钥才能使用该服务。商业服务取决于 Galileo 导航信号的设计，而技术性能指标取决于商业广播数据的质量和当地通信系统的技术指标。增值服务内容主要包括业务保证、伽利略和 GPS 完好性报警、精确授时业务、准确的电离层延时改正模型、本地差分改正信号等，其定位精度进一步提高。

c. 搜救服务：

Galileo 系统设计的搜救功能与现存的 COSPAS - SARSAT 系统、GMDSS 系统和泛欧洲运输网络服务相互兼容，并且在定位精度和授时上均有改善。灾难浮标的确定是在 Galileo 系统的搜救功能基础上，通过 COSPAS - SARSAT 系统完成的。规定从浮标到地面站的检测时间应小于 10 min，数据率为 6 条信息/min，每条信息长度 100 字节，传输误码率小于 10^{-5}，系统可用性大于 99%。

d. 公共管制服务：

公共管制服务由专用频率段提供，从而保证欧洲国家公共安全在欧盟国家的连续性。如警察、国内安全、法律执行、国内危机、GMES 和其他政府行为。公共管制服务具有灵活性，为了防止恶意的干扰、阻塞或攻击，通过授权使用，用户的使用权将受到限制。

（4）系统特点。

按照欧盟的设想，伽利略系统只是未来 GNSS 的一部分。系统建成后，除提供本系统的导航定位服务外，还将与其他卫星导航系统和星基增强系统共同组成全球导航卫星系统，它将是全球无缝隙的和高精度的，将大大提高系统的导航精度和可靠性，将深入应用到科学研究、交通、通信甚至日常生活的各个方面。

伽利略系统与 GPS 相比主要有以下一些优点：

a. 伽利略系统具有更高的定位精度，精度比 GPS 高一个量级，整体性能有明显提升，即使是免费使用的一般业务精度也将达到 6 m，其原因主要是伽利略系统将采用无源氢钟、先进的导航信号生成装置、先进的天线等多项关键技术。

b. 与 GPS 相比伽利略星座的卫星数量多，轨道位置高，轨道面少。

c. 伽利略系统按等级提供导航服务，通过不同的频段组合和加密手段为不同等级的用户提供不同的服务，避免了 GPS 军用系统限制民用的问题。

d. 伽利略系统是非军用系统，但与安全相关的问题也被充分考虑，在技术和组织等级上将考虑系统适应临危状态的程序。

3）双静止卫星通信导航系统

目前正在运行的 GPS、GLONASS 及欧洲在建的 Galileo 系统均属于全球性的无源定位导航系统，其优点是用户不需发射信号，仅利用接收到的卫星信号就可实现导航定位；用户可以保持无线电静寂，尤其对军事用户来说不会暴露目标；用户的定位导航仪可以有较小的功耗和体积；并且从理论上讲，这样的无源系统没有用户数量的限制。但在某些特殊场合，用户之间或者用户与管理中心之间往往需要通信，如野外搜索、营救、战术指挥等，这时上述系统就无能为力了。

20 世纪 70 年代,美国科学家提出了利用地球同步卫星的通信和导航定位系统,由美国一些公司独自操控建立了 Geostar 卫星通信导航系统,主要覆盖北美洲地区。之后,欧洲一些公司也建立了类似的 Localstar 系统,主要覆盖东欧和地中海地区。

这种双静止卫星通信导航系统在性能上虽不如 GPS 和 GLONASS,但由于能以低廉成本获得一定精度的定位结果及具有通信能力,因此比较适合社会团体和发展中国家用于建立自己的民用或军用局域性导航系统。

我国在 20 世纪 80 年代中期提出了"双静止卫星快速通信定位系统"的发展计划。2000 年 10 月和 12 月,系统两个工作卫星发射成功,2003 年夏第三颗备份星发射成功,标志着北斗一号已经开始正常工作。

(1) 系统组成。

双静止卫星通信导航系统由三大部分组成,即地面站组、空间静止卫星、用户部分,如图 4-59 所示。

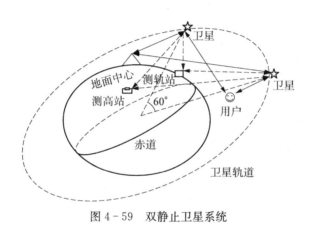

图 4-59　双静止卫星系统

a. 空间部分:

空间部分也叫卫星中继站,包括两颗距地面 36000 km 与地球同步的静止卫星,以及可增加一颗备份卫星。为了得到较好的覆盖和定位几何因子,正常工作卫星通常升交点赤经相差 60°左右,备份卫星介于两颗正常卫星中间。

卫星没有存储功能,仅仅即时转发来自地面中心的信号。每颗卫星带有两套信号转发装置,分别构成用户到地面中心和地面中心到用户的通信链。卫星的发射波束通常采用区域波束。星上带有与地面原子钟组同步的原子钟。

系统采用有源体制,一个信号在地面中心和用户之间要经由卫星中继的四段通信。信号经由卫星,从地面中心站到用户的信号,称为出站信号;由用户向地面中心的回复信号,称为入站信号。

b. 地面站组:

地面站组包括主控站、计算中心、测轨站、测高站以及校准站等,主要用来对卫星定位、测轨和制备星历,调整卫星运行轨道、姿态,控制卫星的工作,测量和校正导航定位参量,以形成用户定位修正数据并对用户进行精确定位。

其中,主控站和计算中心控制整个系统的工作,主要任务包括:接收卫星发射的遥测信号,向卫星发射遥控指令;控制各测轨站对卫星进行测轨、定位,收集其测量数据,制备卫星星历;实现地面中心与用户间的双向通信,测量电波在中心卫星用户间的传播时间;收集来自测高站的海拔高度数据和标校站的系统误差校正数据;利用所测量的数据结合数字地图进行用户的精密定位,实现对覆盖区内用户的识别、监视和控制。

测轨站、测高站和标校站均是无人值守的自动数据测量、收集中心。测轨站设置在高精度的地标点上,作为系统的空间基准点,并以有源或无源方式对卫星进行测量。测高站设置在系统覆盖区内,利用气压高度表测量该点的海拔高度,通常其测量值粗略代表了其周围 $100 \sim 200 \, \mathrm{km}$ 的海拔高度。标校站的位置坐标也是已知的,其设备及其工作方式和用户终端相同,由地面中心对其进行定位,定位结果与标校站的真实位置进行差分形成对用户定位的修正量。

c. 用户设备:

用户设备为仅带有定向天线的收/发器,比较简单,用于接收中心站通过卫星转发来的信号,从中提取时间标记点,从时间标记点开始延长一段确定的时间后向卫星发射回传信号,信号中还包含用户向中心或请中心向其他用户传送的数字信息。用户无定位解算功能,其位置在中心解算后由卫星转发给用户。

(2) 工作原理。

双静止卫星定位系统主要有两种定位方式,即单点定位和差分定位,后者通常用在精度要求较高的场合。

单点定位就是中心站通过测量电波在中心站卫星用户之间往返传播的时间延迟,减掉卫星和地面中心之间的传播时间(由于卫星 S_1、S_2 的位置坐标均为已知量),就可以得到用户和二颗卫星之间的距离 r_1、r_2,从而得到两个以两颗卫星为球心的圆球位置面,若用户处在地球面上,则以地球面为第三位置面,否则可由气压高度计或数字地图得到其高程数据。3 个位置面相交可确定用户的位置,其定位方程为

$$\begin{cases} r_1 = ((X - X_{s_1})^2 + (Y - Y_{s_1})^2 + (Z - Z_{s_1})^2)^{\frac{1}{2}} \\ r_2 = ((X - X_{s_2})^2 + (Y - Y_{s_2})^2 + (Z - Z_{s_2})^2)^{\frac{1}{2}} \\ \dfrac{X^2 + Y^2}{(a + H)^2} + \dfrac{Z^2}{(b + H)^2} = 1 \end{cases} \tag{4-88}$$

式中:X、Y、Z 为用户的宇宙直角坐标值;

　　X_{s1}、Y_{s1}、Z_{s1} 和 X_{s2}、Y_{s2}、Z_{s2} 为卫星 S_1、S_2 的宇宙直角坐标值;

　　a、b 分别是地球基准椭球的半长轴和半短轴;

　　H 是实际地球面或用户离基准椭球的高度。

差分定位是指利用用户机和定位标校机在同一时刻获得的伪距进行差分处理,

从而得到高精度的定位结果。差分处理包括位置差分和伪距差分两种方法。

（3）系统特点。

由上面的分析不难看出该系统的特点：

a. 仅用两颗卫星就可进行导航与通信，并且采用静止卫星可对大覆盖区内的用户进行连续实时定位；

b. 用户设备比较简单，只是转发信号和解调必要的信息，导航定位数据等由中心站计算完成；

c. 具有通信功能，所有信息集中在地面中心，便于指挥、控制、监视和管理。

同时该系统也有其局限性：

a. 系统为采用集中式处理的节点系统，一旦中心被毁坏，将导致整个系统瘫痪，这对军事应用十分不利；同时由于所有用户的定位都在中心站完成，对中心站设备的处理能力要求极高，用户数量受限，当用户数目过大时，会产生系统饱和拥堵问题；

b. 系统采用有源工作方式，用户发射电波易被侦测，对于军事用户隐蔽性差；

c. 系统多次通信和计算处理的延时较长，导致定位数据有较大滞后误差，特别不适合高机动用户，如对地面机动用户滞后误差可达十几米，空中飞机用户可达百米量级；

d. 不能进行全球覆盖，并且两颗卫星均在赤道上空，对于较低纬度的用户几何定位误差系数较大，系统抗干扰能力差，在卫星信号受遮挡或受干扰时，将丧失导航定位能力；

e. 为二维定位系统，需要采用气压高度表或数字地图得到高度数据，以及需要采取对用户数据修正等措施来提高定位精度。

4.3.3 组合导航系统

惯性/GPS组合导航系统分析如下：

GPS与惯性导航组合，克服各自缺点，取长补短，使导航精度高于独立系统的精度。

1) GPS和惯性导航的互补性

GPS在精度上有绝对的优势，而惯性导航的自主性确实GPS所不具备的，两者具有很强的互补性，如表4-5所示。

表4-5 GPS和惯性导航的互补性

GPS	惯性导航
高精度位置输出	恰当精度的位置输出
有界的位置误差	惯性传感器有漂移趋势
高精度速度输出	慢变化的速度输出
精度取决于飞机动力学	精度与飞机动力学无关
不需要初始化，可用于惯性传感器初始对准	要求设置初始值

GPS	惯性导航
要求 4 颗可见卫星	不要求外界信息
提供精确时间信息	不提供时间信息
不提供机体加速度	提供飞机的姿态、姿态变化率和加速度
数据更新率较低	数据更新率高
单独的 GPS 卫星具有较低的完好性	单独的惯性传感器具有很高的完好性

2) 惯性/GPS 的组合方式

INS 和 GPS 接收机间有 3 种组合方式:松散组合、紧密组合和深度组合。

（1）松散组合。

松散组合中,GPS 接收机基本上作为一个自主导航仪,它可通过自动或手动方式为惯导提供周期性的位置和速度修正。是一种典型的各自独立的组合等级,其最终输出性能将比单独装置中的任意一个都要好,但它只能在低的载体动力学和干扰小的条件下使用。

（2）紧密组合。

紧密组合中,GPS 接收机和惯导各自包含一个卡尔曼滤波器,它们产生位置和速度导航数据,通过数据总线传输到中央任务计算机,然后在那里用一个滤波器进行非常仔细的时间同步数据处理。

（3）深度组合。

深度组合中,GPS 作为一块线路板嵌入到 INS 中,构成嵌入式系统。单独的卡尔曼滤波器用来将原始的惯性测量与卫星测量数据进行深度组合。由于被组合的是测量数据而不是导航数据,它允许卡尔曼滤波器比较准确地建立起误差模型,从而提供一个连续而准确的导航解。

4.3.4　基于性能的导航系统

4.3.4.1　区域导航(RNAV)

在航空飞行中,传统导航时利用接收地面导航台信号,通过向台和背台飞行实现对航空器的引导,航路划设和终端区飞行程序受地面导航台布局与设备种类的制约。随着航空运输的持续发展,传统航路的局限性渐显严重。随着航空器机载设备能力的提高以及卫星导航等先进技术的不断发展,一种提高导航精度、缩小间隔余度以便更加充分的利用空域资源、可以不依赖于地基导航设备,使航空器在两点间沿任意期望的航路点间飞行的区域导航技术于 20 世纪末应运而生。早期的区域导航采用与传统的地基航路和程序相似的方式,通过分析和飞行测试确定所需的区域导航系统及性能。对于陆地区域导航运行,最初的系统采用 VOR 和 DME 进行定位。对于洋区导航,则广泛采用 INS/IRS。后来国际民航组织对区域导航的定义是:一种允许飞机在台基导航设备覆盖范围内或者在自主导航设备能力限度内或在两者配合下按希望的飞行路径运行的导航方式。可以用于区域导航的导航系统有：DME/DME、惯性导航系统(INS/IRS)、全球卫星导航系统(GNSS)。区域导航允许在航路上定义航路点组成航线，在终端区、进近程序上定义定位点组成仅进近程序进行导航。

区域导航被确认为一种导航方法，即允许飞机在相关导航设施的信号覆盖范围内，或在机载自主导航设备能力限度内，或在两者配合下沿所需的航路飞行。这也是目前陆基航行系统条件下区域导航航路设计的特点。虽然可依靠机载计算组件作用，在导航台的覆盖范围内设计一条比较短捷的航路，但仍按地面是否有导航台来设计航路。

陆基系统的 RNAV 航路可缩短航线距离，但飞行航路仍受到地面导航台的限制。卫星导航系统的应用，从根本上解决了由于地面建台困难而导致空域不能充分利用的问题。星基系统以其实时、高精度等特性使飞机在飞行过程中能够连续准确地定位。在空余允许的情况下，依靠星基系统的多功能性，或与飞行管理系统的配合，飞机容易实现任意两点间的直线飞行，或最大限度的选择一条便捷航路。一般来说，利用卫星导航，飞行航路不再受地面建台与否的限制，实现了真正意义上航路设计的任意性。因而卫星导航的应用使区域导航充分体现了随即导航的思想。

4.3.4.2 所需导航性能(RNP)

在区域导航技术逐步发展的基础上，出现了所需导航性能标准，RNP 被定义为在运行中同时具备机载监视和告警功能，而 RNAV 不要求具备告警功能。RNP 在原来 RNAV 的基础上充分利用了越来越成熟的 GNSS 技术，使得该项技术获得了更高层次的发展和更多类型的选择。基于此，国际民航组织在附件 11《空中交通服务》和《航空器运行手册》(DOC8168)中提出了部分区域导航设计和应用的标准和建议。美国和欧洲等航空发达国家和地区已经积累了丰富的 RNAV 和 RNP 应用经验，但由于缺乏统一的标准和指导手册，各地区采用的区域导航命名规则、技术标准和运行要求并不一致，如美国 RNAV 类型分为 A 类和 B 类，欧洲 RNAV 分为精密区域导航(P-NAV)和基本区域导航(B-NAV)。

RNP 是一种使用现代化飞行计算机、GPS 和软件构成的飞机导航方法。它可使飞机按照预定航行路径精确飞行。通过持续监控确保导航性能精度。同时，RNP还具有以下特点：

(1) 缩短飞行距离，减小推力设定值，节省燃油。

(2) 减少噪声和降低排放。

(3) 提高导航精度和全天候导航能力，大大提高了飞行安全。

RNP 是在航空新航行系统开发应用下产生的新概念，也是目前提出的所有所需性能中唯一具有明确说明和规定的性能要求。

RNP 类型共分 RNP1，RNP2，RNP3，RNP4 四类，它是根据水平面导航性能精度而设定。

以规定的 RNP1 类型为例，指以计划航迹为中心，侧向宽度为 1 n mile 的航路。

对空域规划而言,可利用RNP1进行灵活航路的设计,运用在高交通密度环境,有利于空余容量的增加。同时,对飞机的机载设备而言,在相应航路类型飞行的飞机,必须具有先进的机载导航设备。飞行RNP1航路的飞机必须具有两个以上DME,或卫星导航系统更新信息的能力。同理,RNP4航路指以计划航迹为中心,侧向宽度为4 n mile的航路。由于RNP4对航路宽度要求较低,可适用于目前陆基航行系统支持的空域。在实际应用中,RNP概念涉及空域,也关系到飞机。对空域要求而言,当飞机的导航性能精度与其符合时,便可在该空域飞行。另外,能在高精度要求空域飞行的飞机,也可以在低精度空域飞行,反之则不行。

表面看来,RNP是对应于一定空域的机载导航系统精度要求的概念。实际上,RNP对空域规划、航路设计、飞机装备等方面都产生着影响。在现行条件下,由于受到陆基空管设备和机载设备能力的限制,进行航路设计时都尽可能为飞机提供充裕宽度的航路,所以目前空域应用中,一条航路占据较大空域,一个高度上设计一条航路是很常见的。在新航行系统条件下,实时通信监视能力可对飞行活动连续监控,飞机机载导航精度提高,使飞机总系统误差减小,利用RNP概念可进行平行和直飞航路的设计,减小优化航路间隔,有效提高空域利用率和容量。

4.3.4.3　基于性能的导航(PBN)

为统一认识并指导各地区实施新技术,国际民航组织(ICAO)在整合各国和地区RNAV和RNP运行实践的基础上,提出了基于性能的导航概念和标准,作为飞行运行和导航技术发展的基本指导准则。PBN将RNAV和RNP等一系列不同的导航技术应用归纳到一起,涵盖了从航路到进近着陆的所有飞行阶段。其目的是为了充分利用现代航空器机载设备和导航系统,提供全球一致的适航要求和运行批准标准,以此来规范区域导航的命名、技术标准,从而停止非同一技术的扩散及使用,同一RNAV和RNP系统的使用以确保互通,并促进区域导航的全球运用。采用PBN技术,航空器导航性能特点都应明确的性能指标规定,解决了最初各种RNAV和RNP标准问题。PBN着重说明了不同类型航空器需要不同的飞行剖面,这样才能确保飞行轨迹的持续性、可靠性和预测性,并能减小超障评估区域。

PBN是世界民航CNS/ATM系统建设的重要组成部分,2009年ICAO发布的《PBN手册》(Doc. 9613)(第二版),定义了PBN的相关概念和运行规范。基于性能导航包含了3个基本的因素:导航规范、基础设施、导航应用。导航规范详细描述了沿着特定区域导航所需的性能要求,是民航当局适航和运行批准的基础。基础设施是用于支持每种导航规范的导航基础设施(如星基系统或者陆基导航台)。导航应用是将导航规范和导航设施结合起来,在航路、终端区、进近或运行区域的实际应用,包括RNAV/RNP航路、标准仪表进离场程序、进近程序等。PBN把有限的所需性能精度扩展到更为广泛的包括所需性能精度、可用性、连续性、完整性和功能的转变,还包括了对航空器机载设备的要求和对机组培训所要达到标准的指南。PBN的实施必将成为优化空域结构、提高空域容量的主要途径之一。

5　航空通用传感器

5.1　传感器定义

广义地来说传感器是一种能把物理量或化学量转变成便于利用的电信号的器件。国际电工委员会(International Electrotechnical Committee，IEC)的定义为："传感器是测量系统中的一种前置部件，它将输入变量转换成可供测量的信号"。我国国家标准(GB7665—1987)中说，传感器(transducer/sensor)的定义是："能够感受规定的被测量并按照一定规律转换成可用输出信号的器件或装置"。从字面上可以作如下解释：传感器的功用是一感二传，即感受被测信息，并传送出去。我们的定义是：传感器是一种以一定的精确度把被测量转换为与之有确定对应关系的、便于应用的某种物理量的测量装置。

5.2　传感器分类

根据传感器工作原理，可分为物理传感器和化学传感器两大类。物理传感器应用的是物理效应，诸如压电效应，磁致伸缩现象，离化、极化、热电、光电、磁电等效应。被测信号量的微小变化都将转换成电信号。大多数传感器是以物理原理为基础运作的。

化学传感器包括那些以化学吸附、电化学反应等现象为因果关系的传感器，被测信号量的微小变化也将转换成电信号。化学传感器技术问题较多，例如可靠性问题，规模生产的可能性，价格问题等，解决了这类难题，化学传感器的应用将会有巨大增长。

有些传感器既不能划分到物理类，也不能划分为化学类。按照其用途，传感器可分类为压力敏和力敏传感器、位置传感器、液面传感器、能耗传感器、速度传感器、加速度传感器、射线辐射传感器、热敏传感器等。

电位器是一种使用方便、工作可靠的通用机电元件，其基本原理是利用电阻值的变化，将测量、控制对象的机械位置变化量(线位移或角位移)转换成电气变化量输出。

电位器广泛应用于控制系统、仪器仪表、电子设备、电器测量装置、电子计算机等技术领域,遍及军工、民用等各类行业。军用电位器主要用于各类飞机(含无人机)、导弹、战车、鱼雷等的雷达扫描转角反馈、舵机位置反馈、航向指示、飞机前轮转弯、操纵系统控制。

自 20 世纪 60 年代以来,电位器技术迅速发展,构造形式多种多样,根据其工作原理和实现方式不同,大体上可分为接触式电位器和无接触式电位器两大类。接触式电位器又分为线绕电位器和非线绕电位器,是目前国内外应用最广泛的两类电位器,根据电阻膜材质不同,接触式非线绕电位器主要有合成膜、有机实心、玻璃釉、导电塑料、金属膜、金属箔、金属复合膜等形式的电位器;无接触式电位器主要是光电电位器和磁敏电位器;近几年出现的新型电位器还有基于微机械和半导体技术的数字电位器。

变磁阻式传感器是利用线圈电感或互感的改变来实现非电量电测的,它可以把输入的各种机械物理量如位移、振动、压力、应变、流量、比重等参数转换成电能量输出,因此能满足信息的远距离传输、记录、显示和控制等方面的要求。

变磁阻式传感器是一种机电转换装置,在现代工业生产和科学技术上尤其在自动控制系统中应用十分广泛,是实行非电量电测的重要传感器之一。常用的变磁阻式传感器如图 5-1 所示。在航空及国防工业领域,主要使用电感式、变压器式和变磁阻式传感器。

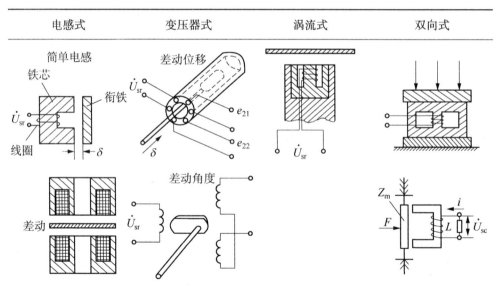

图 5-1　变磁阻式传感器一览

5.3 电位器式传感器

5.3.1 工作原理

电位器式传感器的工作原理:电刷在电阻体上滑动,利用电阻值的变化,将各种被测量、控制对象的角位移或线位移(输入)信号转换为电压(输出)信号,给出系统各种调节量信号。

5.3.2 主要组成及典型结构

电位器主要组成:骨架(电阻体基体)、导电环、电刷、轴、壳体、底座、盖、绝缘衬座和标准件(垫圈、销子、铆钉、螺钉)等(见图 5-2 和图 5-3)。

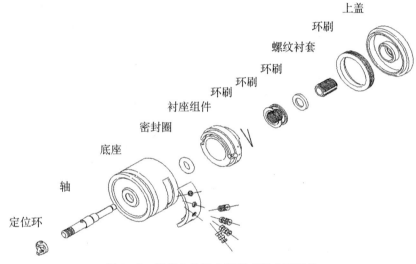

图 5-2 线绕电位器主要组成及典型结构

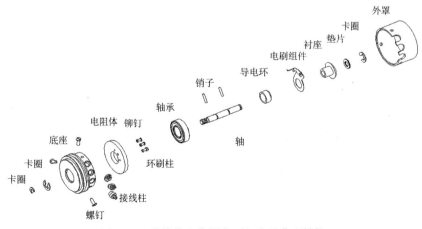

图 5-3 非线绕电位器主要组成及典型结构

5.3.3　主要技术指标

1) 连续电行程

在电刷和电阻元件间保持电气连续性的轴的总行程。

2) 总电阻值

当轴处在给出电阻值的极大值的位置时,在输入引线端之间的直流电阻值。

3) 线性度

符合度的一种特殊情况。这里理论函数特性曲线是一根直线。其数学式为

$$\frac{e}{E} = f(\theta) \pm C = A(\theta) \pm B \pm C \tag{5-1}$$

式中:A 为给定的斜率;

　　　B 为 $\theta = 0$ 时的截距。

4) 绝对线性度(见图 5-4)

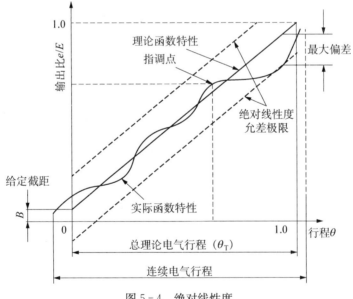

图 5-4　绝对线性度

实际函数特性曲线与完全确定的参考直线的最大偏差。绝对线性度沿理论电气行程测量,并用外加总电压的百分数表示。要求在实际输出特性曲线上规定一个指调点。参考直线可由理论电气行程两端给定的高、低端输出比完全确定。除非另有规定,这些端点的输出比分别为(0,0)和(1,0)。数学式为

$$\frac{e}{E} = A\left(\frac{\theta}{\theta_{\mathrm{T}}}\right) + B \pm C \tag{5-2}$$

式中:A 为给定的斜率;

B 为 $\theta=0$ 时的截距。

除非另有规定，$A=1$，$B=0$。

5）端基线性度（见图 5-5）

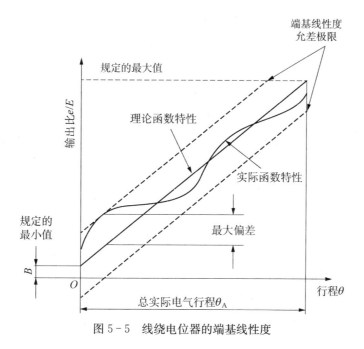

图 5-5　线绕电位器的端基线性度

实际函数特性曲线与参考直线的最大偏差。用外加总电压的百分数表示。其参考直线是连接实际电气行程两端规定的最小和最大输出比的直线。除非另有规定，最小和最大的输出比分别为零和外加总电压的百分之百。数学式为

$$\frac{e}{E}=A\left(\frac{\theta}{\theta_{\mathrm{T}}}\right)+B\pm C \tag{5-3}$$

式中：A 为给定的斜率；

　　B 为 $\theta=0$ 时的截距。

除非另有规定，$A=1$，$B=0$。

6）零基线性度（见图 5-6）

实际函数特性曲线与参考直线的最大偏差。用外加总电压的百分数表示。参考直线系通过规定的最小输出比并沿实际电气行程延伸的直线，其斜率选择应使最大偏差减至最小。任何规定终端电压的要求，将会限制参考直线的斜率。除非另有规定，规定的最小输出比应是零。数学式为

$$\frac{e}{E}=P\left(\frac{\theta}{\theta_{\mathrm{T}}}\right)+B\pm C \tag{5-4}$$

式中：P 为受最大输出比一端的终端电压要求所限制的未加规定的斜率。

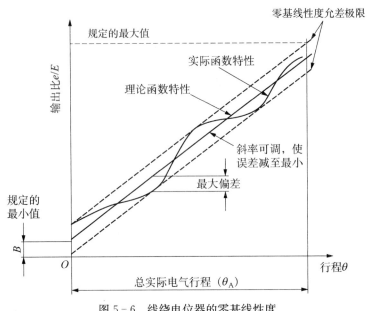

图 5-6　线绕电位器的零基线性度

除非另有规定，$B = 0$。

7) 独立线性度(非线绕电位器)(见图 5-7)

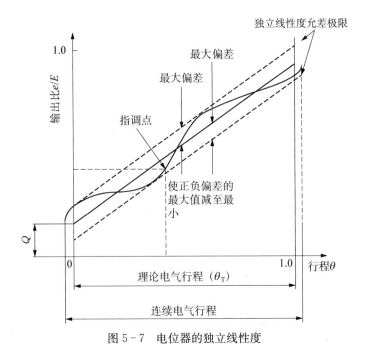

图 5-7　电位器的独立线性度

实际函数特性曲线与参考直线的最大偏差。沿理论电气行程测量,并用外加总电压的百分数表示。参考直线斜率和位置的选择,应使最大偏差减至最小。如果要限定参考直线的斜率,则必须另行规定。要求在实际输出曲线上有一个指调点。除非另有规定,指调点应在 $\theta = \dfrac{\theta_T}{2}$ 处。数学式为

$$\frac{e}{E} = P\left(\frac{\theta}{\theta_T}\right) + Q \pm C \tag{5-5}$$

式中:P 为未被规定的斜率;

$\quad Q$ 为在 $\theta = 0$ 时未被规定的截距。

两者的选择要使 C 减至最小,但是被终端电压的要求所限制。

8)电压跟踪误差

轴在任意位置时,任意两个同步传动的相似的电气元件之间输出比的差值。用加给它们的单一总电压的百分数表示。

9)分辨力(见图5-8)

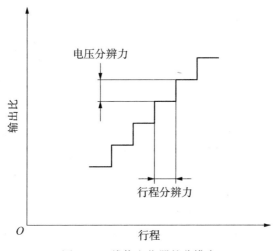

图 5-8　线绕电位器的分辨力

对电位器输出比能被调节的灵敏度的度量。

10)行程分辨力(线绕电位器)

在绕组的任意规定部分,沿一个方向每增加一个电压阶梯所对应的轴行程的极大值。

11)电压分辨力

轴沿一个方向运动时,电阻元件上的任一规定间隔内输出比增量变化的极大值。

5.3.4　性能特点

电位器结构简单、尺寸小、重量轻、价格便宜、精度较高、性能稳定、输出信号大、

受环境(温度、湿度、电磁场等)影响较小,而且还可实现线性的或任意函数的变换,因此至今仍在自动检测与自动控制中有着广泛的用途。

线绕电位器的特点:温度系数小、接触电阻小、阻值精度高、噪声低,多用于精密测量、信号调节。

膜式电位器的特点:寿命高、分辨力高,多用于随动系统和舵机。

5.3.5　功能及用途

电位器式传感器是一种人们熟知的机电元件,它作为传感器可以直接或间接地把位移信号转换成一定函数关系的电阻值或电压量输出,因此,它可以用来制作位移、压力、加速度、油量、高度等各种用途的传感器,广泛应用于控制系统、仪器仪表、电子设备、电器测量装置、电子计算机等技术领域,遍及军工、民用等各类行业,是一种使用方便、工作可靠的简单通用机电元件。

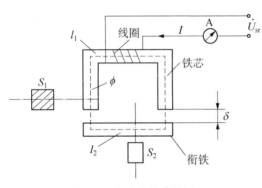

图 5-9　电感式传感器原理

5.4　电感式传感器

电感式传感器的种类繁多,常用的有Ⅱ形、E 形和螺管形 3 种。虽然结构形式有很多种,但都不外乎包括线圈、铁芯和活动衔铁这 3 个部分,如图 5-9 所示。

5.4.1　工作原理

图 5-9 是最简单的电感传感器原理图。铁芯和活动衔铁均由导磁材料如硅钢片或坡莫合金制成,可以是整体的或者是迭片的,衔铁和铁芯之间有空气隙。当衔铁移动时,磁路中气隙的磁阻发生变化,从而引起线圈电感的变化,这种电感量的变化与衔铁位置(即气隙大小)相对应。因此,只要能测出这种电感量的变化,就能判定衔铁位置量的大小。这就是电感传感器的基本原理。

要测定线圈电感的变化,必须把电感传感器接到一定的测量线路中,使电感的变化进一步转换为电压、电流或频率的变化,然后再通过各种电气显示设备把它显示出来或记录下来,人们根据这种指示才能判断机械位移量的大小。所以,电感传感器在使用时必定带有测量线路。

5.4.2　主要组成及典型结构

电感式传感器主要由线圈、铁芯、活动衔铁和测量线路这 4 个部分组成。

常见的差动式电感传感器由两只完全对称的简单电感传感器合用一个活动衔铁构成,结构如图 5-10 所示。

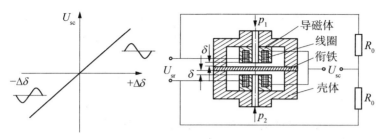

图 5-10 差动式电感传感器结构

5.4.2.1 结构特点

两只完全对称的简单电感传感器合用一个活动衔铁便构成了差动式电感传感器。

图 5-11(a)、(c)分别为 E 形和螺管形差动电感传感器的结构原理图。其特点是上下两个导磁体的几何尺寸完全相同,材料相同,上下两只线圈的电气系数(线圈铜电阻、电感、匝数)也完全一致。

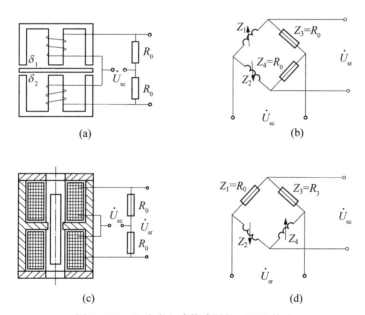

图 5-11 差动式电感传感器的原理和接线

图 5-11(b)、(d)为差动电感传感器接线图。传感器的两只电感线圈接成交流电桥的相邻两臂,另外两个桥臂由电阻组成。

这两类差动电感传感器的工作原理相同,只是结构形式不同而已。

从图 5-11 可以看出,电感传感器和电阻构成了四臂交流电桥,由交流电源供电,在电桥的另一对角端即为输出的交流电压。

在起始位置时,衔铁处于中间位置,两边的气隙相等,因此,两只电感线圈的电感量在理论上相等,电桥的输出电压 $U_{sc}=0$,电桥处于平衡状态。

当衔铁偏离中间位置向上或向下移动时,造成两边气隙不一样,使两只电感线圈的电感量一增一减,电桥就不平衡。电桥输出电压的幅值大小与衔铁移动量的大小成比例,其相位则与衔铁移动的方向有关。假定向上移动时输出电压的相位为正,而向下移动时,输出电压相位将反向 $180°$,为负。因此,如果测量出输出电压的大小和相位,就能决定衔铁位移量的大小和方向。

5.4.2.2　E形差动电感传感器接入电桥后的输出特性

输出特性是指电桥输出电压与传感器衔铁位移量之间的关系。由图 $5-11(a)$ 可知,衔铁在中间位置时,两面的气隙长度相等,即 $\delta_1 = \delta_2 = \delta_0$。如果结构对称,两只线圈的参数相同,则上下两只线圈的电感也应相等,即

$$L_{10} = L_{20} = L_0 = \frac{\mu_0 S}{2\delta_0}W^2 = \frac{0.2\pi W^2}{\delta_0} \times 10^{-8} \qquad (5-6)$$

$$Z_{10} = Z_{20} = Z_0 = R_c + j\omega L_0 \qquad (5-7)$$

式中:R_c 为单个电感线圈的铜电阻;

Z_0 为单个电感线圈的交流阻抗(在 $\delta_1 = \delta_2 = \delta_0$ 时);

ω 为电源电压之角频率。

当衔铁偏离中间位置时,设向上偏移 $\Delta\delta$,磁路上半部气隙磁导增加,下半部气隙磁导减少,于是电桥对角端有电压输出。假定电桥输出端的负载为无穷大,则输出电压为

$$U_{sc} = I_1 Z_1 - I_3 Z_3 = \frac{Z_1 Z_4 - Z_2 Z_3}{(Z_1 + Z_2)(Z_3 + Z_4)}U_{sr} \qquad (5-8)$$

但是,由于上下两边气隙不相等,阻抗也有了改变,经过简化得

$$U_{sc} = \frac{U_{sr}}{4}\frac{\Delta Z_1 + \Delta Z_2}{Z_0} = \frac{U_{sr}}{4}\frac{j\omega}{R_0 + j\omega L_0}(\Delta L_1 + \Delta L_2) \qquad (5-9)$$

式中:Z_0 为衔铁在中间位置时单个电感线圈的阻抗;

R_0 为衔铁在中间位置时单个线圈的铜电阻;

L_0 为衔铁在中间位置时单个线圈的起始电感量。

已经知道,单个电感传感器的 ΔL 与 $\Delta\delta$ 的关系是非线性的,但当构成差动电感传感器且接成电桥以后,电桥输出电压将与 $(\Delta L_1 + \Delta L_2)$ 有关。这说明差动电感传感器的非线性在 $\pm\Delta\delta$ 工作范围内要比简单电感传感器小得多,图5-12清楚地说明了这一点。

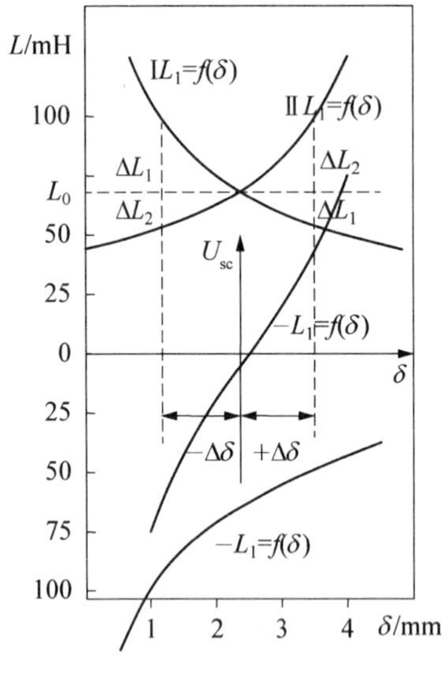

图 $5-12$　差动电感传感器与简单电感传感器的特性非线性比较

灵敏度：

$$\dot{U}_{sc} = \frac{\dot{U}_{sr}}{4} \frac{j\omega}{R_0 + j\omega L_0}\left(2L_0 \frac{\Delta\delta}{\delta_0}\right)$$

$$= \frac{\dot{U}_{sr}}{2} \frac{\Delta\delta}{\delta_0} \frac{j\omega L_0(R_0 - j\omega L_0)}{(R_0 + j\omega L_0)(R_0 - j\omega L_0)}$$

$$= \frac{\dot{U}_{sr}}{2} \frac{\frac{\Delta\delta}{\delta_0} + j\frac{R_0}{\omega L_0}\frac{\Delta\delta}{\delta_0}}{1 + \left(\frac{R_0}{\omega L_0}\right)^2}$$

令 $Q = \omega L_0/R_0$，代入上式，得

$$U_{sc} = \frac{U_{sr}}{2} \frac{\frac{\Delta\delta}{\delta_0} + j\frac{1}{Q}\frac{\Delta\delta}{\delta_0}}{1 + \frac{1}{Q^2}} \qquad (5-10)$$

式中：Q 为电感传感器的品质因数。

由上式可以知道，电桥输出电压中包含两个分量，一个是与电源电压相同的分量，另一个是与电源电压相位差 90° 的正交分量。输出电压的正交分量与 Q 值有关，Q 值增大，正交分量便随之减小。

对于高 Q 值的电感传感器，式(5-10)可简化为

$$U_{sc} = \frac{U_{sr}}{2} \frac{\Delta\delta}{\delta_0} = K \cdot \Delta\delta \qquad (5-11)$$

式中：K 称为差动电感传感器连成四臂电桥的灵敏度。K 的物理意义是，衔铁单位移动量可能引起的电桥的输出电压。K 值越大，灵敏度就越高。从 K 的表达式 $U_{sr}/2\delta_0$ 可知，K 值与电桥的电源电压和初始气隙有关，提高电桥的电源电压，减小起始气隙，就可以提高灵敏度。

式(5-11)还说明，电桥的输出电压与衔铁位移量 $\Delta\delta$ 成正比，其相位则与衔铁移动方向有关。若设衔铁向下移动 $\Delta\delta$ 为正，U_{sc} 为正，则衔铁向上移动 $\Delta\delta$ 为负，U_{sc} 为负，即相位反向 180°。依此画成的特性曲线如图 5-10 所示。

应当指出，式(5-10)是忽略了一系列因素后得出的，因此是近似公式，但从此式可以清楚看出电感传感器的一些主要参数对输出电压特性的影响。这对于工程设计和作初步估算还是很有用的。

5.4.3 主要特性

电感传感器的特性是指电感量输出与衔铁位移量输入之间的关系。

若设电感传感器线圈的匝数为 W，根据电感的定义，此线圈的电感量为

$$L = \frac{W\Phi}{I}(H) \qquad (5-12)$$

式中: Φ 为磁通(Wb);

I 为线圈中的电流(A)。

经过简化,上述 L 为

$$L = \frac{W^2}{R_\delta} = \frac{W^2 \mu_0 S}{2\delta} \qquad (5-13)$$

式中: S 为气隙截面积(m^2);

δ 为气隙长度(m);

R_δ 为空气隙磁阻,为

$$R_\delta = \frac{2\delta}{\mu_0 S} \qquad (5-14)$$

式中: μ_0 为空气的磁导率,为 $4\pi \times 10^{-7} L/m$ 。

式(5-13)为电感传感器的基本特性公式。

从式(5-13)可以看出,线圈匝数 W 确定之后,只要气隙长度 δ 和气隙截面两者之一发生变化,电感传感器的电感量都会随之发生变化。因此,电感传感器可分为变气隙长度和变气隙截面两种,前者用于测量线位移,后者用于测量角位移。

变气隙长度电感传感器电感量与气隙长度成反比,其特性曲线如图5-13所示。

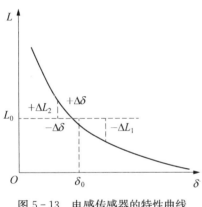

图 5-13　电感传感器的特性曲线

假设电感传感器初始气隙为 δ_0 ,衔铁的位移量即气隙的变化量为 $\Delta\delta$,则由图5-13可以看出,当气隙长度 δ 增加 $\Delta\delta$ 时,电感变化为 $-\Delta L_1$,当气隙长度减小 $\Delta\delta$ 时,电感变化为 $+\Delta L_2$,虽然 $\Delta\delta$ 的数值相同,但电感变化数值不相等。 $\Delta\delta$ 越大, ΔL_1 与 ΔL_2 在数值上相差也越大,这意味着非线性越大。因此,为了得到较好的线性特性,必须把衔铁的工作位移限制在较小的范围内,一般取 $\Delta\delta = (0.1 \sim 0.2)\delta_0$,这时, $L = f(\delta)$ 可近似视为一条直线。

进一步分析在衔铁变动后 $\Delta L - \Delta\delta$ 关系的非线性。

设衔铁处于起始位置时,电感传感器的初始气隙为 δ_0 ,由式(5-13)可知,初始电感为

$$L_0 = \frac{W^2 \mu_0 S}{2\delta_0}$$

当衔铁向上移动 $\Delta\delta$ 时,传感器的气隙将减少,即为

$$\delta = \delta_0 - \Delta\delta$$

这时的电感量为

$$L = \frac{W^2 \mu_0 S}{2(\delta_0 - \Delta\delta)}$$

电感的变化量为

$$\Delta L = L - L_0 = L_0 \frac{\Delta\delta}{\delta_0 - \Delta\delta} \qquad (5-15)$$

上式可改写成

$$\frac{\Delta L}{L_0} = \frac{\Delta\delta}{\delta_0 - \Delta\delta} = \frac{\Delta\delta}{\delta_0}\left(\frac{1}{1 - \dfrac{\Delta\delta}{\delta_0}}\right)$$

当 $\dfrac{\Delta\delta}{\delta_0} \ll 1$ 时,可将上式展开成级数:

$$\frac{\Delta L}{L_0} = \frac{\Delta\delta}{\delta_0}\left[1 + \frac{\Delta\delta}{\delta_0} + \left(\frac{\Delta\delta}{\delta_0}\right)^2 + \cdots\right] = \frac{\Delta\delta}{\delta_0} + \left(\frac{\Delta\delta}{\delta_0}\right)^2 + \left(\frac{\Delta\delta}{\delta_0}\right)^3 + \cdots \quad (5-16)$$

同理,如衔铁向下移动 $\Delta\delta$ 时,传感器的气隙将增大,即为

$$\delta = \delta_0 + \Delta\delta$$

这时的电感变化量为

$$\Delta L = L_0 - L = L_0 \frac{\Delta\delta}{\delta_0 - \Delta\delta}$$

把上式展开成级数:

$$\frac{\Delta L}{L_0} = \left[\frac{\Delta\delta}{\delta_0} - \left(\frac{\Delta\delta}{\delta_0}\right)^2 + \left(\frac{\Delta\delta}{\delta_0}\right)^3 - \cdots\right] \qquad (5-17)$$

如果不考虑包括二次项以上的高次项,则 ΔL 与 $\Delta\delta$ 成比例关系。因此,高次项的存在是造成非线性的原因。但是,当气隙相对变化 $\Delta\delta/\delta_0$ 越小时,高次项将迅速减小,非线性可以得到改善。然而,这又会使得传感器的测量范围(即衔铁的允许工作位移)变小。所以,对输出特性线性度的要求和对测量范围的要求是相互矛盾的,一般对于变气隙长度电感传感器,取 $\Delta\delta/\delta_0 = 0.1 \sim 0.2$。

5.4.3.1 电感传感器的等效电路分析

电感传感器实质上反映了铁芯线圈的自感随衔铁位移变化的情况。但是,线圈不可能是纯电感的,还包括了铜电阻 R_c、铁芯的涡流损耗电阻 R_e 和线圈的寄生电容 C。因此,电感传感器的等效电路如图 5-14 所示。

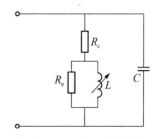

图 5-14 电感传感器的等效电阻

1) 铜损电阻 R_c

当导线直径为 $d(\mathrm{m})$，电阻率为 $\rho_c(\Omega \cdot \mathrm{m})$，线圈的匝数为 W，每匝线圈的平均长度为 l_{cp} 时，线圈的电阻可由下式计算：

$$R_c = \frac{4\rho_c W l_{\mathrm{cp}}}{\pi d^2}(\Omega) \tag{5-18}$$

如果忽略趋肤效应和外屏蔽的作用，则线圈铜损电阻仅与线圈的材料和尺寸有关，而与频率无关。

2) 涡流损耗电阻 R_e

如果铁芯由铁磁材料叠片制成，且叠片厚度为 $t(\mathrm{m})$，则等效电路中代表导磁体中涡流损耗的并联损耗电阻 R_e 为

$$R_e = \frac{2p}{t} = \frac{\mathrm{ch}(t/p) - \cos(t/p)}{\mathrm{sh}(t/p) - \sin(t/p)}\omega L \tag{5-19}$$

经过简化

$$R_e = \frac{12\rho_i S W^2}{\partial t^2}(\Omega) \tag{5-20}$$

式中：ρ_i 为导磁体材料的电阻率。

由此可以看出，叠片铁芯的并联涡流损耗电阻 R_e 在铁芯材料的最高许用频率范围内不仅与频率无关，而且也与导磁体材料的磁导率无关。

3) 电感线圈的并联寄生电容

电感传感器都存在一个与线圈并联的寄生电容 C，这一电容主要是线圈绕组的固有电容和传感器与电子测量设备的连接电缆的电容。

若无寄生电容时，线圈的阻抗为

$$Z = R' + \mathrm{j}\omega L'$$

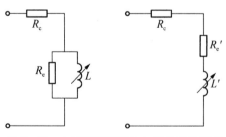

图 5-15　电感传感器等效电路的变换形式

式中：R' 为线圈铜电阻 R_c 与铁芯等效损耗电阻 R_e' 之和；

L' 为线圈电感 L 与铁损电阻 R_e 并联后所对应的等效电感。

这样变换后的等效电路如图 5-15 所示。

图中 R_e' 和 L' 的串联阻抗应与 R_e 与 L 的并联阻抗相等，因此有

$$R_e' + \mathrm{j}\omega L' = \frac{R_e \mathrm{j}\omega L}{R_e + \mathrm{j}\omega L}$$

把上式分母有理化并整理后可得

$$R'_e = \frac{R_e}{\left(\dfrac{R_e}{\omega L}\right)^2 + 1} \tag{5-21}$$

$$L' = \frac{L}{1 + \dfrac{1}{\left(\dfrac{R_e}{\omega L}\right)^2}} \tag{5-22}$$

式(5-21)表明,铁损的串联等效电阻 R'_e 与 L 有关。因此,当电感传感器的衔铁发生位移时,不仅使电感量发生改变,而且还使电阻有变化。这种附加的电阻变化是不希望有的。要减少这种附加电阻变化的影响,比值 $R_e/\omega L$ 应尽量大,使得 $R'_e \ll L'$,因此,铁损的等效串联电阻与传感器的感抗相比是很小的,从而就减小了附加电阻 R'_e 的影响。所以,在设计电感传感器时,应尽可能地减小铁损。

若考虑有并联寄生电容的情况,设线圈的阻抗为 Z_p,其表达式如下:

$$Z_p = \frac{(R' + j\omega L')\left(-j\dfrac{1}{\omega C}\right)}{R' + j\omega L' - j\dfrac{1}{\omega C}}$$

$$= \frac{R'}{(1 - \omega^2 L'C)^2 + \left(\dfrac{\omega^2 L'C}{Q}\right)^2} + \frac{j\omega L'\left[(1 - \omega^2 L'C) - \left(\dfrac{\omega^2 L'C}{Q^2}\right)\right]}{(1 - \omega^2 L'C)^2 + \left(\dfrac{\omega^2 L'C}{Q}\right)^2}$$

当品质因数 Q 值较大时,$1/Q^2 \ll 1$,上式便可简化为

$$Z_p = \frac{R'}{(1 - \omega^2 L'C)^2} + \frac{j\omega L'}{1 - \omega^2 L'C} = R_p + j\omega L_p \tag{5-23}$$

由式(5-23)可知,当线圈有并联电容时,有效串联损耗电阻 R_p 和有效电感 L_p 都增大了,而有效 Q 值($\omega L_p/R_p$)则减小。

电感传感器在考虑并联电容后的有效灵敏度为

$$\frac{dL_p}{L_p} = \frac{1}{(1 - \omega^2 L'C)} \frac{dL'}{L'} \tag{5-24}$$

式(5-24)表明,并联电容后,传感器的灵敏度提高了,因此,必须根据测量量设备所用电缆的实际长度对传感器进行校正,或者相应地调整总并联电容。

5.4.3.2 电感传感器的测量线路

最简单的测量线路如图5-17所示。电感传感器的线圈与交流电流表相串联,用频率和大小一定的交流电压 $\dot U$ 作电源。当衔铁位移时,传感器的电感变化,引起电路中电流改变,从电流表指示值可以判断衔铁位移的大小。

假定忽略铁芯磁阻 R_F 和电感线圈的铜电阻 R_c，即认为 $R_c \ll \omega L$，$R_F \ll R_\delta$，电感线圈的寄生电容 C 和铁损电阻 R_e 也忽略不计，则电流（输出量）与衔铁位移（输入量）的关系可表达如下：

$$\dot{I} = \frac{2\dot{U}\delta}{\mu_0 \omega W^2 S} \qquad (5-25)$$

由式（5-25）可知，测量电路中的电流与气隙大小成正比例，如图 5-16 所示。图中的虚直线是理想特性。

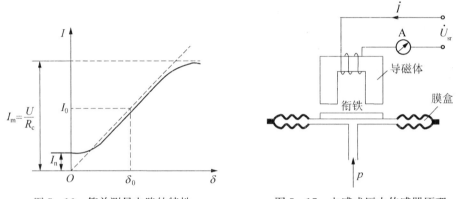

图 5-16　简单测量电路的特性　　　　图 5-17　电感式压力传感器原理

然而，电感传感器的实际特性是一条不过零点的曲线。这是由于空气气隙为零时仍存在有起始电流 $\dot{I}_n$。因为，当 R_δ 为零时，R_F 与 R_δ 相比较就不能忽略不计，所以，$L = W^2/R_F$ 可以忽略，这时，最大电流 $\dot{I}_m$ 将趋向一个稳定值（$\dot{U}_{sr}/R_c$）。起始电流的存在表明，衔铁还未移动时，电流表已有指示，这种情况在测量中是不希望有的。因此，简单测量线路的特性非线性，以及存在起始电流，使其不适用于精密测量。

除此以外，简单电感传感器又好像交流电磁铁一样，有电磁力作用在活动衔铁上，力图将衔铁吸向铁芯。如果衔铁由膜片等敏感元件带动时，则此电磁吸力将作用在敏感元件上，使仪表产生误差。

例如用于测量气体压力的简单电感传感器，其原理如图 5-17 所示。膜盒的硬质中心是电感传感器的衔铁。在被测压力 p 的作用下，膜盒硬质中心将产生与压力 p 成正比的位移，从而测量线路中的电流也产生相应变化。因此，由电流指示值即可知道压力 p 的大小。但是，电磁吸力将使膜盒发生一个附加位移，这就造成了附加误差。另外，简单电感传感器易受外界干扰的影响，如电源电压的频率的波动、温度变化使线圈电阻 R_c 改变，这些都会影响输出电流。因此，简单电感传感器一般不用于精密的测量仪表和系统，只用在一些继电信号装置中。

5.4.3.3　主要误差分析

误差是指电感传感器的实际特性与理想特性之间的偏差。在设计、制造、使用时必须设法消除它或尽可能减小它。

造成误差的因素很多,大致可分为两个方面:外界工作环境条件如温度变化、电源电压和频率的波动等;电感传感器本身特性所固有的,如式(5-11)是在忽略了许多因素后得出的,线圈电感与衔铁位移之间实际上是非线性的,交流零位信号的存在不可避免等。

1) 电源电压和频率波动的影响

电源电压的波动一般允许为 $5\% \sim 10\%$。从式(5-11)可看出,电源电压波动直接影响电感传感器的输出电压,另外还会引起传感器铁芯磁感应强度 B 和磁导率 μ 的改变,从而使铁芯磁阻发生变化。因此,铁芯磁感应强度的工作点一定要选在磁化曲线的线性段,以免在电源电压波动时 B 值进入饱和区而使磁导率发生很大变动。

电源频率的波动一般较小,频率变化会使线圈感抗变化,严格对称的交流电桥是能够补偿频率波动的影响。

2) 温度变化的影响

温度变动会引起零件尺寸改变,小气隙电感传感器对于几何尺寸微小变化更为敏感。随着气隙的改变,输出特性的斜率和线性度将发生改变。温度变化还会引起线圈电阻和铁芯磁导率的变化。

为了补偿外界温度变化的影响,在结构设计时要合理地选择零件的材料(注意各材料的膨胀系数之间的配合),在制造与装配工艺上应使差动式电感传感器的两只线圈的电气参数(电阻、电感、匝数)和几何尺寸尽可能一致。这样,在对称的电桥电路中能有效地补偿温度的影响。当然也应使电感传感器具有较高的 Q 值,使输出特性的非线性减小,零位电压降低。

3) 特性的非线性

电感传感器输出电压与衔铁位移的关系式(5-11)是在忽略了一系列因数后的工作特性方程。实际上电感传感器的线圈电感与衔铁位移之间的关系是非线性的,严格地讲电桥本身的特性也是非线性的。

为了改善特性的非线性,除了采用差动式电感传感器外,还必须限制衔铁的最大位移量。对于 E 形变气隙长度的电感传感器,一般取 $\Delta\delta = (0.1 \sim 0.2)\delta_0$。

4) 输出电压与电源电压之间的相位差

输出电压与电源电压之间存在着一定的相移,也就是存在有与电源电压相差 $90°$ 的正交分量,如式(5-10)所示。差动电感电桥的输出电压,有时需要经过放大、相敏整流和滤波后才接入指示系统或记录装置,过大的正交分量易使放大器特别是高放大倍数放大器进入饱和状态,使波形失真。

消除或抑制正交分量的方法是采用相敏整流电路,以及传感器应有高 Q 值,一

般 Q 值不应低于 $3\sim4$。

5) 电桥的残余不平衡电压——零位误差

零位误差产生的原因是：

(1) 差动式两个电感线圈的电气参数及导磁体的几何尺寸不可能完全对称。

(2) 传感器具有铁损即磁芯磁化曲线的非线性。

(3) 电源电压中含有高次谐波。

(4) 线圈具有寄生电容，线圈与外壳铁芯间有分布电容。

零位误差的危害是十分明显的，会降低测量精度，削弱分辨能力，易使放大器饱和。

减小零位误差的措施是减少电源中的谐波成分，减小电感传感器的激磁电流，使之工作在磁化曲线的线性段。

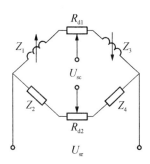

图 5-18　零位调整电路

为了消除电桥的零位不平衡电压，在差动电感电桥的实际电路中通常再接入两只可调电位器，如图 5-18 所示。当电桥有起始不平衡时，可以反复调节这两只电位器，使电桥达到平衡条件。

即使这样，在电桥的输出端仍会存在一个很小的残余电压，这是因为电桥的输出零位信号中有高次谐波电压存在。调节两只电位器虽然满足了基波的平衡条件，但不一定能精确地使高频谐波分量满足平衡条件。这时，可在电桥输出端加适当的电容器作为高频滤波器，或者把交流输出接入相敏整流电路，变为直流信号输出，就可以完全消除零位信号，具体线路将在下一节详述。

5.4.4　性能特点

电感式传感器与其他传感器相比较有如下几个特点：

(1) 结构简单。工作中没有活动电接触点，因而，比电位器工作可靠，寿命长。

(2) 灵敏度高，分辨力大。能测出 $0.1\,\mu m$ 甚至更小的机械位移变化，能感受小至 $0.1''$ 的微小角度变化。传感器的输出信号强，电压灵敏度一般可达数百毫伏每毫米，因此有利于信号的传输与放大。

(3) 输出特性的非线性较小，起始零位信号不大。

(4) 重复性好，线性度优良。在一定位移范围(最小几十微米，最大达数十甚至数百毫米)内，输出特性的线性度好，并且比较稳定，高精度的变磁阻式传感器，非线性度误差仅 0.1%。

(5) 温度变动通过线圈铜电阻对输出电压的影响甚小，因为在差动电感电桥中两只电感线圈是很对称的，相邻两线圈的电阻随温度变动而同时增加或同时减小，电桥不会引起附加输出，所以，差动电桥对环境温度变化有一定的抗干扰能力。由于差动电感传感器连成电桥后有许多优点，故应用较为普遍。

5.4.5 功能及用途

电感式传感器是利用线圈自感或互感系数的变化来实现非电量电测的一种装置。利用电感式传感器,能对位移、压力、振动、应变、流量等参数进行测量。

5.5 差动变压器式传感器

5.5.1 工作原理

差动变压器式传感器简称差动变压器,其工作原理如图 5-19 所示。

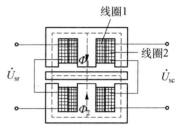

图 5-19 E 形差动变压器

差动变压器的结构与前述差动电感传感器完全一样,也是由铁芯、衔铁和线圈 3 个主要部分组成的。其不同处在于,差动变压器上下两只铁芯均有一个初级线圈 W_1(又称激磁线圈)和一个次级线圈(也称输出线圈)。衔铁置于两铁芯的中间。上下两只初级线圈串联后接交流激磁电压 $\dot{U}_{sr}$,两只次级线圈则按电势反相串接。

当衔铁处于中间时,$\delta_1 = \delta_2$,线圈 1 中产生交变磁通为 Φ_1 和 Φ_2,在线圈 2 中产生交流感应电压。由于两边气隙相等,磁阻相等,磁通相等,所以就存在 $\Phi_1 = \Phi_2$ 的关系,次级线圈中感应电势 $e_{21} = e_{22}$,结果,输出电压 $\dot{U}_{sc} = 0$。当衔铁偏离中间位置时,两边气隙就不相等,$\delta_1 \neq \delta_2$,这样,两线圈之间的互感 M 发生变化,次级线圈中感应电势不再相等,$e_{21} \neq e_{22}$,便有电压 $\dot{U}_{sc}$ 输出。$\dot{U}_{sc}$ 的大小和相位决定于衔铁移动量的大小和方向。

5.5.2 主要组成及典型结构

差动变压器的结构与前述差动电感传感器完全一样,也是由铁芯、衔铁和线圈 3 个主要部分组成的。其不同处在于,差动变压器上下两只铁芯均有一个初级线圈 W_1(又称激磁线圈)和一个次级线圈(也称输出线圈)。衔铁置于两铁芯的中间。上下两只初级线圈串联后接交流激磁电压 U_{sr},两只次级线圈则按电势反相串接。

差动变压器的结构形式很多,如图 5-20 所示。

图 5-20(a)、(b)中两种结构的差动变压器,衔铁均为平板形,灵敏度较高,测量范围则较窄,一般用于测量几微米到几百微米的机械位移。对于位移在一毫米至上百毫米的测量,常采用圆柱形衔铁的螺管形差动变压器,如图 5-20(c)、(d)所示两种结构。当被测非电量是角度时,输出特性要求实现 $\dot{U}_{sc} = f(\alpha)$ 的线性关系,这就需要采用测量转角的差动变压器传感器,如图 5-20(e)、(f)所示两种结构。这种传感器的优点是,分辨力高,在小角度范围(一般为 ±10° 左右)内线性度好,通常可测量到几角秒的微小角位移,输出的线性范围一般在 ±10° 左右结构可靠,没有接触反力矩。

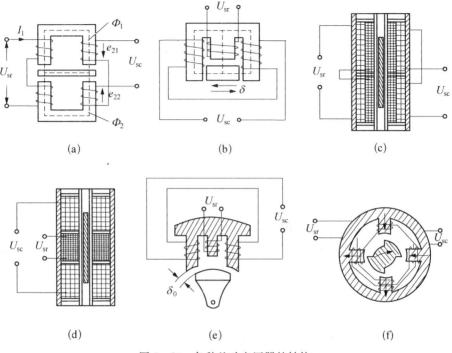

图 5-20　各种差动变压器的结构

5.5.2.1　结构特点

　　Ⅱ 形或 E 形差动变压器在工作气隙 δ_0 大于 0.5 mm 时,输出特性变坏,不适用了。为此,发展了螺管形差动变压器,其应用十分广泛,常用的螺管形差动变压器的结构形式虽有多种,如图 5-20(c)、(d)所示,仍不外乎包括线圈组合、铁芯和衔铁三大部分。

　　线圈组合由初次级线圈和骨架组成。骨架通常采用圆柱形,由绝缘材料制成。对骨架材料的要求是:高频损耗小,抗潮湿,温度膨胀系数小。普通的可用胶木棒,要求高的则用环氧玻璃纤维、聚砜塑料或聚四氟乙烯等。骨架的形状和尺寸要精密地对称,骨架上绕有初次级线圈。线圈通常用高强度漆包线密绕而成,一般采用36~48 号漆包线,导线直径取决于电源电压和频率的高低。电源电压一般在3~15 V(有效值)范围内,电源频率在 50 Hz~20 kHz 范围内。

　　线圈的排列方式有二段型、三段型和多段型几种,如图 5-21 所示。骨架-线圈组合应当用环氧树脂密封,以提高线圈间绝缘强度和机械强度。高精度差动变压器的线圈还要经过老化处理,使线圈的电阻和电感稳定化。

　　铁芯的功用是提供闭合磁回路、磁屏蔽和机械保护。活动衔铁和铁芯用同种材料制造,通常选用电阻率大、磁导率高、饱和磁感应强度大的材料,如纯铁、坡莫合金、铁淦氧等。铁淦氧适用于高频工作的铁芯,但尺寸精度受到限制,所以高精度差动变压器宜用高镍坡莫合金。铁芯和衔铁要经过适当的热处理,去除应力,以改进

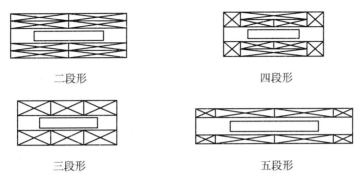

二段形   四段形

三段形   五段形

图 5-21　线圈的排列方式

其磁性能。

5.5.2.2　输出特性

螺管形差动变压器的工作原理与 Ⅱ 形的相同,但输出特性的计算要复杂得多,因为,在有限长度的螺管线圈轴线上,磁场强度的分布是不均匀的,气隙中磁力线分布的几何形状也是不正规的。但是,根据变压器原理还是可以对螺管形差动变压器进行分析的。

差动变压器的等值电路

理想的即忽略了铁损、导磁体磁阻和线圈间寄生电容的差动变压器,其等值电路如图 5-22 所示。

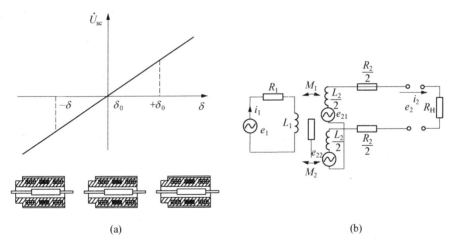

(a)   (b)

图 5-22　螺管形差动变压器的原理(a)和等值电路(b)

根据基尔霍夫第二定律,初级线圈的回路方程为

$$i_1 R_1 + L_1 \frac{\mathrm{d}i_1}{\mathrm{d}t} - e_1 = 0 \qquad (5-26)$$

次级线圈中的感应电势分别为

$$e_{21} = M_1 \frac{\mathrm{d}i_1}{\mathrm{d}t}$$

$$e_{22} = M_2 \frac{\mathrm{d}i_1}{\mathrm{d}t}$$

因此,次级线圈的总电势为

$$e_2 = (M_1 - M_2) \frac{\mathrm{d}i_1}{\mathrm{d}t}$$

$(M_1 - M_2)$ 互感差值随活动衔铁位置改变而呈线性变化。如果输出端开路,则在某一衔铁位置时输出电压的表达式为

$$e_2 = \mathrm{j}\omega(M_1 - M_2) \frac{e_1}{R_1 + \mathrm{j}\omega L_1}$$

令 $\tau_P = L_1/R_1$,代入上式,即得差动变压器的频响表达式:

$$\left. \begin{array}{l} \dfrac{e_2}{e_1}(\mathrm{j}\omega) = \dfrac{\dfrac{M_1 - M_2}{R_1}}{\sqrt{(\omega\tau_P)^2 + 1}} \angle\phi \\[4mm] \phi = 90° - \arctan\omega\tau_P \end{array} \right\} \tag{5-27}$$

角 ϕ 为输出电势 e_2 与输入电势 e_1 之间的相位差角。

如果输出端接有负载电阻 R_H,次级回路中便有电流 $\dot{I}_2$,则有

$$\frac{e_2}{e_1}(\mathrm{j}\omega) = \frac{\mathrm{j}\omega R_H(M_2 - M_1)}{[(M_1 - M_2)^2 + L_1 L_2](\mathrm{j}\omega)^2 + [L_1(R_2 + R_H) + L_2 R_1]\mathrm{j}\omega + (R_2 + R_H)R_1}$$

因此,$\dfrac{e_2}{e_1}(\mathrm{j}\omega)$ 的频率响应在低频时有相位角 $+90°$,高频时相位角 $-90°$,而在两者之间某处,相位角是零度。如果由于某些原因,激磁电源频率无法调整到所要求的相位差角,那么可以选用任一种相位角调整电路来实现,如图 5-23 所示。

(a)、(b)相位角超前的调整电路;(c)、(d)相位角滞后的调整电路。

在理想条件下,衔铁在平衡位置时输出电压为零。实际上,由于电源激磁电压的谐波、电感线圈的铁损耗、初次级线圈的寄生电容等影响,总是存在着一定的零位电压。

根据差动变压器的等值电路分析输出特性,无论是空载特性还是负载特性,都与初级线圈对两个次级线圈的互感之差有关。但是,结构形式不同,互感的计算方法也不同。下面以三段型螺管式差动变压器为例加以说明之。

5.5.2.3 三段型螺管差动变压器的输出特性

图 5-24 所示为三段型螺管差动变压器的结构示意和漏磁通分布图。图中各符号的意义如下:

 b——初级线圈 W_1 的长度;

 m——次级线圈 W_{21},W_{22} 的长度;

 L——活动衔铁的长度;

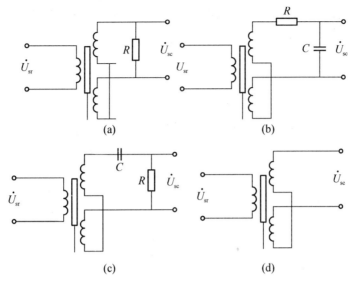

图 5-23 几种相位角调整电路

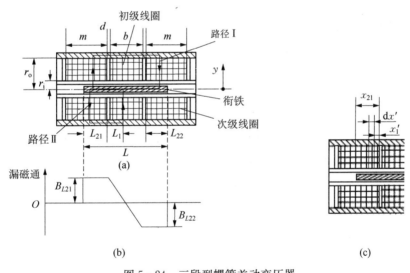

图 5-24 三段型螺管差动变压器

(a) 结构示意图 (b) 漏磁通分布 (c) 局部结构

r_i——螺管线圈的内径;

r_o——螺管线圈的外径;

L_{21}——衔铁伸入 W_{21} 线圈的长度(变动后为 x_{21});

L_{22}——衔铁伸入 W_{22} 线圈的长度(变动后为 x_{22})。

在不考虑导磁材料的磁阻、衔铁端部效应和散漏磁通的条件下,磁力线分布如图中细直线回路和箭头所示。这时,差动变压器的输出电压为两个次级线圈感应电

势之差 $e_2 = e_{21} - e_{22}$，而 $e_{21} = -j\omega M_1 \dot{I}_1$，$e_{22} = -j\omega M_2 \dot{I}_1$，其有效值分别为

$$
\begin{cases}
e_{21} = 2\pi f \Phi_1 W \\
e_{22} = 2\pi f \Phi_2 W
\end{cases}
\tag{5-28}
$$

式中：

$$
\begin{cases}
\Phi_1 = \dfrac{\pi r_i B_{L21} W_2 x_{21}^2}{m} \\[3mm]
\Phi_2 = \dfrac{\pi r_i B_{L22} W_2 x_{22}^2}{m}
\end{cases}
\tag{5-29}
$$

其中磁感应强度 B_{L21} 与 B_{L22} 分别为

$$
\begin{cases}
B_{L21} = \dfrac{2L_{22}+b}{L} \dfrac{2\pi I_1 W_1}{10^7 r_i \ln \dfrac{r_o}{r_i}} \\[5mm]
B_{L22} = -\dfrac{2L_{21}+b}{L} \dfrac{2\pi I_1 W_1}{10^7 r_i \ln \dfrac{r_o}{r_i}}
\end{cases}
\tag{5-30}
$$

差动变压器的输出电势为两组次级线圈感应电势之差，即 $e_2 = e_{21} - e_{22}$，因此，输出电势为

$$
e_2 = k_1 x (1 - k_2 x^2)
\tag{5-31}
$$

式中 k_1 与 k_2 为常数：

$$
k_1 = \frac{16\pi f \dot{I}_1 W_1 W_2 (b+2d+x_0) x_0}{10^7 \ln\left(\dfrac{r_o}{r_i}\right) mL} \, (\text{V/m})
\tag{5-32}
$$

$$
k_2 = \frac{1}{(b+2d+x_0) x_0} \, (1/\text{m}^2)
\tag{5-33}
$$

式中：k_1 为三段型差动变压器的灵敏度；

k_2 为非线性因数；

x_0 为衔铁在中间时的位置，且 $x_0 = \dfrac{1}{2}(x_{21}+x_{22})$；

x 为衔铁移动到某一处的位置，且 $x = \dfrac{1}{2}(x_{21}-x_{22})$；

d 为两线圈间的间隔。

式(5-31)中的非线性项为 $\varepsilon = k_2 x^2$。

综上所述，差动变压器的非线性误差属于原理性误差，无法避免，而且，这种非线性是遵循没有偶次项的幂级数函数规律的。因此，只能在参数设计时考虑得合理些，以求尽可能地减小非线性，或者用外电路来补偿这种非线性。

5.5.3　主要技术指标

5.5.3.1　线性度

线性度是表征线位移传感器精度的一个重要指标,它表明传感器的输出电压与位移是否呈直线关系,以及在活动衔铁位置的多大范围内保持线性关系。对于一只磁路设计已定的差动变压器,线性度是个常值。实践证明,三段型差动变压器次级线圈的两端部和外层是造成灵敏度下降、线性度变坏的重要原因。例如,一只测±9 mm 位移的差动变压器,其线性范围只有±(5～6)mm。为了扩大线性范围,可采用五段型结构或次级线圈采用特殊绕法,这样,线性范围可扩大到两倍左右。另外,电源频率要选得恰当,差动变压器的电源频率以中频(400 Hz～10 kHz)为佳,如用 50 Hz 低频,则铜损耗太大、效率低、线性度差。

5.5.3.2　灵敏度

灵敏度用单位位移输出的电压或电流来表示。性能优良的差动变压器,其电压灵敏度可达 0.1～5 V/mm,电流灵敏度可达 100 mA/mm。影响灵敏度的因素有:电源的电压和频率、初次级线圈的匝数比、衔铁直径和长度、材料质量、环境温度等。活动衔铁的直径在尺寸允许的条件下尽可能粗些,这样,有效磁通较大。

为了获得最高的灵敏度,初级激磁电源频率同样以 400 Hz～10 kHz 为佳,在此范围内,频率高些,有利于提高灵敏度。其他一些结构参数的恰当数值可通过试验来确定。在不影响线性度的情况下,初级线圈输入电压尽可能高些。

5.5.3.3　Π形差动变压器的输出特性

以图 5-23(a)为例来说明这种差动变压器特性的计算方法。

设 Π 形铁芯的截面 S 是均匀的,初始气隙为 δ_0,两初级线圈串联的匝数为 W_1,次级线圈匝数为 W_2,反向串联,电源电压为 $\dot{U}_{sr}$。在忽略铁损、漏感,并在空载的理想条件下进行分析。

当衔铁向上位移 $\Delta\delta$ 时,两边气隙就不相等,$\delta_1 = \delta_0 - \Delta\delta$,$\delta_2 = \delta_0 + \Delta\delta$,从而,上下铁芯与衔铁之间的磁阻一减一增。因为初级线圈的磁势仍未改变,所以 $\Phi_1 > \Phi_2$,$e_{21} > e_{22}$,输出电压 $\dot{U}_{sc} = e_{21} - e_{22} = -j\omega\dot{I}_1(M_1 - M_2)$。

在初级线圈和次级线圈之间的互感为

$$\begin{cases} M_1 = \dfrac{\Psi_1}{\dot{I}_1} = \dfrac{W_2\Phi_{1m}}{\dot{I}_1\sqrt{2}} \\[2mm] M_2 = \dfrac{\Psi_2}{\dot{I}_1} = \dfrac{W_2\Phi_{2m}}{\dot{I}_1\sqrt{2}} \end{cases} \tag{5-34}$$

式中:Ψ_1,Ψ_2 为在上、下铁芯上次级线圈的互感磁链;

　　Φ_{1m},Φ_{2m} 为在上、下铁芯中由电流 $\dot{I}_1$ 产生的幅值磁通。

因此可得

$$\dot{U}_{sc} = \frac{-j\omega W_2}{\sqrt{2}}(\Phi_{1m} - \Phi_{2m}) \tag{5-35}$$

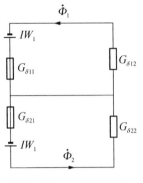

图 5-25   Ⅱ形差动变压器的等值电路

可见,输出电压与上下铁芯中磁通幅值之差成正比。因此,要求出衔铁偏离中间位置时的输出电压,就必须先知道磁通 Φ_1 与 Φ_2 之值,这就要进行磁路计算。

首先假设导磁体磁阻远远小于气隙磁阻,即可以忽略 R_F,同时也不考虑漏磁通,这样画出差动变压器的等值磁路图如图 5-25 所示。

由等值磁路图可得

$$\dot{U}_{sc} = -j\omega W_1 W_2 \dot{I}_1 \frac{\mu_0 S}{2}\left(\frac{2\Delta\delta}{\delta_0^2 - \Delta\delta^2}\right) \quad (5-36)$$

式中除 $\dot{I}_1$ 外其他参数均为已知。为此,初级线圈中的激磁电流 $\dot{I}_1$ 为

$$\dot{I}_1 = \frac{\dot{U}_{sr}}{R_{11} + R_{12} + j\omega W_1^2 \frac{\mu_0 S}{2}\left(\frac{2\delta_0}{\delta_0^2 - \Delta\delta^2}\right)}$$

则

$$\dot{U}_{sc} = -\dot{U}_{sr} \frac{W_2}{W_1} \frac{j\frac{1}{Q}+1}{\frac{1}{Q^2}+1} \frac{\Delta\delta}{\delta_0} \quad (5-37)$$

式中:$Q = \dfrac{\omega L_0}{R_1}$,为品质因数。

由上式可知,输出电压中包含了两个分量,一个是与电源电压 $\dot{U}_{sr}$ 同相的基波分量,另一个是相差 90° 的正交分量。这两个分量都同气隙的相对变化量 $\Delta\delta/\delta_0$ 有关。Q 值提高,正交分量将减小。因此,希望差动变压器具有高的 Q 值。Q 值很高时,$R_1 \ll \omega L$,于是,式(5-37)可简化成

$$U_{sc} = -U_{sr} \frac{W_2}{W_1} \frac{\Delta\delta}{\delta_0} \quad (5-38)$$

上式表明,输出电压 $\dot{U}_{sc}$ 与衔铁位移 $\Delta\delta$ 之间是成比例的,其输出特性曲线如图 5-26 所示。式中负号的意义是:当 $\Delta\delta$ 向上为正时,输出电压 $\dot{U}_{sc}$ 与电源电压 $\dot{U}_{sr}$ 反相 180°,当 $\Delta\delta$ 向下为负时,两者同相。

因为差动变压器的灵敏度 K 的表达式为

$$K = \frac{U_{sc}}{\Delta\delta} = \frac{U_{sr}}{\delta_0} \frac{W_2}{W_1} \quad (5-39)$$

由此可知,传感器的灵敏度将随电源电压 U_{sr} 和变压比 W_2/W_1 的增大而提高,随起始间隙增大而降低。必须注意,位移量要限制在一定范围内,δ_0 一般在 0.5 mm

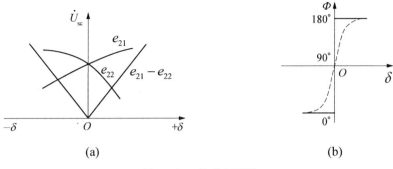

图 5-26　差动变压器

(a) 输出特性　(b) 相位特性

左右。δ_0 过大，灵敏度要降低，而且边缘磁通将增大到不能忽略的程度，从而使非线性增大。在实际输出特性中，当 $\Delta\delta=0$ 时，还存在着零位电压 U_0。

5.5.3.4　主要误差的分析和补偿方法

差动变压器的误差也是指实际特性与理想特性的偏差。导致误差的因素与电感传感器的相同。

1）零位电压

差动变压器的衔铁处于中间位置时，两次级线圈的感应电势应该大小相等、方向相反。但实际上仍有不平衡电压输出，这称为"零位电压"。零位电压 $\dot{U}_0$ 可大可小，决定于传感器的精度，通常为零点几毫伏到几十毫伏。零位电压的存在使得传感器的特性曲线不通过原点，并使实际特性不同于理想特性，如图 5-27 所示。

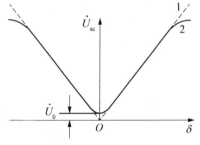

图 5-27　理想输出特性(1)与实际输出特性(2)

差动变压器零位电压的波形十分复杂，而且不规则。从示波器上看到的零位电压波形如图 5-28(a)所示，这个复杂波形实际上是由很多幅值和频率互不相同的波形组合而成的，可以用谐波分析仪把它们分别测量出来。图 5-28(b)表明零位电压的波形组成，包含了基波和高次谐波两个部分。基波（与输入电源电压同频率）还可以分成同相分量与正交分量，高次谐波中有偶次、三次和外界干扰电磁场引起的谐波，占主要地位的是三次谐波。电磁干扰谐波的波形极不规则，幅值较小。

（1）零位电压的危害性。

零位电压是评定传感器性能的主要指标之一。零位电压的存在使得传感器输出特性在零位附近的范围内不灵敏。零位电压如果馈入高增益放大器，会使放大器提早饱和，堵塞有用信号的通过，或者被放大后送入伺服电机，使电机发热，尤其在传感器的输出主信号为零时，放大了的零位电压正交分量可能使电机产生误动作。因此，对零位电压加以认真分析，找出减小的办法，是很重要的。

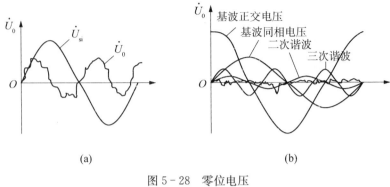

图 5 - 28　零位电压

（a）波形　（b）波形组成

（2）零位电压产生的原因。

基波具有同相分量和正交分量的原因与差动电感传感器类似,因为差动变压器的两只次级线圈的电气参数和几何尺寸的不对称是不可避免的,造成两只次级线圈的感应电势不相等。此外,导磁材料存在铁损耗、不均质,初级线圈有铜损耗电阻,这均使差动变压器的输入电流与磁通不相同。线圈间存在寄生电容也是一个因素。

这些几何、电、磁各因素的不对称,都会使两只次级线圈中匝链的磁通大小不等,相位不同。特别是相位不同这一点,使得两感应电势反相串联后无论怎样调节衔铁都无法达到电势输出为零。图 5 - 29 所示为两只次级线圈感应电势相位不是差 $180°$ 时电压的差动情况。设衔铁处于中间位置时两感应电势分别为 e_{21} 与 e_{22},则合成电势即为零位电压 $\dot{U}_0$。若衔铁移动后,使 e_{21} 增加 Δe 到 e'_{21},e_{22} 减少 Δe 到 e'_{22},则合成后为输出空载电压 $\dot{U}'_{sc}$。反之,若 e_{21} 减少 Δe 到 e''_{21},e_{22} 增加 Δe 到 e''_{22},则合成后输出为 $\dot{U}''_{sc}$。由此可知,无论衔铁如何移动都不可能使合成电势为零。因此,正交分量是无法用改变衔铁位置来抵消的。

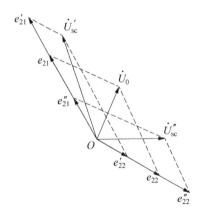

图 5 - 29　两只次级线圈相位差不等
于 $180°$ 时电压的差动情况

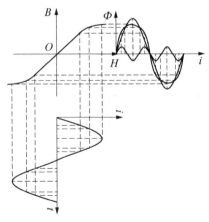

图 5 - 30　磁化曲线的非线性

至于三次谐波分量,主要是铁芯磁化曲线的非线性(磁饱和,磁滞)引起的,如图 5 - 30 所示。磁路工作在饱和段时,激磁磁势超过了材料磁化曲线的线性范围,该磁势产生的磁通便被削顶,这种削顶波是由正弦基波和正弦三次谐波所组成的。三次谐波磁通就在线圈中感应出三次谐波零位信号。此外,如果电源电压波形失真,夹杂有高次谐波时,零位信号中也会出现高次谐波。

(3) 零位电压的补偿。

要减小零位信号,最重要的是使传感器的上下几何尺寸和电气参数严格地相互对称。为此铁芯等零件的加工精度要高,绕制线圈时上下线圈的匝数、层次、每层匝数尽量一致,或者对线圈进行选配,把电感与电阻值相近的配对使用。同时,衔铁与铁芯必须经过热处理,以改善导磁性能,提高磁性能的均匀性和稳定性。

为了使导磁体避开饱和区,铁芯的最大工作磁感应强度应该低于材料磁化曲线 μ_{max} 处对应的 B_m 值,即在磁化曲线的线性段工作。

还可以采取外电路补偿方法来减小零位电压。零位补偿电路有许多种,如图 5 - 31 所示。

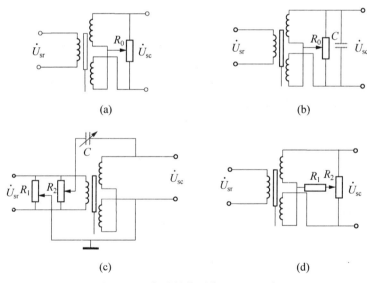

图 5 - 31　各种补偿零位电压的电路

最简单的补偿方法是在输出端接一可调电位器 R_0,如图 5 - 31(a)所示。改变电位器电刷的位置,可使两只次级线圈的输出电压的大小和相位发生改变,从而使零位电压为最小值。R_0 一般在 $10\,k\Omega$ 左右。这种方法对零位电压中基波正交分量有显著的补偿效果,但无法补偿谐波分量。如果在输出端再并联一只电容 C,就可以有效地补偿零位电压的高次谐波分量,如图 5 - 31(b)所示。并联电容 C 的大小要选择适当,一般通过实验来确定,常取 $0.1\,\mu F$ 以下的值。图 5 - 31(c)与(d)两种电路,也有明显补偿效果。

应该指出,输出端并联上电阻和电容,不仅对零位电压大小有影响,而且对输出电压的灵敏度和相移也有影响。R_0 过小、C 过大,则灵敏度降低,相移增大。差动变压器的工作基于变压器原理,因此可采用变压器的等值电路和矢量图来分析相移原因及补偿原理。

近年来,直流差动变压器应用日益广泛,这是消除零位电压的良好措施。把两只次级线圈输出的交流电压经过半波或全波相敏整流成为直流电压输出,可以完全补偿交流电压输出时的波形失真和相位不一致等因素造成的零位电压。

2) 温度特性

环境温度的变动会影响差动变压器的灵敏度、线性度和相位,尤其对低频(50 Hz)下工作的差动变压器影响更大,因为这时的初级线圈主要是电阻性的。环境温度一变动,初级线圈铜电阻就有变化,若输入电压不变,初级线圈的电流就有改变,引起磁通变化,结果,输出电压也随之改变。温度升高,输出电压降低。值得指出的是,环境温度变动还会导致磁性材料的磁导率 μ 值改变,引起铁损的变化。当然,温度变化还会引起结构尺寸的改变,这决定于所用材料的热膨胀系数,不过,这种影响很小。

减少温度引起误差的方法一般有两种。其一是稳定激磁电流,最简单的方案是采用稳压电源并在初级回路中串联一只高阻抗值降压电阻 R_J,使得激磁电流近似不变,如图 5-32(a)所示。另一个办法是用热敏电阻 R_T 来补偿。当温度升高,线圈电阻就增加,而半导体热敏电阻的阻值下降,只要 R_T 选用恰当,就可保持初级电路中总电阻近似不变,从而使激磁电流不变。

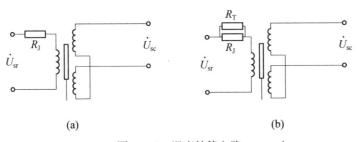

(a)   (b)

图 5-32   温度补偿电路

3) 输出电压与电源电压之间的相移

零位电压中的正交分量是造成相移的主要原因。而初级线圈具有损耗铜电阻又是产生正交分量的重要因素。因此,为了减少相移,设计时要注意初级线圈电阻不能过大(即尽量提高 Q 值)。然而,增大 Q 值还不能消除相移,常需在测量线路上采取电气补偿。最简单的办法是在输出端接一只阻值适当的电阻 R_H,如图 5-33所示,使得输出电压与电源电压达到同相。这一点可以用矢量图说明之。

当差动变压器空载时,由于存在铜电阻 R_1 和漏感抗 X_{s1} 的存在,使电源电压 $\dot{U}_{sr}$ 与空载输出电压 $\dot{U}_{sc}$ 之间相差不是 $180°$,而是某一角度 α_1。当接上负载 R_H 后,由于

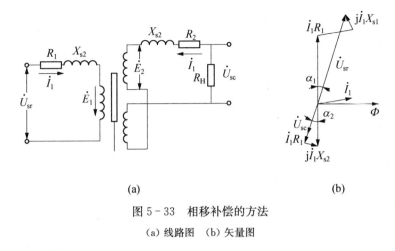

图 5-33　相移补偿的方法

(a) 线路图　(b) 矢量图

次级线圈漏感抗 X_{s2} 的作用,将使输出电压 $\dot{U}_{sc}$ 与 e_2 移相一个角度 α_2。只要适当选择 R_H 的阻值,就有可能使 $\alpha_1 = \alpha_2$,这样就消除了相移。同样理由,在输出端并接适当电容,也可达到这个目的。

5.5.4　性能特点

差动变压器结构形式较多,有变隙式、变面积式和螺线管式等,但其工作原理基本一样。非电量测量中,应用最多的是螺线管式差动变压器,它可测量 $1\sim100\,\mathrm{mm}$ 的机械位移,虽然灵敏度较低,但示值范围大,自由行程(测量范围大,位移可达到 $1\,\mathrm{m}$)可任意安排,制造装配也较方便,并具有结构简单、性能可靠等优点,因此被广泛用于非电量的测量。

5.5.5　功能及用途

变压器式传感器能对位移、压力、振动、应变、流量等参数进行测量。它具有结构简单、输出功率大、输出阻抗小、抗干扰能力强及测量精度高等一系列优点,因此在机电控制系统中得到广泛的应用。它的主要缺点是响应较慢,不宜于快速动态测量,而且传感器的分辨率与测量范围有关,测量范围大,分辨率低,反之则高。

5.6　电感传感器和差动变压器的工程设计方法

变磁阻式传感器目前国内外都还没有一个系统而成熟的设计方法。又因其种类繁多,用途各异,因此其设计方法各有差别,设计步骤也不尽相同。下面以变气隙长度型电感传感器为例,分析变磁阻式传感器设计的一般步骤以及在确定各个参数时所依据的共同原则。

通常,在设计任务书中给定的技术条件和原始数据可能有下列内容:

(1) 输入位移量(或角度)的大小;

(2) 灵敏度;

(3) 输出特性的允许误差,如非线性、相移、零位信号等;

（4）输出特性的形式,如要求电压还是功率,直流还是交流;

（5）电源电压和频率。

根据传感器在具体测量系统中的不同使用条件,有时只有其中几项,或者再增加其他要求项目。

需要解决的设计任务则包括下列几项:

（1）选定传感器的结构形式和测量线路;

（2）确定其磁路中的各个结构尺寸;

（3）确定线圈匝数及导线直径;

（4）确定激磁电压及频率。

5.6.1 设计步骤

5.6.1.1 选定变磁阻式传感器的类型和测量线路

所选传感器的类型一般可依据输入位移量的形式与大小,以及使用要求来定。例如,E 形和 II 形平膜片式电感传感器或差动变压器,测量范围较小,灵敏度则较高,常用于测量从零点几微米到数百微米的小位移;螺管式的则常用于测量 1 mm 以上至数百毫米的大位移,其线性范围较宽一些。

测量线路的选择主要根据选定的传感器的种类、用途、灵敏度、精度及输出形式等要求来定。

5.6.1.2 确定磁系统结构的形式和尺寸

变磁阻式传感器的结构形式很多。平板式传感器一般采用叠片铁芯的居多,这种铁芯形式可以借用已有的标准尺寸系列,因此节省设计时间和加工费用。

选定磁导体结构形式后,其尺寸可根据使用环境的允许尺寸或者测量系统对传感器元件尺寸提出的要求来定。此外,还要考虑一些其他技术要求,例如,对变磁阻式传感器的灵敏度要求越高,铁芯尺寸相应也大些。当然,这是在满足了技术条件的基础上做出的一些变动。

衔铁与铁芯间气隙的选定是重要的一环。平板式传感器初始气隙越小,灵敏度就越高,但是,输出特性的线性范围会相应缩小。气隙一般选在 $0.3\sim1.0\,\text{mm}$ 范围内,气隙的相对变化（即 $\Delta\delta/\delta_0$）取在 $0.1\sim0.2$ 左右或稍大些。螺管式位移传感器的初始气隙则比最大位移量大 20% 左右。

5.6.1.3 材料的选择

对铁芯和衔铁材料的要求是,磁导率高和损耗小,磁化曲线的线性段较宽,电阻率高,居里温度高,磁性能稳定,加工性好,价格低廉。

当变磁阻式传感器磁路中包含比较大的气隙时,铁芯磁阻与气隙磁阻相比,可以忽略不计。实验证明,材料不同,对线圈的电感量和 Q 值几乎没有多大影响。电感量主要取决于气隙的大小和线圈的匝数。当然,在激磁频率非常高时,铁损的影响就不能忽略了。

传感器常用的软磁材料有硅钢片（D31、D41 系列）、纯铁、坡莫合金（1 J50,

1 J79等),以及铁淦氧体(MXO,NXO)。

5.6.1.4 电源激磁频率的选择

在变磁阻式传感器结构尺寸已定的情况下,提高激磁频率,一般可以增大灵敏度。反之,在灵敏度相同、激磁电压一定的条件下,提高激磁频率,可以减少需要的磁通或匝数,实际上可以减小传感器的尺寸。此外,增加激磁频率也是提高传感器品质因数 Q 值的有效办法。在动态测试中,为了不致引起被测物理量的过分失真,对激磁频率有一定要求。

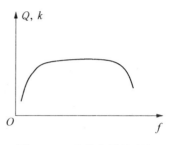

图 5 - 34 Q 值和灵敏度与
激磁频率的关系

然而,激磁频率的提高不是无限制的,在激磁频率极高时,线圈间的寄生电容的影响和磁通的集肤效应变得显著,结果,传感器的 Q 值和灵敏度反而降低。

实践证明,传感器的 Q 值和灵敏度同频率之间的函数关系是一条有极值的曲线,如图 5 - 34 所示。通常,选择曲线的平坦部分作为传感器的供电频率。

5.6.1.5 确定激磁电流大小

简单电感传感器或差动变压器的初级线圈上所承受的电压 $\dot{U}_{sr}$ 可视为近似等于其自感反电势(因为没有考虑铜损耗和漏电感),即

$$U_{sr} = 4.44 f W_1 \Phi_m = 4.44 f \frac{I_{1m} W_1^2}{R_\delta} \tag{5-40}$$

式中:R_δ 为气隙总磁阻;

$\dot{I}_{1m}$ 为激磁电流的幅值($\dot{I}_{1m} = \dot{I}_1 \sqrt{2}$)。

在传感器的气隙磁阻和激磁频率确定以后,传感器的激磁电流与所加激磁电压成正比。一般情况下,提高电源激磁电压能够提高传感器的灵敏度。

由式(5 - 40)可知,$\dot{U}_{sr}$ 与 W_1 的平方和 $\dot{I}_1$ 成正比。也就是说,在保持线圈能承受同一电压的条件下,如果把线圈匝数增加一倍,激磁电流就可以减少 3/4。于是,磁势 $\dot{I}_1 W_1$ 将减小,这意味着激磁磁通减少了,使得铁损下降。所以,在激磁电压保持不变的条件下,增加线圈匝数是有利的。但是,在铁芯窗口面积一定的情况下,增多线圈匝数,就要减小导线直径,这又使线圈电阻增大,Q 值降低。

选定导线直径后,根据导线的允许电流密度 j 便可决定激磁电流 $\dot{I}_1$ 为

$$I_1 = \frac{1}{4} \pi d^2 j \tag{5-41}$$

j 一般取 $2\sim5\,\mathrm{A/mm^2}$,有时还可以更高些。

从激磁电流就可确定激磁电压为

$$\dot{U}_{sr} = \dot{I}_1 (R_c + \mathrm{j}\omega L)$$

根据 $\dot{I}_1$ 和 $\dot{U}_{sr}$ 再决定激磁线圈的匝数 W_1。

5.6.1.6　校验激磁线圈的窗口面积

根据激磁线圈的线径和匝数,计算线圈实际所占窗口面积 S_K,不应超过分配给激磁线圈的允许窗口面积 $[S_K]$,即

$$S_K = \frac{\frac{1}{4}\pi d_1^2 W_1}{k_\delta} \leqslant [S_K] \qquad (5-42)$$

式中:k_δ 为导线的填充系数,一般取为 $0.3\sim0.7$,与导线直径和绕线方式有关。如果绝缘要求不高,绕制技术熟练,k_δ 可取较大值。

5.6.1.7　差动变压器次级线圈的线径 d_2 和匝数 W_2

次级线圈匝数 W_2 可根据匝数比求出。实验表明,线圈匝数比($n = W_2/W_1$)与差动变压器灵敏度的关系不呈线性,因为差动变压器是效率很低的变压器,不能看作理想变压器。影响匝数比的因素很低,它与激磁频率 f、电源内阻、负载电阻、分布电容等均有密切关系,一般情况下取 $n = 1 \sim 2$。n 太大时,次级线圈的输出阻抗过高,易受外部干扰的影响。

导线直径一般与初级线圈的相同。当输出接入高阻抗放大器时,次级线圈通过的电流很小,这时,次级线圈导线直径可细一些。

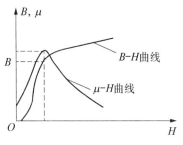

图 5-35　$B-H$ 曲线或 $\mu-H$ 曲线

5.6.2　校验最大磁感应强度

变磁阻式传感器工作磁感应强度 B 的选择,与变压器设计中的考虑有很大的不同。设计变压器时,为了减小铁芯尺寸,B 值一般取得较高,工作点常取在磁化曲线的饱和段。但是设计变磁阻式传感器时,主要应考虑减小信号的非线性失真,B 值一般取得较低,工作点取在磁化曲线的线性段,如图 5-35 所示,以保证在衔铁整个移动范围内,B 值都处于线性段内。

在激磁电流和匝数确定后,就可进行磁路计算(导磁体尺寸为已知),检验最大磁感应值是否位于线性段内。

几种常用材料的与 μ_{max} 对应的 B_m 值为:

硅钢 D44	$0.3 \sim 0.5\,\mathrm{T}$;
坡莫合金 1 J50	$0.4 \sim 0.6\,\mathrm{T}$;
铁淦氧体 MXO	$0.1\,\mathrm{T}$。

以上所述的设计步骤只能作为参考,不是一成不变的,必须对具体技术条件进行具体分析。应当指出,关于差动变压器的设计计算公式都是近似的式子,因此,要非常重视实际的调试工作,从中对计算所得数据加以适当修改,得到比较完善的设计。

5.7 接近传感器

5.7.1 接近传感器概述

接近传感器是代替限位开关等接触式检测方式,以无需接触检测对象进行检测为目的的传感器总称,能将检测对象的移动信息和存在信息转换为电气信号。

常见的接近传感器有电感式、电容式、光学式、超声波式等。在航空领域应用最广泛的接近传感器是电感式接近传感器。

5.7.2 电感式接近传感器

5.7.2.1 工作原理

接近传感器的工作原理如图 5 - 36 所示。交流电流经线圈产生磁场,线圈产生电感。当感应靶与传感器之间的位置发生变化时,磁路磁阻发生变化,从而改变了线圈产生的电感量。测量电感量的变化即可确定感应靶的位置信息。

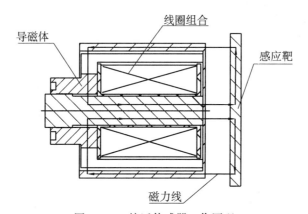

图 5 - 36 接近传感器工作原理

5.7.2.2 主要组成及典型结构

电感式接近传感器的典型结构主要分为圆柱形和矩形两种结构形式,如图 5 - 37 和图 5 - 38 所示。

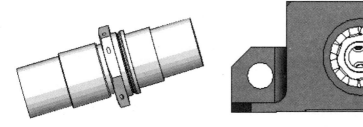

图 5 - 37 圆柱形接近传感器　　　　　图 5 - 38 矩形接近传感器

以下以圆柱形接近传感器为例介绍,其结构如图 5 - 39 所示,主要由插座、外壳、挡圈、波形弹簧、绝缘垫圈、安装座组合、铁芯连线圈和调节螺钉等组成。

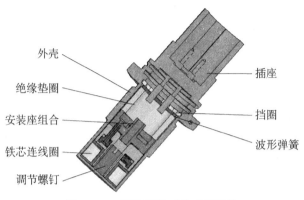

图 5-39　圆柱形接近传感器结构

5.7.2.3　主要技术指标

接近传感器主要技术指标如下：

（1）输出特性。

接近特性：靶标与传感器感应面之间的距离 $T_a = 4\,\text{mm}$ 时，传感器电感值 $L_a = (5 \sim 5.1)\text{mH}$；

远离特性：靶标与传感器感应面之间的距离 $T_d = 6\,\text{mm}$ 时，传感器电感值为 L_d。

$$L_a - L_d = (100 \pm 10)\mu\text{H}$$

（2）线圈内阻：$(13 \pm 1)\Omega$。

（3）工作温度范围：$-65\text{℃} \sim 135\text{℃}$。

（4）重量（不含附件）：$\leqslant 0.075\,\text{kg}$。

（5）可靠性：$MTTF \geqslant 700\,000\,\text{h}$。

5.7.2.4　性能特点

接近传感器具有如下特点：

（1）非接触式，没有机械磨损，没有使用次数的限制，可靠性高，工作寿命长（几乎不用更换）。

（2）全密封，适应恶劣工作环境。

（3）体积小，重量轻，安装调试方便。

（4）输出的电感信号不能直接采集，需通过电路转换为开关量信号。

（5）系统自检功能完善，测试性好（实现对传感器、信号检测通道的自检）。

5.7.2.5　功能及用途

接近传感器广泛用于飞机的起落架收放系统、舱门系统、反推系统、方向舵及配平系统等飞行过程中有运动的机体部位监控。

5.7.3 电感式接近开关

5.7.3.1 工作原理

接近开关的工作原理如图 5-40 所示。

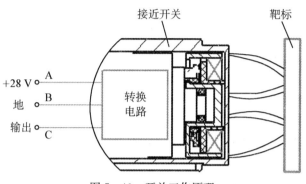

图 5-40 开关工作原理

产品工作原理如下:28 V 直流电源信号经电源转换电路转换成电感信号调理器工作所需的 8 V 二次电源,同时,电感信号调理器内部又将该电源信号进行分压处理,为电感线圈提供 4 V 共模信号,同时电感线圈与电容并联构成 LC 振动。当靶标接近时,线圈磁阻变小、电感量增大,振荡幅值减小,当接近到一定程度时,振荡停止。信号检测电路对振荡信号进行信号检波、放大、整形、比较后输出开关量信号。

5.7.3.2 主要组成及典型结构

接近开关的典型结构如图 5-41 所示,产品由铁芯连线圈、波形弹簧、印制电路板、安装架、外壳、插座等组成。

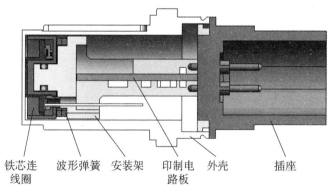

图 5-41 产品结构

5.7.3.3 主要技术指标

接近开关主要技术指标如下:

(1) 类型:三极管开关;

(2) 输出形式:地/开、+28 V/开;

(3) 输入电压:DC28;

(4) 输入电流:≤20 mA;

(5) 接近距离 T_a:2 mm、2.5 mm、3 mm、3.5 mm、4 mm;

(6) 远离距离 T_d:0.1 mm≤$T_d - T_a$≤2 mm;

(7) 工作温度范围:−55℃～70℃;

(8) 重量(不含附件):≤0.065 kg;

(9) 可靠性:$MTTF$≥126 000 h。

5.7.3.4 性能特点

接近开关具有如下特点:

(1) 非接触式,没有机械磨损,没有使用次数的限制,可靠性高,工作寿命长(几乎不用更换)。

(2) 全密封,适应恶劣工作环境。

(3) 体积小,重量轻,安装调试方便。

(4) 输出开关信号,系统可直接采集。

5.7.3.5 功能及用途

接近开关是终点接触开关的升级换代产品,广泛应用于飞机的起落架收放系统、舱门系统、反推系统、方向舵及配平系统等飞行过程中有运动的机体部位监控。

6 飞行环境监视系统

飞行环境监视系统(aircraft environment surveillance system，AESS)又称综合监视系统 ISS,综合了增强型近地警告系统(EGPWS)、空中交通预警和防撞系统(TCAS)、S 模式应答机气象雷达/前视风切变检测系统(WXR/PWS)等功能,成为综合飞行环境监视系统。

飞行环境监视系统为飞行员提供关于气象、空中交通状况、地形等有关安全信息,增强飞行员对飞机的环境感知程度和应变能力,可有效预防各类飞行事故的发生,大大提高飞行安全性。

综合集成系统可以减轻飞机平台重量、提高设备性能和可靠性,降低设备使用维护成本,提高设备使用效益。随着航空技术的发展,飞行安全受到越来越广泛的关注,AESS 已成为民机和军机必备的综合航空电子装备,如欧盟研制的大型军用运输机 A400M,空客公司的大型客机 A380,A350 及波音公司的大型客机 B787 等。

6.1 AESS 的原理与发展

6.1.1 AESS 的原理

AESS 利用有关机载航电设备的信息,综合控制面板、空中防撞天线、气象雷达天线等信息,通过系统内的专用数学模型及算法,对信息综合处理及数据融合解算,生成告警图形和告警信息,发送给机载综合显示系统及机载语音通信系统,以图形显示告警、语音声光报警等方式实现飞行环境综合监视功能。同时,AESS 还可根据飞机周边环境态势及危险程度,可向自动驾驶仪输出规避信号,由自动驾驶仪控制飞机,完成规避危险的机动程序。

飞行环境监视系统原理方案如图 6-1 所示。

机载信息主要包括无线电高度,空速,气压高度,气压高度变化率,地速,航向、姿态角,经纬度,下滑道接收机信号,起落架、襟翼位置信号,微波着陆信号等。

伴随着航空技术的发展,机载航空电子设备不仅在飞机的成本中所占的比例越来越重,而且其综合度也越来越高。增强型近地警告系统、空中交通预警和防撞系统和气象雷达/前视风切变检测系统等机载安全电子设备也与整个现代航空电子系统一样正向综合化方向发展。

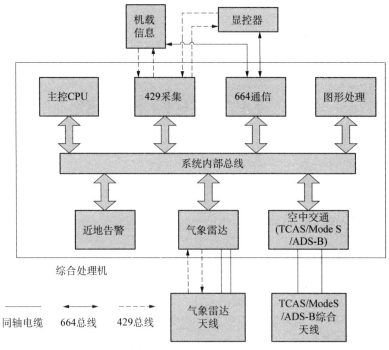

图 6 - 1　AESS 系统原理

6.1.2　基本警告优先级

AESS 的基本告警优先级如表 6 - 1 所示。

表 6 - 1　AESS 的基本告警优先级排序

级别	符合联邦航空局的 TSO - C151b 告警优先级排列顺序		
1	反应式风切变告警	报警	连续
2	过快下降速率　拉起告警	报警	连续
3	过快的地形接近速率　拉升告警	报警	
4	离地高度(损失)告警	报警	
5	(保留的 V1 报出)	信息	
6	(保留的发动机停车报出)	报警	
7	前视地形回避　拉起告警	报警	连续
8	前视风切变告警	报警	
9	离地高度(损失)提醒	提醒	连续
10	最小值	信息	
11	前视地形回避提醒	提醒	7 s 周期
12	高度过低	提醒	
13	过早的下降预警	提醒	

（续表）

级别			
14	高度报出	信息	
15	起落架过低	提醒	
16	副翼过低	提醒	
17	下沉率	提醒	
18	停止下降	提醒	
19	下滑台	提醒	3s周期
20	前视风切变	提醒	
21	逼近最小值	信息	
22	倾斜角	提醒	
23	反应风切变	提醒	
模式6	TCAS RA（"爬升"、"下降"，等）	报警	连续
模式6	TCAS TA（"交通、交通"）	提醒	连续

注：这些告警可以同时和 TAWS 声音告警发出。

6.1.3　AESS 的相关标准

AESS 相关的主要标准如下：

ARINC768：综合监视系统标准；

ARINC404A：航空运输设备和机架；

ARINC429：Mark33 的数字信息传输系统；

ARINC600：航空运输航空电子设备接口；

ARINC664：航空互联网标准；

ARINC718A：Mark3 空中交通管制应答机（ATCRBS/Mode S）；

ARINC735A：Mark2 空中交通预警和防撞系统（TCAS）；

ARINC762：地形提示和告警系统（TAWS）；

ARINC 708A：气象雷达和预测风切变保护；

FAA TSO‐C92c：机载近地告警设备；

FAA TSO‐C112：空中交通管制雷达系统/S 模式（ATCRBS/Mode S）的机载设备；

FAA TSO‐C119：空中预警和防撞系统（TCAS）的机载设备，TCAS Ⅱ；

FAA TSO‐C117：反应式风切变；

FAA TSO‐C151b：地形提示和告警系统；

RTCA DO‐160D/ED：环境条件和机载设备试验程序；

RTCA DO‐161A：机载近地告警设备的最低运行性能标准；

RTCA DO‐214：音频系统性能标准和飞机音频系统和设备的最低运行性能标准；

RTCA DO-242A:广播式自动相关监视(ADS-B)的最低运行性能;

RTCA DO-260A:广播式自动相关监视(ADS-B)和广播式交通信息服务(TIS-B)的最低运行性能标准;

RTCA DO-289:飞机监视设备(ASA)的系统最低运行性能标准;

RTCA DO-185B:空中交通预警和防撞系统最低性能标准;

RTCA DO-181D:S 模式应答机最低性能标准;

ICAO 附件 10 第 4 卷 国际民航航空公约对监视雷达与防撞系统的要求;

RTCA/DO-160C:机载设备环境条件及其试验程序;

RTCA/DO-181A/C:S 模式应答机的技术要求;

RTCA/DO-185A:TCASⅡ机载交通告警与防撞系统设备最低工作性能要求;

GJB150-1986:环境试验方法;

GJB151A A-1997:设备和分系统电磁发射和敏感度要求;

GJB181A A-2003:飞机供电特性。

6.2 AESS 的组成及应用

6.2.1 系统组成

飞行环境监测系统(AESS)由 4 个组件组成,分别是:综合处理机、控制面板、气象雷达天线单元、空中交通天线。

综合处理机是本系统的综合处理中心,将来自系统 3 个组件及其他机载设备的信息进行解算、处理,最终生成图形及告警信息。

控制面板是人机交互的单元,综合处理飞行员人工操作的信息,包括工作模式选择、单元控制操作等,然后送至综合处理机进行分析处理。

气象雷达天线发射探测波束并接收气象、湍流、低空风切变及地形等回波信息,提供给综合处理机内的功能模块进行信息处理。

空中交通天线发射和接收空中交通管制信号,供综合处理机内的 TCAS 功能模块进行逻辑运算和信息处理。

6.2.2 EGPWS、TCAS、Weather Radar/PWS 的广泛应用

随着现代科学技术的发展,现代飞机,包括军机和民机,以及海上船舶的航行安全性,已成为衡量其先进性的重要指标之一。

根据几十年以来对飞行事故的总结与分析,影响飞行安全的外界因素主要有 3 方面:可控飞行撞地、复杂的空中交通环境以及气象环境。

美国、欧洲各国及我国都相继安装了增强型近地警告系统(EGPWS)、空中交通预警和防撞系统(TCAS)和气象雷达/前视风切变检测系统(weather radar/PWS)等安全电子设备。

1974 年,FAA 美国联邦航空局,开始在美国空域飞行的航班上推行安装近地警告系统(GPWS),1979 年,国际民航组织推荐使用者安装该设备。1996 年 EGPWS

通过了美国航空管理局的鉴定,并开始在民航飞机上安装。

按中国民航总局要求,从 2005 年 1 月 1 日起,我国所有最大审定起飞重量超过 15 000 kg 或客座数超过 30 的涡轮发动机飞机,都必须安装 EGPWS 系统。

美国于 1993 年 1 月 1 日规定 30 人座以上的涡轮发动机客机(或最大起飞重量超过 15 000 kg)必须安装 TCAS Ⅱ,欧洲于 2005 年 1 月 1 日规定 19 人座以上的涡轮发动机客机(或最大起飞重量超过 5700 kg)必须安装 ACAS Ⅱ (或 TCAS Ⅱ的第 7.0 版)。目前,美国已将 TCAS 系统作为法定实施项目,要求在美国空域内飞行的商业飞机必须安装和强制使用 TCAS 系统。在美国之后,日本、澳大利亚、印度等国也相继要求飞机强制装备 TCAS 系统。欧洲民航会议也做出了法定安装 TCAS 系统的规定,不仅是商用飞机,还要求货运飞机、通用飞机和军用运输机也必须安装。国际民航组织要求国际商业航空飞机从 2003 年 1 月 1 日起必须装备 TCAS Ⅱ系统。

在我国,根据国际民航组织规定,我国民航飞机均已加装了 TCAS Ⅱ系统,大型军用飞机也相继安装 TCAS Ⅱ系统。

美国联邦航空局规定,凡 1991 年 1 月 2 日以后制造的飞机,都必须装备有经批准的机载风切变告警和飞行指引系统、机载风切变探测和回避系统或这些系统的组合。对 1991 年 1 月 2 日以前制造的涡轮动力飞机,包括 B737 - 300 以上的全部波音客机、MD - 11 系列以及空客系列等也必须装备上述系统。

20 世纪 70 年代末,我国开始了对风切变的研究,已成功研制出了国内第一部机载数字彩色气象雷达,并对湍流监测技术进行了理论研究和电路试验。在军、民机上加装气象雷达/前视风切变检测系统(weather radar/PWS)正提上议事日程。

6.2.3　综合飞行环境监测系统具有广阔的应用前景

伴随着航空技术的发展,机载航空电子设备不仅在飞机的成本中所占的比例越来越重,而且其综合度也越来越高。增强型近地警告系统、空中交通预警和防撞系统和气象雷达/前视风切变检测系统等机载安全电子设备也与整个现代航空电子系统一样正向综合化方向发展。

目前美国 Honeywell 公司为空客 A380 装备了综合飞行环境监测系统(AESS)系统,该系统综合了增强型近地警告系统、空中交通预警和防撞系统及气象雷达/风切变系统的基本功能,具有综合信号处理和控制/显示功能,主要特征是用少量模块单元完成几乎全部的信号与数据处理,目标、地形及威胁数据可以融合。整个系统不仅体积、重量大大降低,而且维护方便、容错性强、易扩展和成本低。

美国的 Rockwell Collins 公司也开发了同类设备 CISS 2000 系统,并装备于波音 B787 飞机上。

目前单一功能的分立式设备的市场竞争力越来越弱,可以预见,在不久的将来,这些分立式系统作为独立的 LRU,产品寿命越来越短,很快将被淘汰。

我国大型飞机和新生代飞机的航电系统设计思路是系统综合化及功能模块化,

飞行环境监测系统(AESS)正是系统综合化及模块化的典型产品。

6.3　气象探测

6.3.1　气象目标探测

机载气象雷达是飞机上气象探测的重要电子设备,其主要作用是为飞机飞行提供前方的气象信息,并在飞机遭遇恶劣天气(风切变、湍流、暴雨等)能提前发出预警,为飞行安全提供保证。信号处理机是气象雷达重要的核心单元,完成信号处理、目标检测、预警和报警等重要任务。图6-2是气象雷达主要模块组成示意图。

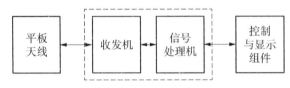

图6-2　气象雷达主要模块组成

平板天线一般装在飞机头部,收发机和信号处理机一般装在一个机箱,控制与显示组件安装于座舱。从图中可以看出,三大组件中,收发机和信号处理机是核心部件,而信号处理机是关键单元。

气象雷达天线单元向外辐射微波脉冲信号,微波脉冲信号遇上含有雨滴的降雨目标、湍流风切变区域、地表特征物后,一部分穿过目标,一部分反射回来,反射回波被平板天线接收。接收到的信号经传输波导送至环行器,环行器将信号送至限幅器。限幅器输出信号被送到混频器。混频器将微波信号与本振信号混频后输出中频信号,中频信号经过两级中频放大后,再进行数字化处理,得到的数字信号送至距离滤波器和方位滤波器。数字距离滤波器通过优化接收机的通带来提高信噪比。方位滤波器也提高回波信号的信噪比。相关的距离和方位信息经过编码后送到由CPU控制的输入/输出口。CPU利用这些信息,对雷达回波特征数据、多普勒频率偏移的频谱特征数据、反射程度的差异数据等进行相关分析,检测出气象、湍流、低空风切变、地形等信息,用清晰、鲜明的色彩图像通过系统的多功能显示器呈现在飞行员的眼前,使飞行员对前方扇形区域中的气象状况一目了然,以使其能够在飞机进入这些危险区域之前,及早地操纵飞机避开这些危险区域,保障飞行的安全。其工作原理框图如图6-3所示。

6.3.2　气象目标测定与显示

气象雷达的信号处理模块对从接收机输出的中频信号实时处理,将雷达工作模式、天线参数、测量距离门信息等数据传输给软件DSP模块。

DSP软件实现气象目标检测和测量,将采样得到雷达信号对应的每个时间点的幅度求模,由此来判断信号的幅度,它们的幅度与目标回波的能量相对应,当幅度值超过一定门限时,计算该点处对应的距离门的位置,从而计算出飞机与目标的距离。

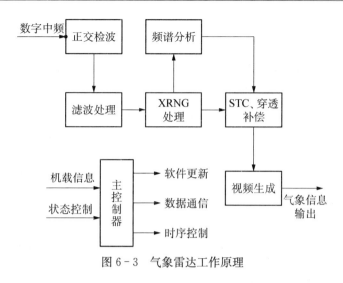

图 6-3 气象雷达工作原理

最后将数据处理后按格式要求组帧并输出至显示与控制单元。具体 DSP 处理任务如图 6-4 所示。

图 6-4 DSP 软件组成

6.3.2.1 幅度检测

DSP 会从缓存区中的 I/Q 两组数据中各读取 N 个数据进行计算,分别从两组信号中提取一个脉冲周期的数据,根据 $S = \sqrt{I^2 + Q^2}$,计算后得到 N 个 S 的值,完成一个周期的计算,把这 N 个数据存入缓存区中。在脉冲积累之前,按照同样的方式进入下一个检波周期,将计算出来的数据都存入缓存区中。

6.3.2.2 门限检测

选择适当的门限对一条扫描线上的信号进行检测,考虑到噪声的影响,为了估算门限值,引入接收机灵敏度的概念,灵敏度常以最小可检测信号功率 S_{min} 来表示,也就是接收机输出端的信号噪声功率比达到正常观察回波所需要的最低数值时,天线输送给接收机的最小信号功率。目前,雷达接收机的灵敏度,一般达到 $10^{-12} \sim 10^{-14}$ W。因此,拟选择幅值门限为 $s = 0.014$。

6.3.2.3 距离计算

当信号超过门限时,将会记录该点处的位置,并于同步信号的脉冲起始点处对比,计算出差值时间 t_0。利用公式 $r = t_0 C$,计算出目标和雷达间的距离 r,其中 $C = 3 \times 10^8$ m/s。

6.3.2.4 显示信息计算及赋值

降水率的计算:将收到的超过门限的 S 值和对应的距离信息,根据 $P = S^2/2$,反算出回波平均功率 P。选用 Z-I 关系法,即应用雷达气象方程由测得的回波功率算出

雷达反射因子 Z 值,然后根据事先得到的 Z-I 关系而推得降水强度 I(降雨率)。

显示信息赋值:将计算得到的降雨率 I 根据雨回波强度等级划分为如表 6-2 所示,得到气象目标的显示颜色。参考 ARINC 708A 协议编码颜色信息,按显示字气象目标状态显示编码规则编码。

表 6-2　雨回波强度等级划分表

	显示颜色	降雨率/(mm/h)	描述
1	黑	<0.76	极微弱
2	绿	$0.762\sim3.81$	微弱
3	黄	$3.81\sim12.7$	中等
4	红	$12.7\sim50.8$	强(报警)
5	品红	>50.8	极强(报警)

6.3.2.5　数据组帧及传输

雷达的信号处理模块底层数据传输的实现主要依照 ARINC 708A 标准完成。ARINC 708A 标准对前视风切变雷达的功能、总线及接口、生产规格等给出的了详细的描述和规定。

ARINC 708A 标准对显示的主要性能进行了规范,主要用于显示的参数包括测量距离、扫描角、天线俯仰角、模式选择等。

6.4　机载防撞与应答

由 TCAS 和 S 模式应答机组成 AESS 的空中交通模块,实现空中交通防撞与应答功能。空中交通模块工作时问询本机附近空域的其他飞机(入侵机)的机载 ATC(air traffic control)应答机,并侦听和接收它们的应答信号。通过分析这些应答信号获得入侵机与本机的斜距和相对高度,从而确定哪些入侵机具有潜在的碰撞威胁并为机组人员提供合适的显示指示(或咨询)以保证本机与入侵机之间具有安全的空间间隔。

当入侵机的当前位置,或者它的投影位置(预测的入侵机轨迹)同时超过了距离和相对高度的间隔标准,入侵机即被声明为一个碰撞威胁。通常,入侵机在距离与本机最接近点(closest approach, CPA)之前的 $20\sim30\,\mathrm{s}$ 被声明为一个碰撞威胁,以便为飞行员提供足够的逃逸机动时间。空中交通模块提供两类咨询:分析咨询(RA)和交通咨询(TA)。

分析咨询(RA)是预测的将增加与威胁飞机垂直间隔的垂直机动指示。TCAS 选择尽可能最小的改变本机当前飞行路径的且能提供规定间隔范围的 RA。TCAS 能发布两种类型的分析咨询:预防性的分析咨询(preventive RA)和校正性的分析咨询(corrective RA)。预防性 RA 不需要飞行员立即采取动作,而是警告机组由于存在邻近的交通情况而不能爬升、下降,或调整垂直速度。校正性 RA 则指示飞行员改变本机的垂直速度以保证和邻近的交通(威胁)在垂直面上具有安全的高度间隔。

交通咨询指示在未来一段时间内可能导致分析咨询的入侵机的位置。对于潜在的碰撞威胁情况,空中交通模块设计保证标称的 TA 将在 RA 之前大约 15 s 被发布。对于没有装备高度报告装置的入侵机,空中交通模块不能确定该入侵机是否会是一个潜在的碰撞威胁。对于无高度报告飞机,空中交通模块只产生 TA 而不会产生 RA。

除了表示威胁的 RA 咨询或潜在威胁的 TA 咨询,空中交通模块对于邻近的入侵机也会产生交通咨询(TA)。这类交通咨询警告将指示出进入本机受保护空域的入侵机的位置,但这些入侵机目前并不是一个威胁或潜在的威胁。

空中交通模块为传统的空中交通管制系统提供一种备份的空中间隔保证,其设计要求是对于那些没有必要产生逃逸机动的空中相遇情况将不能产生不必要的告警。空中交通模块的操作并不依赖于地面系统。由于系统完全依靠机载应答机作为其数据来源,因此,它不可能取代提供空中间隔保证的 ATC 系统,而是为 ATC 系统提供一个独立的备份。

6.4.1 运行环境

空中交通模块的运行环境是指为了保证系统正常工作,TCAS 系统与其他机载设备之间所必需的接口和协议。美国航空无线电设备标准 ARINC735A 定义了系统满足 DO-185A 所必需的接口和协议。在 DO-185A 中要求系统与 S 模式应答机之间交换大量的数据信息,特别是 RA 报告和有关的数据链路能力信息。此外,ARINC735A 还扩展了空中交通模块可以请求得到应答机从地面站得到的 COMM-B 信息,同时还包括对显示以及性能监视的支持。换句话来说,ARINC735A 规范了设计系统应遵循的运行环境的约束条件。

图 6-5 为 TCAS 与其他机载设备和组件的交联示意图,TCAS 通过与机载设备的交联共同实现空中防撞的目的。

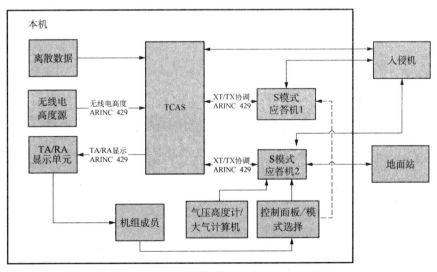

图 6-5 TCAS 与其他机载设备的交联

6.4.1.1　控制面板

飞行员通过控制面板与空中交通模块进行人机交互。由于控制面板与系统之间没有直接的交联,飞行员的所有控制信息必须通过应答机传递给空中交通模块计算机单元。因此,控制面板必须提供系统所需要的与 S 模式应答机的接口控制信号。而 S 模式应答机则通过 ARINC 429 接口与 TCAS 进行通信。

6.4.1.2　天线

空中交通模块需要两个 L 波段的收发天线,分别放置在机身的顶部和底部。顶部的定向天线可用于测量应答信号的到达方位。而底部的天线可以是定向天线也可以是全向天线。

6.4.1.3　高度数据报告

由气压高度计或大气计算机提供的气压高度数据通过 S 模式应答机传送给 TCAS 计算机单元。系统使用当前精度最高的气压高度数据,而 S 模式应答机应保证当前传送给系统的气压数据与其应答信号中的高度数据是一致的。当不能获得有效的气压高度信息时,S 模式应答机应能立即提供高度信息失效指示给 TCAS 计算机单元。

另外,空中交通模块还要接收无线电高度信息。当本机飞行高度较低时,无线电高度信息用于禁止那些降低高度的分析咨询;当本机接近地面时,无线电高度信息允许空中交通模块逻辑自动选择灵敏度等级并能确定本机的空地状态。当不能获得有效的无线电高度信息时,接口模块应立即提供高度信息失效指示给空中交通模块计算机单元。

6.4.1.4　离散信息

本机极限参数(高度极限值和爬升极限等)、显示器状态指示、空地状态等通过离散数据线输入。

6.4.1.5　S 模式应答机

TCAS 需要与 S 模式应答机一起联合使用,也就是说,S 模式应答机必须具有支持系统正常运行的功能。值得注意的是,RTCA/DO‑181(Minimum Operational Performance Standards for the Mode S Beacon System,March 1983)并没有规定 S 模式应答机与 TCAS 协同工作的有关性能要求。而 TCAS 的设计规范则要求系统的运行不能导致 S 模式应答机的性能降低。因此,对空中交通模块的设计必须考虑到与 DO‑181 的某些兼容问题。当 TCAS 系统与 S 模式应答机协同工作时,应仔细设计满足 ARINC 735A 标准的接口和协议。

6.4.1.6　飞机身份信息

TCAS 通过 S 模式应答机获得本机的 S 模式地址。

6.4.1.7　与其他机载告警设备的关系

与近地告警系统(GPWS)和风切变告警系统一样,空中交通模块也是一个“环境”感知系统。在这些环境告警系统中,其优先级关系是:风切变告警具有最高优先级,其次是 GPWS,然后是 TCAS。当 TCAS 被风切变告警或 GPWS 禁止时,空中交通模块将返回到 TA - Only 模式并且禁止语音告警。

6.4.2 功能介绍

AESS 空中交通模块的总体功能目标是为飞机(包括 10 座以上的广泛类型的飞机)提供空中防撞能力,并且能够独立于地面 ATC 设备进行工作。因此应满足如下功能需求。

(1) 对水平接近速率达 1 200 kn(节)和垂直接近速率达 10 000 ft/mim(feet per minute, fpm)的任意两架飞机能提供空中防撞的保护功能。

由于目前商用客机的飞行能力在垂直爬升率或可控的下降率可达 5 000 ft/mim 以及飞行速度达 600 kn,因此,在这两个平面上的最大水平接近速率为 1 200 kn,最大垂直接近速率为 10 000 ft/mim。

(2) 能处理在高密度空域中的多机相遇情况。

飞机交通密度是均匀密度的半径 R_0 的函数,并定义为本机 R_0 n mile 范围内装有应答机的飞机数除以 πR^2 (n mile)^2。装有应答机的飞机包括 S 模式与 ATCRBS 飞机,但不包括本机。为适应这一特性,在 R_0 范围内交通密度是均匀的,且在 R_0 以外随距离的增加而线性降低。特别是,在大于 R_0 的半径 R 的圆内,$N(R) = N(R_0) \times R/R_0$;$R_0$ 值以及空中交通模块可望达的最大交通密度取决于空中交通模块工作在航站区或航线空域。航站区的特点是相对高的交通密度与低飞行速度,航线空域的特点是低的交通密度与高飞行速度。表 6 - 3 总结了空中交通模块工作空域与有关最大接近速度、R_0 以及最大交通密度的关系。

表 6 - 3 不同区域飞机密度表

空域	最大接近速度/kn	最大飞机密度(A/C/(n mile)^2)	R_0/n mile
航站区	500	0.3	5
航线区	1 200	0.06	10

高密度空域出现在航站区,最大密度为每平方海里 0.3 架飞机,相当于 5 n mile 范围内有 24 架飞机或 30 n mile 范围内有 141 架飞机。在航线区,0.06 架飞机/n mile^2 相当于空中交通模块的 10 n mile 内有 19 架飞机以及 30 n mile 内有 56 架飞机,这时所有飞机可装空中交通模块以及 S 模式应答机。

实际航站区 0.3 架飞机/n mile^2 机载设备的分布应至少 60% 为装备 S 模式应答机(空中交通模块 30 n mile 内 85 架 S 模式飞机),至少 40% 装有空中交通模块(30 n mile 内 56 架装备 TCAS II 型飞机)。

(3) 监视距离大于 14 n mile。

在航线空域内,空中交通模块工作的最大相对接近速度为 1 200 kn,采用与此空域相关的威胁逻辑参数,请求空中交通模块产生分析咨询的最大距离为 11.67 n mile。

为确保有时间建立航迹,在航线空域对入侵机最大正前方监视距离为 14 n mile,入侵机非正前方接近会降低接近速度,最大监视距离将有降低。例如,入侵机从侧面来时,最大监视距离为 8.8 n mile,从后面来时为 5.0 n mile。

在航站空域,入侵机正前方接近速度为 500 kn 时最大正前方监视距离为 4.0 n mile,从侧面与后面来时,分别为 2.5 n mile 与 1.4 n mile。

(4) 能为飞行员提供及时的咨询。

根据选择的保护范围,空中交通模块提供分析咨询的标称时间为到达接近点 CPA 之前的 20～30 s。对于潜在的碰撞威胁情况,空中交通模块应保证标称的 TA 将在 RA 之前大约 15 s 发布。除了表示威胁的 RA 咨询或潜在威胁的 TA 咨询,空中交通模块对于邻近的入侵机也会产生交通咨询(TA)。这类交通咨询警告将指示出进入本机受保护空域的入侵机的位置,但这些入侵机目前并不是一个威胁或潜在的威胁。

(5) 能提供入侵机的方位信息。

具有测向功能的空中交通模块可支持更为清晰的交通显示能力。

(6) 具有性能监视能力。

性能监视的目的是检测将降低或妨碍空中交通模块提供空中防撞保护能力的工作故障。当发现故障,例如,当监控器宣布空中交通模块出故障时,性能监视应向机组人员指出有异常情况存在。

性能监视将确定无线电高度源的状态是"失效"还是"未失效"。防撞系统(CAS)逻辑确定气压高度源的可靠性。当本机 S 地址为全"0"或全"1"时,监控器将宣布 TCAS 失效。

性能监视还可由飞行员起动的自检。自检可以测试告警功能并激发处于一个预先确定的暂态模式里的每个显示单元,并能被飞行员准确地理解。自检功能不能干扰设备的正常运行。

当性能监视宣布空中交通模块出故障时,性能监视将会:

向机组人员指出,有异常情况存在。

引发报告本机状态的任何 S 模式传输,以显示本机自身没有分析咨询能力。

阻止本机 TCAS 的询问。

使常规的 TCAS 显示功能失效。

6.4.3　空中测距测位

AESS 空中交通模块的监视范围最远可达到 30～40 n mile。空中交通模块只对本机临近空域目标进行监视跟踪,对于临近空域空中交通目标的监视水平范围为:在航线区,前方 14 n mile、左右方 8.8 n mile、后方 5 n mile。在航站区的监视水平范围为:前方 4 n mile、左右方 2.5 n mile、后方 1.4 n mile。对周围目标(机)高度是在相对于本机高度 ±3 000 ft 以内进行监视跟踪。

AESS 空中交通模块使用单脉冲雷达发射 L 波段问询信号,然后等待接收入侵机的应答信号。空中交通模块的问询频率是 1030 MHz,接收频率是 1090 MHz。发射完问询信号同时进行计时,然后等待接收应答信号。在接收到应答信号后,停止计时,得到计时时间 t_1,在这个时间上减去对方应答机的接收、处理和应答发射时间 t_2,就可得到射频问询和应答的时间 $t_3 = t_1 - t_2$,时间和速度的乘积除以 2 便是两架飞机之间的空间距离。由于问询和发射的时间为微秒级,所以,在此期间飞机的移动位移相对于监视距离比较可以忽略。通过相互通信即可测得本机与入侵机的相对直线距离、相对运动速度等。

通过问询应答得到本机和入侵机相对直线距离后,以本机为原点建立坐标系,将直线距离变换成水平和垂直距离。分别在水平和垂直两个方向上进行监视,解算得到水平和垂直上的相对速度。

在完成测距的同时,还必须对入侵飞机进行测位,以准确识别出入侵飞机相对于本机的方向位置。空中测位是通过定向天线来进行测量的。单脉冲雷达测试目标有两种基本的方法:振幅定向法和相位定向法。

多支路接收技术可以实现单脉冲定向方位测量。单脉冲定向的原理就在于用几个独立的接收支路来接收目标的应答信号,然后再将这些信号的参数加以比较来测算入侵机方位。空中交通防撞定向天线内部有 4 个单极振子,4 个振子分别测量前、左、后、右 4 个方向,覆盖本机周围 360°全方位空域,通过至少两个方向上的测量,就可以判断出入侵机相对于本机的方位。图 6-6 是定向天线 4 个方向上的理想方向图。

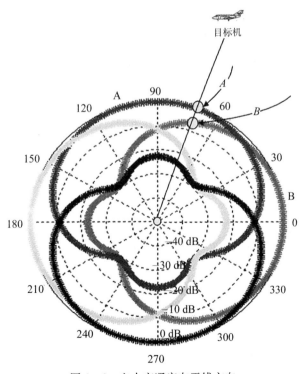

图 6-6 空中交通定向天线方向

定向天线 4 个振子在 4 个方向轮流进行询问,然后分别对每个方向上的应答信号进行接收、变换和判断,同时结合定向天线的方向图参数,就可以解算出入侵机相对于本机的方位。结合图 6 - 6 方向图举例分析,A 方向图代表前向天线单极振子问询覆盖范围,B 方向图代表右向天线单极振子问询覆盖的范围。监视到入侵机后,通过对装备 S 模式应答机的入侵机的应答信号进行分别接收,根据应答信号的相位或者应答信号的幅度,就可以判断出入侵机在天线方向图对应的位置。如图,对于前向天线振子和右向天线振子入侵机对应的位置为 A 和 B,通过对 A 和 B 两个点上的参数比较和定位,这样就可以通过至少两个天线振子的问询和应答接收确定入侵机的方位信息。

6.4.4　定向/全向天线测量

AESS 空中交通模块使用的天线是垂直极化方式,分为定向天线和全向天线。定向天线也一般称为上天线,安装在机身顶部前方正中,全向天线一般为底部天线,安装在机身底部正中。底部天线也可以使用定向天线。

AESS 空中交通模块在对天线进行设计使用之前,需要对天线进行测量,以获取天线的具体参数。在进行测距时,可以通过天线的参数,比如测量天线的增益以计算确定天线射频信号的监视距离范围,同时确定天线接收时应答射频信号时的接收灵敏度等。这样就可以准确地实现射频信号的接收,解算出入侵机相对于本机的距离,减小误差。

在使用定向天线之前还要测量定向天线的方向图,确定天线的方向参数。计算入侵机方位时,可以结合查找表数据进行分析,以确定计算出应答信号的方向,确定入侵机相对于本机飞行方向的具体方位信息。图 6 - 7 为设计过程中对于定向天线前向天线单极振子的方向图测量。

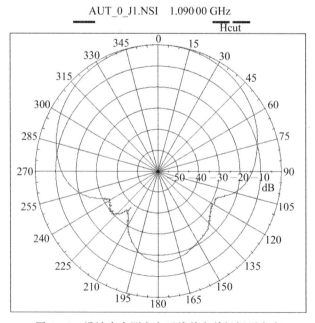

图 6 - 7　设计中实测定向天线前向单极振子方向

6.4.5 空中目标识别测量

完成入侵机的距离和方位测量后,要进行入侵机身份识别,获取相关信息以满足监视跟踪和交通预警和防撞处理的需要。AESS 空中交通模块可以监视本机周围空域中的装备 A/C 模式应答机的入侵机和装备 S 模式应答机的入侵机。

AESS 空中交通模块发送问询信号。问询后,与接收到问询信号的应答机建立通信链路,相互报告的高度等信息,在防撞处理中使用,有危险时生成告警信息和垂直防撞规避指令。

一般对于 S 模式应答的入侵机,一般通过被动的监视获得 S 模式应答信号。S 模式应答机一般以 0.95～1.05 s 不定周期向外发射广播式断续振荡信号,以向周围飞行器告知其存在。本机 AESS 空中交通模块在接收到 S 模式应答信号后,与入侵机 S 模式应答机建立空-空通信数据链,对入侵机进行点名问询,获取身份、高度、方位等信息。图 6-8 为 S 模式的点名问询信号格式。通过问询脉冲格式,就可以确定问询的模式。问询信号格式包含问询模式识别和信息两部分,通过前半部分脉冲宽度、脉冲间隔和抑制脉冲确定模式,然后在后半部分一般包含大气高度、飞行 ID 等信息,然后进行空-空无线数据通信。

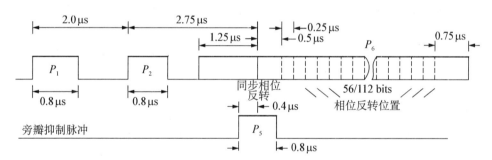

图 6-8 S模式点名问询信号格式

机载的 C 模式应答机是较早的模式应答机,将面临淘汰。但是目前装备 C 模式应答机的飞机仍很多,因此 AESS 空中交通模块对于 C 模式入侵机的监视也是必不可少的。C 模式的问询格式如图 6-9 所示。AESS 空中交通模块通过周期性的问询来激活 C 模式应答机进行应答。C 模式主要传输本机的高度信息。

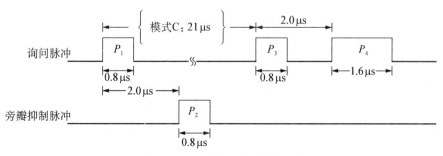

图 6-9 C模式全呼叫问询格式

C 模式的问询方式是一问多答的形式,因此一旦临界空域的 C 模式入侵机较多时,就会产生很多的应答,而导致信号混扰,无法识别。为解决此问题,对于 C 模式的问询采用小声呼叫技术,也称为啸鸣技术,即通过控制 C 模式呼叫问询序列的发射功率,逐步覆盖临近空域,接收到问询信号的 C 模式应答机进行应答,其他区域的飞机或被抑制应答,或接收不到问询信号而不应答,这样就减少了应答次数,使本机周围电磁环境变得简单,更利于空-空数据通信。

在完成对入侵目标飞机的识别和测量后,就要对 S 模式或 C 模式入侵机进行监视跟踪和防撞处理。对于 S 模式和 C 模式的目标监视和跟踪过程基本相同,首先是进行通信,通信连续稳定后进行跟踪,点迹融合并建立航迹,进行轨迹预估,然后预先计算出相对碰撞点,进行防撞逻辑处理,得出规避策略,最后生成指令,帮助飞行员正确操作飞机实现防撞规避。

6.4.6 空中目标危险级别测量

AESS 空中交通模块问询本机附近空域的其他飞机(入侵机)的机载 ATC(air traffic control)应答机,并侦听和接收它们的应答信号,通过连续不断地问询和接收应答,可获得入侵机的当前位置,当入侵机的当前位置,或者它的投影位置(预测的入侵机轨迹)同时超过了距离和相对高度的间隔标准,入侵机即被声明为一个碰撞威胁。通常,入侵机在距离与本机最接近点(closest approach,CPA)之前的 20~30 s 被声明为一个碰撞威胁,以便为飞行员提供足够的逃逸机动时间。AESS 空中交通预警和防撞处理模块提供两类咨询:分析咨询(RA)和交通咨询(TA)。

分析咨询(RA)是预测的将增加与威胁飞机垂直间隔的垂直机动指示。AESS 空中交通模块选择尽可能最小的改变本机当前飞行路径的且能提供规定间隔范围的 RA。AESS 空中交通模块能发布两种类型的分析咨询:预防性的分析咨询(preventive RA)和校正性的分析咨询(corrective RA)。预防性 RA 不需要飞行员立即采取动作,而是警告机组由于存在邻近的交通情况而不能爬升、下降,或调整垂直速度。校正性 RA 则指示飞行员改变本机的垂直速度以保证和邻近的交通(威胁)在垂直面上具有安全的高度间隔。

交通咨询(TA)指示在未来一段时间内可能导致分析咨询的入侵机的位置。对于潜在的碰撞威胁情况,飞行环境监视系统空中交通预警和防撞处理模块设计保证标称的 TA 将在 RA 之前大约 15 s 被发布。

对于没有装备高度报告装置的入侵机,AESS 空中交通模块不能确定该入侵机是否会是一个潜在的碰撞威胁。对于无高度报告飞机,AESS 空中交通模块只产生 TA 而不会产生 RA。

除了表示威胁的 RA 咨询或潜在威胁的 TA 咨询,AESS 空中交通模块对于邻近的入侵机也会产生交通咨询(TA)。这类交通咨询警告将指示出进入本机受保护空域的入侵机的位置,但这些入侵机目前并不是一个威胁或潜在的威胁。

TA 和 RA 是通过防撞逻辑处理软件模块来生成的。该软件呈现给用户的临近空域交通图，按照邻近其他飞机的状态和本机状态产生对应级别的告警和咨询，提示飞行员注意邻近的威胁入侵机，必要时提示飞行员进行垂直方向的避让机动飞行，并通过 AESS 空中交通模块的 S 模式应答功能与邻近装备了交通防撞系统的其他飞机进行咨询协调。

　　AESS 空中交通模块为传统的空中交通管制系统提供一种备份的空中间隔保证，其设计要求是对于那些没有必要产生逃逸机动的空中相遇情况将不能产生不必要的告警。AESS 空中交通模块操作并不依赖于地面系统，完全依靠机载应答机作为数据来源，因此，它不可能取代提供空中间隔保证的 ATC 系统，而是为 ATC 系统提供一个独立的备份。

6.5　仿真与测试

　　飞行环境监视系统是为飞行员提供气象、空中交通状况、地形等有关安全信息的综合化航空电子设备。在飞行环境监视系统的研制过程中，需要复现飞行过程中可能遇到的单一或复合的高危环境，并在此环境下测试和验证飞行环境监视系统的功能和性能指标，通过不断的试验、测试、改进才能使产品的各项性能指标满足要求，这一过程中如果进行大量实际试飞将威胁到机组人员和飞机的安全，其危险性是不可想象的。因此，产品功能和性能指标的验证难以通过大量实际试飞来完成。另外，在实际飞行中随高危环境的不同，飞行环境监视系统临界条件多种多样，千差万别，要通过逐一试飞验证难度非常大。而利用仿真的相似性原理，通过地面仿真试验的方法来验证产品的功能和性能是一必要环节，通常研制过程需要经过方案论证、系统建模、数字仿真、半实物（半物理）仿真试验和测试，当各项指标符合要求后再进行试飞验证和试飞测试，直到产品定型并满足适航要求。如图 6 - 10 所示，仿真与测试在产品研制中发挥着重要作用，几乎贯穿于产品研制全部过程。

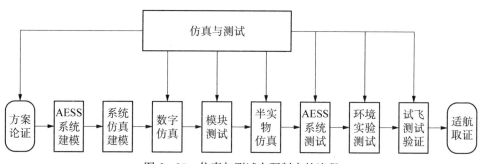

图 6 - 10　仿真与测试在研制中的流程

　　因此，对飞行环境监视系统进行仿真与测试，是飞行环境监视系统研制过程中进行数学建模研究与验证、功能研究与验证，以及检测产品性能指标的必要环节。飞行环境监视系统仿真试验环境的建设需分阶段实施并与产品研制进度相适应，建设过程需分别实现数字仿真、半实物仿真和产品性能指标的测试功能。

　　系统建模就是将系统中的各模块采用数学模型来代替。通过对数学模型的研究来分析系统运行的物理特性。

在研制初期,要实现飞行环境监视系统的数字仿真,首先要建立飞行环境监视系统各模块的数学模型,同时搭建配套的机载环境,包括飞行仿真系统、虚拟座舱系统、视景系统、航电信号激励系统以及包括气象和空中交通的环境仿真系统等,构成完整的人在回路同时设备在回路的闭环仿真系统,为半实物仿真建立基础。

由于飞行环境监视系统数字样机的数学模型是考虑在简单或理想环境下建立的,与产品实际所处的温湿度、复杂的电磁环境和接口关系等各种条件相差较大。因此,在初样机的研制阶段还需要进行半实物的仿真试验。

进入初样机的工程研制阶段,在完成或基本完成样机实物后,在数字仿真的基础上还需要建立相应的半实物仿真环境,包括能够产生雷雨云、湍流、风切变、地形回波信号的气象目标模拟器和空中交通目标模拟器,在进行半实物仿真的试验过程中可以发现产品设计或生产工艺中存在的缺陷或不足,为改进设计或工艺提供依据,并为产品进入下一阶段研制提供近似实际试飞的验证环境。

如果说仿真注重定性试验,测试则更加注重定量试验。在实际装机试飞前的测试环节,需要进行包括各模块性能指标的试验室环境下的测试、整机综合性能测试、各模块的环境摸底试验以及系统最终的环境适应性和可靠性试验等。

飞行环境监视系统的仿真与测试环境建设,是工程用飞行模拟器与自动测试设备(ATE)结合的产物,其核心技术是以飞行仿真技术为基础,同时结合环境仿真技术、航电激励信号仿真技术、座舱仿真技术、虚拟仪表仿真技术、数字样机技术及测试与系统控制等相关技术共同完成相关环境的搭建。

下面简要介绍数字仿真环境的基本组成。

1) 飞行仿真

建立大型民用运输机的运动学仿真模型、基本的虚拟座舱环境、视景系统以及声音系统,构建相对完整的飞行仿真平台并为飞行环境监视系统的试验和验证提供必需的飞行数据和飞行环境。

2) 环境仿真

针对飞行环境监视系统的功能需求建立对应的环境模型。例如气象雷达的验证就需要对应的气象仿真模型,空中交通防撞系统的试验就需要对应目标飞机的仿真模型等。

3) 综合控制

综合控制系统提供人机交互的控制界面和终端,用于仿真试验的设置和监控。

4) 信号激励

信号激励系统为飞行环境监视系统提供机载航电信号激励,包括机载航电总线如 ARINC429、ARINC664、离散量等。

5) 数字样机

AESS 数字样机主要由专用计算机组成,能够进行初步的算法和接口验证。通过虚拟仪表技术仿真产品的显示画面,配合各模块软件及综合处理算法共同构建产品数字样机。

6.5.1　飞行仿真

飞行仿真是以飞行器的运动情况为研究对象、面向复杂系统的仿真。它首先按照飞行器运动学、空气动力学以及飞行控制原理等有关理论建立起相关的数学模型,然后以此模型为依托进行模拟试验与分析研究。

以大型飞机为模拟对象,通过飞行操纵设备和虚拟座舱操纵飞行,由飞行仿真软件进行飞机的动力学解算,实时计算出飞机的状态信息和飞行参数,并传递参数给虚拟座舱、视景系统和声音系统,以提供座舱仪表的显示、模拟产生相应的视景环境以及听觉声音环境,图6-11为典型大型飞机的视景效果图。

图6-11　典型大型飞机的视景效果

6.5.1.1　飞行仿真软件

在运行过程中飞行仿真软件接收控制台的指令,进行飞行状态控制以及各种参数的设置,尤其是航路设定。

6.5.1.2　座舱系统

在满足功能的前提下为降低研制费用,同时为便于修改界面适应不同机型,座舱系统一般由虚拟触摸屏与操控设备等组成,通过虚拟面板操控发动机、起落架、襟翼、自动驾驶仪等用于控制飞机的速度、姿态并通过主飞行显示器、多功能显示器等实时显示飞行状态,图6-12为虚拟控制面板。

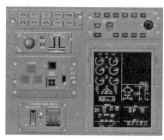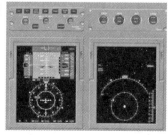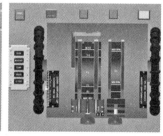

图6-12　虚拟控制面板

6.5.1.3 视景生成系统

视景生成系统管理飞机飞行过程中飞机本身及周围环境的实时显示,同时协调 AESS 输出和场景显示。

1) 视景软件实现的飞机功能

(1) 实现飞机起飞、爬升、巡航、机动、下降、着陆全包线飞机及飞机转场飞行的三维视景显示。

(2) 实现平显和动态文本显示的方式实现高度、速度、姿态等飞行参数的显示。

(3) 实现飞机上襟缝翼、副翼、方向舵、起落架等可动组件的动作显示。

(4) 实现视景系统的状态设置页面,能够实现对视景系统中气象条件、时间、云、能见度和灯光等内容的设置。

2) 视景软件模拟的机舱外视景

(1) 机场、跑道、天地线等起飞、着陆训练的景象。

(2) 树木、海洋、山峰等自然景象,公路、铁路、城镇等人造景象。

(3) 云、雾、雨、雪等气象景象。

(4) 地面、海上和空中活动目标。

(5) 白天的阳光照射效果和夜间的地面灯光。

视景生成系统以图像生成器作为整个系统的核心,由系统中实时场景管理软件对生成的真实地景数据库进行调用,并通过实时通信程序接收主计算机传送过来的其他分系统交联数据,实时更新渲染图像,将图像转换为 RGB 信号发送到显示系统,在屏幕上生成真实、连续的图像。图 6-13 为视景系统工作原理框图。

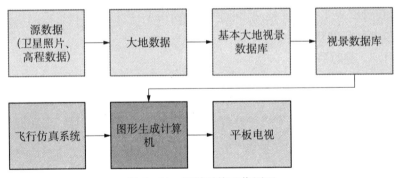

图 6-13　视景系统工作原理

6.5.1.4 视景显示系统

视景显示系统为试验人员提供第一视角及外部观察位第三视角的终端显示,当试验室空间较大时可采用视景融合技术由多台投影机投影到单个柱幕或球形幕上,当需要观察第一视角或第三视角时通过视景切换实现。如果试验室空间不大则考虑采用两台 100 in 左右 LED 液晶显示器分别同时显示第一视角和第三视角,图 6-14 为第一视角和第三视角视景显示图。

图 6-14　第一视角和第三视角视景显示

6.5.1.5　声音系统

模拟声音的种类主要包括：

（1）发动机噪声。

（2）飞机气流声。

（3）机轮接地声。

（4）飞机滑跑声。

（5）收放起落架、襟翼的噪声和撞击声。

（6）包括 AESS 等舱内设备的语音告警和音频信号声。

声音系统采用数字音响合成技术，音源制作采取两种方式：一是现场录音。即在真实座舱内录音，然后在计算机上利用声音采集技术，将录音信号采集进入计算机，再进行各种技术加工处理，转换成高保真波形数据储存，形成音源库。二是数字生成技术，即利用计算机软件，直接生成某些特殊的声音，存入音源库。

声音仿真软件输出的音频模拟信号为立体声，能够实现声音距离（各背景音量等级）变化，飞行运动过程中的音频多普勒效应仿真（相对运动过程中的频率变化仿真），多声道音频过渡自然并与视景图像协调同步。

6.5.1.6　地形高程数据库

地形高程数据库采用电子高程地形数据（DEM）和不同分辨率的遥感卫星数据（卫片），使用地形建模软件，建立起多个民用机场及其航路间的地景数据库。

6.5.1.7　飞行环境监视系统数字样机

信号激励系统通过 RS485、DI/DO、Arinc429 和 AFDX 总线向 AESS 数字样机发送各种飞行数据，用来模拟飞机飞行过程中各种机载设备采集的信号量，包括地形参数，气象环境参数，空中交通信息以及高度、速度、航向、俯仰、横滚等。

AESS 数字样机接收到气象、空中交通以及地形等相关数据后，由处理机中的各子系统（模块）处理软件进行数据解算，从而得到用于驱动图形显示和音频告警的各种数据。图形显示软件根据解算数据生成显示图像信号，根据优先级自动弹出或由控制面板控制输出至显示器显示，音频处理软件接收到音频告警指令，根据告警优先级对告警信息排序后，通过音频接口输出级别最高的告警语音信号驱动声音系统给出音频告警。处理机中由接口处理软件负责通过 422 接口采集显示器周边键通过 ARINC429 采集控制面板信号,用于控制各系统处理软件的工作模式和工作状态。图 6-15 为 AESS 数字样机示意图。

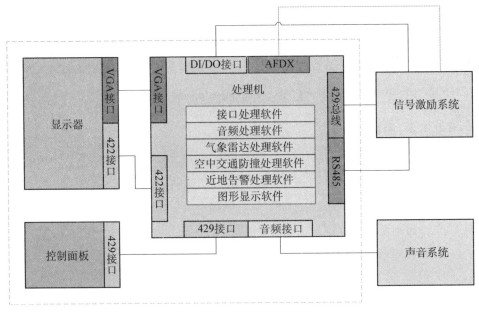

图 6-15　AESS 数字样机

6.5.2　环境仿真

针对飞行环境监视系统的功能需求建立对应的环境模型。例如气象雷达的验证就需要建立对应的气象仿真模型,经过,空中交通防撞系统的试验就需要对应目标飞机的仿真模型等。

6.5.2.1　气象环境建模和仿真

机载气象雷达一般工作在 X 波段或 C 波段。当气象雷达有效探测范围内具有一定体积的降雨云团,云团内部包含有较大的雨滴,能够对气象雷达天线辐射微波产生一定程度的反射,该反射能够形成有效的气象回波并被气象雷达天线所接收,从而被探测出来。一般的云、雾中虽然含有大量的微细水珠,但因其直径过于微小,不能产生雷达回波,因而不能被有效探测。降雨概率越大,雷达回波就越强。机载气象雷达以不同的颜色来表征目标回波的强弱。

在湍流区域中,气流速度和方向的变化都相当急剧,因而不仅会使飞机颠簸,而且会使机体承受巨大的作用力,对飞行安全十分不利。所以,飞机总是十分小心地避免进入湍流区域。

湍流可能夹杂有雨滴,也可能不夹杂雨滴。前者可称为湿性湍流,后者可称为晴空湍流。目前,只有湿性湍流能被机载气象雷达有效探测。

　　风切变是气象中一种独特的现象。它是指大气中一段很小的距离内,风速、风向单独或两者同时发生急剧变化。经大量研究表明,低空微下击暴流风切变是风切变中最危险的。微下击暴流是一股小而强烈的下冲气流冲到地面附近便在所有方向上产生水平外翻的气流。微下击暴流的存在时间十分短暂,只有几分钟,分为湿(降雨量大)和干(降雨量小)两种类型。

　　图6-16为微下冲气流危害示意图。

图6-16　微下冲气流危害

　　不论着陆还是起飞的飞机,碰到微下击暴流都是一个严重的问题。因为飞机还在低空,飞行速度又只比失速速度大25%左右。当一架正在着陆的飞机遭遇微下击暴流时,微下击暴流接近地面时形成一股强冷下冲发散气流。飞机一开始先碰到加大迎角的逆风,结果升力增大,使得飞机高出预定的飞行路线。飞行员为补偿这一航线偏离很可能会减小推力。但是当飞机进入微下冲中心时,逆风的消失和随之而来的强下冲气流都会使飞机迅速向地面坠落,这两个因素给飞机的操纵带来极大困难,这时想完全改出已不可能了。图6-17为气象云团模型仿真软件运行流程图。

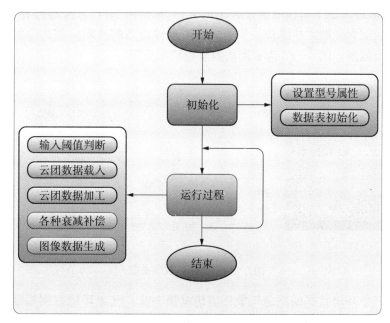

图6-17　气象云团模型仿真软件运行流程

由于一般降雨云团或雷暴云团的体积都是比较庞大的,雷达波束扫描到的部分是由众多小雨滴组成的,每个雨滴都进行能量的反射,所以众多雨滴的能量反射形成了可测量的回波信号。图 6-18 为雷暴云团示意图。

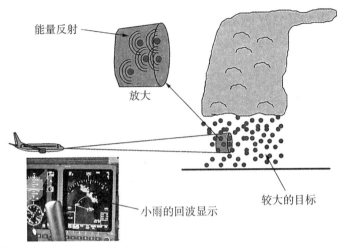

图 6-18　雷暴云团

在每一个运行周期,气象云团模型系统首先对该周期输入量进行处理,得到仿真过程需要的数据,并根据这些信息载入合适的云团数据模型。接着,该系统对云团的原始数据进行处理,并根据当前雷达天线波束的位置,模拟雷达当前波束对云团的扫描过程,形成当前波束的雷达反射因子序列。为了更加真实地模拟雷达回波的特性,本软件考虑了雷达回波过程中的衰减,并运用 STC 方法进行补偿,使得生成的图像数据为标准雷达图像。最后根据需求输出当前波束的雷达反射因子序列或颜色图像数据。图 6-19 为云团的数学模型示意图。

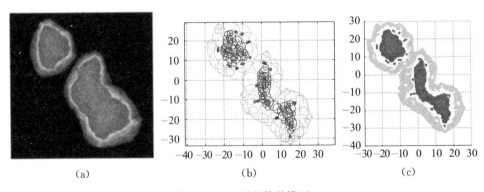

图 6-19　云团的数学模型

建立气象环境数据模型是气象环境仿真第一步。气象环境数据模型由特征和分别属于不同特征的各种属性构成。气象环境数据模型中包含了飞行仿真器所需的各种气象环境属性,并规定这些属性表示方法和取值范围。根据气象环境数据模型可以进一步构建气象环境数据库。

　　建立了大气环境数据模型,就要根据这个数据模型确定的大气环境属性构建大气环境数据库。在仿真运行过程中,气象环境数据要及时地提供给飞行环境监视系统样机,而气象数值模型一般比较复杂,计算量很大,在硬件条件有限的情况下难以在要求的时间内完成相应的计算,所以在仿真运行前的数据准备阶段根据仿真需要设置初始条件,对气象数据模型进行离线解算,生成气象环境数据库,然后在运行时从数据库中提取所需的气象环境数据。

　　加载云团数据的流程图如下所示。根据设置的云团类型和云团强度,生成合适的云团编号,并载入相同编号的数据文件。图 6 - 20 为云团加载流程图。

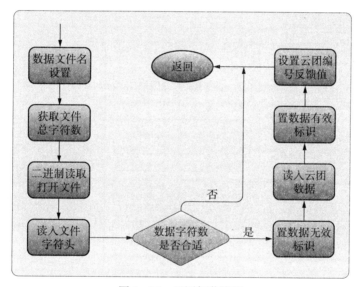

图 6 - 20　云团加载流程

　　气象雷达工作时首先根据面板上的控制量输入以及载机当前的位置和姿态,计算出当前天线波束的发射方向,然后根据云团的数学模型以及云团的当前位置,判断当前天线波束对云团的扫描情况,以雷达反射因子序列的形式返回雷达回波,并生成雷达显示器的图像数据。这样,雷达天线从一侧扫到另一侧,再扫回来,如此往复,便形成了气象雷达的整个工作过程。图 6 - 21 为气象雷达仿真显示及逻辑程序示意图。

6.5.2.2　空中交通环境的建模和仿真

　　空中交通(TCAS)环境的建模和仿真其主要内容是目标机模型的建立。目标机主要功能是实现入侵飞行目标的运动学仿真,为空中交通防撞系统的仿真提供相对的目标数据源。

　　TCAS仿真涉及入侵飞机运动建模、TCAS 参数计算、入侵飞机管理(参数记

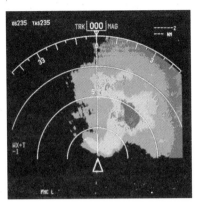

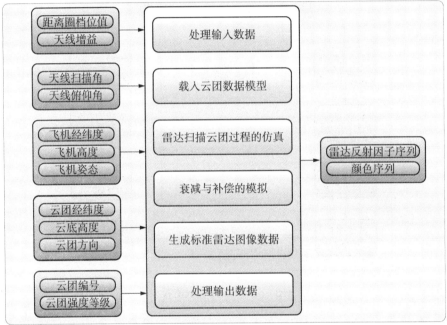

图 6-21　气象雷达仿真显示及逻辑程序

录、警戒警告信息记录和管理)、TCAS 控制逻辑分析与仿真逻辑设计、TCAS 冲突
模式设计等。首先根据设置参数确定目标的初始位置和速度,并根据设置飞行轨迹
计算飞行航路中的各向加速度信息,然后积分得到各个目标的速度,再计算得到目
标的实际位置。

1) 入侵飞机运动建模

要对飞机进行全局定位,需要用经纬度和高度来表示飞机地理位置,基于球形
大地假设和 TCAS 仿真的需要,容易推导出描述闯入飞机质心运动的运动方程。

2) TCAS 参数计算

在 TCAS 系统中,通常以每秒一次的频率发出询问信号从而获得入侵飞机相对于本机的位置信息,在仿真系统中,需要解算入侵飞机运动方程才能得到入侵飞机的位置信息,结合本机的位置信息再得到相关的位置参数。TCAS参数计算中首先要进行坐标变换,把入侵飞机的经纬度变换为本机坐标系中的位置数据,把经纬度变换为飞机牵连的地面坐标系中的直角坐标,再变换到本机坐标系中。

3) 入侵飞机管理

因飞机邻近区域可能有多架飞机同时出现,且这些飞机出现的数量和出现的时间以及消失的时间是通过综合控制台设置,也就是说入侵飞机出现的位置、数量、时间和消失的时间都是随机的。而入侵飞机对TCAS警戒警告信息又是相互影响的。在程序设计时需要设计合理的数据结构来存储入侵飞机的信息,包括入侵飞机位置信息、运动趋势信息等。

4) TCAS控制逻辑分析及其实现

TCAS系统逻辑是TCAS仿真的关键,需要在分析TCAS系统的工作原理的基础上结合不同相遇状态预计相遇时间的变化特点设计符合TCAS仿真要求的系统逻辑。在进行系统逻辑仿真中有两种处理方法。一种是成对处理模式(pairwise),该种方式将潜在的冲突飞机两两分成一组进行决策警告信息(resolution advisory, RA)决策信息选择,最后对各组RA决策信息进行优化选择一组RA决策信息。另一种处理模式是全局处理模式(global),在这个处理模式中,所有交通状况同时被探测处理。成对处理模式中现有的冲突决策可能会引起新的冲突,有时可能会找不到一个决策方案,在目标机较多的情况下找到一个统一的机动解决冲突具有很大的难度。全局处理模式虽然增加了逻辑处理的复杂性,但解决冲突的能力有所提高。本文采用全局处理模式来进行RA决策信息选择。

5) TCAS冲突模式设置

项目设计了多种典型飞行模式接近的入侵飞机,为保证每架入侵飞机都能达到典型的冲突效果,在建立模式时规定所有入侵飞机都保持一定的相对方位角。本模块响应综合控制台设置的输出,加载对应的入侵飞机模型,这些入侵飞机的模型参数包括:与本机的初始X向与Y向斜距(单位:ft)、气压高度(单位:ft)、接近的相对X向与Y向速度(单位:kn)、爬升率(单位:ft/m)、相对方位角余弦值。

在仿真系统中,飞机位置、飞行速度、飞行高度、航向的变化都会影响是否出现TCAS警戒信息和警告信息。为了能够出现所需要的TCAS信息,需要对TCAS入侵飞机的位置、速度、高度、航向进行精心的设计。同时也需要本机保持预定的飞行状态才能出现预计的TCAS信息。在飞机的PFD(主飞行显示器)上,可以显示TCAS指令的飞机俯仰姿态(RA目视措施通告),飞行员按照指令飞行可达到相应的安全间距。为了保证操纵和指示的一致性,必须设计飞机的俯仰指令的动态指引过程。首先设置本机位置信息,包含本机飞行速度、高度、航向、升降速度等,为了保持飞机预定的飞行状态,可使用自动驾驶仪保持飞机预定飞行姿态。在设置了本机信息后就可以设置TCAS入侵飞机的基本信息了,TCAS入侵飞机信息包括入侵飞机相对于本机的方位、距离、高度、速度、升降速度、飞机的航向以及入侵飞机是否出现机动飞行和机动飞行的方式。

6) TCAS 仿真基本流程

空中交通防撞逻辑处理软件根据本机与目标机的相对位置,模拟防撞系统的决断逻辑给出相对的躲避控制指令,控制对应的图形显示和语音警告。

空中交通防撞逻辑处理软件每周期解算每架入侵飞机的实时斜距、相对高度、相对方位、到达最接近点(closest point of approach,CPA)的时间,根据对控制盒的操作判断 TCAS 系统的灵敏度,再基于 TCAS 系统接口控制模块中的本机无线电高度与气压高度判断本机的 TA 的 τ 值和 RA 的 τ 值,将这些收到的数据通过比较,判断入侵飞机的威胁级别,并根据威胁级别的变化触发对应的音频告警信号,同时根据飞行系统送给本模块的实时经纬度,解算入侵飞机的经度、纬度、气压高度、航向角输出给视景系统显示。

(1) TCAS 系统的参数的定义。

到达 CPA 点的时间 τ,图 6 - 22 CPA 点示意图中画出了 CPA 点的位置。

图 6 - 22　CPA 点

威胁级别的判别利用以下参数:

a. 本机距入侵飞机的斜距 L_d;

b. 本机与入侵飞机的相对高度 R_h;

c. 水平方向到达 CPA 的时间 H_t;

d. 触发交通咨询(TA)的 τ 值;

e. 触发垂直咨询(RA)的 τ 值。

(2) 判别逻辑如下:

a. $L_d > 14\,\text{n mile}$,不作任何级别的显示;

b. $6\,\text{n mile} < L_d < 14\,\text{n mile}$,无威胁级别的显示;

c. $L_d < 6\,\text{n mile}$ 且 $R_h > 1200\,\text{ft}$,无威胁级别的显示;

d. $L_d < 6\,\text{n mile}$ 且 $850\,\text{ft} < R_h < 1200\,\text{ft}$:

(a) $H_t > \text{TA}\tau$,接近级别;

(b) $H_t < \text{TA}\tau$,TA;

e. $L_d < 6\,\text{n mile}$ 且 $R_h < 850\,\text{ft}$:

(a) $H_t > \text{TA}\tau$,接近级别;

(b) $\text{RA}\tau < H_t < \text{TA}\tau$,TA;

(c) $H_t < \text{RA}\tau$,RA。

L_d 的计算是利用初始距离减去距离的接近值。

R_h 的计算是利用本机的高度减入侵飞机的高度。

CPA 的计算是利用斜距除以接近速率。

6.5.3 航电激励信号仿真

信号激励计算机装有各种信号和总线接口板,通过运行在信号激励计算机中的信号激励软件进行驱动。信号激励软件通过以太网与主控仿真计算机交换数据,通过对接口板的读写实现与产品设备的通信。图6-23信号激励系统原理框图。

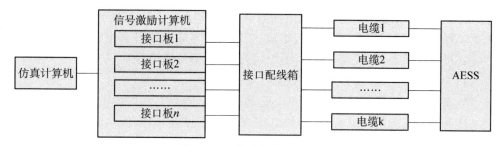

图6-23 信号激励系统原理

接口配线箱中实现信号的重新分配,为接口板与设备的通信建立通道,使得设备能够正常工作。由于接口板是按照信号电气特性进行分类的,如DI、DO、ARINC429、ARING664(AFDX)等,而产品设备则是按照设备功能组织的,从电气特性角度来说是一个综合体,有可能由多种信号组成,这样就需要在接口配线箱中对设备的信号电缆进行重新分类、组织,使其符合接口板的电气要求。

6.5.4 测试与验证

6.5.4.1 测试与验证环境及测试验证方法

对AESS的测试与验证需要进行测试环境的搭建,主要包括用于板卡级测试的通用仪器,用于各子系统(模块)测试的专用测试仪器(必要时需配合通用电测仪器),激励信号源以及用于系统综合测试的自动测试系统(ATE)等。测试与验证的方法需参照相关规范和标准要求执行。

6.5.4.2 通用测试仪器

通用电测仪器主要用于板卡级的电信号的分析、测试、调试,主要包括:

(1)矢量网络分析仪:能够对发射、接收信号通道内各单元的信号延迟时间进行分析。

(2)逻辑分析仪:用于对编、译码板,CPU板等数字信号进行逻辑分析。

(3)函数/任意波形发生器、矢量信号发生器:产生激励信号,用于发射、接收等信号通道内部单元调试。

(4)频谱分析仪、实时频谱分析仪:对系统、模块和板卡信号的频谱进行测试、分析。

(5) 信号源分析仪:用于信号源的测试、分析。

(6) 功率计:用于发射单元的功率测量。

(7) 噪声系数分析仪:用于射频、中频通道是噪声系数测量。

(8) 数字示波器:用于系统、模块及各单元的电信号测量和调试。

(9) 电磁兼容分析仪:用于系统、模块及各单元的电磁兼容诊断。

(10) 其他电测仪器、仪表:数字电压表、稳压电源等。

6.5.4.3　专用测试仪器

目前已有比较成熟的气象、空中交通等成套专用测试仪器,通过测试环境的搭建,可用于各子系统集成前的性能指标测试,在测试环境不能满足研制要求时还可根据实际情况对现有测试仪器进行集成、二次开发或重新设计开发,如 TCAS/S 模式应答机测试系统、机载气象雷达测试仪器及回波信号模拟器等。

1) WXR/PWS 模块专用测试仪器

气象雷达测试仪主要有 RD‐301A、RDX‐7708D 等,在国内已普遍使用,其主要功能和技术指标的测试符合 ARINC‐708 的相关规定;气象雷达回波模拟器也已开发成功,能够模拟机载气象雷达的目标回波,包括云团、降雨、湍流、风切变和复合气象等,通过设置相关参数,可产生相应的回波参数、可实时回放存储的回波调制数据,与采集的雷达发射信号卷积,产生回波信号,并可以通过空馈或注入的方式提供给雷达,以便为雷达性能测试提供激励。

2) TCAS/S 模式应答模块专用测试仪器

(1) TCAS/S 成品测试仪器。

TCAS/S 成品测试仪器主要有 RGS2000,SDX2000,ATC1400,S1403,S1404以及 IRF6000 外场测试等。该类仪器中有些既可以独立使用,也可以进行集成和二次开发,测试的功能和技术指标符合 ARINC735,ARINC718,DO‐181,DO‐185等要求。功能方面可以完成标准激励信号生成和控制,有相应的采集设备和数据分析软件,完成模式信号编译码测试,防撞逻辑处理结果分析和测试等。测试技术指标包括应答率、旁瓣抑制、接收中心频率、发射中心频率及容差、发射功率、接收动态范围等基本射频参数测试,以及应答信号识别与分析、空中交通防撞处理逻辑测试、防撞处理性能参数测试等。图 6‐24 为 ATC1400 与 RGS2000 的外形。

图 6‐24　ATC1400 与 RGS2000

TCAS/S 测试仪器主要功能：

a. 能够提供 TCAS 工作所需的所有外部参量，包括 S 模式地址配置、工作模式、空地状态、气压高度、真空速、无线电高度等 ARINC 429 信号、离散信号和模拟信号。

b. 模拟入侵机目标生成 S/C 模式的应答信号。可以按照标准中的测试用例或自己设定的入侵机航迹产生标准应答信号，包括模拟入侵机的方位角以及由距离产生的应答延时，产生多目标的应答信号及由此产生的混扰应答、多重交织应答信号等。

c. 测量 TCAS 输出射频信号的特性及内容，完成峰值功率、载波频率、灵敏度、方位解算等多种功能和性能参数的测试工作。通过相关参数的测量，判定 TCAS Ⅱ 系统中 TCAS 收发主机的功能、性能是否符合要求。

d. 生成非标射频信号，模拟 TCAS 真实工作环境中可能遇到的干扰信号，用来检测 TCAS 在较复杂电磁环境中对 S/C 模式信号的鉴别能力及相似信号的抗干扰能力。

（2）定制开发的 TCAS/S 模式综合测试系统。

TCAS/S 模式综合测试系统用于机载防撞系统设备的内场测试，可实现被测设备的闭环测试，完成峰值功率、载波频率、灵敏度、方位解算、机载数据接口通信等多种功能和性能参数的测试工作。通过相关参数的测试，判定系统中 TCAS 收发主机、S 模式应答机、控制盒、交通/决断显示器 4 个主要组件的功能、性能是否正常，可对设备的故障进行隔离，是机载防撞系统测试验证和日常维护所必备的测试工具。图 6-25 为两例典型的 TCAS/S 模式综合测试系统。

图 6-25　TCAS/S 模式综合测试系统

主要功能：

a. 入侵目标应答信号方位、距离、高度信息模拟；

b. 多入侵目标应答信号模拟；

c. TCAS 收发主机询问射频参数测量；

d. TCAS 收发主机脉冲参数测试；

e. TCAS 收发主机发射功率对同步干扰的控制功能测试；

f. TCAS 收发主机接收灵敏度测试；

g. TCAS 收发主机对外通信接口测试；

h. TCAS 收发主机测向精度测试；

i. TCAS 收发主机监视目标跟踪能力测试；

j. TCAS 收发主机告警输出功能测试；

k. TCAS 收发主机询问信号模拟；

l. S 模式应答机应答信号射频参数测量；

m. S 模式应答机脉冲参数测试；

n. S 模式应答机接收灵敏度测试；

o. S 模式应答机对外通信接口测试；

p. S 模式应答机数据链能力测试；

q. 控制盒对外通信接口测试；

r. 交通/决断显示器对外通信接口测试。

（3）模块化的 AESS 自动测试系统。

自动测试系统（ATE）根据飞行环境监视系统的技术指标要求进行研制开发，部分功能需结合仿真激励信号并集成通用和专用仪器设备对飞行环境监视系统进行测试验证，如模块化的 IRIS2000 自动测试系统可根据 ARINC768 标准的测试需求进行集成开发，满足 AESS 中 WXR/PWS 模块、TCAS/S 模式、EGPWS 模块以及系统的功能和技术指标测试。

自动测试系统主要由硬件和软件两部分组成：

a. 硬件部分：

硬件部分可采用 IEEE‑488 总线架构，主控计算机是 ATE 系统的核心，负责管理测试系统各单元的工作状态，按设定程序完成对飞行环境监视系统的自动测试。测试仪器由 VXI（或 PXI）机箱与配置 IEEE‑488 总线接口的专用和通用仪器等共同组成虚拟与实体仪器混合系统，VXI 机箱进行数据的采集、总线的通信等，专、通用仪器负责射频信号、无线电高度、大气参数的产生和测试等。

（a）主控计算机；

（b）专用航电测试仪器；

（c）通用电测仪器；

（d）信号发生器；

（e）程控电源；

（f）VXI（或 PXI）机箱；

（g）信号接口箱。

b. 软件部分：

软件开发是自动测试系统开发的核心，主要包括系统调度与管理软件、专用和通用仪器驱动软件、数据采集与处理软件、系统自检和自校准软件等（功能软件）。

附　　表

附表 1　　国际单位制基本单位

量的名称	单位名称	单位符号	单位定义
长度	米	m	光在真空中于(1/299 792 458)s 的时间间隔内所经路径的长度
质量	千克(公斤)	kg	千克是质量单位,等于国际千克原器的质量
时间	秒	s	1s 是与铯 133 原子基态的量个超精细能级间跃迁相对应的辐射的 9 192 631 770 个周期的持续时间
电流	安[培]	A	在真空中,截面积可忽略的两根相距 1m 的无限长平行圆直导线内通以等量恒定电流时,若导线间相互作用力在每米长度上为 2×10^{-7} N,则每根导线中的电流为 1A
热力学温度	开[尔文]	K	开尔文是热力学温度单位,等于水的三相点热力学温度的 1/237.16
物质的量	摩[尔]	mol	摩尔是一系统的物质的量,该系统中所包含的基本单元数与 0.012kg 碳 12 原子数目相等。在使用摩尔时应指明基本单元,可以是原子,分子,离子,电子或其他粒子,也可以是这些粒子的特定组合
发光强度	坎[德拉]	cd	坎德拉是发射出频率为 5.4×10^{14} Hz 单色辐射的光源在给定方向上的发光强度,且在此方向上的辐射强度为 $(1/683)$ W·sr^{-1}

注:(1) 在国际单位制中,选择彼此独立的 7 个量为基本量,这些基本量的单位称国际单位制基本单位。

(2) 表中[　]内的字在不致混淆情况下可省略,(　)内的字为前者的同义词。

(3) 在人民生活和贸易中,质量习惯称为重量。规定在日常生活的一定范围内可以用重量表示质量的含义。但在物理学和其他学科以及技术领域里,表示重力时应避免使用重量这一术语,以免混淆。

(4) 应注意,质量的单位是千克,而不是克。在 7 个基本单位中,只有质量单位目前仍以实物原器作为国际标准。

(5) 质量这个基本物理量使用在力学领域是适当的,但在化学领域中就不完全适当。化学反应是按一定个数的微粒进行的,因此要确定微观粒子(分子、原子、离子等)的数目比起其质量更有用。因此国际单位制把物质的量定义为基本量之一。1mol 中的基本单元数等于 6.032×10^{23} 个。已知氧的原子量,就可知道 1mol 氧原子的质量为 16g,1mol 水分子的质量为 18g。有了摩尔这个单位后,以前使用的"克分子""克原子""克当量"等单位一律废除。

(6) 利用纯物质各相间可复现的热平衡状态确定的温度称为热力学温度,这样的温度与测温物质的性质无关。热力学研究指出,自然界存在的最低温度为热力学温度的零点,称为绝对零度。热力学温度的单位为开尔文,规定水的液态、固态和气态彼此处于平衡共存状态时的温度为 273.16K。热力学温度适用于一切场合。但由于人们长久以来已经习惯用摄氏温度及其单位℃,因此在日常生活中允许保留使用摄氏度。

附表 2 国际单位制中具有专门名称的导出单位

量的名称	单位名称	单位符号	定义
平面角	弧度	rad	以长为圆周长（$2\pi r$）的弧所对的圆心角为 2π 弧度，半个圆周长的弧所对的圆心角为 π 弧度
立体角	球面度	sr	以 r 为半径的球的中心为顶点，展开的立体角所对应的球面表面积为 r^2，该立体角的大小就是球面度
频率	赫[兹]	Hz	在 1 秒时间间隔内发生一个周期过程的频率，即 $1Hz=1s^{-1}$
力	牛[顿]	N	使一千克质量的物体产生 1 米每二次方秒加速度的力，即 $1N=1kg \cdot m/s^2$
压力，压强，应力	帕[斯卡]	Pa	等于 1 牛顿每平方米，即 $1Pa=1N/m^2$
能[量]，功，热量	焦[耳]	J	当 1 牛顿力的作用点在力的方向上移动 1 米距离所做的功，即 $1J=1N \cdot m$
功率，辐射通量	瓦[特]	W	在 1 秒时间间隔内产生 1 焦耳能量的功率，即 $1W=1J/s$
电荷[量]	库[仑]	C	一安培电流在 1 秒时间间隔内所运送的电量，即 $1C=1A \cdot s$
电位，电压，电动势	伏[特]	V	流过 1 安培恒定电流的导线内，如两点之间所消耗的功率为 1 瓦特时，这两点之间的电位差为 1 伏[特]，即 $1V=1W/A$
电容	法[拉]	F	当电容器充 1 库仑电量时，它的两极板之间出现 1 伏特的电位差，即 $1F=1C/V$
电阻	欧[姆]	Ω	一导体两点之间的电阻，当在这两点间加上 1 伏特恒定电位差时，在导体内产生 1 安培电流，而导体内不存在任何电动势，即 $1\Omega=1V/A$
电导	西[门子]	S	电导在数值上等于电阻的倒数，即 $1S=1/\Omega$
磁通[量]	韦[伯]	Wb	表征磁场分布情况的物理量。通过磁场中某处的面元 dS 的磁通量 $d_{\phi B}$ 定义为该处磁感应强度的大小 B 与 dS 在垂直于 B 方向的投影 $dS \cdot \cos \theta$ 的乘积，即 $1Wb=1T \cdot m^2$
磁通[量]密度，磁感应强度	特[斯拉]	T	垂直于磁场方向的 1 米长的导线，通过 1 安培的电流，受到磁场的作用力为 1 牛顿时，通电导线所在处的磁感应强度就是 1 特斯拉，即 $1T=1N/(A \cdot m)$
电感	亨[利]	H	一闭合回路的电感，当流过该电路的电流以 1 安培每秒的速率均匀变化时，在回路中产生 1 伏特的电动势，即 $1H=1V \cdot s/A$

（续表）

量的名称	单位名称	单位符号	定义
摄氏温度	摄氏度	℃	沸点定为一百度，冰点定为零度，其间分成一百等分，一等分为一度，即 $1℃=1K-273.15$
光通量	流[明]	lm	发光强度为 1 坎德拉（cd）的点光源，在单位立体角（1 球面度）内发出的光通量为 1 流明，即 $1lm=1cd/sr$
[光]照度	勒[克斯]	lx	1 流明的光通量均匀分布在 1 平方米面积上的照度，就是一勒克斯，即 $1lx=1lm/m^2$
[放射性]活度	贝克[勒尔]	Bq	等于 1 每秒的活度，即 $1Bq=1s^{-1}$
吸收剂量	戈[瑞]	Gy	等于 1 焦耳每千克的吸收剂量，即 $1Gy=1 J/kg$
剂量当量	希[沃特]	Sv	等于 1 焦耳每千克的剂量当量，即 $1Sv=1 J/kg$

注：(1) 单位名称来源于人名时，符号的第一个字母大写，第二个字母小写，但必须是正体。如 N（牛顿）、Pa（帕斯卡）、Hz（赫兹）等，不能写成 n、PA、HZ。

(2) 一个单位的名称不得分开，如温度为 20℃即 20 摄氏度，不能说成摄氏 20 度。

附表 3　SI 词头

表示的因素	词头名称	符号	表示的因素	词头名称	符号
10^{24}	尧[它]	Y	10^{-1}	分	d
10^{21}	泽[它]	Z	10^{-2}	厘	c
10^{18}	艾[可萨]	E	10^{-3}	毫	m
10^{15}	拍[它]	P	10^{-6}	微	μ
10^{12}	太[拉]	T	10^{-9}	纳[诺]	n
10^{9}	吉[咖]	G	10^{-12}	皮[可]	p
10^{6}	兆	M	10^{-15}	飞[毋托]	f
10^{3}	千	k	10^{-18}	阿[托]	a
10^{2}	百	h	10^{-21}	仄[普托]	z
10^{1}	十	da			

注：(1) 10^6 以上的词头符号为大写，其余均为小写。

(2) 10^{-8} 词头名称"埃"及其符号已废除不用。由 10^{-1} 以下的词头构成的单位不再称为分数单位。

(3) 由 SI 单位之前加词头构成倍数单位，如千米（km）、微米（μm）、吉赫（GHz）、纳秒（ns）、兆牛（MN）等。但质量的单位 kg 前不能再加词头，而应由克（g）加词头构成倍数单位，如不能由词头千（k）加在千克（kg）之前成为千千克（kkg），而是由词头兆（M）加在克（g）的前面成为兆克（Mg）。

(4) 词头不得单独使用，也不能重叠使用，例如，不能用 10μ 单独表示 10μm，也不能用毫微秒（mμs）表示纳秒（ns）。

(5) 10^4 称万，10^8 称亿，10^{12} 称亿万，这类数词的使用不受词头名称的影响，但不应与词头混淆。

附表 4　国家选定的非国际单位制单位

量的名称	单位名称	单位符号	与 SI 单位关系
时间	分	min	$1\,\text{min}=60\,\text{s}$
	[小]时	h	$1\,\text{h}=60\,\text{min}=3\,600\,\text{s}$
	天(日)	d	$1\,\text{d}=24\,\text{h}=86\,400\,\text{s}$
平面角	[角]秒	″	$1''=(\pi/64\,800)\,\text{rad}$($\pi$ 为圆周率)
	[角]分	′	$1'=60''=(\pi/10\,800)\,\text{rad}$
	度	°	$1°=60'=(\pi/180)\,\text{rad}$
旋转速度	转每分	r/min	$1\,\text{r/min}=(1/60)\,\text{s}^{-1}$
长度	海里	n mile	$1\,\text{n mile}=1852\,\text{m}$(只用于航行)
速度	节	kn	$1\,\text{kn}=1\,\text{n mile/h}=(1\,852/3\,600)\,\text{m/s}$ (只用于航行)
质量	吨	t	$1\,\text{t}=10^3\,\text{kg}$
	原子质量单位	u	$1\,\text{u}\approx1.660\,540\times10^{-27}\,\text{kg}$
体积	升	l, L	$1\,\text{L}=10^{-3}\,\text{m}^3=1\,\text{dm}^3$
能	电子伏	eV	$1\,\text{eV}\approx1.602\,177\times10^{-19}\,\text{J}$
级差	分贝	dB	
线密度	特[克斯]	tex	$1\,\text{tex}=1\,\text{g/km}$
面积	公顷	hm^2	$1\,\text{hm}^2=10^4\,\text{m}^2$

注:(1) 周、月、年(年的符号为 a)为一般常用时间单位,可以使用。

(2) 升的符号中小写字母 l 与大写字母 L 属同等地位,可任意使用,一般用大写字母 L。

(3) r 为"转"的符号。

(4) 公里为千米的俗称,符号为 km,允许使用。

(5) 表中 1u 和 1eV 的数据是 1986 年公布的。

(6) 土地面积的单位为公顷,是 1991 年我国增补的。公顷的国际通用单位符号为 hm^2。

(7) 平面角单位度、分、秒的符号,在组合单位中和不处在数字后时应采用括号的形式。例如,不用°/s,而用(°)/s。

(8) 1998 年 7 月我国国家质量技术监督局和卫生部联合发出通知在医疗卫生部门测量血压时可任意选用 mmHg(毫米汞柱)或 kPa(千帕斯卡)。

附表 5　大气参数符号

参 数 名 称	符 号	单 位
大气静压	p_s, p_s	Pa
海平面标准大气压力	p_n	Pa
相应层下界大气压力	p_b	Pa
大气总压	p_t	Pa
动压	q_c	Pa
大气静温	T_s	K
大气静温	SAT	℃
相应层下界大气温度	T_b	K
海平面标准大气温度	T_n	K
总温	T_t	K

参 数 名 称	符 号	单 位
大气密度	ρ	kg/m^3
海平面标准大气密度	ρ_n	kg/m^3
动力黏度	μ	$Pa \cdot S$
运动黏度	υ	m^2/s
动力黏度方程中的索色兰经验系数	β_s	$kg/m \cdot s \cdot K^{1/2}$
动力黏度方程中的索色兰经验系数	β	K
声速	C	m/s
海平面标准声速	C_n	m/s
专用气体常数	R	$m^2/K \cdot s^2$
绝热指数	k	无量纲
垂直温度梯度	β	K/km
自由落体加速度	g	m/s^2
自由落体标准加速度	g_n	m/s^2
重力势高度	H	m
相应层下界高度	H_b	m
几何高度	h	m
真空速	TAS	$m/s(km/h)$
指示空速	IAS	$m/s(km/h)$
马赫数	Ma	无量纲
地球公称半径	r	m

参 考 文 献

[1] 王道莳. 迈向 21 世纪的航空科学技术[M]. 北京:航空工业出版社,1994.

[2] 奕尚春,等. 航空测试系统[M]. 北京:北京航空航天大学,2005.

[3] HB6127 飞行大气参数[S]. 中华人民共和国航空工业部标准,1987.

[4] 新航空概论[M]. 北京:航空工业出版社,2010.

[5] 民用航空电子系统[M]. 范秋丽,等译. 航空工业出版社,2009.

[6] 南京航空学院. 航空陀螺仪原理[M]. 北京:国防工业出版社,1981.

[7] 田自耘. 陀螺仪漂移测试基础[M]. 北京:国防工业出版社,1988.

[8] 梅硕基. 惯性仪器测试与数据分析[M]. 西安:西北工业大学出版社,1991.

[9] 郭秀中,于波,陈云相. 陀螺仪理论及应用[M]. 北京:航空工业出版社,1987.

[10] QJ1079-86 陀螺仪主要精度指标和测试方法[S]. 中华人民共和国航天工业部标准,1986.

[11] 郭秀中. 惯导系统陀螺仪理论[M]. 北京:国防工业出版社,1996.

[12] 王成豪. 航空仪表[M]. 北京:科学出版社,1992.

[13] 陆元九. 陀螺及惯性导航原理(上册)[M]. 北京:科学出版社,1964.

[14] 郭素云. 陀螺仪原理及应用[M]. 哈尔滨:哈尔滨工业大学出版社,1985.

[15] 邓正隆. 惯性导航原理[M]. 哈尔滨:哈尔滨工业大学出版社,1994.

[16] 陆元九. 惯性器件[M]. 北京:中国宇航出版社,1993.

[17] 王巍等. 光纤陀螺惯性系统[M]. 北京:中国宇航出版社,2010.

[18] 秦用元. 惯性技术[M]. 北京:科学出版社,2006.

[19] 陈永冰,钟斌. 惯性导航原理[M]. 北京:国防工业出版社,2007.

[20] 王东光. 领航学[M]. 成都:西南交通大学出版社,2004.

[21] 张炎华,王立瑞,战兴群,等. 惯性导航技术的新进展及发展趋势[J]. 中国造船,2008,49:134-144.

[22] 黄智刚. 无线电导航原理与系统[M]. 北京:北京航空航天大学出版社,2007.

[23] 袁信,俞济祥,陈哲. 导航系统[M]. 北京:航空工业出版社,1993.

[24] 金德琨,敬忠良,王国庆,等. 民用飞机航空电子系统[M]. 上海:上海交通大学出版社,2011.

[25] Airlines Electronic Engineering Committee. IntegratedSurveillance System(ISS), ARINC characteristic 768-1 [Z]. Annapolis, Maryland, Aeronautical Radio, Inc., 2006.

[26] Airlines Electronic Engineering Committee. Traffic Alert and Collision Avoidance System (TCAS), ARINC735-2 [Z]. Annapolis, Maryland, ARINC, Inc., 1993.

[27] RTCA. Minimum Operational Performance Standards for Traffic Control Radar Beacon System/Mode Select (ATCRBS/MODE S) Airborne Equipment [C]. DO-181D.

Washington, DC: RTCA, Inc. , 2008.

[28] Airlines Electronic Engineering Committee. Airborne Weather Radar with Forward Looking Windshear Detection Capability, ARINC 708A - 3. Annapolis, Maryland: ARINC, Inc. , 1999.

[29] Airlines Electronic Engineering Committee. Terrain Awareness and Warning System, ARINC 762 - 2000 [S]. Annapolis, Maryland: ARINC, Inc. , 2000.

[30] 熊华钢,王中华. 先进航空电子综合系统[M].北京:国防工业出版社,2009.

索　引

大飞机出版工程
书　目

《机载软件研制流程最佳实践》

《民用飞机金属结构耐久性与损伤容限设计》

《机载软件适航标准 DO‑178B/C 研究》

《运输类飞机合格审定飞行试验指南》(编译)

《民用飞机复合材料结构适航验证概论》

《民用运输类飞机驾驶舱人为因素设计原则》

四期书目(已出版)

《航空燃气涡轮发动机工作原理及性能》

《航空发动机结构强度设计问题》

《航空燃气轮机涡轮气体动力学:流动机理及气动设计》

《先进燃气轮机燃烧室设计研发》

《航空燃气涡轮发动机控制》

《航空涡轮风扇发动机试验技术与方法》

《航空压气机气动热力学理论与应用》

《燃气涡轮发动机性能》(译著)

《航空发动机进排气系统气动热力学》

《燃气涡轮推进系统》(译著)

五期书目

《民机飞行控制系统设计的理论与方法》

《现代飞机飞行控制系统工程》

《民机导航系统》

《民机液压系统》

《民机供电系统》

《民机传感器系统》

《飞行仿真技术》

《民机飞控系统适航性设计与验证》

《大型运输机飞行控制系统试验技术》

《飞控系统设计和实现中的问题》(译著)

六期书目

《民用飞机构件先进成形技术》

《航空材料连接与技术》

《民用飞机全生命周期构型管理》

《民用飞机特种工艺技术》

《飞机材料与结构检测技术》

《民用飞机大型复杂薄壁铸件精密成型技术》

《先进复合材料制造工艺》(译著)

《民用飞机复合材料构件制造技术》

《民用飞机构件数控加工技术》

《民用飞机自动化装配系统与装备》

《聚合物基复合材料——材料性能》(译著)

《复合材料夹层结构》(译著)

《ARJ21飞机技术管理》

《新支线飞机设计流程》

《ARJ21飞机技术创新之路》

《驾驶舱人素工程》

《支线飞机的健康监控系统》

《支线飞机的市场工程》

七期书目

《民机航空电子系统综合化原理与技术》

《民用飞机飞行管理系统》

《民用飞机驾驶舱显示与控制系统》

《民用飞机机载总线与网络》

《航空电子软件工程》

《航空电子硬件工程技术》

《民用飞机无线电通信导航监视系统》

《综合环境监视系统》

《民用飞机维护与健康管理系统》

《航空电子适航性设计技术与管理》

《民用飞机客舱与信息系统》